高等学校软件工程专业系列教材

普通高等教育"十一五"国家级规划教材

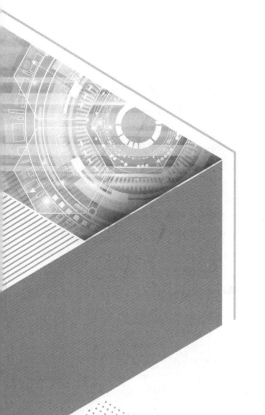

软件测试技术（第2版）

◎ 杜庆峰 编著

清华大学出版社

北京

内 容 简 介

本书详细地阐述了软件测试领域的基本理论、基本技术及测试技术。首先介绍了和软件测试相关的基础知识，分析了人工智能(AI)技术在测试领域的应用和发展；然后全面深入地介绍了静态测试技术和动态测试技术，并从单元测试、集成测试、系统测试及验收测试4个方面分析了如何进行测试的计划、用例分析和设计等过程，还介绍了负载压力测试、App移动应用测试、微服务架构应用测试、嵌入式系统测试及游戏测试；最后讨论了软件测试管理和软件测试工具。

本书不但突出基础知识和方法，而且阐述了一些高级的测试技术和方法，同时也注重测试技术的应用，能使读者更好地理解和掌握软件测试理论知识，并很好地运用到实际测试工作中去。

本书可以作为不同层次高等院校的计算机、软件工程等相关专业的本科生、研究生的教学用书，也可作为软件测试技术人员的参考书。

图书在版编目(CIP)数据

软件测试技术/杜庆峰编著. —2版. —北京：清华大学出版社，2021.1(2023.3重印)
高等学校软件工程专业系列教材
ISBN 978-7-302-55539-1

Ⅰ. ①软…　Ⅱ. ①杜…　Ⅲ. ①软件－测试－高等学校－教材　Ⅳ. ①TP311.55

中国版本图书馆 CIP 数据核字(2020)第 086046 号

责任编辑：黄　芝　张爱华
封面设计：刘　键
责任校对：时翠兰
责任印制：丛怀宇

出版发行：清华大学出版社
　　　　　网　　址：http://www.tup.com.cn，http://www.wqbook.com
　　　　　地　　址：北京清华大学学研大厦 A 座　　　　邮　　编：100084
　　　　　社 总 机：010-83470000　　　　　　　　　　邮　　购：010-62786544
　　　　　投稿与读者服务：010-62776969，c-service@tup.tsinghua.edu.cn
　　　　　质量反馈：010-62772015，zhiliang@tup.tsinghua.edu.cn
　　　　　课件下载：http://www.tup.com.cn，010-83470236
印 装 者：三河市铭诚印务有限公司
经　　销：全国新华书店
开　　本：185mm×260mm　　印　　张：28.25　　　　　字　　数：717 千字
版　　次：2011 年 9 月第 1 版　2021 年 1 月第 2 版　印　　次：2023 年 3 月第 3 次印刷
印　　数：3001～4000
定　　价：79.80 元

产品编号：072174-01

前　言

计算机软件已经应用到人们生活的各个领域。一方面,随着软件的普及,人们对软件质量的要求越来越高;另一方面,由于软件系统变得越来越庞大而复杂,如何提高软件质量是广大技术人员所关注的,这使得软件开发人员和软件测试人员面临着巨大挑战。所以,保证软件质量是软件工程领域一直在深入研究的课题之一。

软件测试技术本身是不断发展的。目前,提高软件质量的方法就是在提高软件测试人员技术水平的同时规范并优化软件开发过程的管理。但软件测试在国内仍然处于发展的初期,在测试标准、测试计划的制订,测试方法的使用和推广,测试的组织和管理等方面处于不断发展完善阶段,处在一个"百家争鸣"的时期。在软件测试行业表面"蒸蒸日上"的现象背后,同时也存在着软件质量危机。

基于这种情况,国内许多高校的计算机、软件工程及其相关专业纷纷开设"软件测试"课程以培养更多的软件测试人才。目前,市场上的软件测试的精品教材少,尤其对软件测试技术介绍全面、深入的教材更少。为了适应当前教学和软件测试技术人员的需要,编者查阅了大量国内外有关软件测试方面的著作和文献,并结合自己多年的从业和教学经验编写了本书。

本书的特点是对测试技术介绍全面,不但阐述了所有基本的软件测试技术,而且介绍了许多高级主题和专门应用系统的测试技术,并附有许多测试案例。

本书共分 14 章,第 1 章从讨论软件测试的数学基础入手,阐述了软件测试的发展史、软件测试的定义及基本原则等方面的基础知识,也分析了人工智能技术在测试领域的应用和发展;第 2 章介绍了静态测试技术;第 3 章全面地分析了动态测试技术,包括黑盒测试技术和白盒测试技术等;第 4～7 章分别介绍了单元测试、集成测试、系统测试及验收测试技术;第 8 章介绍了负载压力测试;第 9 章详细阐述了 App 移动应用测试;第 10 章详细分析了微服务架构应用测试;第 11 章介绍了嵌入式系统测试;第 12 章介绍了游戏测试;第 13 章全面分析了软件测试管理;第 14 章介绍了软件测试工具,分析了自动化测试和手工测试的优点与缺点等方面的内容。

本书由杜庆峰编著,在编写的过程中韩永琦、张双俐、殷康麟、邱娟等为本书做了插图绘制、案例程序的调试和相关校对工作,在此一并致谢。

本书在编写过程中参阅了大量国内外同行的著作及文献,汲取了软件测试领域的最新知识。在此,对这些作者表示深深的感谢。

由于编者的水平有限、时间仓促,书中难免存在疏漏之处,希望大家批评指正。

编者

2020 年 6 月

目　　录

第1章 软件测试基础知识

第1章思维导图

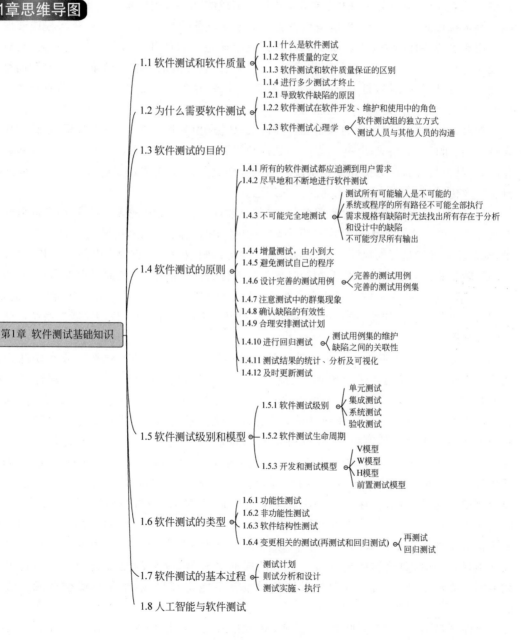

第1章 软件测试基础知识

- 1.1 软件测试和软件质量
  - 1.1.1 什么是软件测试
  - 1.1.2 软件质量的定义
  - 1.1.3 软件测试和软件质量保证的区别
  - 1.1.4 进行多少测试才终止
- 1.2 为什么需要软件测试
  - 1.2.1 导致软件缺陷的原因
  - 1.2.2 软件测试在软件开发、维护和使用中的角色
  - 1.2.3 软件测试心理学
    - 软件测试组的独立方式
    - 测试人员与其他人员的沟通
- 1.3 软件测试的目的
- 1.4 软件测试的原则
  - 1.4.1 所有的软件测试都应追溯到用户需求
  - 1.4.2 尽早地和不断地进行软件测试
  - 1.4.3 不可能完全地测试
    - 测试所有可能输入是不可能的
    - 系统或程序的所有路径不可能全部执行
    - 需求规格有缺陷时无法找出所有存在于分析和设计中的缺陷
    - 不可能穷尽所有输出
  - 1.4.4 增量测试,由小到大
  - 1.4.5 避免测试自己的程序
  - 1.4.6 设计完善的测试用例
    - 完善的测试用例
    - 完善的测试用例集
  - 1.4.7 注意测试中的群集现象
  - 1.4.8 确认缺陷的有效性
  - 1.4.9 合理安排测试计划
  - 1.4.10 进行回归测试
    - 测试用例集的维护
    - 缺陷之间的关联性
  - 1.4.11 测试结果的统计、分析及可视化
  - 1.4.12 及时更新测试
- 1.5 软件测试级别和模型
  - 1.5.1 软件测试级别
    - 单元测试
    - 集成测试
    - 系统测试
    - 验收测试
  - 1.5.2 软件测试生命周期
  - 1.5.3 开发和测试模型
    - V模型
    - W模型
    - H模型
    - 前置测试模型
- 1.6 软件测试的类型
  - 1.6.1 功能性测试
  - 1.6.2 非功能性测试
  - 1.6.3 软件结构性测试
  - 1.6.4 变更相关的测试(再测试和回归测试)
    - 再测试
    - 回归测试
- 1.7 软件测试的基本过程
  - 测试计划
  - 则试分析和设计
  - 测试实施、执行
- 1.8 人工智能与软件测试

1.1 软件测试和软件质量

1.1.1 什么是软件测试

"测试"这个术语早先出现在工业制造、加工等行业的生产中,测试被当作常规的检验产品质量的一种手段。测试的含义为"以检验产品是否满足需求为目标"。而软件测试活动除检验软件是否满足需求外,还包括一个重要的任务,即发现软件的缺陷。

"软件测试"的经典定义是:在规定条件下对软件进行操作,以发现错误,对软件质量进行评估。我们知道,软件是由文档、数据以及程序组成的,其中,程序是按照事先设计的功能和性能等要求执行的指令序列;数据是程序能正常操纵信息的数据结构;文档是与程序开发维护和使用有关的各种图文资料。那么软件测试就应该是对软件开发过程中形成的文档、数据以及程序进行的测试,而不仅仅是对程序进行的测试。软件测试并非是简单的"挑错",而是贯穿于软件开发过程的始终,是一套完善的质量管理体系,这就要求测试工程师应该具有系统的测试专业知识及对软件的整体把握能力。

随着人们对软件工程化的重视和提高以及软件规模的日益扩大,软件分析、设计的作用越来越突出,而且有资料表明,60%以上的软件缺陷并不是由程序引起的,而是由分析和设计引起的。因此,做好软件分析和设计阶段的测试工作就显得非常重要。这就是我们提倡的测试概念扩大化,提倡软件全生命周期测试的理念。

软件测试是为软件开发过程服务的,在整个软件开发过程中,要强调测试服务的概念。虽然软件测试的一个重要任务是为了发现软件中存在的缺陷,但是,其根本是为了提高软件质量,降低软件开发过程的风险。软件的质量风险可以归纳为两个方面:内部风险和外部风险。内部风险是软件开发商在即将发布的时候发现软件有严重的缺陷,从而延迟发布日期,违反合同,失去信誉或失去更多的市场机会;外部风险是软件发布之后用户发现了不能容忍的缺陷,引起索赔等各种法律纠纷,最后可能导致开发和用于客户支持的费用上升、软件系统不能通过验收等结果。

软件测试只能证明软件存在缺陷,而不能证明软件没有缺陷。软件企业对软件开发的期望是在预计的时间、合理的预算下,提交一个可以交付使用的软件产品。软件测试的目的就是把软件的缺陷控制在一个可以进行软件系统交付/发布的程度上,可以交付/发布的软件系统并不是说其不存在任何缺陷,而是对于软件系统而言,没有主要的缺陷或者说没有影响业务正常进行的缺陷,因此软件测试不可能无休止地进行下去,而是要把缺陷控制在一个合理的范围之内,因为软件测试也是需要花费巨大成本的。有资料表明,波音 777 整体设计费用的 25%都花在了软件程序的判断和条件覆盖测试上,判断和条件覆盖测试是白盒测试方法的一种,将在后面论述。对于测试而言,随着测试时间的延伸和深入,发现缺陷的成本会越来越高,这就需要测试有度,而这个度并不是由项目计划的时间来判断,而是要根据测试的结果出现缺陷的严重性、缺陷的多少及发生的概率等多方面来分析。这也要求在项目计划时,要给软件测试留出足够的时间和经费,仓促的测试或者由于项目提交计划的压力而终止测试,最后的软件系统的质量就不能得到保证,结果可能会造成无法估计的损失。

软件测试有两个基本职责,即验证(Verification)和确认(Validation)。Schulmeyer 和 Mackenziee(2000)对验证和确认所做的定义是:

验证：保证软件开发过程中某一具体阶段的工作产品与该阶段和前一阶段的需求的一致性。

确认：保证最终得到的产品满足系统需求。

1.1.2 软件质量的定义

1991 年软件产品质量评价国际标准 ISO 9126 中定义的"软件质量"是软件满足规定的或潜在用户需求特性的总和。到 1999 年，软件"产品评价"国际标准 ISO 14598 给出的经典的"软件质量"的定义是软件特性的总和，软件满足规定或潜在用户需求的能力。

一般对"质量"的理解是一个实体的"属性"，"属性"好就是质量好。但是这不够全面，"属性"是内在特性，内在特性好，不一定就能胜任和完成好用户的各种任务。因此，软件质量也是关于软件特性具备的"能力"的体现。

2001 年，软件"产品质量"国际标准化组织修订了 ISO/IEC 9126—1991，提出了一套新的 9126 系列标准，即 ISO/IEC 9126—1、—2、—3 和—4。ISO 9126 定义的软件质量包括"内部质量""外部质量"和"使用质量"三部分。也就是说，"软件满足规定或潜在用户需求的能力"要从软件在内部、外部和使用中的表现来衡量。

在新的 ISO/IEC 9126—1《产品质量-质量模型》中，"内部质量"的定义是反映软件产品在规定条件下使用时满足需求的能力的特性，被视为在软件开发过程中（如在需求分析、软件设计、编写代码阶段）产生的中间软件产品的质量。了解软件产品的内部质量，可以预计最终产品的质量。外部质量的定义是软件产品在规定条件下使用时满足需求的程度。外部质量被视为在预定的系统环境中运行时可能达到的质量水平。使用质量的定义是在规定的使用环境下软件产品使特定用户在达到规定目标方面的能力。它反映的是从用户角度看到的软件产品在适当系统环境下满足其需求的程度。内部质量、外部质量和使用质量之间的关系如图 1-1 所示。

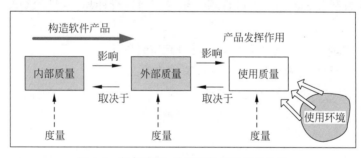

图 1-1　软件内部、外部和使用质量的关系

用户对质量的需求可以用使用质量、外部质量和内部质量等质量要求来反映。使用质量可以用以下质量特性表述：有效性、生产率、安全性、满意程度。

外部质量和内部质量可以用以下 6 个质量特性描述：功能性、可靠性、易用性、效率、维护性、可移植性。

近几年，新的标准也相继发布，如，ANSI/INCITS/ISO/IEC 25062—2006（《软件工程、软件产品质量要求和评估标准》）。国家标准化委员会发布的国家推荐标准 GB/T 25000.51—2016（《系统与软件工程、系统与软件质量要求和评价》）等。

1.1.3 软件测试和软件质量保证的区别

软件测试人员的一项重要任务是提高软件质量，但不等于说软件测试人员就是软件质量保证人员，因为软件测试只是软件质量保证工作中的一个环节。软件质量保证和软件测试是软件质量工程的两个不同层面的工作。

软件质量保证(Software Quality Assurance,SQA)的重要工作是通过预防(Prevention)、检查(Check)与改进(Improvement)来保证软件质量。SQA采用"全面质量管理"和"过程改进"的原理开展质量保证工作,所关注的是软件质量的检查与度量。虽然在SQA的活动中也有一些测试活动,但所关注的是软件质量的检查与度量。SQA的工作是软件生命周期的管理以及验证软件是否满足规定的质量和用户的需求,因此主要着眼于软件开发活动中的过程、步骤和产物(工作产品),而不是对软件本身进行剖析,找出缺陷和评估。

软件质量保证是建立一套有计划、系统的方法来保证制定的标准、步骤、实践和方法能够正确地被项目所采用。

软件质量保证的目的是使软件过程对于管理人员来说是可见的。它通过对软件产品和活动进行评审和审计来验证软件是否合乎标准。软件质量保证组在项目开始时就一起参与计划的建立以及标准和过程的制定。

1. 软件质量保证的基本目标

- 软件质量保证工作是有计划进行的。
- 客观地验证软件项目的工作产品和工作(活动)是否遵循恰当的标准、步骤和需求。
- 将软件质量保证工作及结果通知给相关组别和个人。
- 高级管理层了解在软件项目开发过程中存在的不能解决的问题。

2. 软件质量保证的工作内容和工作方法

(1) 计划。

针对具体项目制订SQA计划,确保项目组能正确执行计划。制订SQA计划应当注意如下几点:

- 有重点。依据企业目标以及项目情况确定审计的重点。
- 明确审计内容。明确审计哪些活动,哪些产品。
- 明确审计方式。确定怎样进行审计。
- 明确审计结果报告的规则。审计的结果报告给谁。

(2) 审计。

依据SQA计划进行SQA审计工作,按照规则发布审计结果报告。注意,审计一定要有项目组人员陪同,不能搞突然袭击。双方要开诚布公,坦诚相对。审计的内容是确认是否按照过程要求执行了相应活动,是否按照过程要求产生了相应工作产品。

(3) 问题跟踪。

对审计中发现的问题,要求项目组改进,并跟踪直到解决。

软件测试虽然也与开发过程紧密相关,但关心的不是过程的活动,而是对过程的产物或开发出的软件工作产品进行剖析。测试人员要"执行"软件,对过程中的产物(开发的文档和源代码)进行评审、走查及执行软件等活动,以找出缺陷,评估并报告质量情况。测试人员必须假设软件存在潜在的错误或缺陷,测试中所做的操作是为了找出更多的错误或缺陷,而不仅仅是为了验证每个功能或业务是否正确。软件测试有不同的级别,如单元测试、集成测试、系统测试等。对测试中发现的错误或缺陷的分析、追踪并进行回归测试(在后面章节定义)也是软件测试中的重要工作,因此软件测试是保证软件质量的一个重要环节。

1.1.4 进行多少测试才终止

对于一个计算机系统或者一个子系统甚至对于一个模块想要进行完全的测试,在有限的时间和资源条件下,找出可能存在的所有错误或缺陷,使软件趋于完美是不可能的。那么,对于进行多少测试才终止,可以从以下几个方面考虑:

- 测试的时间用尽时。
- 继续测试没有产生新失效时。
- 继续测试没有发现新的缺陷时。
- 无法设计出新的测试用例时。
- 继续测试回报很小时。
- 达到所要求的测试覆盖时。
- 所有已发现的错误或缺陷都已经被清除时。

1.2 为什么需要软件测试

1.2.1 导致软件缺陷的原因

在当今社会,计算机系统越来越成为人们生活中不可或缺的一部分,包括从商业应用(比如银行系统)到消费产品(比如汽车)的各个领域。然而,很多人都有这样的经历:计算机系统并没有按照人们的预期进行工作,出现这样的情况肯定是计算机系统出了问题。软件是计算机系统重要的组成部分,所以,计算机系统的问题很大可能是系统的软件不正确导致的。软件的不正确可能会导致软件执行结果出现问题,如资金、时间和商业信誉等出现误差或丢失,甚至导致人身伤害和死亡。

导致执行结果出现问题,往往是由于软件中的错误或缺陷引起的。

人类会犯错误(Error,很接近的英文同义词是 Mistake),错误很可能扩散,如需求分析的错误,在设计期间可能被放大,在编写代码期间还会进一步放大。缺陷(Defect)是错误的结果,更精确地说,缺陷是错误的表现,而表现是表示的模式,例如叙述性文字、数据流图、软件层次结构图、代码等。例如,当设计人员出现功能遗漏错误时,所导致的缺陷是功能遗漏错误应该表现的内容。当缺陷被执行时会导致失效(Failure)的发生。

导致失效的因素除缺陷外,还可能有辐射、电磁波、电场等环境因素。另外,环境污染引起的硬件故障也会导致软件运行的失效。

有许多因素会导致软件缺陷,主观原因是人类在从事软件开发过程中容易犯错误。另外,开发过程管理的规范性、开发技术、软件的复杂性、开发的周期长短及个人能力等因素也会导致软件缺陷的产生。

1.2.2 软件测试在软件开发、维护和使用中的角色

软件测试是软件开发过程中关键的质量保证活动,是软件质量保证的一个环节。在软件开发过程中实施严格规范的测试有助于发现软件开发过程中不同阶段的缺陷,尽可能地将缺陷发现于本阶段并予以纠正,避免将缺陷带入下一个开发阶段,因为缺陷具有扩展的特点。所以,在软件开发过程中对文档和代码的测试对软件的质量起到关键作用。

在软件的维护阶段,由于软件可能发生修改和功能增强,因此软件测试能发现由于修改和

功能增强可能导致软件系统出现的缺陷。维护阶段的测试主要包括对文档和软件系统的测试。

软件在使用过程中可能由于硬件升级、运行环境变化及软件退役等原因出现各种问题,那么只有通过测试才能找到这些问题所在,或者通过软件测试模拟或再现可能出现的问题。

1.2.3 软件测试心理学

随着现代软件工程的发展,尤其对软件质量的关注,软件测试的角色逐渐从开发团队中独立,作为一个单独的小组,这样有利于关注开发过程中工作产品可能存在的缺陷。测试机构的独立可以避免对工作产品的作者产生偏见,当然独立并不等于完全代替工作产品的作者、开发人员自己能有效地找到其工作产品中存在的缺陷。

软件测试组的独立可以有以下几种可能存在的方式:
- 测试的分析和设计工作由开发人员自己完成;
- 测试的分析和设计由开发队伍的其他开发人员完成;
- 测试的分析和设计独立于本项目的开发队伍;
- 测试的分析和设计独立于本开发企业,来自独立的第三方测试机构。

无论测试工作是以哪种形式存在,测试人员发现软件工作产品的缺陷某种程度上是对工作产品和其作者的批评,所以软件测试常常被看成一种消极的活动,尽管软件测试对软件开发的风险具有很强的规避作用。

作为一个软件测试员首先应该具有全面的软件测试技术,对所测试的系统应该具有好奇心、职业悲观心态、批评的眼光及关注系统的细节的能力。另外,和开发人员的有效沟通及软件测试的经验(测试技术的运用能力、业务的理解程度及对问题猜测的经验等)也非常重要。

如果测试人员同分析、设计和代码开发人员能进行很好的建设性的沟通,那么对测试过程中发现的缺陷的理解则更容易,开发人员和测试人员之间的不友好感将避免。另外,软件工作产品的缺陷信息有助于提高开发者的技能,也为开发过程节约成本和时间,降低软件开发风险。

另外,测试经理和测试人员之间也应该具有好的沟通,通过规范的交流途径交流测试中的缺陷信息、进展情况和风险。例如,将测试中发现的缺陷通过规范的流程进行跟踪管理并通过缺陷管理工具来支撑就是一种很好的方式,使得测试人员发现缺陷时和开发人员的沟通都通过规范的流程实现。

如果测试人员把自己发现缺陷作为一个新闻来传播,那么会给沟通带来麻烦。有几种方式可以提高和改善测试人员与其他人员之间的关系:
- 一开始就采取合作的方式而非斗争,使大家知道好的软件质量是共同的目标;
- 对所发现的可能的缺陷以一种中立、就事论事的方式,而非一种批评的口吻与作者进行沟通;
- 了解他人对该缺陷的态度;
- 共同确定问题的存在性。

1.3 软件测试的目的

软件测试人员在做测试工作之前必须首先明确测试目的才能够很好地完成测试工作。很多人认为软件测试的目的是验证软件,这种说法显然是错误的,至少是不完整的。

前面讲过一般不可能对软件进行完全的测试,因为软件系统可能存在数量庞大的路径,这些路径很难穷尽,那么在没测试到的数十种或数十亿种情况里面就可能隐藏着各种缺陷,因此不能证明软件运行不会出现任何差错。

有研究表明,发现并纠正软件中缺陷的费用可能占整个开发费用的40%~80%。因此,软件企业投入大量的资金不仅仅是为了"验证软件正确运行",更重要的是要找出导致软件无法正确运行的在软件中存在的大量缺陷。无论如何,软件开发完成时都会遗留没有被发现的缺陷。如果测试人员不能验证软件是否能够正确地工作,那么就认为测试就是失败的?当测试人员发现软件中有很多缺陷时,他所做的工作究竟是好还是坏呢?显然,我们把验证软件能否正确运行作为测试目的是不正确的。我们有时会发现这种场景:项目的交付时间或项目的上线时间很快就到了,而测试人员在做系统级别的测试时仍不断地发现软件中的缺陷,这时,有的开发人员甚至会认为软件测试人员过于严格了。测试人员不应该为了发现缺陷而工作,这种想法显然是不正确的,测试的目的之一就是在软件发布之前发现软件缺陷,从而提高软件质量。事实上情况也只有这样,质量提高了,软件开发企业才能在激烈的市场竞争中立于不败之地。测试人员如果认为测试工作就是要找出缺陷,就会更加卖力地寻找缺陷(Myers,1979)。在心理学研究中有个经典的发现:人总是容易看到自己想看的东西。例如,校对工作总是很难做的,因为你总是想看到拼写正确的单词,所以大脑就会自动地更正拼写错误的单词。

在软件测试中,如果找到缺陷测试人员能够得到表彰或奖赏,测试人员也许能够找到更多的缺陷,甚至会有一些"误报",或将发现的缺陷严重性扩大化。相反,如果测试人员为了避免开发人员对其发现问题的抱怨,或为了避免因为"误报"而受到惩罚的情况发生,总是希望程序能正确运行,这样会遗漏掉软件中可能存在的许多真正缺陷。还有研究发现,即使是训练有素的、认真的、聪明的测试人员也会无意识地偏爱自己所做的测试,避免做那些可能会给自己的设想带来麻烦的测试、错误分析和错误解释等,甚至会忽视那些证明自己观点错误的测试结论。

测试人员应该能认识到测试的任务就是证明软件可能存在这样或那样的缺陷,因此测试工程师对软件的测试应该采取破坏性的姿态,想办法让软件出问题,设计出的测试用例要具有针对性,目的就是找出可能存在的缺陷。虽然这种态度有点苛刻,但这是十分必要的。因为测试一个软件的目的就是发现它的缺陷,发现的缺陷越多越严重越好。如果由于时间不充足,无法运行完所有测试用例,那么有效地利用可用的时间就显得相当重要。要保证所有基本的、常用的业务流中的缺陷都能够暴露,不能暴露缺陷的测试就是浪费时间。Myers(1979)做了一个比喻,假设你病了去看医生,他应该给你做检查,找出哪里有病,然后推荐治疗方案。但他不停地检查,检查到最后他什么问题也没发现,那么他究竟是一个很棒的大夫还是一个不称职的大夫呢?如果你真的有病,他就是不称职的,之前所做的检查纯粹是浪费时间、金钱和精力。对于软件而言,你就是那个大夫,软件就是那个有病的患者。

总而言之,软件测试真正的作用是通过软件测试而发现软件缺陷、分析其原因并进行度量分析,从而确保软件产品的质量,而不仅仅是为了要找出缺陷。通过分析缺陷产生的原因和缺陷的分布特征,可以帮助项目管理者或测试人员改进其工作。同时,这种分析也能帮助我们设计出有针对性的测试方法,改善测试的有效性。虽然在测试时,对软件采取的是破坏性的态度,但从长远的角度来看,这种工作是具有建设性意义的。发现缺陷、修改缺陷的过程会使软件变得更为强壮。如果某个软件经过了多次测试都没有发现缺陷,那么必须慎重考虑这项测试计划。另外,没有发现缺陷的测试也是有价值的,是评定测试质量的一种方法。详细而严谨的可靠性增长模型可以证明这一点。例如 Bev Littlewood 发现一个经过测试而正常运行了 n 小时的系统有继续正常运行 n 小时的概率。Myers 在 *The Art of Software Testing* 一书中给出了关于测试的一些规则,也可以把这些规则看作是测试的目标:

- 软件测试是为了发现错误而执行程序的过程。
- 测试是为了证明程序有错,而不是证明程序无错。
- 一个好的测试用例在于它能发现至今未发现的错误。
- 一个成功的测试是发现了至今未发现的错误的测试。

在这里要强调的一点是,软件测试不只是软件测试人员的工作,也是软件开发人员和软件使用者的工作。在一个完整的软件测试过程中,需要我们的软件测试者和软件开发人员以及用户之间能够不断地交流,因为软件中存在的缺陷大多数都是因为开发人员对系统需求不了解或者错误理解了设计意图而产生的。当然也有一部分缺陷是开发人员在建模、编写代码的时候产生的。要解决这些问题,一方面需要加强开发人员、测试人员、用户之间的交流;另一方面,也需要使用标准化的建模语言等手段来明确表达系统的分析和设计意图,尽量避免缺陷的引入。

1.4 软件测试的原则

1.4.1 所有的软件测试都应追溯到用户需求

这是因为编写软件的目的是使用户完成预定的任务,并满足用户的需求,而软件测试所揭示的缺陷使软件在执行过程中出现失效,即软件达不到用户规定的需求目标,满足不了用户需求。所以,软件测试应该追溯到用户需求,如验收测试用例的分析和设计就应该以需求为依据。

1.4.2 尽早地和不断地进行软件测试

分析数据显示,软件开发过程中发现缺陷的时间越晚,修复它所花费的成本就越大,因此在需求阶段就应该有测试的介入。软件测试的对象不仅仅是程序编码,还应该对软件开发过程中产生的所有工作产品进行测试。这就像造桥梁一样,在图纸上面设计好桥梁的结构之后,只有对图纸进行仔细的审查后才能进行施工。

IBM 公司的研究结果还表明,缺陷存在放大趋势。例如,在需求阶段漏过的一个缺陷,可能会因此引起 n 个设计阶段缺陷。一般而言,不同阶段 n 值不同。经验表明,从概要设计到详细设计的缺陷放大系数大约为 1.5,从详细设计到编码阶段的缺陷放大系数大约为 3。

由此可见,问题发现越早,解决问题的代价就越小,这是软件开发过程中的黄金法则。同时,软件测试也是一个不断地、持续地进行测试的过程。持续不断的测试使得测试形成反复的、递增的过程。比如,对单元测试、集成测试或者系统测试都会有一个反复的过程,当这些测试发现缺陷并修改后需要进行重复测试,这种测试一般用回归测试来完成,这是一个不断反复的过程。而单元测试、集成测试和系统测试本身就是一个递增的过程,集成测试是将不同的单元集成起来进行测试,系统测试是将通过集成测试的软件置于真实的环境下进行测试,也就是说可能要增加一些设备来进行测试。这些测试每次使用的测试行为和测试方法不尽相同,测试软件的复杂程度和测试重点也不同。总之,不断地测试是从测试的完整性、全面性角度出发,以达到测试的目的。

另外,由于软件的复杂性和抽象性,在软件生命周期各个阶段都可能产生缺陷,所以不应把软件测试仅仅看作是软件开发的一个独立阶段的工作,而应该把它贯穿到软件开发的各个阶段中。在软件开发的需求、分析和设计阶段就应开始测试工作,编写相应的测试文档。同时,坚持在软件开发的各个阶段对工作产品进行静态测试,如严格的技术评审、走查、验证等,这样才能在开发过程中尽早发现和预防缺陷,杜绝某些缺陷,提高软件质量。只要软件测试在生命周期中进行得足够早,就能够提高被测软件的质量,这就是预防性测试的基本原则。

1.4.3 不可能完全地测试

想要进行完全的测试,在有限的时间和资源条件下找出所有的软件缺陷,使软件趋于完美,这是不可能的。一些人存在着一种观念,认为可以对程序进行完全的测试。比如:

- 一些管理者或客户认为存在完全测试的可能性,因此要求对软件系统做完全测试。
- 一些软件企业在其软件产品销售说明中保证他们能对软件进行完全的测试。
- 一些测试覆盖率分析人员声称对软件系统或程序的所有业务路径或程序路径达到了完全覆盖。
- 一些测试人员相信存在着完全测试,甚至为实现这种想法而不懈努力,忍受了数次失败和挫折。

无论工作得多么辛苦,计划得多么周密,投入的时间多长,人力和物力资源多大,仍然无法做到完全的测试,仍然会有遗漏缺陷。

不能进行完全测试的主要原因有以下 4 点。

1. 测试所有可能输入是不可能的

假设要测试一个完成两数相减的小程序。下面就来探讨为什么即使是这样的简单程序,测试输入的数量也是相当大的。对该程序必须执行的测试类型有:

- 要对所有有效的输入进行测试。大多数的减法程序都能接受 8 位或 10 位数,甚至更多,怎样对所有可能的输入都进行测试呢?
- 要对所有无效的输入进行测试。也就是说要测试能从键盘上输入的所有内容,包括字母、控制字符、数字与字母的组合、过长的数、问号等。只要能输入进来,就要检查程序怎么反应。
- 对所有编辑过的输入进行测试。如果程序允许对数据进行编辑(改动),为了确保编辑操作一直能够正常进行,就要将每个数、字母或别的任何内容修改成其他任何数(或任何东西)的情况进行测试。接着,检验重复的编辑操作,即输入数据,改动,再改动。显然这样的重复操作可以无限地循环进行,在这个过程当中就有可能发生下面的情况:当某个人坐在一台智能终端前工作时,因故被打断,于是心不在焉地从键盘输入数据,按一个数字键,然后按 Backspace 键,再次按数字键和 Backspace 键,重复多次。终端有所反应,消除了屏幕上显示的数字,但同时也将数据存储到它的输入缓冲区。当他继续工作时,输入一个数字,然后按 Enter 键,终端把所有的输入都发送到主机,包括所有的数字、Backspace 键以及最后的输入。主机没想到终端会一次送来这么多的输入,于是它的输入缓冲区溢出,系统崩溃。这是个真实的缺陷,很多系统都会突然出现类似这样的问题,它由某些未曾预料的输入事件所引发。你要永远对输入编辑测试下去,才能够确保所测试的系统中不会存在类似的问题。显然,这是无法做到的。

- 对所有输入时机的变化情况进行测试。也就是说,要对在任意时间点上往程序中输入数据时产生的效果进行测试,而不是等到计算机显示出问号并开始闪动光标后才输入数据,要在它正显示其他内容,正在进行减法运算、正在显示信息或其他非常繁忙的时候输入数据,看它能否正确处理。在很多系统中,按一个键,或按一个特殊的键(如Enter 键)都会产生中断。这些中断告诉计算机应停下目前的工作去读取输入序列。在读取新的输入之后,计算机能够在其中断的地方恢复工作。可以在任意时刻中断计算机(只是按一下键),即在程序中的任何位置中断计算机。为了充分测试程序在未预料的时间点响应输入的脆弱程度,最好在每一行代码处中断它的运行,甚至有时在同一行的多个位置中断。因为要完全地测试一个程序,就必须测试其对有效输入和无效输入的所有组合的反应。另外,必须在每一个能输入数据的时间点以及程序在该时间点上的所有状态下测试这些输入组合。所以说这些几乎都是不可能的。既然可能的测试太多了,我们无法全部执行到,因此也没必要这样做。在测试过程中对 4 类输入(有效输入、无效输入、编辑过的输入和不同时间的输入)中的一种或几种输入进行测试就可以了。但应该认识到,只要有任何一个输入值没有测试,就已经不是"完全测试"。

2. 系统或程序的所有路径不可能全部执行

系统的业务流路径或程序中的路径可以通过不同的业务流或从程序开始到程序结束进行跟踪。就程序而言,程序执行了不同的语句或以不同的顺序执行相同的语句,两条路径是不一样的。为了说明这个问题,下面举个极其简单的例子。首先分析图 1-2,这是一个小程序的程序图,A→B→A是一个 20 次的循环,该循环嵌套了几个条件语句,如果要执行该程序图的所有可能的执行路径,其路径数为 $5^{20}+5^{19}+5^{17}+\cdots+5^{1}+5^{0}$,可见设计并执行如此多的测试用例是不可能的。

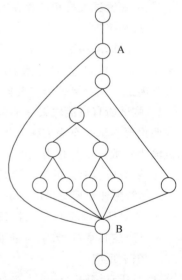

图 1-2 一个有循环程序的程序图

关于以上分析,Myers 已经证明,即使简单的程序,其路径的数量也是很庞大的。他在 1979 年描述了一个类似于图 1-2 的只包含一个 loop 循环和一些 if 语句的简单程序。可以使用不同的语言将其写成 20 行左右的代码。但是,这个程序有 100 万亿条路径,一个有经验的优秀测试人员需要10 亿年才能全部测试完。当然,这些简单的程序都是经过特殊"处理"的,专门设计成包含大量路径以证明他的理论。如果只有 20 行的代码却具有100 万亿条路径,那么一个 1000 行的文本编辑器、一个 10 000 行的基本电子制表软件或一个100 000 行的桌面排版程序中又会有多少执行路径呢?显然数据非常庞大。

3. 需求规格有缺陷时无法找出所有存在于分析和设计中的缺陷

软件的需求分析的依据是需求规格说明书,如果规格说明书存在问题或理解错误将导致需求分析的缺陷,而需求分析又是设计的基础,进而又会导致设计中的缺陷。

假如一个系统或程序能够准确地实现规格说明的要求,则系统或程序就是符合规格说明的。通过是否满足规格说明来说明系统或程序的正确不尽合理,如果规格说明上说"用户密码最多一个月累计出错超过 5 次吞卡",而实际上,系统或程序实现时理解为"用户密码一天累计出错超过 5 次吞卡",如果这样的实现是正确的,这种情况下该怎么办?这时候系统或程序是不满足规格说明的,这是不是一个缺陷?这是对规格说明的误解而产生的缺陷。规格说明中的有些缺陷是偶然的,有些是理解造成的,还有的是故意造成的。如果系统或程序遵从的是一个不合适的规格说明,我们就说它是有缺陷的。实际上测试者无法找出系统或程序中所有的分析和设计缺陷,进而就无法完全地测试它。

4. 不可能穷尽所有输出

假如有一个网上飞机订票系统,对于不同的国家、不同的起始地点、不同的目的地点、不同的时间段、不同的乘客类型可以组成一个庞大的输入,依据前面分析,穷尽其测试是不可能的。而对于所有可能的输出结果情况类似。系统或程序的输出结果一般包括合理的输出、非合理的输出、系统或程序的异常等。就网上飞机订票系统的合理输出而言,其输出结果就是一个非常庞大的数据,让测试用例覆盖所有的输出结果是不可能的。

综上分析,完全测试和简单测试都是不可取的,需要根据实际情况来决定我们的测试程度和范围并进行有效的控制,只有这样才能更好地协调开发与测试的关系,投入最少的成本获得最大的回报,这就是测试工作的最理想结果。另外,可以通过详细的分析,设计出可复用的测试用例、测试数据,构建可复用的测试环境等手段来达到充分利用测试资源、节约成本和节约测试时间的目的。但无论测试工作安排得有多周密,都会遗漏掉部分缺陷。这时候,被测试的系统只有接受时间考验了。总之,测试的宗旨是尽可能多发现缺陷,同时应该发现所有严重性程度比较高的、影响系统或程序正常运行的缺陷,发现系统或程序的所有缺陷是不可能的。

1.4.4　增量测试,由小到大

不同的模块或不同的类构成一个子系统,不同的子系统构成一个完整的系统,不同的系统构成一个更大的系统。要保证这些不同程度的系统质量,必须采用由小到大的测试策略。

这里的由小到大的测试策略指的是软件测试的粒度。无论是传统的软件测试还是面向对象的软件测试都要遵循这样的原则。因为只有这样,当缺陷发生时我们才能够更方便地对缺陷进行隔离和定位。通常把单元测试作为软件测试的最小粒度。也就是说,只有当每个模块或类(一般将类作为面向对象的最小测试单元)都通过了单元测试之后,才可以把它们集成到一起进行集成测试(一般以概要设计中的软件体系结构作为集成测试的依据或以面向对象分析设计规约的序列图等作为集成的依据),之后再结合系统的其他元素对软件进行系统测试和确认测试(验收测试)。随着测试的逐步深入,范围的逐步扩大,测试时间、可用资源也随之增大。不难理解,单元测试的充分与否会影响到后来的集成测试、系统测试和验收测试,对软件的整体质量有直接的影响,同时也影响到软件开发的时间长短和投入的多少。

1.4.5　避免测试自己的程序

基于心理因素,人们认为揭露自己软件中的问题不是一件愉快的事,不愿意否认自己的工作。由于思维定式,人们难以发现自己的错误或缺陷。因此,为达到测试目的,应采取互相自测,由客观、公正、严格的独立的测试部门测试或者独立的第三方测试机构进行测试。

一般情况下,程序员在编写完每段编码之后,或者在每个子模块或类完成后,都要进行自测试(self-testing),这样就可以在早期发现一些潜在的错误或缺陷并加以解决。例如,微软在开发 Windows 系统中就采取了让两个程序员相互交替检查各自的程序的做法,以完成前期基本的测试工作,也就是不提倡开发人员对自己的代码进行完整测试的一种体现。这样做的好处是避免在测试过程中一些人为的和主观因素的干扰。开发和测试是互为相反的行为过程,两者有着本质的不同。正如前面提及的,在程序员完成大量的设计和编码之后,让他否定自己所做的工作是非常不易的,可以说很少有人能有这样的心态。另外,自己测试不容易发现在系统需求、分析及设计规约上的缺陷或理解上的错误,如果程序员检查自己的代码,那么他对系统需求规约、分析和设计规约的理解缺乏客观性,往往存在着对问题叙述或说明的误解,不难想象,带有错误认识的程序员是很难发现自己程序存在的问题的。因此,程序员即使是在做白盒测试时也要尽量避免检查自己的代码。避免程序员测试自己的代码的主要原因可归纳为:

- 程序员承认自己写的程序有缺陷往往比较难。
- 程序员的测试思路有局限性,在做测试时很容易受到编程思路的影响,不自主地向自己期望的目标倾斜。
- 大多数程序员没有进行严格、正规的职业训练,缺乏专业测试技术,也缺乏测试经验。
- 发现缺陷后往往缺乏跟踪缺陷的习惯,容易忽视回归测试和版本的控制工作。

1.4.6　设计完善的测试用例

测试用例是为特定的目的而设计的一组测试输入、执行条件和预期的结果。测试用例是执行程序的最小实体。软件测试的本质就是针对要测试的内容确定一组测试用例。测试用例可能包括:

- 用例编号。
- 在执行测试用例之前,应满足其执行的前提条件。
- 输入(合理的、不合理的)。
- 预期输出(合理的及不合理的异常等)。
- 实际输出。
- 测试用例执行时间。
- 测试用例执行人员。
- 被测试程序的版本号。
- 测试用例的目的。
- 测试问题的描述。
- 是否通过。

测试用例的项的多少根据实际情况而定。但是用例输入、预期输出、实际输出、执行前提条件、被测试程序版本一般是必需的项。也就是说,进行测试活动时,首先要建立必要的前提条件,提供测试用例输入、预期输出及其他的测试用例项,测试用例执行后观察实际输出,然后将实际输出与预期输出相比较,以确定测试用例是否通过。在进行测试用例的设计时往往要考虑多种因素,针对不同的测试级别、测试内容,测试用例的设计考虑的因素也不一样。例如,在进行单元测试时,用例的设计要考虑测试用例是否覆盖单元的所有功能(包括正例和反例)、是否要涉及功能外的测试用例等;在进行集成测试的测试用例设计时,用例的设计要考虑用例是否覆盖所有接口等;在进行系统级别的测试时,用例设计要考虑业务流的覆盖(包括正常的业务功能覆盖、非正常的业务功能覆盖)和外围设备及网络有关的接口覆盖等。例如,在测试一个银行卡的密码功能时,一个完善的测试用例集应该考虑:

- 密码的位数的测试(合理的位数和不合理的位数)。
- 输入密码的数据类型测试(除数字外是否容许其他类型的字符)。
- 密码输入的内容是否支持粘贴。

- 密码的首字符是否支持数字和字母以外的任何其他字符。
- 密码是否区别大小写。
- 输入密码的错误次数超出规定的值时是否吞卡。
- 输入的密码应该显示星号。

测试用例的设计是测试工作的核心内容,应该尽可能地设计得周密细致。测试用例设计完成后需要进行评审,以确定设计的测试用例集合是否符合预期的要求。

1.4.7　注意测试中的群集现象

经验表明,测试后软件系统中残存的缺陷数目与该软件中已发现的缺陷数成正比。根据这个规律,应当对缺陷群集的软件部分进行重点测试,以提高测试投资的效益。

在所测的软件部分中,若发现缺陷数目多,则可能残存的缺陷数目也比较多。这种缺陷群集性现象已被许多软件的测试实践所证实。例如,在美国 IBM 公司的 OS/370 操作系统中,47% 的错误或缺陷仅与该系统的 4% 的程序模块有关。这种现象对测试很有用。例如,如果发现某一程序模块似乎比其他程序模块有更多的错误或缺陷的倾向,则应当花费较多的时间和代价测试这个程序模块。

1.4.8　确认缺陷的有效性

软件系统是由不同的模块或类构成的,当发现缺陷时需要对缺陷进行定位,定位后提交至缺陷管理系统,之后进入修复缺陷的过程。但是由于模块或类之间具有很强的关联性,导致缺陷之间也具有关联性,如 A 类和 B 类有消息传递,测试人员发现 A 类传递的参数类型不正确,这样会导致 B 类执行的结果也不正确,这时可能存在的情况是程序员修复了 A 类中不正确的参数类型之后,与 A 类相关的 B 类的执行结果不正确的缺陷会自动消失或称自动关闭。另外的情况是当发现了某缺陷之后,在没有将该缺陷提交缺陷管理系统之前的这段时间,缺陷已经被程序员发现并修复,这时我们提交的并不是真正的缺陷。

缺陷的有效性的来源可能还涉及:

- 测试过程的控制管理混乱。
- 对需求、分析及设计的理解歧义。
- 对代码理解的歧义。
- 运行环境的不合理。
- 人为因素。
- 测试工具和测试方法使用不当。

1.4.9　合理安排测试计划

测试计划是一个描述测试目的、测试范围、测试方法以及测试所需资源的项目文档。它可能包括标题、软件版本、文档目的、软件概要、需求跟踪、项目组织结构、项目风险分析、测试范围、测试环境(数据环境与软硬件环境)、测试方法以及附件等。测试计划是测试阶段的开始,合理的计划是成功的一半。测试计划一般解决的是 5W(What、When、Where、Who、How)的问题,即在什么时间、什么地点、由谁来怎样完成什么样的任务。测试计划除了合理之外,计划本身应该逻辑清晰。另外,测试计划在编写之前需要进行各方面的分析,这些分析包括需求分析、用户或者开发人员的沟通、被测系统的分析、测试方法的分析等。在编写测试计划时一个合理的测试计划模板也很重要,可以借鉴并使用一些实用有效的测试计划模板,也可以使用国际标准的测试计划模板,比如,IEEE 提供的测试计划标准模板。

1.4.10 进行回归测试

回归测试作为软件生命周期的一个组成部分,在整个软件测试过程中占有很大的比重,不同的测试级别都会进行多次回归测试。在渐进和快速迭代开发中,新版本的连续发布使回归测试进行得更加频繁,而在极限编程方法中,更是要求每天都进行若干次回归测试。因此,通过选择正确的回归测试策略来改进回归测试的效率和有效性是非常有意义的。

回归测试的目的是对修正缺陷后的应用程序进行测试,以确保缺陷被修复,并且没有引入新的软件缺陷。回归测试可以采用手工测试和自动化测试或手工和自动化结合的方式来检验软件缺陷是否被修正。回归测试又可分为完全回归测试和部分回归测试。完全回归测试是对所有修正的缺陷进行验证,执行全部的测试用例。但由于测试时间紧张,需要验证的缺陷数量巨大,可以对相关的测试用例进行部分回归测试,这时就要对测试用例集进行维护,常用的方法包括:

- 删除过时的测试用例。
- 改进或优化现有的测试用例。
- 删除冗余的测试用例。
- 增加新的测试用例。
- 考虑测试的优先级,对严重性高的缺陷进行回归测试。

前面曾提及缺陷之间具有关联性,某个缺陷可以因为其他缺陷而出现或者消失。此时,若想关闭某个缺陷,必须先关闭它的父缺陷。这些缺陷之间存在单纯依赖、多重依赖或复合依赖关系,依赖意味着新缺陷的出现或原来缺陷的消失。例如,A 缺陷单纯依赖于 B 缺陷,那么由于 B 缺陷的出现导致 A 缺陷的出现,或者 B 缺陷的修复导致 A 缺陷的消失,或者是 B 缺陷的修复导致其他缺陷的产生等。这些依赖关系可以用图 1-3 表示。

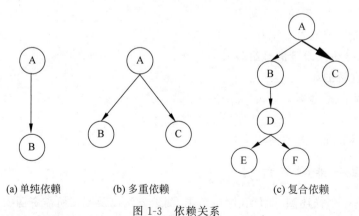

(a) 单纯依赖   (b) 多重依赖   (c) 复合依赖

图 1-3　依赖关系

基于缺陷之间的关联性,程序员在修正缺陷后,有可能会引入一处或多处缺陷,使得应用程序不能正常运行。另外,当需求变更或者增加新的需求时,对原有系统也具有类似的波及效应,可能会导致一个或更多个缺陷的产生。因此当应用程序有所改动时,也需要进行多次回归测试以保证缺陷被正确关闭,并且保证应用程序中原先正常运行的部分依然能正常工作。

1.4.11　测试结果的统计、分析及可视化

在测试用例执行完之后,除了不能再现和没必要修复的缺陷之外,所有其他的缺陷在缺陷跟踪工作中应该是"关闭"状态,这时测试管理人员和测试技术人员就可以对测试结果进行分析和统计。测试结果中可能存在着大量正确的以及错误的输出信息,因此,只有对这些输出信息进行深入的统计、分析和比较,才能够正确地鉴别测试后输出的数据,给出清晰的错误原因分析报告。

测试用例执行后需要对测试用例的执行情况(用例发现缺陷的比例等),缺陷的数量、类型及修复情况等要进行统计和分析,这些结果需要从不同的角度的可视化,以便于理解。另外,也需要对这些数据进行采集并归一化,为大数据分析做准备。当输出的信息很庞大时,可以借助专业的测试工具。

1.4.12　及时更新测试

由于各种原因,在测试过程中测试用例需要随时更新,例如,在详细设计说明书评审合格之后,测试人员就开始进行单元测试用例的分析和设计工作。而可能出现的情况是在后来的工作中由于某种原因对详细设计说明书做了修改,这时候单元测试的测试用例也必须更新,否则可能造成测试用例过时的现象,给测试工作带来不必要的麻烦,导致测试的失败。事实上,有可能导致测试失败的原因还有很多,可大致归纳为如下几点:

- 测试团队管理不规范,没有建立需求、分析和设计规约与测试用例之间的关联。
- 测试团队中沟通不畅,没做到内部的很好协调。
- 测试团队和项目团队沟通不畅。
- 测试过程中,执行角色混乱。
- 测试团队缺乏良好的培训。
- 没有适当的测试和管理工具。

在测试过程中,需求变更管理不善也是造成测试过程混乱的重要原因之一,从而导致测试失败或测试效果不佳,尤其是对于中小型软件企业来说出现这种情况的可能性更多一些。在一些大型的软件公司,可以通过定义严格的测试流程并使用成熟的测试变更管理工具等方法来避免类似情况的发生。另外,由于被测试系统的运行环境的变化、项目的交付时间的调整引起的测试时间的调整、资金支持的变化、是否使用测试工具等因素均可能导致测试的失败,因此,为了避免因各种因素导致测试失败的情况发生,唯一的解决办法就是要及时更新测试。

1.5　软件测试级别和模型

1.5.1　软件测试级别

在软件编码结束后,对编写的每个程序模块进行测试称为"模块测试"或"单元测试",在面向对象的程序设计中一般将对类的测试称为单元测试。在单元测试之后,将这些模块或类集成在一起而进行的测试称为"集成测试"。将整个程序模块或类集成为软件系统并安装在运行环境下,对于硬件、网络、操作系统及支撑平台构成整体系统而进行的测试称为"系统测试"。在上述测试后,需要检测与证实软件是否满足软件需求说明书中规定的要求,这就称为"验收测试"或者"确认测试"。所以,在整个软件开发过程中软件测试分为不同的级别,每个级别的测试起到不同的作用。

1. 单元测试

单元测试是针对各个代码单元进行的测试。测试仅围绕着具体的程序模块或类进行。单元测试将整体测试任务有效分解,对测试出的软件缺陷能够准确定位在模块级别,从而减轻了调试任务。此外,单元测试使得传统的流水软件测试流程得以分解,在某种程度上达到同步测试的目的,提高了测试阶段的效率。

在设计单元测试用例时,要注意对被测试单元两个方面的信息进行对比查看:详细设计和源代码。详细设计通常包含对被测试单元的接口(输入和输出)及功能(算法)的具体定义。在设计测试用例时,找出符合测试设计中有关准则的输入数据进行输入,然后检查结果,看其是否正确。

单元测试中常见的问题就是如何划分单元并独立地对其进行测试。对于一个单元应该多大才最为合适的问题,业界已经有过很多讨论,究竟一个单元仅仅是一个函数,一个类,还是相关的类的集合?这些讨论并不影响在这里所要阐述的观点。我们权且认为一个单元就是一个最小程序的代码块,开发人员可以对其进行独立地讨论。但是如何独立地来测试代码块呢?比如要测试某个类(比如是商业逻辑层中的一个类)的某个方法,但这个方法要连接到数据库,这个类怎么来进行单元测试呢?对单元进行独立的测试涉及仿真对象(Mock Object)的概念。传统的单元测试术语(Unit Testing Terminology)包括了驱动模块(Driver)和桩模块(Stub)。驱动模块的目的很单纯,就是为了访问类库的属性和方法来检测类库的功能是否正确;桩模块的目的同样很单纯,就是提供需要和测试类库交互的那些类的实现。

如果被测试的单元需要调用其他的功能或者函数,就应该设计一个和被调用单元名称相同的桩模块来模拟被调用单元。这个桩模块本身不执行任何功能,仅在被调用时返回静态值来模拟被调用模块的行为。例如,如果被测试单元中需要调用另一个模块 Customer 的函数 getCustomerAddress(customerID: Integer),这个函数应该查询数据库后返回某一个客户的地址。我们设计的同名桩模块中的同名函数并没有真正对数据库进行查询,而仅模拟了这个行为,直接返回了一个静态的地址,例如 123 Newton Street。桩模块的设置使得单元测试的进行成为一个相对独立且简单的过程。

与桩模块对应的是驱动模块(见图 1-4),如果被测试模块中的函数是提供给其他函数调用的,在设计测试用例时就应该设计驱动模块。下面用一个例子来说明驱动模块的用法。驱动模块可以通过模拟一系列用户操作行为,比如选择用户界面上的某一个选项或者单击某个按钮等,自动调用被测试模块中的函数。驱动模块的设置,使对模块的测试不必与用户界面真正交互。

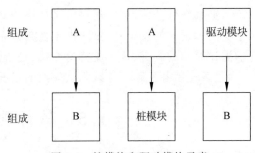

图 1-4　桩模块和驱动模块示意

单元测试必须将代码单元与系统其他部分隔离,进行独立的测试。单元作为被测试的最小单位几乎是对源代码直接测试,因此需要与开发人员密切配合。

单元测试最重要的目的是保证每个代码单元正确、完整地执行其定义(如系统详细设计规约中定义)的功能。单元测试往往由一系列的测试用例构成,这些测试用例根据每个功能来定义其测试用例的输入、输出及行为。单元测试除了用功能性测试方法外,还可以利用结构性测试(白盒测试)方法进行测试。

除上述之外,单元测试还要考虑到在下一步的集成测试中各个单元整合后的健壮性

（robustness），因而单元测试要同时考虑一些非功能性因素，比如对代码单元效率（Efficiency）、可维护性（Maintainability）的测试。效率是指对计算机资源的耗用，比如内存占用率、系统响应时间、硬盘及网络访问时间等。可维护性是指对已编写好的代码单元的后期修改、扩展及维护难易程度。决定可维护性高低的一个重要标准是在代码单元编写好的一段时间后（如数月或数年之后），此代码单元对于任何源代码维护人员而言的易读性、易理解性以及易修改性。所以代码的结构、模块划分的标准、源程序的注释、编写格式标准化等都是重要的衡量因素。

2. 集成测试

集成测试（也叫组装测试，联合测试）是单元测试的逻辑扩展。它的最简单形式是已经测试过的单元组合在一起，主要目的是测试单元之间的接口。集成测试的工作主要是把单元测试过的各模块或类逐步集成在一起来测试数据是否能够在各模块或类间正确流动，以及各模块或类能否正确同步。与单元测试相比较，集成测试是比较复杂的，而且对于不同的技术、平台和应用，差异也比较大。集成测试更多是和开发环境融合在一起的，在编程过程中去实现，这些环境如 Microsoft Visual Studio .NET 和 Eclipse 等集成开发/测试环境。更正确的说法是，集成测试要追溯到设计阶段。当设计数据接口（DB、XML 等）、组件接口、应用接口（API）的时候，就要审查接口的规范性、一致性等，这时已经开始了集成测试。

集成模式是软件集成测试中的策略体现，其重要性是明显的，直接关系到测试的效率、结果等，一般要根据具体的系统来决定采用哪种模式。集成测试的模式基本可以概括为以下两种：

- 非渐增式集成测试模式：先分别测试每个模块或类，再把所有模块或类按设计要求一次性全部组装起来构成所要的系统，然后对其进行集成测试。
- 渐增式集成测试模式：把下一个要测试的模块或类与已经测试好的模块或类结合起来进行集成测试。

用非渐增式集成测试模式测试时可能发现大量缺陷，为每个缺陷的定位和纠正非常困难，并且在改正一个缺陷的同时又可能引入新的缺陷，新旧缺陷混杂，更难断定出错的原因和位置。与之相反的是渐增式集成测试模式，程序一段一段地扩展，测试的范围一步一步地增大，缺陷易于定位和纠正，接口的测试也可做到完全、彻底。两种模式中，渐增式集成测试模式虽然需要编写的 Driver 或 Stub 程序较多，发现模块间接口缺陷相对稍晚些，但渐增式集成测试模式还是具有比较明显的优势。

在实际测试中，应该将两种模式有机结合起来，采用并行的自顶向下、自底向上的集成方式，而形成改进的三明治方法。而更重要的是采取持续集成的策略。软件开发中各个模块或类不是同时完成的，根据进度将完成的模块或类尽可能早地进行集成，有助于尽早发现缺陷，避免集成阶段大量缺陷涌现。同时自底向上集成时，先期完成的模块或类将是后期模块的桩程序，而自顶向下集成时，先期完成的模块或类将是后期模块或类的驱动程序，从而使后期模块或类的单元测试和集成测试出现了部分交叉，不仅节省了测试代码的编写，也有利于提高工作效率。

从测试程度角度来讲，集成测试可以分为两种：手工黑盒和代码灰盒。灰盒测试是介于白盒测试和黑盒测试之间的测试，是现代测试的一种思想，是指在白盒测试中交叉使用黑盒测试的方法，在黑盒测试中交叉使用白盒测试的方法。手工黑盒与后续的系统测试的测试用例存在重用，代码灰盒是指针对组件的接口采用代码调用的方式来测试，一般不会涉及白盒测试，即不关心组件内部是如何实现的，只关心组件的接口。

3. 系统测试

系统全部集成完毕以后的测试是系统测试。系统测试是将软件、计算机硬件、外设、网络等其他元素结合在一起所进行的测试,主要测试用户的功能性和非功能性需求指标是否都在软件中正确实现,检测已集成在一起的软件产品是否符合系统需求规格说明书的要求。该测试把软件作为一个黑盒,针对每个需求规格组织各种输入并根据软件输出来判断该需求规格是否正确实现,因此系统测试偏重于黑盒测试。

系统测试人员负责制订测试计划并依照测试计划进行测试。这些测试包括功能性的测试(黑盒测试)和非功能性的测试(如压力测试)等。测试人员需要良好的测试工具来辅助完成测试任务,自动化的测试工具将大幅提高系统测试人员的工作效率、测试的效果和质量。

4. 验收测试

验收测试是部署软件之前的最后一个测试阶段。验收测试的目的是确保软件准备就绪,验证软件的有效性。验收测试的任务,即验证软件的功能和性能及其他特性是否满足用户的需求。验收测试是一项管理严格的过程,它通常是系统测试的延续。计划和设计验收测试的周密和详细程度不亚于系统测试。测试用例包括测试系统特性测试用例和系统测试中所执行测试用例的子集。在很多组织中,验收测试是完全自动执行的。

验收测试一般包括用户验收测试、系统管理员的验收测试(包括测试备份和恢复、灾难恢复、用户管理、任务维护、定期的安全漏洞检查等)、基于合同的验收测试、α 测试和 β 测试。

对于验收测试,在某些组织中,开发组织(或其独立的测试小组)与最终用户组织的代表一起执行验收测试。在其他组织中,验收测试则完全由最终用户组织执行,或者由最终用户组织选择人员组成一个客观公正的小组来执行。

1.5.2 软件测试生命周期

把测试的生命周期分为几个阶段。前三个阶段是引入程序缺陷阶段,也就是开发过程中的需求(分析)、设计(包括概要设计和详细设计)、编码阶段,在这前三个阶段需要对其工作产品做评审,评审就是一种静态测试。这些阶段极易引入缺陷或者由这些阶段引起的而导致开发过程的其他阶段产生缺陷。代码生成后,是通过测试发现这些阶段的缺陷,这里的测试是一种动态测试,这需要通过使用适当的测试技术和方法来实现。最后的三个阶段是清除缺陷的阶段,其主要任务是发现缺陷、进行缺陷分类、缺陷隔离和缺陷修复。其中在修复旧缺陷时很可能引进新的缺陷,导致原来能够正确执行的程序出现新的缺陷。图 1-5 给出了软件测试生命周期(Software Testing Life Cycle)的模型。

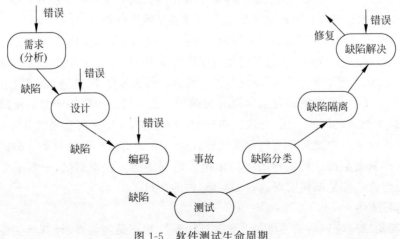

图 1-5　软件测试生命周期

1.5.3 开发和测试模型

任何一个软件项目的开发都应该遵循针对项目实际情况预先选择的软件开发生命周期模型(IEEE/IEC 12207),软件测试是每个软件开发生命周期模型中必不可少的环节。本节通过对 V 模型、W 模型、H 模型及其他模型的分析,描述了软件测试在软件生命周期中的角色,探讨了不同软件测试级别以及测试类型在软件生命周期中的应用。

从软件测试的角度来讲,软件开发的 V 模型(Boehm,1979)最为重要。V 模型是最广为人知的测试模型。Boehm 在其 V 模型中表明,软件测试和程序编写在软件开发过程中同等重要。这个理论指出了软件测试不仅仅是软件开发的一个独立阶段,而应贯穿于整个软件生命周期中。每个测试工程师及程序员都应该熟悉 V 模型中蕴含的理论,其原理即使在其他软件开发模型中也是通用的。除 V 模型外,对其他一些软件测试涉及的常用模型如 W 模型、H 模型及前置模型均有简要介绍。

1. V 模型

V 模型是最具有代表意义的测试模型,最早由 Pual Rook 于 20 世纪 80 年代末提出。V 模型是软件开发瀑布模型的变种,它反映了测试活动与分析和设计的关系。V 模型指出软件测试不仅仅是软件开发的一个独立阶段,而应贯穿于整个软件生命周期中,V 模型中的右分支列出的软件测试任务和相应的左分支列出的软件开发任务在整个软件项目中有同等的重要性。其左右分支形成了 V 字形,故称作 V 模型。CMM/CMMI 模型仅强调了软件开发项目中什么(What)任务必须要进行,而 V 模型在此基础上还补充说明了什么时间(When),怎么样(How)来实施这些任务。最典型的 V 模型版本一般会在其开始部分对软件开发过程进行描述,如图 1-6 所示。

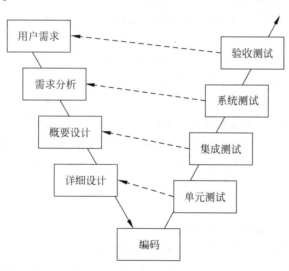

◄ - - - 所指意为测试的分析和设计的依据

图 1-6 V 模型

从左到右,该模型描述了基本的开发阶段和测试阶段,非常明确地标明了测试过程中存在的不同级别,并且清楚地描述了这些测试阶段和开发各阶段的对应关系。如图 1-6 所示,实线箭头代表了时间方向,V 模型的左分支下降的部分是表示开发过程各阶段:用户需求、需求分析、概要设计、详细设计及编码;与此相对应的是右分支上升的部分,即测试过程的各个阶段:

单元测试,集成测试,系统测试及验收测试。V 模型左侧的软件开发阶段和传统瀑布模型的开发步骤相一致。V 模型右侧的测试级别是随着软件开发程度的加深而对应的不同级别的测试阶段。

(1) 单元测试。

与详细设计对应的是单元测试。单元测试检测开发的代码是否符合详细设计的要求。它主要是对详细设计中的每个功能单元(通常是函数、过程或类)代码进行逻辑覆盖测试或功能测试,因此单元测试既可以用白盒测试也可以用黑盒测试。

(2) 集成测试。

与概要设计对应的是集成测试。因为概要设计的工作主要是根据功能把大的系统进行模块分解,所以集成测试的工作主要是把各模块逐步集成在一起来测试数据是否能够在各模块间正确流动,以及各模块能否正确同步。因为这种测试依赖于软件的架构但又不关心每个函数的实现细节,所以该测试关注的是模块之间的接口。

(3) 系统测试。

与需求分析对应的是系统测试。因为系统的需求分析工作是分解用户的功能性和非功能性需求并规格化,如性能需求、安全性需求等,并对应到系统中,所以系统测试的工作主要就是测试这些功能性和非功能性(如性能指标)需求是否都在软件中正确实现。系统测试检测已集成在一起的产品是否符合系统规格说明书的要求。该测试把软件作为一个黑盒,针对每个需求规格组织各种输入并根据软件输出来判断该需求规格是否正确实现,因此系统测试偏重于黑盒测试。

(4) 验收测试。

与用户需求对应的是验收测试。它是针对系统是否满足用户需求、业务流程等的验收。当技术部门完成了所有测试工作后,由业务专家或用户进行验收测试,以确保产品能真正符合用户业务上的需要。

在测试的每一个级别中,测试结果都要和相应开发阶段的规约比较而进行功能准确性测试,也称验证(Verification),即软件生命周期中的每个阶段的成果是否满足上一个阶段所设定的目标。除此之外,V 模型还要求对每个测试级别内被测试内容的正确性及完整性与相应的开发需求进行确认(Validation),即针对测试设计内容本身的准确性进行确认。每个级别的测试都应该包含上述两个方面,而且功能准确性测试的程度会随测试级别的升高而逐步加深。在实践中,V 模型中的各个开发及测试阶段往往会根据具体情况有所增减甚至组合或重新排列。

2. W 模型

V 模型存在一定的局限性,它仅仅把测试过程作为在需求定义、需求分析、系统概要设计、系统详细设计及编码之后的一个阶段,容易使人理解为测试是软件开发的最后阶段,是待需求定义、分析、设计和编码完成之后才进行软件的测试工作,测试主要是针对程序进行,而需求定义、需求分析、概要设计、详细设计阶段隐藏的问题一直到后期的系统测试和验收测试才被发现。在 V 模型中增加软件各开发阶段应同步进行的测试,被演化为一种 W 模型。在 W 模型中开发是 V,测试也是与此相重叠的 V。W 模型体现了"尽早地和不断地进行软件测试"的原则,更加符合现代的软件开发过程思想。

相比于 V 模型,W 模型可以说是前者自然而然的发展和演化,由 Evolutif 公司在 1999 年提出。相对于 V 模型,W 模型增加了软件各开发阶段中应同步进行的验证和确认

(Verification&Validation)活动。如图1-7所示,W模型由两个V字形模型组成,分别代表测试与开发过程,图中明确表示出了测试与开发的并行关系。

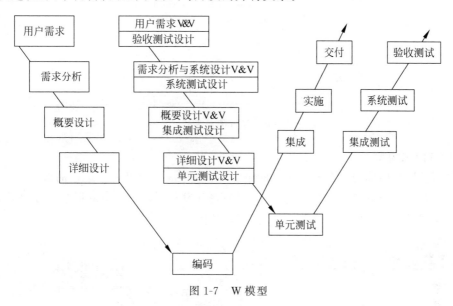

图1-7 W模型

W模型强调:测试伴随着整个软件开发周期,而且测试的对象不仅仅是程序,需求、设计等阶段的工作产品同样要测试,也就是说,测试与开发是同步进行的。W模型有利于尽早地、全面地发现问题。例如,需求分析完成后,测试人员就应该参与到对需求的验证和确认活动中,以尽早地找出错误或缺陷所在。同时,对需求的测试也有利于及时了解项目难度和测试风险,及早制定应对措施,这将显著减少系统测试时间,加快项目进度。但W模型也存在局限性:在W模型中,需求、设计、编码等活动被视为串行的,同时,测试和开发活动也保持着一种线性的前后关系,上一阶段完全结束才可正式开始下一个阶段工作。这样就无法支持迭代的开发模型。对于当前软件开发复杂多变的情况,W模型并不能完全解除测试管理所面临的困惑。

3. H模型

H模型将软件测试看成一个独立的流程贯穿于软件产品的开发周期,当某个测试时间点就绪时,软件测试工作就可以开始。

V模型和W模型均存在一些不妥之处。如前所述,它们都把软件的开发视为需求、设计、编码等一系列串行的活动,而事实上,这些活动在大部分时间内是可以交叉进行的,所以,相应的测试之间也不存在严格的次序关系。同时,各层次的测试(单元测试、集成测试、系统测试等)也存在反复触发、迭代的关系。为了解决以上问题,有专家提出了H模型。它将测试活动完全独立出来,形成了一个完全独立的流程,将测试准备活动和测试执行活动清晰地体现出来,如图1-8所示。

图1-8仅仅演示了在整个开发周期中某个层次上的一次测试"微循环"。图中标注的其他流程可以是任意的开发流程,例如设计流程或编码流程。也就是说,只要测试条件成熟了,测试准备活动完成了,测试执行活动就可以(或者说需要)进行了。

H模型揭示了一个原理:软件测试是一个独立的流程,贯穿产品整个生命周期,与其他流程并发地进行。H模型指出软件测试要尽早准备,尽早执行。不同的测试活动可以是按照某个次序先后进行的,但也可能是反复的,只要某个测试达到准备就绪点,测试执行活动就可以开展。

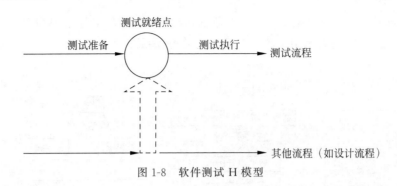

图 1-8　软件测试 H 模型

4. 前置测试模型

前置测试模型则体现了开发与测试的结合,要求对每个交付内容进行测试。前置测试模型是一个将测试和开发紧密结合的模型,此模型将开发和测试的生命周期整合在一起,伴随项目开发生命周期从开始到结束的每个关键行为,如图 1-9 所示。

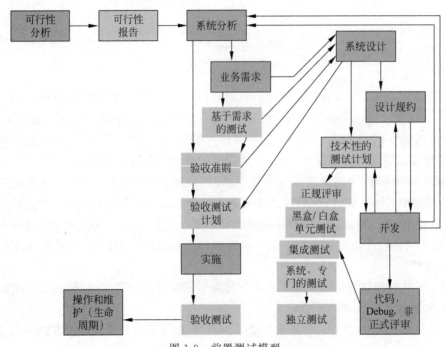

图 1-9　前置测试模型

前置测试模型体现了以下要点。

(1) 开发和测试相结合。

前置测试模型将开发和测试的生命周期整合在一起,标识了项目生命周期从开始到结束之间的关键行为,并且表示了这些行为在项目周期中的价值所在。如果其中有些行为没有得到很好的执行,那么项目成功的可能性就会因此而有所降低。如果有业务需求,则系统开发过程将更有效率。在没有业务需求的情况下进行开发和测试是不可能的,而且业务需求最好在设计和代码阶段之前就被正确定义。

(2) 对每一个交付内容进行测试。

每一个交付的开发结果都必须通过一定的方式进行测试。源程序代码并不是唯一需要测试的内容。图 1-9 中的颜色最深的框表示了其他一些要测试的对象,包括系统分析、系统设计文档等。这同 V 模型中开发和测试的对应关系是相一致的,并且在其基础上有所扩展,变得更为明确。前置测试模型包括两项测试计划技术:

- 开发基于需求的测试用例。这并不仅仅是为以后提交上来的程序的测试做好初始化准备,也是为了验证需求是否是可测试的。这些测试可以交由用户进行验收测试,或者由开发部门做某些技术测试。很多测试团体都认为,需求的可测试性即使不是需求首要的属性,也应是其最基本的属性之一。因此,在必要时可以为每一个需求编写测试用例。不过,基于需求的测试最多也只是和需求本身一样重要。一项需求可能本身是错误的,但它仍是可测试的。而且,无法为一些被忽略的需求来编写测试用例。
- 定义验收标准。在接受交付的系统之前,用户需要用验收标准来进行验证。验收标准并不仅仅是定义需求,还应在前置测试之前进行定义,这将帮助揭示某些需求是否正确,以及某些需求是否被忽略了。

同样地,系统设计在投入编码实现之前也必须经过测试,以确保其正确性和完整性。很多组织趋向于对设计进行测试,而不是对需求进行测试。Goldsmith 曾提供过 15 项以上的测试方法来对设计进行测试,企业或组织也只使用了其中很小的一部分。在对设计进行的测试中有一项非常有用的技术,即评审技术。同时,制订计划以确定应如何针对提交的设计进行测试,这在处于设计阶段并即将进入编码阶段时十分有用。

(3) 在设计阶段进行测试计划和测试设计。

设计阶段是做测试计划和测试设计的最好时机。很多组织要么根本不做测试计划和测试设计,要么在即将开始执行测试之前才飞快地完成测试计划和测试设计。在这种情况下,测试只是验证了程序的正确性,而不是验证整个系统本该实现的东西。

在 V 模型中,验收测试最早被定义好,并在最后执行,以验证所交付的系统是否真正符合用户业务的需求。与 V 模型不同的是,前置测试模型认识到验收测试需要考虑对定义基于需求的测试,以及定义验收标准及系统设计是否完成,因为验收测试计划需要参考系统的设计。

技术方面的测试主要是针对开发代码的测试,例如 V 模型中所定义的动态的单元测试、集成测试和系统测试。另外,前置测试还提示我们应增加静态审查,以及独立的 QA 质量保证测试。QA 测试通常跟随在系统测试之后,从技术部门的意见和用户的预期方面出发,进行最后的检查,同样还有非功能性测试,这些测试包括负载测试、安全性测试和可用性测试等,这些测试不是由业务逻辑和应用来驱动的。对技术方面测试最基本的要求是验证代码的编写和设计的要求是否相一致。

(4) 测试和开发结合在一起。

前置测试将测试执行和开发结合在一起,并在开发阶段以编码—测试—编码—测试的方式来体现。也就是说,程序片段一旦编写完成,就会立即进行测试。普通情况下,先进行的测试是单元测试,因为开发人员认为通过测试来发现缺陷是最经济的方式。在技术测试计划中必须定义好测试和开发如何结合。测试的主体方法和结构应在设计阶段定义完成,并在开发阶段进行补充和升级。这尤其会对基于代码的测试产生影响,这种测试主要包括针对单元的测试和集成测试。总之,如果在执行测试之前做一点计划和设计,都会提高测试效率,改善测试结果,而且对测试复用也更加有利。

(5) 让验收测试和技术测试保持相互独立。

验收测试应该独立于技术测试,这样可以提供双重的保险,以保证设计及程序编码能够符合最终用户的需求。验收测试既可以在实施阶段的第一步执行,也可以在开发阶段的最后一步执行。

前置测试模型提倡验收测试和技术测试沿着两条不同的路线来进行,每条路线分别验证系统是否能够如预期的设想进行正常工作。这样,当单独设计好的验收测试完成了系统的验证,即可确信这是一个正确的系统。

(6) 反复交替的开发和测试。

在项目中从很多方面可以看到变更的发生,例如需要重新访问前一阶段的内容,或者跟踪并纠正以前提交的内容、修复缺陷、排除多余的成分,以及增加新发现的功能等。开发和测试需要一起反复交替地执行。该模型并没有明确指出参与的系统部分的大小,这一点和 V 模型中所提供的内容相似。不同的是,前置测试模型对反复和交替进行了非常明确的描述。

(7) 发现内在的价值。

前置测试能给需要使用测试技术的开发人员、测试人员、项目经理和用户等带来很多不同于传统方法的内在的价值。与以前的方法中很少划分优先级所不同的是,前置测试用较低的成本来及早发现缺陷,并且充分强调了测试对确保系统的高质量的重要意义。前置测试代表了对测试的新的不同的观念。在整个开发过程中,前置测试反复使用了各种测试技术以使开发人员、经理和用户节省其时间,简化其工作。

通常情况下,开发人员会将测试工作视为阻碍其按期完成开发进度的额外负担。然而,当提前定义好该如何对程序进行测试以后,我们会发现开发人员将至少节省 20% 的时间。虽然开发人员可能很少意识到他们的时间是如何分配的,也许他们只是感觉到有一大块时间从重新修改中节省下来可用来进行其他的开发。保守地说,在编码之前对设计进行测试可以总共节省将近一半的时间,这可以从以下方面体现出来:

- 针对设计的测试是检验设计的一个非常好的方法,由此可以及时避免因为设计不正确而造成的重复开发及代码修改。通常情况下,这样的测试可以使设计中的逻辑缺陷凸显出来。另外,设计测试用例还能揭示设计中比较模糊的地方。总的来说,如果不能勾画出如何对程序进行测试,那么程序员很可能也很难确定他们所开发的程序怎样才算是正确的。
- 测试工作先于程序开发而进行,这样可以明显地看到程序应该如何工作;否则,如果要等到程序开发完成后才开始测试,那么测试只是查验开发人员的代码是如何运行的。而提前的测试可以帮助开发人员立刻定位缺陷。
- 在测试先于编码的情况下,开发人员可以在完成编码时就立刻进行测试,而且会更有效率。在同一时间内能够执行更多的现成的测试,测试人员的思路也不会因为去搜集测试数据而被打断。
- 即使是最好的程序员,从他们各自的观念出发,也常常会对一些看似非常明确的设计说明产生不同的理解。如果他们能参考到测试的输入数据及输出结果要求,就可以帮助他们及时纠正理解上的误区,使其在一开始就编写出正确的代码。
- 前置测试定义了如何在编码之前对程序进行测试设计,开发人员一旦体会到其中的价值,就会对其表现出特别的欣赏。前置方法不仅能节省时间,而且可以减少那些令他们十分厌恶的重复工作。

1.6　软件测试的类型

软件测试类型广义上说有两种:功能性测试和非功能性测试。从测试的技术上来划分可分为黑盒测试(功能性测试)、白盒测试(结构性测试)和介于黑盒和白盒之间的灰盒测试。按照测试阶段划分可分为单元测试、集成测试、系统测试和验收测试。按照测试的实施组织划分可分为开发方测试、用户测试和第三方测试。按照测试的方式划分可分为静态测试和动态测试。关于测试的类型，根据不同的分类方法，能够分出几十种。因为软件测试技术还处于不断的发展阶段，类型划分还不统一，所以，作为测试人员遇到一些没有接触过的类型，知道该种测试类型的测试目的和测试角度就可以了。

软件的功能需求指明软件必须执行的功能，定义系统的行，即软件在某种输入条件下要给出确定的输出必须做的处理或转换。功能需求通常是软件功能的"硬指标"，如"支持分布式环境中消息的可靠传输""数据传输必须进行动态加密"等；非功能需求不描述软件做什么，而描述软件如何做。非功能需求通常作为软件设计的"软指标"，如"系统具有可伸缩性""安全性"等。为此，可以把功能需求对应的功能称为"功能性特征"，把非功能需求对应的功能称为"非功能性特征"。

依据相关软件产品测试评判标准，从功能、安全性、可靠性、易用性、速度、资源占用率、兼容性、可扩充性、用户文档和用户满意度调查 10 个质量特性进行测试，是对产品进行全面的测试评价，即通过功能性测试和非功能性测试来实现。源代码测试包括对代码结构、代码可维护性、功能度、代码覆盖率和内存分配 5 个方面进行测试，这些测试可以通过功能性和非功能性及白盒测试来实现。通过代码走查、覆盖率分析、内存分析等手段对代码的覆盖和优化进行评估，降低不规范编码带来的风险，以提高代码的可读性和可维护性，可以通过静态测试来实现。

1.6.1 功能性测试

功能性测试是基于软件产品功能方面的测试，既可以用于单元级别，也可以用于集成和系统测试级别。功能性测试不考虑程序的具体执行路径，仅关注功能是否实现。

功能测试又称为黑盒测试或数据驱动测试，是把测试对象看作一个黑盒子。利用黑盒测试法进行动态测试时，需要测试软件产品的功能，不需测试软件产品的内部结构和处理过程。采用黑盒技术设计测试用例的方法有等价类划分、边界值分析、决策表法、正交实验法和场景法等。这些具体的设计方法将在后续章节中详述。

黑盒测试注重于测试软件的功能性需求。黑盒测试并不是白盒测试的替代品，而是和白盒测试有着互补的效果，发现白盒测试不能发现的缺陷。黑盒测试试图发现以下类型的错误或缺陷：

- 功能错误或遗漏；
- 界面错误；
- 数据结构或外部数据库访问错误；
- 性能错误；
- 初始化和终止错误。

采用黑盒测试方法设计测试用例，所使用的唯一信息就是软件的规格说明书。黑盒测试用例具有两个显著的特点：

- 黑盒测试与软件如何实现无关，所以如果软件的实现发生变化，黑盒测试用例仍然有用。
- 测试用例的分析和设计与软件实现可以并行，因此可压缩总的项目开发时间。

在缺点方面，黑盒测试用例也常常会带来两个方面的问题：测试用例之间可能存在严重的冗余；可能还会有未测试的软件功能漏洞。

黑盒测试的缺点是测试的结果取决于测试用例的设计，测试用例的设计部分来源于经验、测试技术的运用和对被测试系统业务的了解等。黑盒测试目前还很难做到针对被测试程序的状态转换来测试造成系统崩溃的原因。

1.6.2 非功能性测试

一个软件产品除了具有功能性的特性之外,还具有一些非功能性的特性,所以,除功能性测试外,应该包含软件产品的非功能性需求的测试。非功能性测试主要是基于产品的性能、负载、可用性、交互性、可维护性、安全性、可靠性及可移植性等方面的测试;还应该包括测试产品是否遵守指定的标准、规范和约束,以及操作界面的具体细节和构造上的限制等。尽管在大多数项目中,能够对功能性测试进行良好的测试,但是对非功能性测试却存在一定的难度。因此,在进行功能性测试的同时,需要在测试生命周期的每个阶段都重视非功能性测试。

典型的非功能性测试包括:

- 配置/安装测试:用来保证正确安装硬件和软件,创建所有必需的文件和连接,加载所有适当的数据文件(如数据库或历史信息),正确地设置系统默认值以及与其他系统或外设的接口都能正常工作。
- 兼容性测试:用于验证当被测应用运行在真实的环境下时,它的操作不会对其他系统产生不利的影响,反之亦然。
- 文档和帮助测试:应当检查用户文档和帮助信息与需求规格说明文档的一致性,包括文档评审、交叉引用检查等。
- 故障恢复测试:用于验证当被测应用出现故障或异常后(如断电)能否恢复到"正常"状态。
- 可靠性测试:用于保证被测应用在典型的环境下使用的健壮性和可靠性。
- 保密性测试:根据被测软件的保密性要求,对保证数据和软件的机密性、可用性和完整性的需求而进行的测试,目的是要测试软件所实现的特性是否提供了对数据等所需级别的保护。
- 压力测试:用于检查系统在瞬间峰值负荷下正确执行的能力,目的是识别出那些只有在这样的不利条件下才出现的错误或缺陷。压力测试就是一种验证软件系统极限能力的性能测试。压力测试与负载测试的区别在于负载测试需要进行多次测试和记录,例如随着并发的虚拟用户数的增加,系统的响应时间、内存使用、CPU 使用情况等方面的变化如何。压力测试的目的很明确,就是要找到系统的极限点。在系统崩溃或与指定的性能指标不符时的点就是软件系统的极限点。实际上,在做性能测试的过程中不会严格区分这些概念,它们的界限有些模糊。对于测试人员来说,更关心的是如何满足性能需求,如何进行性能测试。
- 性能测试:系统的性能是否满足需求规定的各种指标,比如吞吐率或者响应时间等。在需求规约的描述中经常碰到对性能需求描述明确或不明确的情况。无论需求规约中对性能需求的描述是否明确,分析和设计以及代码人员均应该根据所开发软件的具体情况考虑系统的性能。对于不明确的性能需求,通常需要进行的不是极限测试,而是负载测试,需要逐级验证系统在每个数据量和并发量的情况下的性能响应,然后综合分析系统的性能表现形式。

1.6.3 软件结构性测试

白盒测试(又称逻辑驱动测试、结构性测试)是把测试对象看作一个打开的盒子。利用白盒测试法进行动态测试时,可通过测试来检测软件产品内部动作是否按照规格说明书的规定正常进行是否按照程序内部的结构测试程序,检验程序中的通路(路径)是否都有可能按预订的要求正确工作,而不考虑其功能性。白盒测试的主要方法有逻辑驱动、基路径测试等,主要用于软件验证。白盒测试法的覆盖标准有逻辑覆盖、循环覆盖和基路径覆盖。其中逻辑覆盖包括语句覆盖、判(断)定覆盖、条件覆盖、判(断)定/条件覆盖和条件组合覆盖。这5种覆盖标准发现缺陷的能力呈由弱至强的变化。语句覆盖即每条语句都至少执行一次;判定覆盖即每个判定的每个分支都至少执行一次;条件覆盖即每个判定的每个条件都应取到各种可能的值;判定/条件覆盖同时满足判定覆盖和条件覆盖;条件组合覆盖即每个判定中各条件的每一种组合都至少覆盖一次。另外,基路径覆盖是使程序中满足条件的基路径都至少执行一次。这些白盒测试方法在后面章节中将做详细分析。

白盒测试法需要全面了解程序内部逻辑结构,对所有逻辑路径进行分析。白盒测试法是研究路径的测试。在使用这一方法时,测试者必须检查程序的内部结构,从检查程序的逻辑着手,得出测试数据。贯穿程序的独立路径数可能是天文数字,但即使每条路径都测试了仍然可能存在缺陷。第一,即使穷举路径测试也不能查出程序违反了设计规范,即程序本身是个错误的程序;第二,穷举路径测试不可能查出程序中因遗漏路径而出错的情况;第三,穷举路径测试可能发现不了一些与数据相关的错误或缺陷。

1.6.4 变更相关的测试(再测试和回归测试)

当一个缺陷被发现并被修正之后,软件应该重新进行测试(称再测试)以确保原来的缺陷成功地被消除。当软件相关模块(组件或类)修改以后或软件系统增加了相关模块(组件或类),为了确保软件的正确性,也必须对相关模块进行回归测试。

每当一个新的模块或类被当作集成测试的一部分加进来时,软件就发生了改变。新的数据流路径建立起来,新的输入输出(I/O)操作可能也会出现,还有可能激活新的控制逻辑。这些改变可能会使原本工作得很正常的软件功能产生缺陷。在集成测试策略的背景环境中,回归测试是对某些已经进行过测试的某些子集再重新进行测试,以保证上述改变不会传播无法预料的副作用。在更广的测试背景环境中,如单元测试、系统测试等测试工作结束后,测试结果都会发现缺陷,而缺陷是要被修正的,每当软件被修改时,相关的软件配置(程序、文档或者数据)也可能被修改,回归测试就是用来保证改动不会带来不可预料的行为或者另外的缺陷的。

回归测试可以通过重新执行所有的测试用例集或所有测试用例集的一个子集,通过人工来进行测试,也可以使用自动化的捕获回放工具来进行测试。捕获回放工具使得软件测试工程师能够捕获到测试用例,然后就可以进行回放和比较。回归测试集一般包括三种不同类型的测试用例:

- 能够测试软件所有功能的具有代表性的测试用例;
- 专门针对可能因为被修改而影响某些软件功能的附加测试用例;
- 针对修改过的软件部分的测试用例。

在集成测试进行的过程中,回归测试工作量可能会变得非常庞大。因此,在进行回归测试的设计时应当只涉及那些和发现缺陷有关的或可能会受影响的模块或类来进行测试。每当进行一个修改时,就对每个程序功能都重新执行所有的测试用例是不实际的,而且效率很低。

在实际工作中,回归测试需要反复进行,当测试者一次又一次地完成相同的测试时,这些回归测试将变得非常令人厌烦,而当大多数回归测试需要手工完成的时候尤其如此,因此,需要通过自动测试来实现重复的和一致的回归测试。通过测试自动化可以提高回归测试效率。

为了支持多种回归测试策略,自动测试工具应该是通用的和灵活的,以便满足不同回归测试目标的要求。

在组织回归测试时需要注意两点:首先是各测试阶段发生的修改一定要在本测试阶段内完成回归,以免将缺陷遗留到下一测试阶段。其次,回归测试期间应对该软件版本冻结,将回归测试发现的问题集中修改,集中回归。在实际工作中,可以将回归测试与兼容性测试结合起来进行。在新的配置条件下运行旧的测试可以发现兼容性问题,而同时也可以揭示编码在回归方面的缺陷。

回归测试适用于任何测试级别。

1.7 软件测试的基本过程

软件测试的基本过程包括软件测试计划,测试分析和设计,测试实施、执行和监控,测试报告及测试结束活动等方面。

软件测试计划一般开始于软件需求分析结束阶段,计划应该指明测试范围、方法、资源以及相应测试活动的时间进度安排。具体应该包含测试目标、项目概述、组织形式、角色及职责、测试对象、测试通过和失败的标准(测试何时结束、度量的尺度如何、度量的评价标准等)、测试挂起的标准及恢复测试的必要条件、测试任务的安排、应交付的测试工作产品、工作量估计及退出测试的标准等。

退出测试的标准可以通过几个方面考虑,如计划中的测试用例是否执行完毕,是否达到功能、语句等计划的覆盖指标,继续测试发现缺陷的数量减少低于度量标准等。

软件测试计划的制订不是不变的,在软件测试的过程中由于多种原因(计划本身的不完善、时间因素、技术因素等)可能导致对测试计划的调整,这也是测试控制的一个重要方面。

测试的分析和设计首先要有其分析和设计的依据,在软件测试的不同阶段测试分析的依据是不同的,在单元测试阶段分析的依据是详细设计规约,在集成测试阶段分析的依据是概要设计规约,在系统测试阶段分析的依据是需求分析规约,在验收测试阶段分析的依据是需求规约。在分析过程中规约不是唯一的依据。由于软件开发过程中的文档可能不是十分的完整,这就要求测试分析人员从其他方面进行分析作为补充,在分析的基础上再进行测试用例的设计。测试用例的设计可以以需求、分析和设计说明书为基础并结合测试方法和技术来进行,如从软件的流程图、功能点、状态图、use-case 图等方面并结合白盒和黑盒测试技术进行测试用例的设计。测试用例的设计应该遵循从逻辑测试用例到实际测试用例的设计过程,设计测试用例的多少或达到的覆盖指标应该充分考虑所测试的系统、子系统或模块的重要性,用例的设计同时要考虑用例执行应该具备的前提条件。

测试的实施和执行应该具备一些条件,如测试环境的具备、测试驱动器和测试桩的开发完成、测试模拟器及测试工具的准备等。在测试实施和执行过程中必须对测试结果进行记录,如记录用例运行是否通过、失败的原因及原因的分类、进一步测试的建议等。在测试的实施和执行过程中要进行必要的监控,如对测试的进度、用例执行的成功率、测试资源及测试人员的能力等进行监控,以便适时地调整计划。

测试结束活动主要涉及对测试结果的分析,如对测试发现的缺陷进行统计分类并分析其原因,制订的测试计划和实际的计划执行的差距并分析原因,在测试过程中哪些事件或风险没预料到,测试过程中好的经验总结等。

1.8 人工智能与软件测试

人工智能(AI)在软件开发中的应用仍处于起步阶段,自主程度远低于自动驾驶系统或语音辅助控制等领域,但 AI 技术在软件开发和测试中的深度使用是一种必然。

AI 可以用在回归测试(不同级别的测试均存在回归测试)中,例如,由于功能的增加、修改等引起程序的修改,需要进行回归测试时,往往面临如何分析和识别这次功能的增加和/或修改的影响面(有直接影响和间接影响)问题。对于集成测试的回归而言,一次功能的变更应该搞清楚:影响了哪些类?哪些方法?哪些接口?哪些子系统?需要重新执行以前集成测试的全部用例吗?需要再增加一些新用例吗?哪些用例需要调整或修改?用例执行的顺序和条件需要调整吗?目前只有通过手工或半手工来解决,工作量大且容易出错。AI 的深度学习和语义的上下关联技术可以帮助解决这些问题,但需要大量的测试用例等真实数据为基础,所以测试用例、缺陷等数据的收集、统计、分析和归一化处理很重要,即所谓的测试大数据。

在静态测试中,AI 技术也有用武之地,如,Java、Python 语言开发的项目,对其缺陷进行分类统计和分析构成 Java 和 Python 的缺陷特征库。通过深度学习来训练模型,当开发新项目时,代码完成后程序员或测试人员可以通过模型来对 Java 和 Python 代码进行静态测试且效果非常好。这个模型随着 Java 和 Python 项目的增多,缺陷特征库的扩容也会不断地训练,使模型得以增强。

AI 在软件测试工具中的应用会使软件开发生命周期更容易。如,AI 通过应用推理来解决测试过程中的管理问题;AI 可帮助识别测试中的频繁和烦琐的任务,便于自动执行。AI可以识别当前的测试状态、代码更改、代码覆盖率和其他指标,帮助分析要执行的测试。可以将 AI 技术用于 CI/CD 管道中(包括 TestOps),如,Parasoft Jtest 通过使用支持 AI 的 Jtest 为用户实现更高的代码覆盖率;底层 AI 使 Jtest 能够观察被测单元以确定其对其他类的依赖性,并且当创建这些依赖项的实例时,可以帮助用户模拟依赖,并创建更多独立的测试用例;AI 使 Jtest 自动检测现有测试套件未涵盖的代码,并遍历源代码的控制路径,以确定需要将哪些参数传递到测试方法中,以及如何初始化 sub/mocks 以覆盖相应的代码等。

AI 在测试领域的应用会越来越广,将贯穿于整个测试过程中。

练 习

1. 名词解释:软件测试、错误、缺陷、失效、回归测试、黑盒测试、白盒测试、单元测试、集成测试、系统测试、验收测试。

2. 分析可能组成测试用例的项,并说明这些项的作用。

3. 比较 V 模型、W 模型和 H 模型,并说明它们的不同。

4. 叙述前置模型的特点。

5. 举例说明 SQA 和软件测试的区别。

6. 简述软件测试的目的。

7. 简述测试类型不同的划分。

8. 简述软件测试的基本过程。

9. 软件测试的基本原则有哪些?

10. 举例说明软件不能进行穷尽测试。

11. 通过查找相关工具,尝试实践 AI 技术在测试中的应用。

第2章

静态测试技术

第2章思维导图

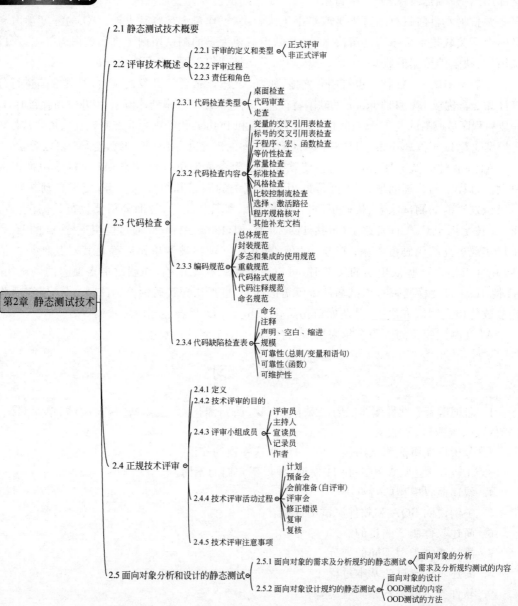

2.1　静态测试技术概要

软件工作产品可以通过不同的静态技术进行检查以评估其质量,而这种静态技术不同于软件的动态测试技术。静态测试是相对于动态测试而言的,即不要求在计算机上实际执行所测试的软件而进行的测试。静态测试主要以一些人工的模拟技术对软件进行分析和测试,静态测试有时也称静态白盒测试,它包括各种对需求规约、分析和设计规约、代码及开发过程中的各种文档的检查、静态结构分析等。静态测试可以由人工进行,充分发挥人的逻辑思维优势,也可以借助软件工具自动进行。据此,静态测试可以分为评审和工具支持的静态测试技术。相对于动态测试而言,静态测试成本更低,效率较高,更重要的是可以在软件开发生命周期早期阶段通过静态测试技术发现软件的缺陷。静态测试技术是一种非常有效的重要测试技术。

2.2　评审技术概述

2.2.1　评审的定义和类型

评审是指由软件工作产品生产者的同行遵循已定义的规程对软件工作产品所做的审查,目的在于识别工作产品的错误或缺陷及需要改进之处。

评审是一个总体的概念,在实际执行时评审有不同的组织形式,有严格的,也有松散的。根据具体情况的不同,可以把评审分为非正式评审和正式评审。

非正式评审是指工作产品没有完成,正在开发中,不需要遵循明确定义的评审过程的情况。正式评审是指作者已经确认工作产品已经完成,评审将遵循一个已经明确定义的过程,参与评审的人员有明确的职责与检查表(Checklist)。不同的评审角色明确定义了进入评审与完成评审的准则。

其中,正式评审根据评审对象、评审所关注的内容等不同,又分为代码检查(包括桌面检查、代码审查和走查),正规技术评审或正规检视。

2.2.2　评审过程

评审的形式虽然不同,但各种评审都基本遵循一般的过程。评审过程一般包括计划阶段、准备阶段、自评审阶段、评审会阶段、重新修改阶段和分析总结阶段。

2.2.3　责任和角色

在正式的评审中一般包括如下角色:协调负责人、作者、记录员、评审者。他们在正式的评审中承担不同的责任。不同的评审形式所包含的角色及评审人员数量可能不同。

2.3　代码检查

代码检查包括桌面检查、代码审查和走查等,主要检查代码和设计的一致性,代码对标准的遵循、可读性,代码逻辑表达的正确性,代码结构的合理性等方面以发现违背程序编写标准的问题,程序中不安全、不明确和模糊的部分,找出程序中不可移植部分、违背程序编程风格的问题,包括变量检查、命名和类型审查、程序逻辑审查、程序语法检查和程序结构检查等内容。

2.3.1 代码检查类型

1. 桌面检查

这是一种传统的检查方法,由程序员检查自己编写的程序。程序员在程序通过编译之后,对源程序代码进行分析、检验,并补充相关的文档,目的是发现程序中的错误或缺陷。

由于程序员熟悉自己的程序及其程序设计风格,桌面检查由程序员自己进行可以节省很多检查时间,但应避免主观片面性。

2. 代码审查

代码审查是由若干程序员和测试员组成一个审查小组,通过阅读、讨论和争议,对程序进行静态分析的过程。代码审查分两步:第一步,小组负责人提前把设计规格说明书、控制流程图、程序文本及有关要求、规范等分发给小组成员,作为审查的依据。小组成员在充分阅读这些材料后,进入审查的第二步,召开程序审查会。在会上,首先由程序员逐句讲解程序的逻辑。在此过程中,程序员或其他小组成员可以提出问题,展开讨论,审查错误或缺陷是否存在。实践表明,程序员在讲解过程中能发现许多原来自己没有发现的错误或缺陷,而讨论和争议则促进了问题的暴露。例如,对某个局部性小问题修改方法的讨论,可能发现与之牵连的其他问题,甚至涉及模块的功能说明、模块间接口和系统总体结构的大问题,从而导致对需求的重定义、重设计和重验证,进而大大改善了软件质量。

在会前,应当给审查小组每个成员准备一份常见错误或缺陷的清单,把以往所有可能发生的常见错误或缺陷罗列出来,供与会者对照检查,以提高审查的实效。

这个常见错误或缺陷清单也称为检查表,它把程序中可能发生的各种错误或缺陷进行分类,对每一类列举出尽可能多的典型错误或缺陷,然后把它们制成表格,供再审查时使用。

3. 走查

走查与代码审查基本相同,其过程分为两步:第一步也是把材料先发给走查小组每个成员,让他们认真研究程序,然后再开会。开会的程序与代码审查不同,不是简单地读程序和对照错误检查表进行检查,而是让与会者“充当”计算机,即首先由测试组成员为所测程序准备一批有代表性的测试用例,提交给走查小组。走查小组开会,集体扮演计算机角色,让测试用例沿程序的逻辑运行一遍,随时记录程序的踪迹,供分析和讨论用。人们借助测试用例的媒介作用,对程序的逻辑和功能提出各种疑问,结合问题开展热烈的讨论和争议,能够发现更多的问题。

具体的走查应当遵循以下过程。

(1) 计划走查会议。

工作产品(程序)的作者完成下面工作:

- 通过选择一名或多名人员组成走查组。如果需要一个记录员,相关走查负责人或作者可以指派这个角色。
- 安排走查会议时间、地点。
- 分发所有必需的走查材料给评审人员,例如用于工作产品评审的标准、检查表及评审产品。相关走查负责人或作者确定是否需要进行一次产品介绍,以便参与评审的人员对产品有一个大致了解。作者应当允许评审人员有足够的时间来评审材料。测试人员根据程序的逻辑准备走查时必须具有代表性的测试用例。

(2) 走查产品。

评审人员负责为走查做准备,如果有必要,需要完全熟悉走查标准、检查表和任何其他必需的用于走查的信息。评审人员自评审工作产品,并且必须准备在走查会议上讨论他们对产品做出的评注、建议、问题及相关的红色标记部分。

（3）走查会议。

走查整个产品。走查组成员可以对产品提出问题,并且/或者记录他们关心的事情。如果指派了一个记录员,记录员记录评注和决定,这些内容将包含在走查报告中。

在走查结束时,相关负责人或评审人员可以建议是否进行下一次走查。

（4）解决问题。

作者在评审人员的协助下解决走查中发现的问题。无法解决的问题需要提交项目领导并寻求解决。

（5）记录走查。

作者至少需要记录评审人员的名字、被评审的工作产品、走查的日期、缺陷、遗漏、矛盾和改进建议列表。有多种方法来记录所执行的走查过程,例如软件工程记事本或者软件开发文件夹等。

（6）返工产品。

根据走查中的记录,作者返工工作产品。

代码检查应在编译和动态测试之前进行,在检查前,应准备好需求描述文档、程序设计文档、程序的源代码清单、代码编码标准和代码缺陷检查表等。

在实际使用中,代码检查能快速找到错误或缺陷,发现 30%～70% 的逻辑设计和编码缺陷,而且代码检查看到的是问题本身而非征兆。但是代码检查非常耗费时间,而且代码检查需要知识和经验的积累。

代码检查可以使用测试软件进行自动化测试,以利于提高测试效率,降低劳动强度,或者使用人工进行测试,以充分发挥人力的逻辑思维能力。

2.3.2 代码检查内容

代码检查主要涉及以下内容:

- 变量的交叉引用表检查。重点是检查未说明的变量和违反了类型规定的变量。还要对照源程序,逐个检查变量的引用,变量的使用序列,临时变量在某条路径上的重写情况,局部变量、全局变量与特权变量的使用。
- 标号的交叉引用表检查。验证所有标号的正确性,检查所有标号的命名是否正确,转向指定位置的标号是否正确。
- 子程序、宏、函数检查。验证每次调用与所调用位置是否正确,确认每次所调用的子程序、宏、函数是否存在,检验调用序列中调用方式与参数顺序、个数、类型上的一致性。
- 等价性检查。检查全部等价变量的类型的一致性,解释所包含的类型差异。
- 常量检查。确认常量的取值和数制、数据类型,检查常量每次引用及它的取值、数制和类型的一致性。
- 标准检查。用标准检查工具软件或手工检查程序中违反标准的问题。
- 风格检查。检查发现程序在设计风格方面的问题。
- 比较控制流检查。比较由程序员设计的控制流图和由实际程序生成的控制流图,寻找和解释每个差异,修改文档并修正错误。
- 选择、激活路径。在程序员设计的控制流图上选择路径,再到实际的控制流图上激活这条路径。如果选择的路径在实际控制流图上不能被激活,则源程序可能有错。

- 程序规格核对。对照程序的规格说明，详细阅读源代码，逐字逐句进行分析和思考，比较实际的代码和期望的代码，从它们的差异中发现程序的问题和错误。
- 其他补充文档。桌面检查的文档是一种过渡性的文档，不是公开的正式文档。通过编写文档，也是对程序的一种下意识的检查和测试，可以帮助程序员发现和抓住更多的错误。管理部门也可以通过审查桌面检查文档，了解模块的质量、完全性、测试方法和程序员的能力。

可以根据检查内容编制编码规则、规范和错误或缺陷检查表等作为代码检查的依据和基础。

2.3.3　编码规范

编码规范是程序编写过程中必须遵循的规则，一般会详细规定代码的语法规则、语法格式等，下面以 Java 编码规范为例说明编码规范。

1. 总体规范

【规范 1】时刻考虑到每一个类都会由其他的人在其他的时间使用、维护、增强。

【规范 2】永远不要暴露实现细节。

【规范 3】尽量使类不易被修改，同时尽量使类容易被扩展。

【规范 4】针对抽象编程。

【规范 5】一个类只完成一件事情。

【规范 6】父类应该可以完全替代子类。

【规范 7】优先使用聚合复用（而非继承复用）。

【规范 8】确保类与类之间的认知程度最小。

2. 封装规范

【规范 1】不要声明访问控制级别为 public 的类成员变量、属性或域。

说明：

- 类成员变量体现了类的状态，public 成员变量会使得类的使用者不受限制地访问或改变类的当前状态，这是极为危险的。
- 不受限制地访问类成员会导致不可预期的错误（已经失去了采取限制措施的能力）。
- public 成员变量容易导致类之间的紧密耦合。
- 如果有必要访问类的成员变量，应该为该变量设置访问器（Accessor）方法。
- 如果需要，可以声明 public 常量。

【规范 2】尽量降低类的可访问性。

说明：

- 可以有效地解除类之间的耦合关系，使得这些类可以独立地演化。
- 可以使得类更加容易理解和使用——其他程序员会更直观地了解类的功能和使用方法。
- 特别注意一些从基类继承的方法的可访问性，尤其是在 Java 中，所有类都默认继承了 Object，所以必须注意，如果 Object 提供的实现不能满足需要或者破坏了我们的意图，则应该覆盖由 Object 类继承的方法。

【规范 3】设计和开发最小功能类——一个类只做一件事情。

说明：

- 一个实现了很多功能的类是难以维护的。
- 一个实现了很多功能的类是难以阅读和理解的。

【规范4】尽量创建非可变类(只读类)。

说明:

- 非可变类易于使用。

- 通常非可变类是线程安全的。

【规范5】通过限制类的构造函数的可访问性来限制类的使用范围。

说明:

- 对于只提供了静态(Static)方法和静态 final 域的类,构造函数是没有必要的,所以应该将该构造函数声明为 private。

- 如果一个类可以通过工厂类或简单工厂方法创建,则需要考虑将构造函数声明为 private(简单工厂方法)或 friendly(工厂类)。

- 对于 Java 语言,如果一个类只被同一个包(Package)的类实例化(注意,不是访问),那么应该将构造函数声明为 friendly。

【规范6】不要使用全局(Global)变量(对于 C++等非纯面向对象的语言)。

说明:全局变量是难以控制的、非线程安全的,不知道哪一个函数或线程在何时修改了它们。如果一定要使用全局变量,那么请把它们封装在类中。

【规范7】尽量使用构造函数初始化对象,而且构造函数应该构造完全的初始化对象。

说明:不要采用类似 init()这样的函数代替构造函数的初始化作用,除非有特别好的理由。与构造函数不同,初始化函数不具备强制性。类的使用者完全可以不调用这个函数而直接使用没有初始化的对象。

3. 多态(Polymorphism)和继承(Inheritance)的使用规范

【规范1】除非类是专门为继承而设计并且有很好的文档,否则禁止继承。

说明:

- 继承复用是一种强耦合关系,继承打破了封装性。如果一个类依赖于父类的某些实现,若父类发生变化则可能打破该类的意图。

- 如果超类添加了新的方法,则可能与子类的现有方法(对于超类的扩展)冲突。

- 如果超类修改了某些方法的实现,则很可能改变子类的行为,而这种改变是不被子类所希望的。

- 专门用于继承的类必须有很好的文档说明:描述每种方法的意图;描述改写每种方法所带来的影响。

- 超类中的构造方法绝对不要调用可以改写的方法,因为超类的构造方法在子类的构造方法被调用之前执行,所以,这样做会导致子类方法在没有初始化之前就被调用。

- 为了防止类被错误地继承,可以将类声明为 final。

- 为了防止方法被错误地改写,可以将方法声明为 final。

【规范2】对于不是为继承而设计的类,必须将类声明为 final(Java)/const(C++)。

【规范3】优先使用聚合(Composition)复用,而非继承复用。

说明:

聚合:如果类 A 含有类 B 的一个或多个私有域,那么就叫作类 A 聚合了类 B。

- 聚合复用不会打破封装性。

- 使用聚合复用来扩展一个超类不会导致二者直接的紧密耦合。

【规范4】接口优于抽象类。

说明:

- 抽象类的内存结构远比接口复杂,所以编译器实现对于抽象类的继承的时候,其处理方式也复杂得多。
- 接口使得类的实现更加安全。
- 接口可以更好地隐藏实现细节。

【规范 5】使用指向基类(超类)的引用的函数,必须能够在不知道具体派生类(子类)对象类型的情况下使用它们。

【规范 6】依赖于接口(或抽象类)编程。

说明:由于基于 OOP 的语言支持后期绑定,因此总是可以依赖超类编程,并且不用担心找不到真正的实现类。

【规范 7】分离表示逻辑和实现逻辑。

4. 重载规范

【规范 1】互为重载的一组函数提供意义相同的功能。

【规则 2】互为重载的一对函数,如果参数的数目相同,那么至少有一对形参,其类型是"根本不同的"。

5. 代码格式规范

【规范 1】单行代码不得超过 80 个字符。

【规范 2】每行代码最多包含一条独立的语句。

【规范 3】代码缩进两个空格。

说明:两个空格已经足够清晰了,缩进量过大会导致单行代码很长,反而影响阅读。

【规范 4】不要使用 Tab 缩进代替空格缩进。

【规范 5】如果单行代码过长,则应该遵循以下规则断行:

- 在逗号的后面。
- 在操作符的前面。
- 断行的起始位置应该对应其原行表达式的起始位置,如果无法满足,则缩进两个空格。

【规范 6】每个变量的声明独占一行。

【规范 7】将变量的声明置于代码块的开始位置。

【规范 8】在 Java 中 **for**、**while**、**do-while** 循环,**if**、**else if**、**else**、**switch-case** 分支,**try-catch-finally** 块即使仅包含一个语句,也要用{}包含。其他语言参照执行。

【规范 9】空行的位置:

- 在逻辑代码段之间。
- **for**、**while**、**do-while** 循环,**if**、**else if**、**else**、**switch-case** 分支,**try-catch-finally** 块的前面。
- 在两个类或接口的定义之间。
- 在两个方法/函数/过程之间。
- 方法/函数/过程内部变量定义行和第一个非变量定义行之间。

【规范 10】空格的位置:

- 在一个关键字和左括号"("之间。注意,不要在方法名和左括号之间加空格。
- 在参数列表的每个逗号","之后。
- 一元操作符前后。注意,二元操作符前后都不加空格。例如:

```
int a = 10; a = a + 1; a++;
```

- for 语句的每个表达式之间。例如：

  for(**int** i = 0; i < 20; i++)…

- 类型转换语句之后。例如：

  String s = (String) c;.

6. 代码注释规范

【规范 1】代码注释的量应该不少于总代码行数的 1/3。

说明：只有足够的注释才能充分说明代码，没有哪个规范可以规定注释量的上限，但是一般来说 1/3 应该是下限。如果代码（包括注释、空行）共 90 行，那么注释应该不少于 30 行。

【规范 2】在维护代码的同时，维护注释。

说明：通常在编写代码的同时都会对代码进行注释，但是往往在维护代码的时候忘记同时维护注释。所以很多注释在代码反复修改之后失去了说明代码的作用，这样的注释还不如不写。

【规范 3】注释不要重复你的代码。

例如：

String str;//声明一个 String 对象 str

上面的代码看上去没有问题，但是注释却是没有用的，只是对代码的简单重复。要注意，注释是用来说明代码的，而不是用来重复代码的。

【规范 4】文件注释。

文件注释用于说明代码文件的一些附加信息，它位于源代码文件的顶部。文件注释最重要的作用是记录代码维护历史。

例如：

```
/ *
 * 文件名：Demo.java
 * 作者：Sam Du
 * 完成日期：2010/02/02
 * 维护人员：Sam Du
 * 维护日期：2010/02/02
 * 维护原因：修改了对于图的深度遍历的算法
 * 当前版本：2.0
 * 前继版本：1.9beta
 * /
```

【规范 5】为每个类编写类注释。

类的注释位于类声明的前面，使用/ * … * /进行注释（对于 Java，是/ * * * /）。

类的注释应该说明以下几点：

- 完成了哪些工作，即这个类是做什么的。
- 使用的方法和注意事项，如果比较难以表达，那么可以写一些示例代码。
- 作者列表。
- 当前版本和完成时间。
- 参考类，即这个类与哪些类相关。

类注释不要写类的实现方法，例如："Matrix 类采用主选消元法实现矩阵的求逆运算，具体算法是……"这样的注释往往会限制类的扩展，并且加重了类的维护的工作量。

下面来看一个好的类注释：

```
/**
 * The < code > Long </code> class wraps a value of the primitive type
 * < code > long </code> in an object. An object of type < code > Long </code >
 * contains a single field whose type is < code > long </code>.
 * 以上是类的作用
 * < p >
 *
 * In addition, this class provides several methods for converting a
 * < code > long </code > to a < code > String </code > and a
 * < code > String </code > to a < code > long </code >, as well as other
 * constants and methods useful when dealing with a < code > long </code >.
 * 以上是类的使用简介
 * @author    Boynton Lee
 * @author    Arthur van Hoff
 * 作者列表
 * @version 1.64, 2010/02/02
 * 版本和时间
 */
public final class Long extends Number implements Comparable {
/** 代码省略 */
}
```

【规范 6】为每种方法(函数、过程)编写方法注释。

方法注释位于方法的前面,使用 / * … * / 进行注释(对于 Java,是 / * * * /)。

方法的注释应该说明以下几点:

- 该方法的作用。

- 使用的注意事项(如果需要)。

- 对每个输入参数进行说明:作用、取值范围等。

- 对返回值进行说明。

- 对每个抛出的异常进行说明:什么情况下出现该异常。

- 同样地,方法注释也不要写算法。

例如:

```
/**
 * Executes the given SQL statement, which returns a single
 * < code > ResultSet </code> object.
 * 以上是该方法的作用
 * @param sql an SQL statement to be sent to the database, typically a
 * static SQL < code > SELECT </code > statement
 * 以上是参数说明
 * @return a < code > ResultSet </code > object that contains the data produced
 * by the given query; never < code > null </code >
 * 以上是返回值说明
 * @exception SQLException if a database access error occurs or the given
 * SQL statement produces anything other than a single < code > ResultSet </code > object
 * 以上是异常说明
 */
ResultSet executeQuery(String sql) throws SQLException;
```

【规范 7】为每个属性编写属性注释。

属性是类的状态,应该为每个属性编写注释:说明该属性的作用,如果需要,则说明其取值范围，以及使用的注意事项。

例如：

```
/ **
  * The size of the ArrayList (the number of elements it contains).
  * /
private int size;
    /** The value is used for character storage.  * /
private char value[];
```

【规范 8】不要编写修饰性的注释。

我们需要的是有用的代码，而不是漂亮的代码。

例如：

```
/ *****************************************************************
  *  The size of the ArrayList (the number of elements it contains).
  ************************************************************ /
```

【规范 9】为每个局部变量编写行末注释。

行末注释的好处是具有明显的针对性。

例如：

```
int length = 0; //the length of the array, initial to zero
```

【规范 10】在具有复杂算法的代码块前说明其算法。

例如：

```
/ *
 *  以下的代码采用二分法对链表进行排序，具体算法是……
 *
 * /
```

【规范 11】为每个 **for**、**while**、**do-while** 循环，**if**、**else if**、**else**、**switch-case** 分支，**try-catch-finally** 块编写注释。

这样的地方通常体现了代码逻辑。对于复杂的代码块，可以采用/ * … * /注释；对于简单的代码块，采用行末注释。

【规范 12】对于临时代码，编写详细的注释。

临时代码就是目前不使用的，但是也许以后会用到的代码。对于这样的代码，通常使用 / * … * /把它们注释起来：

- 说明注释的原因。
- 说明注释者和注释时间。
- 说明在什么情况下可以恢复代码。
- 说明在什么情况下这些代码需要彻底删除。
- 代码一旦正式发布，必须彻底删除这些注释。

例如：

```
/ *
 *  由于 xxx 原因，将以下代码注释
 *  注释者：Sam Du，时间 2010/03/04
 *  只有 xxx 的情况下才可继续使用下面的代码
```

```
*  如果发布之前仍未使用,则删除这些代码
int a = 0;
* /
```

【规范 13】尽量使注释简单。

例如:

```
//采用 Iterator 遍历整个缓冲区,根据对象最后一次使用的时间删除过期的对象
while(cache. Iterator(). hasNext());
//删除缓冲区中过期的对象
while(cache. Iterator(). hasNext());
```

【规范 14】在编写代码之前,编写注释。

编写注释有助于仔细地思考代码。如果以前没有这个习惯,请尽量养成,一定会体会到它的好处的。

【规范 15】对于 Java,按照 JavaDoc 规范编写注释。

请参考本小节(6. 代码注释规范)的规范 5、规范 6、规范 7,这三个规范规定的注释形成了 JavaDoc。

【规范 16】对于文档注释(即本小节(6. 代码注释规范)规范 5、规范 6、规范 7 规定的注释),应该只说明"为什么这样做",而不需要说明"怎样做"。

7. 命名规范

【规范 1】必须慎重、认真地为每个包、类、方法、变量命名。

说明:要起一个科学合理的名字,因为名字是理解代码的重要依据。同时,一旦代码发布,其依赖者、继承者都要永远维持这种命名。

【规范 2】遵循技术框架的命名规范。

【规范 3】必须采用英文命名。

说明:英文是全世界软件业通用的交流语言。

【规范 4】采用有意义的单词,要求见文知意。

【规范 5】可以采用一个单词、多个单词或单词的缩写作为名字,缩写单词的每个字母都要大写。

【规范 6】对于难以使用英文的情况,可以参考相关行业标准,比如使用国家标准。

【规范 7】不要使用冠词。

例如:anUser、thePassword、someEmps 没有必要使用冠词。但是在命名时,要注意名词复数,例如 users、actions。

【规范 8】采用约定俗成的习惯用法。

例如:getUsername 比 receiveUsername 好,虽然它们表达的意思相同。

常见的习惯用法:

- 循环变量:i、j、k、m、n。
- 临时变量:tmp、temp。
- 数据库:conn、stmt、pstmt、rs、rowSet。
- 长度:length。
- 数量:count。
- 位置:pos 或 position。
- 下标或索引:index。

- 设置/获取：set/get。
- 布尔变量的命名：isXXX，例 isEmptySet。
- 大小：size。
- 工具类所在的包：util。

【规范 9】属性、变量、方法参数的命名规范(Java 专用)：
- 首字母小写,其他单词首字母大写。例如 userPrivilege。
- 采用名词。例如：connection(而不是 Connect)。
- 关于缩写,必须符合本小节(7. 命名规范)的规范 3。

【规范 10】类、接口命名规范：
- 首字母大写,其他单词首字母大写。例如：BufferedStreamReader。
- 采用名词。
- 关于缩写,必须符合本小节(7. 命名规范)的规范 3。

【规范 11】包的命名规范：
- 包名所有字母都要小写。
- 顶级包名采用开发者所在机构的域名的逆序。例如：com. sun. jdbc、org. jboss。
- 非顶级包名采用名词或名词的缩写。

【规范 12】方法(函数)的命名规范：
- 首字母小写,其他单词首字母大写(Java 专用)。例如：buildXML。
- 采用强动词。例如：createJSPPage。
- 关于缩写,必须符合本小节(7. 命名规范)的规范 3。
- 构造方法的名字与类名相同的语法的要求。

【规范 13】常量的命名规范：常量的每个字母大写,单词之间用下画线分隔。常量的名字必须涵盖该常量的准确意义。

例如：

```
private static final int MAX_PATH = 255;
```

【规范 14】数组的命名规范。

数组应该总是用下面的方式来命名：

```
byte[ ] buffer;
```

而不是

```
byte buffer[ ];
```

【规范 15】存取器方法的命名规范：
- 存取器方法用于获取类的一个属性或设置类的一个属性。
- 存取器后的单词与对应的属性名称相同,但是首字母大写(符合本小节(7. 命名规范)的规范 10)。
- 存取器方法的参数与对应的属性名称尽量相同。

2.3.4　代码缺陷检查表

在进行人工代码检查时,代码缺陷检查表是我们的检查依据。代码缺陷检查表中一般包括容易出错的地方和在以往的工作中遇到的典型错误或缺陷(见表 2-1),下面以 Java 为例说明检查表可能包括的内容。

表 2-1　Java 缺陷检查表

内　容	重要性	检　查　项
命名	重要	命名规则是否与所采用的规范保持一致
	一般	是否遵循了最小长度最多信息原则
	重要	has/can/is 前缀的函数是否返回布尔型
注释	重要	注释是否较清晰且必要
	重要	复杂的分支流程是否已经被注释
	一般	距离较远的右大括号}是否已经被注释
	一般	非通用变量是否全部被注释
	重要	函数是否已经有文档注释(功能、输入、返回及其他可选)
	一般	特殊用法是否被注释
声明、空白、缩进	一般	每行是否只声明了一个变量(特别是那些可能出错的类型)
	重要	变量是否已经在定义的同时初始化
	重要	类属性是否都执行了初始化
	一般	代码段落是否被合适地以空行分隔
	一般	是否合理地使用了空格使程序更清晰
	一般	代码行长度是否在要求之内
	一般	折行是否恰当
	一般	包含复合语句的{}是否成对出现并符合规范
	一般	是否给单个的循环、条件语句也加了{}
	一般	if/if-else/if-else if-else/do-while/switch-case 语句的格式是否符合规范
	一般	单个变量是否只作单个用途
	重要	单行是否只有单个功能(不要使用";"进行多行合并)
	重要	单个函数是否执行了单个功能并与其命名相符
	一般	++和--操作符的应用是否符合规范
规模	重要	单个函数不超过规定行数
	重要	缩进层数是否不超过规定
可靠性(总则/变量和语句)	重要	是否已经消除了所有警告
	重要	常数变量是否声明为 final
	重要	对象使用前是否进行了检查
	重要	局部对象变量使用后是否被复位为 null
	重要	对数组的访问是否是安全的(合法的 index 取值为[0,MAX_SIZE−1])
	重要	是否确认没有同名变量局部重复定义问题
	一般	程序中是否只使用了简单的表达式
	重要	是否已经用()使操作符优先级明确化
	重要	所有判断是否都使用了(常量==变量)的形式
	一般	是否消除了流程悬挂
	重要	是否每个 if-else if-else 语句都有最后一个 else 以确保处理了全集
	重要	是否每个 switch-case 语句都有最后一个 default 以确保处理了全集
	一般	for 循环是否都使用了包含下限不包含上限的形式(k=0; k<MAX)?
	重要	XML 标记书写是否完整,字符串的拼写是否正确
	一般	对于流操作代码的异常捕获是否有 finally 操作以关闭流对象
	一般	退出代码段时是否对临时对象做了释放处理
	重要	对浮点数值的相等判断是否是恰当的(严禁使用==直接判断)

内　　容	重要性	检　查　项
	重要	入口对象是否都被进行了判断不为空
	重要	入口数据的合法范围是否都被进行了判断(尤其是数组)
	重要	是否对有异常抛出的方法都执行了 try-catch 保护
	重要	是否函数的所有分支都有返回值
	重要	int 的返回值是否合理(负值为失败,非负值则为成功)
	一般	对于反复进行的 int 返回值判断是否定义了函数来处
	一般	关键代码是否做了捕获异常处理
	重要	是否确保函数返回 CORBA 对象的任何一个属性都不能为 null
可靠性(函数)	重要	是否对方法返回值对象做了 null 检查,该返回值定义时是否被初始化
	重要	是否对同步对象的遍历访问做了代码同步
	重要	是否确认在对 Map 对象使用迭代遍历过程中没有做增减元素操作
	重要	线程处理函数循环内部是否有异常捕获处理,以防止线程抛出异常而退出
	一般	原子操作代码异常中断,使用的相关外部变量是否恢复先前状态
	重要	函数对错误的处理是否是恰当的
	重要	实现代码中是否消除了直接常量(用于计数起点的简单常数例外)
	一般	是否消除了导致结构模糊的连续赋值(如 a=(b=d+c))
可维护性	一般	是否每个 return 前都要有日志记录
	一般	是否有冗余判断语句(如 if (b) return true; else return false;)
	一般	是否把方法中的重复代码抽象成私有函数

2.4　正规技术评审

2.4.1　定义

正规技术评审(Formal Technical Review)是一种审查技术,其主要特点是由一组评审者按照规范的步骤对软件需求、设计、代码或其他技术文档进行仔细的检查,以找出和消除其中的错误或缺陷。

2.4.2　技术评审的目的

正规技术评审的目的包括:
- 发现软件在功能、逻辑、实现上的错误或缺陷。
- 验证软件是否符合它的需求规格。
- 确认软件符合预先定义的开发规范和标准。
- 保证软件在统一的模式下进行开发。
- 便于项目管理。

此外,技术评审为新手提供软件分析、设计和实现的培训途经,后备、后续开发人员也可以通过技术评审熟悉他人开发的软件,如测试人员可以通过参与评审熟悉被审的工作产品,为测试用例的分析和设计提供支持和帮助。

2.4.3 评审小组成员

评审小组至少由3人组成（包括被审材料作者），一般为4～7人。通常，概要性的设计文档需要较多评审人员，涉及详细技术的评审只需要较少的评审人员。

评审小组应包括下列成员：

1. 评审员

评审小组中的每个成员，无论他（她）是主持人、作者、宣读员、记录员，都是评审员（Reviewer、Inspector）。他们的职责是在会前准备阶段和会上检查被审查材料，找出其中的错误或缺陷。合适的评审员人选包括被审材料在生命周期中的前一阶段、本阶段和下一阶段的相关开发人员。例如，需求分析规约的评审员可以包括客户和概要设计者，详细设计规约和代码的评审员可以包括概要设计者、相关模块开发人员、测试人员。

2. 主持人

主持人（Moderator）的主要职责包括在评审会前负责正规技术评审计划和会前准备的检查；在评审会中负责调动每个评审员在评审会上的工作热情，把握评审会方向，保证评审会的工作效率；在评审会后负责对问题分类及问题修改后的复核。

3. 宣读员

宣读员（Reader）的任务是在评审会上通过朗读和分段来引导评审小组遍历被审材料。除了代码评审可以选择作者作为宣读员外，其他评审最好选择直接参与后续开发阶段的人员作为宣读员。

4. 记录员

记录员（Recorder）负责将评审会上发现的软件问题记录在"技术评审问题记录表"。在评审会上提出的但尚未解决的任何问题以及前序工作产品的任何错误或缺陷都应加以记录。

5. 作者

被审材料的作者（Author）负责在评审会上回答评审员提出的问题，以避免明显的误解被当作问题。此外，作者必须负责修正在评审会上发现的问题。

2.4.4 技术评审活动过程

1. 计划

由项目经理指定的主持人检查作者提交的被审材料是否齐全，是否满足评审条件，例如，代码应通过编译后才能参加评审。主持人确定评审小组成员及职责，确定评审会时间、地点。主持人向评审小组成员分发评审材料，评审材料应包括被审材料、检查表和相关技术文档。

2. 预备会

如果评审小组不熟悉被审材料和有关背景，主持人可以决定是否召开预备会。在预备会上，作者介绍评审理由，被审材料的功能、用途及开发技术。

3. 会前准备（自评审）

在评审会之前，每位评审员应根据检查要点逐行检查被审材料，对发现的问题做好标记或记录。主持人应了解每位评审员会前准备情况，掌握在会前准备中发现的普遍问题和需要在评审会上加以重视的问题。会前准备是保证评审会效率的关键之一。如果会前准备不充分，主持人应重新安排评审会日程。

4. 评审会

评审会由主持人主持,由全体评审员共同对被审材料进行检查。宣读员逐行朗读或逐段讲解被审材料。评审员随时提出在朗读或讲解过程中发现的问题或疑问,记录员将问题写入"技术评审问题记录表"。必要时,可以就提出的问题进行简短的讨论。如果在一定时间内(由主持人控制)讨论无法取得结果,主持人应宣布该问题为"未决"问题,由记录员记录在案。在评审会结束时,由全体评审员做出最后的评审结论。主持人在评审会结束后对"技术评审问题记录表"中的问题进行分类。问题分类有两种方式:一种是按照问题的种类分;另一种是按照问题的严重性分。

5. 修正错误

作者在会后对评审会上提出的问题根据评审意见进行修正。

6. 复审

如果被审材料存在较多的问题或者较复杂的问题,主持人可以决定由全体评审员对修正后的被审材料再次举行评审会。

7. 复核

主持人或主持人委托他人对修正后的被审材料进行复核,检查评审会提出的并需要修正的问题是否得到解决。主持人完成"技术评审总结报告"。

2.4.5 技术评审注意事项

(1)评审应针对被审材料而不是被审材料的作者。评审会的气氛应该保存轻松、愉快,指出问题的语气应该温和。

(2)每次评审会的时间最好不要超过 2 小时,具体评审时间的确定要综合考虑被审材料的难易程度、组织内评审标准规范等因素。当被审材料较多时,应将被审材料分为若干部分分别进行评审。

(3)限制争论和辩驳。在评审会上,对于一时无法取得一致意见的问题应先记录在案,另行安排时间进行深入讨论。

(4)阐明问题而不要试图解决问题。不要在评审会上解决发现的问题,可以在会后由作者自己或在别人的帮助下解决这些问题。

2.5 面向对象分析和设计的静态测试

2.5.1 面向对象的需求及分析规约的静态测试

1. 面向对象的分析

传统的系统分析方式的重点是功能分解,把一个系统看成可以分解的功能的集合,由于大量散列的信息导致分析结果不可控,这种方式越来越难以满足越来越复杂的软件需求。与传统软件系统分析不同,面向对象分析主要围绕映射问题空间展开,将具体的问题空间实例抽象为对象,用对象的结构反映问题空间的复杂实例和复杂关系,用属性和服务表示实例的特性和行为,并寻找最符合实际情况的逻辑来构造软件,使之与现实情况相对应。把面向对象分析的基本活动分为:

- 识别对象和类。
- 描述对象和类之间的关系。

- 描述对象的行为。

这3种基本活动贯穿于整个OOA(Object-Oriented Analysis,面向对象分析)的过程中。由于在整个软件开发过程中存在迭代,因此OOA的这3个基本活动都会不断地进行,不断地遍历系统中遗漏的对象,去除冗余的方法与属性。面向对象的分析过程包含如下内容,并产生需求规约和需求分析规约两个文档。

(1) 已获取的用户需求(一般用模型或者文档方式给出)。

(2) 以既定需求为参考的确认类和对象。

(3) 定义系统类的属性与操作。

(4) 建立对象关系模型。

(5) 建立对象操作模型。

2. 需求及分析规约测试的内容

结合OOA的模型,OOA测试的范围规定如下所示,测试一般采用静态测试技术。

(1) 对需求的测试。主要是以OOA中的场景(Use Case)图为依据进行需求的验证。可以根据场景图将需求划分成不同的级别,依据不同的级别的需求场景分别对需求进行验证。在验证过程中可能要涉及除功能之外的其他特性,这些特性需要在验证中考虑,但一般在本阶段验证较为困难。

(2) 对确认对象的测试。已确认的对象是对客观存在的服务映射空间,其测试的重点主要放在检查已确认对象是否有冗余的方法和属性,是否有遗漏的信息等。对它的测试可以从如下方面考虑:

- 确认的对象是否全面,是否问题空间中所有涉及的实例都反映在确认的抽象对象中。
- 确认的对象是否具有多个属性。只有一个属性的对象通常合并作为其他相关对象的属性,而不应该抽象为独立的对象。
- 对确认为同一对象的实例是否有共同的、区别于其他实例的共同属性。
- 对确认为同一对象的实例是否提供或需要相同的服务,如果服务随着实例的不同而变化,确认的对象就需要分解或利用继承性来分类表示。
- 如果系统没有必要始终保持对象代表实例的信息,则提供或者得到关于它的服务、确认的对象也无必要。
- 确认的对象的名称应该尽量准确、适用、便于理解。

(3) 对确认结构的测试。确认的结构主要反映的是目标系统框架的映射。这一部分的测试主要是检查既定需求的正确性和完整性,找出潜在冲突的需求。确认的结构指的是多种对象的组织方式,用来反映问题空间中的复杂实例和复杂关系。确认的结构分为两种:分类结构和组装结构。分类结构体现了问题空间中实例的一般与特殊的关系,组装结构体现了问题空间中实例整体与局部的关系。

对确认的分类结构的测试可从如下方面着手:

- 对于结构中的一种对象,尤其是处于高层的对象,是否在问题空间中含有不同于下一层对象的特殊的可能性,即是否能派生出下一层对象。
- 对于结构中的一种对象,尤其是处于同一低层的对象,是否能抽象出在现实中有意义的更一般的上层对象。
- 对所有确认的对象,是否能在问题空间内向上层抽象出在现实中有意义的对象。
- 高层的对象的特性是否完全体现下层的共性。

- 低层的对象是否有高层特性基础上的特殊性。

对确认的组装结构的测试从如下方面入手：

- 整体（对象）和部件（对象）的组装关系是否符合现实的关系。
- 整体（对象）的部件（对象）是否在考虑的问题空间中有实际应用。
- 整体（对象）中是否遗漏了反映在问题空间中有用的部件（对象）。
- 部件（对象）是否能够在问题空间中组装新的有现实意义的整体（对象）。

（4）对确认的主题（子系统或包）的测试。这一部分的测试是比较抽象的，主要目的是检查分析结果中是否有遗漏的服务，是否有冗余对象。主题是在对象和结构的基础上更高一层的抽象，是为了提供 OOA 分析结果的可见性。对主题的测试应该考虑以下方面：

- 如果主题个数多且不合理就要对有较密切属性和服务的主题进行归并。
- 主题所反映的一组对象和结构是否具有相同和相近的属性和服务。
- 确认的主题是否是对象和结构更高层的抽象，是否便于理解 OOA 结果的概貌。
- 主题间的消息联系（抽象）是否代表了主题所反映的对象和结构之间的所有关联。

（5）对定义的属性和实例关联的测试。对象实例通常不会直接修改属性，对这一部分的测试是确保对象的属性可以正常关联。属性是用来描述对象或结构所反映的实例的特性。而实例关联是反映实例集合间的映射关系。对属性和实例关联的测试可以考虑如下方面：

- 定义的属性是否对相应的对象和分类结构的每个现实实例都适用。
- 定义的属性在现实世界是否与这种实例关系密切。
- 定义的属性在问题空间是否与这种实例关系密切。
- 定义的属性是否能够不依赖于其他属性被独立理解。
- 定义的属性在分类结构中的位置是否恰当，低层对象的共有属性是否在上层对象属性中体现。
- 在问题空间中每个对象的属性是否定义完整。
- 定义的实例关联是否符合现实。
- 在问题空间中实例关联是否定义完整，特别需要注意"一对多"和"多对多"的实例关联。

（6）对定义的服务和消息关联的测试。测试系统结构的消息机制能否满足系统运行要求，系统消息的发送方式是否正确，是否存在遗漏的消息接收者或者消息链丢失。定义的服务，就是定义的每一种对象和结构在问题空间所要求的行为。由于问题空间中实例间可能存在通信，在 OOA 中需要相应地定义消息关联。对定义的服务和消息关联的测试从如下方面考虑：

- 对象和结构在问题空间的不同状态是否定义了相应的服务。
- 对象或结构所需要的服务是否都定义了相应的消息关联。
- 定义的消息关联所指引的服务提供是否正确。
- 沿着消息关联执行的线程是否合理，是否符合现实过程。
- 定义的服务是否重复，是否定义了能够得到的服务。

完成了对面向对象的需求和分析规约的静态测试之后，需要对规约中错误或缺陷进行修改，修改后根据具体情况进行再测或审核。

2.5.2 面向对象设计规约的静态测试

1. 面向对象的设计

面向对象设计（Object-Oriented Design，OOD）的重点是对分析规约中产生的对象进行抽象,将共同的特性提取出来并细化;根据目标系统的层次结构进行系统的结构设计,把系统分解成多个子系统;设计类、类的接口以及类、接口之间的关系。另外,还会涉及界面设计和数据库设计等。

OOD 阶段会产生一系列的中间结果,这些工作产品包括:

(1) 详细类定义及类图。

(2) 消息的详细定义。

(3) 类的状态图。

(4) 类或子系统或系统的活动图。

(5) 场景图的合作图(协助图)或顺序图。

在进行这一部分测试时应该把重点放在对架构设计的验证上,测试一般采用静态测试中的评审技术。

2. OOD 测试的内容

(1) 对确认的类的测试。类是面向对象开发的基本单元,类的实现是否与类的描述相匹配,所有与其相关的活动都是类测试需要验证的内容。一般来说,如果实现是正确的,则类的每个实例都会是正确的。从这一点说来,类的测试与传统的单元测试非常类似。不同之处在于,类的测试还需要对类的定义进行验证,定义的类必须涵盖所有确认的对象,并且具有一定的独立性,不能过分依赖其他的类。测试确认的类包括如下方面:

- 是否涵盖了 OOA 中所有确认的对象。
- 是否能体现 OOA 中定义的属性。
- 是否能实现 OOA 中定义的服务。
- 是否对应着一个含义明确的数据抽象。
- 是否尽可能少地依赖其他类。
- 类中的方法(在 C++中即类的成员函数)是否是单用途。

(2) 对构造的类层次结构的测试。类的层次定义与系统框架确定是相对应的,类测试的重点应放在验证类的特性(如继承、封装、多态)和结构的完整性上。为了能够充分发挥面向对象的继承共享特性,OOD 的类层次结构通常基于 OOA 中产生的分类结构的原则来组织,着重体现父类和子类间的一般性和特殊性。测试需要考虑如下方面:

- 类层次结构是否涵盖了所有定义的类。
- 是否能体现 OOA 中所定义的实例关联。
- 是否能实现 OOA 中所定义的消息关联。
- 子类是否具有父类没有的新特性。
- 子类间的共同特性是否完全在父类中得以体现。

(3) 对类库的支持的测试。面向对象开发方式的一个很大的优点就是重用性,因此,类库的支持在设计中非常重要,虽然它不影响系统功能的实现,但也是测试需要考虑的因素之一。类库的测试最主要的是强调可复用类必须足够独立,不能有业务逻辑的引用和实现。对类库的支持虽然也属于类层次结构的组织问题,但其强调的重点是软件开发的重用,因此,将其单独提出来测试,也可作为对高质量类层次结构的评估。考虑的测试点如下:

- 一组子类中关于某种含义相同或基本相同的操作,是否有相同的接口(包括名字和参数表)。
- 类中方法(在 C++中即类的成员函数)的功能是否较单纯,相应的代码行是否较少。

- 类的层次结构是否是深度大,宽度小。

(4)对系统架构的测试。OOD 阶段需要将定义的类进行预先部署,生成系统架构,对于系统需求中的约束需要在这一阶段进行验证,例如某个开发的系统需要提供对销售人员状态进行实时监控的需求,初步设计构架如图 2-1 所示。

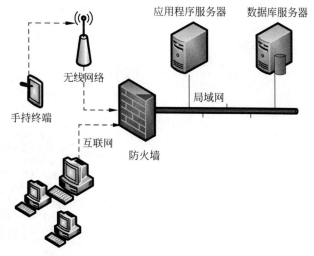

图 2-1　系统初步设计构架

3. OOD 测试的方法

OOD 测试的执行是一个交互的过程,执行测试的时候需要建立一个包括前提条件的消息序列图。由于面向对象开发对接口部分进行了封装,需要对交互模型和行为模型进行区分:交互模型是描述系统内类之间信息交互的机制;行为模型则是表述类内部结构和行为。行为模型作为类内部一些信息的载体,会搭载一些如内部结构、依赖关系、性能要求等方面的信息,这些信息对测试和维护面向对象软件来说非常重要,在 OOD 测试的过程中需要将这些模型的测试过程体现在静态测试中,可以让参与评审的人员模拟类、类的方法及状态执行交互过程来进行测试。OOD 测试产生的测试报告需要通过具有行业经验的专家审核,确保执行结果具有指导意义,避免造成开发成本不必要的开销。

练　　习

1. 简述静态测试的对象并分析。
2. 简述走查的过程。
3. 从软件开发过程的角度分析静态测试的作用。
4. 按照正规技术评审的规范组织一次实际的正规技术评审会。
5. 组织一次针对具体项目的面向对象的需求规约,分析规约和设计规约的评审。

第 3 章　动态测试技术

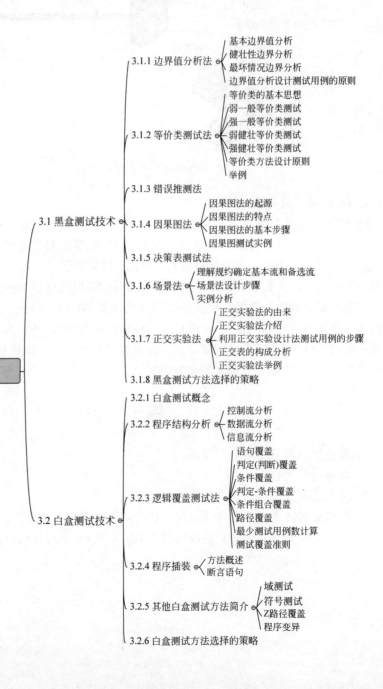

第3章思维导图

- 第3章 动态测试技术
  - 3.1 黑盒测试技术
    - 3.1.1 边界值分析法
      - 基本边界值分析
      - 健壮性边界分析
      - 最坏情况边界分析
      - 边界值分析设计测试用例的原则
    - 3.1.2 等价类测试法
      - 等价类的基本思想
      - 弱一般等价类测试
      - 强一般等价类测试
      - 弱健壮等价类测试
      - 强健壮等价类测试
      - 等价类方法设计原则
      - 举例
    - 3.1.3 错误推测法
    - 3.1.4 因果图法
      - 因果图法的起源
      - 因果图法的特点
      - 因果图法的基本步骤
      - 因果图测试实例
    - 3.1.5 决策表测试法
    - 3.1.6 场景法
      - 理解规约确定基本流和备选流
      - 场景法设计步骤
      - 实例分析
    - 3.1.7 正交实验法
      - 正交实验法的由来
      - 正交实验法介绍
      - 利用正交实验设计法测试用例的步骤
      - 正交表的构成分析
      - 正交实验法举例
    - 3.1.8 黑盒测试方法选择的策略
  - 3.2 白盒测试技术
    - 3.2.1 白盒测试概念
    - 3.2.2 程序结构分析
      - 控制流分析
      - 数据流分析
      - 信息流分析
    - 3.2.3 逻辑覆盖测试法
      - 语句覆盖
      - 判定(判断)覆盖
      - 条件覆盖
      - 判定-条件覆盖
      - 条件组合覆盖
      - 路径覆盖
      - 最少测试用例数计算
      - 测试覆盖准则
    - 3.2.4 程序插装
      - 方法概述
      - 断言语句
    - 3.2.5 其他白盒测试方法简介
      - 域测试
      - 符号测试
      - Z路径覆盖
      - 程序变异
    - 3.2.6 白盒测试方法选择的策略

3.1　黑盒测试技术

3.1.1　边界值分析法

我们知道,函数可以理解为从一个集合(函数的定义域)映射到另一个集合(函数的值域),定义域和值域可以是其他集合的叉积。任何程序都可以看作是一个函数,程序的输入构成函数的定义域,程序的输出构成函数的值域。定义域测试是著名的功能性测试方法之一。这种形式测试的重点是从输入变量的定义域来进行分析并设计出测试用例,但实际上,也可以根据被测程序本身的特点基于变量的值域来分析并设计测试用例。从定义域或值域来分析并设计测试用例往往能互相补充,其基本思想均源于函数。

1. 基本边界值分析

为了便于理解,先讨论具有两个变量 x_1 和 x_2 的函数 F。如果函数 F 对应一个程序,那么输入的两个变量 x_1 和 x_2 的值应该存在取值的边界,其边界值要根据程序的需求来确定,变量的边界值可能是显示的,也可能是隐含的,如果是隐含的则需要根据实际情况进行分析。这里假设变量 x_1 和 x_2 有如下边界:

$$a \leqslant x_1 \leqslant b$$
$$c \leqslant x_2 \leqslant d$$

边界值分析关注的是输入变量的边界,依据边界来设计测试用例。边界值测试的基本原理是程序的错误或缺陷可能出现在输入变量的极限值附近。例如,程序中循环语句的循环次数可能会多一次或少一次,就涉及边界值问题;超市销售系统中的食品保质日期是一个边界值问题;银行系统每天的取款限额也是一个边界值问题。在我们的生活中边界值问题比比皆是。

基本边界值分析的基本思想是在输入变量的取值区间内取最小值、略高于最小值、正常值、略低于最大值和最大值5个值。边界值分析也是基于一种关键假设,这种假设称为“单缺陷”假设,即由于缺陷导致的程序失效极少是由两个(或多个)缺陷的同时作用引起的,也就是程序的失效极少是由于两个(或多个)变量在其边界值附近取值引起的,而是由单个变量在其边界值附近取值引起的。

基本边界值分析的测试用例设计规则是:通过使其中的一个变量分别取最小值(min)、比最小值大的值(或略高于最小值,min+)、位于或接近中间的正常值(nom),以及比最大值小的值(或略低于最大值,max-)和最大值(max)这5个值,其他变量都取正常值,每个变量分别取一次。下面是两个变量的基本边界值分析的测试用例的输入组合:

$$\{<x_{1\text{nom}},x_{2\text{min}}>,<x_{1\text{nom}},x_{2\text{min}+}>,<x_{1\text{nom}},x_{2\text{nom}}>,<x_{1\text{nom}},x_{2\text{max}}>,$$
$$<x_{1\text{nom}},x_{2\text{max}}>,<x_{1\text{min}},x_{2\text{nom}}>,<x_{1\text{min}+},x_{2\text{nom}}>,<x_{1\text{nom}},x_{2\text{nom}}>,$$
$$<x_{1\text{max}},x_{2\text{nom}}>,<x_{1\text{max}},x_{2\text{nom}}>\}$$

以上为10个测试用例的输入,实际上只要考虑9个就可以了,因为当两个变量都取位于或接近中间的正常值时的测试用例有两个,这两个测试用例在实际的测试过程中的效果是相同的,一般不会有新发现。就程序的执行路径而言,这两个测试用例执行的路径相同即也不会发现新错误或缺陷,因此可以省略其中之一。

那么对于 n 个变量的被测程序,基本边界值分析的测试用例数为:对于有 n 变量程序,每次使除一个以外的所有其他变量取正常值,使剩余的那个变量分别取最小值、略高于最小值、位于或接近中间的正常值、略低于最大值和最大值,对每个变量都重复进行一次。这样,对于一个 n 变量函数,基本边界值分析法会产生 $4n+1$ 个测试用例。

基本边界值分析法可以采用两个步骤:分析变量数和变量的值域。分析变量数,可以根据所测试的程序本身进行分析,例如,在机票订购系统中的查询航班功能,输入的变量可能有出发地、目的地、出发时间、人数、时间段共 5 个变量;确定变量的值域取决于变量本身的性质,例如,对于万年历中的日期处理有月份(m)、天(d)和年(y)三个变量,对于变量 d 和变量 m 无论是定义成枚举类型还是其他数值类型均能很容易地确定其值域;而对于变量 y,可以根据所测试程序实际情况指定一个"人工"值域。值域确定后就可以根据变量的值域取最小值、略高于最小值、正常值、略低于最大值和最大值了。对于"人工"指定的值域要根据具体的情况去考虑,甚至可以取该变量类型允许的最大值和最小值。

边界值分析对布尔变量没有什么意义,布尔取值为 True 和 False,其余三个值不明确。布尔变量可以用后面论述的决策表方法进行测试。

逻辑变量也可以用"遍历"边界值分析来设计测试用例。例如在 ATM 例子中,银行业务处理类型是逻辑变量,其只有三个值:存款、取款和查询。密码也是一个逻辑量,假设进入某系统的密码为 4 位,那么"遍历"所有可能的组合则很困难。所以设计测试用例时根据情况决定。

基本边界值分析具有局限性。如果被测程序有多个独立变量,这些变量也是物理量,则很适合用边界值分析。这里的关键词是"独立"和"物理量"。例如,万年历中的月份、日期和年三个变量之间具有依赖关系,虽然三个变量具有物理量的性质,但边界值分析没有考虑到变量之间的依赖,这样用边界值分析法设计的测试用例其测试效果则不佳。物理量准则决定了物理量的实际含义,对用例的设计很重要。例如,变量(物理量)表示温度、压力、空气速度、迎角、负载等,则对于边界值分析极为重要。如监控系统监控的温度范围;医疗分析系统使用的步进电机确定要分析的样本传送带的位置等都是物理量的例子。物理量便于确定变量的值域。

2. 健壮性边界分析

健壮性边界分析是基本边界值分析的一种简单扩展。除了变量的 5 个边界值分析取值以外,还要取一个略高于最大值的值(max+),以及取一个略低于最小值的值(min−),以测试超过边界极值时系统会有什么表现。

基本边界值分析的大部分讨论都直接适用于健壮性边界分析。健壮性边界分析最有意思的部分不是输入,而是程序的预期输出。当物理量超过其最大值或小于其最小值时程序会出现什么情况呢? 如果变量代表飞机机翼的迎角,超出值域范围可能会使飞机失速;如果变量代表电梯的负荷能力,当超出规定的重量时会出现什么情况? 健壮性边界分析主要的价值是观察程序的例外处理情况。

健壮性边界分析的测试用例个数分析与基本边界值类似,其理论测试用例数为 $6n+1$,其中 n 为变量的个数。

3. 最坏情况边界分析

在基本边界值分析方法中,我们提及边界值测试分析采用了"单缺陷"假设。除了这种"单缺陷"假设之外,还有所谓的"多缺陷"假设的情况,也就是程序的失效是由于两个(或多个)变量值在其边界值附近取值共同引起的,而不是单个变量在其边界值附近取值引起的。

当我们关心多个变量取极值时程序可能会出现失效的情况,这在电子电路分析中叫作"最坏情况测试",在这里也使用这种思想来讨论最坏情况的边界分析来设计测试用例。其方法是:对每个变量,首先取包含最小值、略高于最小值、正常值、略低于最大值和最大值 5 个值构成一个集合,然后对这些集合进行笛卡儿积计算,生成的新集合中的每个元素均是一个测试用例的输入。

对于两个变量 x_1 和 x_2 的情况如下:

$$A = \{x_{1\min}, x_{1\min+}, x_{1\text{nom}}, x_{1\max-}, x_{1\max}\}$$

$$B = \{x_{2\min}, x_{2\min+}, x_{2\text{nom}}, x_{2\max-}, x_{2\max}\}$$

$$A \times B = \{<x_{1\min}, x_{2\min}>, <x_{1\min}, x_{2\min+}>, <x_{1\min}, x_{2\text{nom}}>, <x_{1\min}, x_{2\max-}>,$$
$$<x_{1\min}, x_{2\max}>, <x_{1\min+}, x_{2\min}>, <x_{1\min+}, x_{2\min+}>, <x_{1\min+}, x_{2\text{nom}}>,$$
$$<x_{1\min+}, x_{2\max-}>, <x_{1\min+}, x_{2\max}>, \cdots\}。$$

笛卡儿积生成的新集合共有 25 个元素,故有 25 个测试用例集合。

集合 A 和 B 的笛卡儿积中的元素就是测试用例的输入。最坏情况测试显然更彻底,因为基本边界值分析的测试用例是最坏情况边界值分析测试用例集合的真子集。最坏情况测试还意味着花费更多的工作量,即 n 变量函数的最坏情况测试,会产生 5^n 个测试用例,n 为变量的个数。

从以上的分析中,看出诸如测试用例的输入组合 $<x_{1\min+}, x_{2\min+}>$,这里 x_1 和 x_2 分别取了值域的最小值,这是"多缺陷"假设的体现。

最坏情况边界分析与基本边界值分析一样,两者也有相同的局限性,特别是独立性要求方面的局限性。最坏情况边界分析的最佳运用是物理变量本身存在大量交互的情况,或者在程序失效的代价极高的情况下采用。

除了上述方法之外,还有一种更为极端的边界值分析方法,即健壮最坏情况边界值分析。其测试用例的设计是对每个变量分别取比最小值小、最小值、略高于最小值、正常值、略低于最大值、最大值、略高于最大值共 7 个值构成一个集合,然后对这些变量的取值集合进行笛卡儿积计算,生成的新集合中的每个元素均是一个测试用例的输入。使用健壮最坏情况边界分析的测试用例个数为 7^n,n 为变量的个数。

4. 边界值分析设计测试用例的原则

用边界值分析设计测试用例应遵循以下几条原则:

(1) 如果输入条件规定了值的范围,则应取刚达到这个范围的边界的值,以及刚刚超过这个范围边界的值作为测试输入数据。

(2) 如果输入变量规定了值的个数,则用最大个数、最小个数、比最小个数少 1、比最大个数多 1 的数作为测试数据。

(3) 边界值分析同样适用于输出变量,根据规格说明的每个输出条件,使用前面的原则(1)和(2)。

(4) 如果程序的规格说明给出的输入域或输出域是有序集合,则应选取集合的第一个元素和最后一个元素来设计测试用例。

(5) 如果程序中使用了一个内部数据结构,则应当选择这个内部数据结构边界上的值来设计测试用例。

(6) 分析规格说明,找出其他可能的边界条件。

(7) 分析变量的独立性,以确定边界值分析法的合理性。

(8) 在取中间值或正常值时,只要取接近取值范围中间的值就可以了。

(9) 在取比最小值小的值时,根据情况可以取多个,可以取负值、0 和小数。

(10) 在取比最大值大的值时,根据情况可以取多个,当最大值非指定时,根据业务具体分析。

3.1.2 等价类测试法

使用等价类作为功能性测试的基础有两个方面考虑:希望所设计的测试用例既比较完备,同时又避免测试用例的冗余。边界值测试方法不能很好地解决这两个方面的问题,即研究使用边界值分析法设计的测试用例,很容易看出测试用例存在大量冗余,再进一步仔细研究,还会发现测试用例的设计存在严重漏洞,其原因主要是没有考虑到同一个变量的多区间或多含义性,也没有考虑到不同变量之间的依赖关系。等价类测试法从另外一种角度来设计测试用例,其用例设计也使用了"单缺陷"假设和"多缺陷"假设的思想。

1. 等价类的基本思想

在前面的关系概念中讨论过满足等价关系的元素构成等价类。等价类面临的问题是如何对变量(输入或输出变量)划分等价类,同时要分析和考虑等价类划分的粒度问题,根据变量划分成的等价类构成了不同的子集,这些子集的并即是变量的整个集合或全集。这对于测试用例的设计有两点非常重要的意义:子集并成整个集合或全集提供了测试用例设计的完备性;而子集之间的互不相交可保证测试用例设计的一种形式上的无冗余。由于子集是由等价关系决定的,因此子集内的所有元素或所有点在所研究的业务领域内具有共同的性质。等价类测试的思想是通过对每个等价类中取一个元素或一个点来作为测试用例,如果等价类划分合理,则可以大大降低测试用例数量和测试用例之间的冗余。例如,根据输入的三条边判断输出的三角形类型的例子中,应该设计一个测试用例,其输出结果是一个等边三角形的情况,这样的测试用例我们可能选择一个三元组$(5.5, 5.5, 5.5)$作为测试用例的输入,也可以选择诸如$(6,6,6)$和$(100,100,100)$这样的测试用例输入。直觉告诉我们,程序对这些测试用例的执行过程和第一个测试用例是相同的,因此,其他两个测试用例是冗余的。再如,对于具有不同账户类型的银行系统进行测试也存在类似的等价类问题。如果结合白盒测试(结构性测试)来理解,会看到具有同样账务类型的测试用例在执行时程序的"处理"是相同的,映射到白盒测试去理解就是"遍历相同的执行路径"。

等价类测试的关键就是依据等价关系划分等价类。用一个简单的例子说明等价类的划分问题。为了便于理解,这里讨论一个有两个变量x_1和x_2的程序P。输入变量x_1和x_2有以下边界以及边界内的区间:

$a \leqslant x_1 \leqslant e$,区间为$[a,b),[b,c),[c,d),[d,e]$。

$f \leqslant x_2 \leqslant h$,区间为$[f,g),[g,h]$。

其中,方括号和圆括号分别表示闭区间和开区间的端点。x_1和x_2的无效区间是:$x_1 < a, x_1 > e$,以及$x_2 < f, x_2 > h$,如图3-1所示。

2. 弱一般等价类测试

上面的例子中两个变量x_1和x_2,根据其范围做出图3-1所示的标识分析,从图中可以看出标识为1、2、3、4、5、6、7、8的范围的区域均可以理解为一个有效等价类,因为在这些不同的区间内其所有的点具有同样的特性,即符合等价关系的定义,如在区间1中的所有点同时符合$a < x_1 < b, g < x_2 < h$。

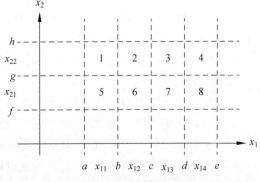

图3-1　弱一般等价类测试用例分布

弱等价类测试用例的设计基于如下因素考虑：

- 基于"单缺陷"假设；
- 测试用例的个数是变量划分区间最多的那个变量的有效区间个数；
- 测试用例的选取应该考虑分布的均匀。

根据以上分析，对于有两个变量 x_1 和 x_2 的程序 P 的弱等价类测试用例的个数为 4 个，测试用例分布可以是图 3-1 中标号为 1、6、3、8 或者是标号为 5、2、7、4 的区域（有效等价类）的任一组。这组 x_1 和 x_2 的值的组合构成弱一般等价类的测试用例的输入。

3. 强一般等价类测试

强一般等价类测试与弱一般等价类测试的不同主要在于强等价类测试是基于"多缺陷"假设，需要从不同的输入或输出变量划分的有效等价类中或区间中取一个值分别构成集合，这些不同变量取值构成的集合的笛卡儿积中的每个元素就对应一个强一般等价类的测试用例的输入。下面是针对图 3-1 进行的分析。

变量 x_1 和 x_2 在其有效区间构成的集合是：

$$A = \{x_{11}, x_{12}, x_{13}, x_{14}\}$$
$$B = \{x_{21}, x_{22}\}$$
$$A \times B = \{<x_{11}, x_{21}>, <x_{11}, x_{22}>, <x_{12}, x_{21}>, <x_{12}, x_{22}>, <x_{13},$$
$$x_{21}>, <x_{13}, x_{22}>, <x_{14}, x_{21}>, <x_{14}, x_{22}>\}$$

在 A 和 B 的笛卡儿积（$A \times B$）中的每个元素均对应图 3-1 中的一个有效等价类区域，所以，其测试用例应该覆盖 1,2,…,8，这 8 个区域（等价类），在每个区域内任一个点构成一个测试用例的输入。这 8 个区域就是 x_1 和 x_2 这两个变量的划分构成的有效等价类。

强一般等价类测试具有一定的完备性：一是保证测试用例覆盖所有的有效等价类；二是输入或输出变量每个有效区间或每个有效等价类之间的每个组合均能取一个测试用例。

通过例子可以看到，"好的"等价类测试的关键是等价关系划分的选择，最好的情况是每个等价类内具有被"相同处理"的特性或等价类内的点在我们研究的业务领域内具有同样的性质。特别强调的是，等价类划分既可以基于输入变量进行，也可以基于输出变量进行。

4. 弱健壮等价类测试

弱健壮等价类测试是在弱一般等价类测试的基础上考虑了无效等价类的情况。测试用例的设计思想仍然是考虑了"单缺陷"假设。弱健壮等价类测试的等价类划分原则与前面的等价类方法相同。其测试用例由两个部分构成：

- 弱一般等价类部分的测试用例。
- 额外弱健壮部分的测试用例。对于 n 个变量而言，在这 n 个变量中每次取一个变量，分别取这个变量的所有可能的无效值和其他 n−1 个变量的有效值组合来构成测试用例的输入，保证如此取法涉及每个变量即每个变量取一次。

对于上面的例子，即有两个变量 x_1 和 x_2 的程序 P，如图 3-2 所示，其变量 x_1 和 x_2 的无效区间均为两个，即 $x_1 > e, x_1 < a$ 和 $x_2 > h$，$x_2 < f$。

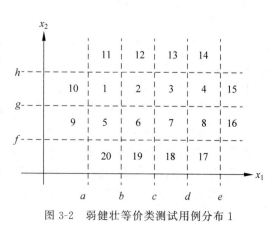

图 3-2　弱健壮等价类测试用例分布 1

第 3 章

动态测试技术

图 3-2 中弱健壮等价类测试用例来自以下区域,包含两个部分:弱一般的部分,即在 1、6、3、8 这 4 个区域内或在 5、2、7、4 这 4 个区域内分别取一个测试用例,加上弱健壮部分即在 9、10、11、12、13、14、15、16、17、18、19、20 这 12 个区域内分别取一个测试用例,构成测试用例集的测试用例输入或输出组合。

健壮等价类测试主要测试输入或输出变量无效或例外的情况,在实际的测试中,需求规约中一般没有表达对无效或例外的处理,为无效等价类的测试用例设计带来不便,但测试人员应该积极地理解需求,努力划分可能的无效等价类,以找出程序对无效或例外情况处理的正确性。

5. 强健壮等价类测试

强健壮等价类测试是在强一般等价类测试的基础上考虑无效等价类的情况。测试用例的设计思想仍然考虑多缺陷假设。强健壮等价类测试的等价类划分原则与前面的等价类方法相同,其测试用例由两个部分构成:

- 强一般等价类部分的测试用例。
- 额外强健壮部分的测试用例:是在"额外弱健壮部分的测试用例"的基础上进一步考虑 n 个变量中两个或两个以上变量或所有变量都无效的情况下等价类内的取值。即在 n 个变量划分的等价类(包含有效等价类和无效等价类)中,分别取值构成测试用例,在这些测试用例中 n 个变量的取值可以有一个变量取值来源于该变量的无效等价类,也可能存在其中的两个或 n 个变量的取值全部来源于无效等价类。

实际上强健壮等价类的测试用例输入对应于每个变量区间取值(包括有效区间和无效区间)构成集合的笛卡儿积,笛卡儿积中的每个元素就是一个测试用例的输入组合。值得注意的是,这些元素可能是输入变量的组合,即是测试用例的输入;也可能是输出变量的组合,即是测试用例的输出。针对以上例子,如图 3-3 中标有数字的区域均是测试用例的取值区域,其中的 1、2、3、4、5、6、7、8 为强一般等价部分的测试用例取值区域;9、10、11、12、13、14、15、16、17、18、19、20、21、22、23、24 为额外强健壮部分的测试用例取值区域。

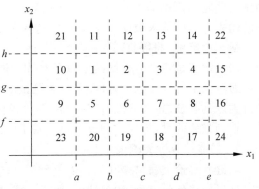

图 3-3　强健壮等价类测试用例分布 2

6. 等价类方法设计原则

等价类是指某个输入域或输出域的子集合。在该子集合中,各个输入数据对于发现程序中的错误或缺陷都是等效的。因此,可以把全部输入或输出数据合理地划分为若干等价类,在每个等价类中取一个数据作为测试的输入条件或输出条件,就可以用少量代表性的测试数据取得较好的测试结果。等价类划分有两种不同的情况:有效等价类和无效等价类。有效等价类是指对于程序的规格说明来说是合理的、有意义的输入数据或输出数据构成的集合,利用有效等价类可检验程序是否实现了规格说明中所规定的功能和性能。无效等价类指与有效等价类的定义恰巧相反。设计测试用例时,要同时考虑这两种等价类。因为软件不仅要能接收合理的数据,也要能经受意外的考验,这样的测试才能确保软件具有更高的可靠性。

下面给出 6 条确定等价类方法的设计原则:

- 在输入或输出条件规定了取值范围或取值个数的情况下,可以确立一个有效等价类和两个无效等价类。

- 在输入或输出条件规定了输入或输出值的集合或者规定了"必须如何"的条件的情况下,可以确立一个有效等价类和一个无效等价类。
- 在输入或输出条件是一个布尔量的情况下,可确定一个有效等价类和一个无效等价类。
- 在规定了输入数据的一组值(假定 n 个),并且程序要对每个输入值分别处理的情况下,可确立 n 个有效等价类和一个无效等价类。
- 在规定了输入数据必须遵守的规则的情况下,可确立一个有效等价类(符合规则)和若干个无效等价类(从不同角度违反规则)。
- 在确知已划分的等价类中各元素在程序中的处理方式的不同,则应再将该等价类进一步地划分为更小的等价类。
- 一个输入条件或一个输出条件均可能划分成多个有效等价类和多个无效等价类。

7. 举例

三角形问题:输入三角形的三条边 a、b、c,程序的输出是这三条边确定的三角形类型。如果 a、b 和 c 满足两边之和大于第三边,且三条边相等,则程序的输出是等边三角形。如果 a、b 和 c 满足两边之和大于第三边,且恰好有两条边相等,则程序的输出是等腰三角形。如果 a、b 和 c 满足两边之和大于第三边,且没有两条边相等,则程序输出的是不等边三角形。如果 a、b 和 c 不满足两边之和大于第三边,则程序输出的是非三角形。

(1)等价类设计方法一:根据输入变量划分等价类。

根据输入变量划分等价类主要是等价类划分的粒度问题,划分的粒度大了,测试用例的设计会有漏洞;粒度太小,则测试用例会有冗余。

第一次尝试,将等价类做如下划分:

$D_1 = \{<a,b,c>: a=b=c\}$

$D_2 = \{<a,b,c>: a=b,a\neq c\}$

$D_3 = \{<a,b,c>: a=c,a\neq b\}$

$D_4 = \{<a,b,c>: b=c,a\neq b\}$

$D_5 = \{<a,b,c>: a\neq b,a\neq c,b\neq c,\text{且任意两边之和大于第三边}\}$

分析一下这样的划分,可以看出等价类 D_2、D_3、D_4 的划分粒度过大,这些等价类可能包括构成三角形和不构成三角形的情况,设计出的测试用例会有漏洞。所以必须进行第二次划分尝试,将 D_2、D_3 和 D_4 分别划分成 D_{21}、D_{22}、D_{31}、D_{32} 及 D_{41}、D_{42}。具体划分的结果如下:

$D_1 = \{<a,b,c>: a=b=c\}$

$D_{21} = \{<a,b,c>: a=b,a\neq c,a+b>c\}$

$D_{22} = \{<a,b,c>: a=b,a\neq c,a+b\leqslant c\}$

$D_{31} = \{<a,b,c>: a=c,a\neq b,a+c>b\}$

$D_{32} = \{<a,b,c>: a=c,a\neq b,a+c\leqslant b\}$

$D_{41} = \{<a,b,c>: b=c,a\neq b,b+c>a\}$

$D_{42} = \{<a,b,c>: b=c,a\neq b,b+c\leqslant a\}$

$D_5 = \{<a,b,c>: a\neq b,a\neq c,b\neq c,\text{且任意两边和大于第三边}\}$

根据以上划分结果,可以得出如表 3-1 所示的测试用例,这里可以不考虑弱和强的情况,也不考虑 a、b 和 c 为负数和 0 的情况。

表 3-1 依据第二次尝试划分的测试用例

用 例 编 号	a	b	c	对应的等价类	预 期 输 出
$T_1(D_1)$	10.5	10.5	10.5	D_1	等边三角形
$T_2(D_{21})$	20.11	20.11	30	D_{21}	等腰三角形
$T_3(D_{22})$	20	10	8	D_{22}	非三角形
$T_4(D_{31})$	2000	1500	1500	D_{31}	等腰三角形
$T_5(D_{32})$	33	80	33	D_{32}	非三角形
$T_6(D_{41})$	60	35	35	D_{41}	等腰三角形
$T_7(D_{42})$	90	40	40	D_{42}	非三角形
$T_8(D_5)$	11	7	17	D_5	不等边三角形

第二次等价类划分尝试后应该是基本合理的。但是还可以进行第三次划分尝试,即将 D_{22},D_{32} 和 D_{42} 划分为:

$D_{221} = \{<a,b,c>: a=b, a\neq c, a+b<c\}$

$D_{222} = \{<a,b,c>: a=b, a\neq c, a+b=c\}$

$D_{321} = \{<a,b,c>: a=c, a\neq b, a+c<b\}$

$D_{322} = \{<a,b,c>: a=c, a\neq b, a+c=b\}$

$D_{421} = \{<a,b,c>: b=c, a\neq b, b+c<a\}$

$D_{422} = \{<a,b,c>: b=c, a\neq b, b+c=a\}$

等价类这样划分的结果更加合理,将非三角形的情况中的两边之和小于或等于第三边,分为两边之和小于第三边和等于第三边两种情况,其测试用例的个数达到了 11 个,具体测试用例这里略。

另外,在实际测试用例的设计时应该考虑 a、b 和 c 的值为无效情况的等价类或用边界值的方法设计一些测试用例做补充,即 a、b 和 c 的值为负值和 0 的情况。

(2) 等价类设计方法二,根据输出变量或输出的结果划分等价类。

根据三角形 4 种可能出现的输出:非三角形、不等边三角形、等腰三角形和等边三角形,设计如下的输出(值域)等价类:

$R_1 = \{<a,b,c>:$ 有三条边 a、b 和 c 的等边三角形$\}$

$R_2 = \{<a,b,c>:$ 有三条边 a、b 和 c 的等腰三角形$\}$

$R_3 = \{<a,b,c>:$ 有三条边 a、b 和 c 的不等边三角形$\}$

$R_4 = \{<a,b,c>:$ 三条边 a、b 和 c 不构成三角形$\}$

按照弱一般等价类测试用例的设计思想,弱一般等价类共有 4 个测试用例,与强一般等价类的测试用例个数相同,如表 3-2 所示。

表 3-2 三角形程序的弱一般和强一般测试用例

用 例 编 号	a	b	c	预 期 输 出
R_1	6	6	6	等边三角形
R_2	3.3	3.3	4.4	等腰三角形
R_3	7	8	9	不等边三角形
R_4	11	5	5	非三角形

虽然等价类的划分是以输出结果进行的,但是在考虑等价类的健壮情况时,还是要从输入变量入手。这里为了便于问题的讨论,假设 a、b、c 的范围为 $0 < a < 800$,$0 < b < 800$,$0 < c < 800$。那么根据弱健壮等价类设计思想,三角形问题的额外弱健壮等价类测试用例部分如表 3-3 所示,当然还应该考虑 a、b 和 c 为 0 的情况。

表 3-3 额外弱健壮测试用例

用 例 编 号	a	b	c	预期输出
W_1	-1	22	25.5	a 取值不在范围之内
W_2	801	3.3	3.3	a 取值不在范围之内
W_3	0	5.4	8.0	a 不能为零
W_4	15	-2	9	b 取值不在范围之内
W_5	11	803	5	b 取值不在范围之内
W_6	15	0	10.3	b 不能为零
W_7	10	2.5	-5	c 取值不在范围之内
W_8	19.3	790	880	c 取值不在范围之内
W_9	25.1	29	0	c 不能为零

根据额外强健壮等价类设计思想,变量 a、b、c 可能一个无效,可能两个无效,也甚至可能三个全无效。基于数学的组合知识得到额外的强健壮等价类测试用例数为:$C_3^1 C_2^1 + C_3^2 C_2^1 C_2^1 + C_3^3 C_2^1 C_2^1 C_2^1 = 26$,这里没考虑 a、b 和 c 为零的情况。表 3-4 是部分额外的强健壮等价类测试用例。

表 3-4 部分额外的强健壮等价类测试用例

用 例 编 号	a	b	c	预 期 输 出
SW_1	-1	22	25.5	a 取值不能为负
SW_2	3.3	801	3.3	b 取值不在范围之内
SW_3	15	9	-2	c 取值不能为负
SW_4	-5.3	803	5	a 不能为负,b 取值不在范围之内
SW_5	10	-2.5	-7	b,c 不能为负
SW_6	-19.3	799	807	a 不能为负,c 取值不在范围之内
SW_7	-1.3	-2.7	-0.01	a、b、c 取值不能为负
SW_8	809	-3.33	-4	a 取值不在范围之内,b、c 不能为负

通过上面例子的第二种设计方法得到三角形程序按照输出变量划分等价类的测试用例结果:

* 弱一般等价类测试用例数:4;
* 强一般等价类测试用例数:4;
* 弱健壮等价类测试用例数:10;
* 强健壮等价类测试用例数:30(没考虑 a、b 和 c 为 0 和负值的情况);如果考虑 a、b 和 c 为 0 的情况,测试用例数更多。

值得进一步思考的是,对于所测程序,如果每个变量(输入或输出)均能划分成不同的等价类,其弱、强等价类方法设计测试用例的思路是一致的,重要的是应灵活掌握。例如,万年历程

动态测试技术

序中的变量 year、month 和 day 就可以分别划分成不同的等价类。

3.1.3 错误推测法

错误推测法就是基于经验和直觉推测程序中所有可能存在的各种错误或缺陷,有针对性地设计测试用例的方法。

错误推测法的基本思想是列举出程序中所有可能的错误或缺陷和容易发生错误或缺陷的特殊情况,根据这些推测来设计测试用例。错误推测法本身不是一种测试技术,而是一种可以应用到所有测试技术中产生更加有效测试的一种技能,例如,设计一些非法、错误、不正确和垃圾数据进行输入测试是很有意义的。如果软件要求输入数字,就输入字母。如果软件只接受正数,就输入负数。如果软件对时间敏感,就输入异常的时间,如在公元 3000 年是否还能正常工作。再如,在单元测试时曾发现并列出的许多在模块中经常出现的错误、以前软件测试中曾经发现的错误等,这些就是经验的总结。另外,错误推测法常常会考虑输入数据和输出数据为 0 的情况,或者输入表格为空格或输入表格只有一行,这些都是容易发生错误的情况,可根据这些情况设计测试用例。

总之,用好错误推测法应该具备如下条件:

- 充分地理解业务;
- 具有开发和测试的实际经验;
- 掌握全面的测试技术。

以下是三个具体的例子:

(1) 测试两位加法计算器中错误推测法的测试用例举例,如表 3-5 所示。

表 3-5 两位加法计算器错误推测法测试用例

错 误 推 测	测 试 用 例	测 试 结 果
边界数据	−99+99	正常计算
规定范围内数据相加	−40+60	正常计算
没有输入数据	空+空	错误提示
输入小数	2.3+10	错误提示
非法字符	A+b	错误提示

(2) 对一个排序程序,根据推测可以列出可能存在错误或缺陷的几种情况:

- 输入表为空。
- 输入表中只有一行。
- 输入表中所有的行都具有相同的值。
- 输入表已经是排序的。

(3) 对一个采用两分法的检索程序,根据推测可以列出可能存在错误或缺陷的几种情况:

- 被检索的表格只有一行。
- 表格的行数恰好是 2 的幂次(如 16)。
- 表格的行数比 2 的幂次多 1 或少 1(如 15、17)。

表 3-6 列出常用错误推测法的部分功能测试用例库,供参考。

表 3-6　常用错误推测法的部分功能测试用例库

部分功能测试用例库

1. 输入验证	
输入验证主要包括数字输入验证、字符输入验证、输入字符长度验证、必填项验证等	数字输入验证：分别输入数字（正数、负数、零值、单精度、双精度）、字符串、空白值、空值、临界数值。不合法的输入，系统给出必要的判断提示信息
	字符输入验证：分别输入单字节字符、双字节字符、大小写字符、特殊字符、空白值、空值。对于不合法的输入，系统给出必要的判断提示信息
	日期、时间输入验证：分别输入任意字符、任意数字、非日期格式的数据、非正确日期（错误的闰年日期）、空值、空白值。对于不合法的输入，系统给出必要的判断提示信息。注：有些系统会不允许输入当日以后或者以前的日期、时间；有些系统会通过诸如 JavaScript 来自动填写日期时间，这时需要注意是否能人工主观填写输入
	多列表选择框：测试是否能多选，列表框中的数据是否能显示完全。当列表框中的数据过多时，需要对数据有一定格式的排序
	单列表下拉框：测试是否能手工输入，下拉框中的数据是否能显示完整。当下拉框中的数据很多时，需要对数据有一定格式的排序。如果下拉框中数据值过多，可能会超出显示范围，此种情况数据不能够被接收
	大文本输入框（textArea）：虽然它能够满足大数据量的输入，但最好能够显式地标明输入字符的长度限制，并且应该结合"字符输入验证"进行。需要注意的是，应该允许标点的存在
	文件输入框输入验证：该输入框主要用作文件上传操作。在测试过程中，应该注意输入文件的扩展名。从测试角度来看，要求开发人员必须对扩展名进行输入限制，并且在适当的地方输入格式提示。当输入是空值等不合法的输入时，系统给出必要的判断提示信息。另外，对于上传的文件大小应该做限制，不宜太大
	输入字符长度验证：输入字符的长度是否超过实际系统接收字符长度的能力。当输入超出长度时，系统给出必要的判断提示信息
	必填项验证：输入不允许为空的时候，系统需要有提示用户输入信息功能
	格式、规则输入验证：当输入需要一定的格式时，系统需要有提示用户输入信息功能。比如身份证号码可以输入 18 位或者 15 位、部分身份证最后一位为字母、身份证上生日与身份证号码有一定规则
	系统错误定位的输入验证：当输入存在问题时，被系统捕获到，此时页面上的光标能够定位到发生错误的输入框
	单选框、多选框的输入验证：单选框需要依次验证单选框的值是否都有效；多选框需要依次验证多选框的值是否都有效
	验证码验证：做验证码输入验证时，先结合"字符输入验证"进行测试。注意的地方是，当利用 IE 回退或者刷新时，显示的验证码应该和实际系统验证码一致。如果验证码以图片形式显示，但图片由于其他原因（如网络）不能看到或者显示不完整，系统应该允许进行重新获取，最好不要做整个页面刷新
2. 操作验证	
该用例库主要针对页面操作	页面链接检查：每一个链接是否都有对应的页面，并且页面之间切换正确
	相关性检查：删除/增加一项会不会对其他项产生影响，如果产生影响，这些影响是否都正确
	检查按钮的功能是否正确：如增加、删除、修改、查询等功能是否正确
	重复提交表单：一条已经成功提交的记录，用 IE 回退后再提交，看看系统是否做了处理
	多次 IE 回退：检查多次使用 IE 回退的情况，在有回退的地方，回退，回到原来页面，再回退，重复多次，看是否出错

动态测试技术

部分功能测试用例库

该用例库主要针对页面操作	快捷键检查：是否支持常用快捷键，如 Ctrl＋C、Ctrl＋V、Backspace 等，对一些不允许输入信息的字段，如选人、选日期对快捷方式是否也做了限制
	Enter 键检查：在输入结束后直接按 Enter 键，看系统如何处理，能否报错
	上传、下载文件检查：上传、下载文件的功能是否实现、上传文件是否能打开、对上传文件的格式有何规定、系统是否有解释信息，并检查系统是否能做到
	其他验证：在页面上图片不宜太大，需要第三方软件支持时，应该给出必要的信息，比如需要 JRE 的支持，但用户机器还没有安装 JRE，那么此时在页面上应该有显著的标志来提醒用户进行安装

3. 登录模块测试用例

该用例库主要针对登录模块。需要结合"访问控制验证"用例库	登录名输入：进行输入验证。需要注意登录名是否区分大小写和是否有空格
	密码输入：进行输入验证
	提交操作：结合访问空值验证。当输入正确的登录名和密码后，该用户能够进入指定的正确页面。当输入的登录名和密码有误时，系统限制其登录，并且给出适当的提示信息。当遇到错误时，应该进行"错误页面测试"
	重设操作：当进行重设操作时，当前页面上所有输入项被清空

4. 增加操作测试用例

该用例库主要针对增加操作	添加输入内容，进行输入验证
	应该限制重复增加。具体操作：利用网络传输以及服务器的延迟，多次单击"增加"按钮，经常在数据库中发现重复提交的数据
	当增加成功或者失败后，应该有必要的信息提示
	文件数据的增加：有些增加包含了数据库数据的增加和一些文件的增加，此时的数据会保存在两个地方，所以测试时需要对相关的数据做全面的验证
	文件数据验证：进行输入验证和文件输入框输入验证。注意：当上传的文件名为中文时，上传到服务器后可能会出现乱码现象。现在一般的做法是将原文件名替换成字母和数字的组合，以克服汉字文件名的弊端，另外可以增加文件的安全性

5. 删除操作测试用例

该用例库主要针对删除操作	选择需要删除的数据字段。有时系统会根据 ID 来删除，有时系统会根据名称来删除，测试的时候应该多注意。一般要求按照 ID 来删除，因为根据名称来删除，名称可能会存在重名问题
	应该限制重复删除。具体操作：利用网络传输以及服务器的延迟，多次单击"删除"按钮，经常在数据库中发现重复提交的数据
	当删除的数据还有文件时，需要去验证存在数据库中的数据，以及硬盘下的文件是否都被同时删除
	当数据被删除成功或者失败后，要有相应的信息提示
	进行操作验证

6. 修改操作测试用例

该用例库主要针对修改操作	打开需要修改的数据页面，注意与增加页面相比，只能修改部分数值，例如关键字等是不能被修改的，并且二者数据应该是一致的
	增加页面上的输入限制与修改页面的输入限制应该一致
	修改成功或者失败后，应该有相应的信息提示

7. 查询操作测试用例

该用例库主要针对查询操作	条件输入查询，先进行条件输入框的输入验证
	条件组合查询，将多个条件进行组合查询，结果可以通过数据库验证。需要注意的是，整个数据查询和条件查询数据结果的条数要一致。另外，如果遇到某天的查询时间段，有的数据库认为一天不包含零点零分，有的数据库认为包括零点零分

部分功能测试用例库	
该用例库主要针对页面操作	所有查询结果,必须进行一定顺序的排列,可以按照 ID 或名称来排列
	当查询成功或者失败后,系统应给出必要的信息提示
8. 翻页操作测试用例	
该用例库主要针对翻页操作	当数据量很大的时候,需要进行分页显示,每页显示的行数最好不要超过 20 行,每页列表上最好有序号标识,行与行之间的颜色要有一定区分,这样有利于用户的查找
	翻页按钮应该包括首页、前一页、后一页、尾页、当前 X 页、共 X 页,这些常用按钮都能正常显示,并且按钮都能正常翻页
	翻页按钮的每页显示的数据要准确,确保没有查不出来的数据,最好的做法就是和数据库结合起来验证
	页面太多,翻页数据不能全部显示时,系统应该有完善的应对机制,比如只显示当前页的前三页和该页的后三页的页数码
	当翻到某页时,系统应该有明显的标识,标出该页面所处的页码
9. 错误页面测试	
错误页面是在遇到系统异常的情况时产生的友好界面	当系统遇到致命错误时,不能让服务器的调试信息出现在页面上,因为这样做会带来不安全,应该给出一个合适的提示信息
	由于系统繁忙,无法及时给出正确信息时,系统可以给出友好的错误页面,如"请用户稍后再试"等提示信息

3.1.4　因果图法

1. 因果图法的起源

在前面阐述的边界值分析法和等价类划分法中,我们着重考虑输入条件,但未考虑输入条件之间的联系、相互组合等,但是,如果考虑输入条件之间的相互组合,会由于组合情况数目相当大,需要设计大量的测试用例。因此,必须考虑描述多种条件的组合,这些组合相应地会产生多个行动,可以考虑根据这些组合和行动来设计测试用例,这就需要利用因果图。在软件工程中,有些程序的功能可以用判定表的形式来表示,并根据输入条件的组合情况规定相应的操作。这样,可以依据判定表中的每一列设计一个测试用例,以保证被测试程序在输入条件的某种组合下,操作是正确的。

2. 因果图法的特点

- 考虑输入条件间的组合关系;
- 考虑输出条件对输入条件的信赖关系,即因果关系;
- 测试用例发现错误或缺陷的效率高;
- 能检查出功能说明书(规约)中的某些不一致或遗漏;
- 因果图方法最终生产的就是判定表,它适合于检查程序输入条件和各种组合情况。

3. 因果图法的基本步骤

(1)分割功能说明书。对于规模比较大的程序来说,由于输入条件的组合数太大,所以很难整体上使用一个因果图。可以把它划分为若干部分,然后分别对每个部分使用因果图。例如,可以把一个系统的功能分解成不同子系统的功能,把子系统的功能分解成不同模块的功能,针对每个模块分析因果图。

(2)识别出原因和结果,并加以编号。所谓原因,是指输入条件或输入条件的等价类;而结果则是指输出条件或输出条件的等价类。每个原因或结果都对应于因果图中的一个结点。当原因或结果成立(或出现)时,相应的结点取值为1,否则为0。

（3）根据功能说明书中规定的原因和结果之间的关系画出因果图的基本符号，如图 3-4 所示。

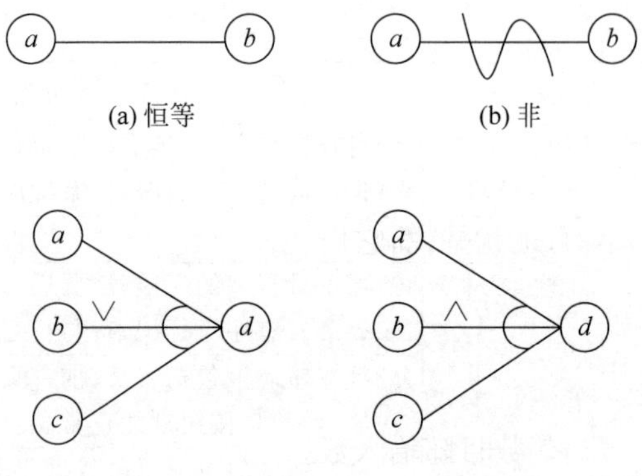

图 3-4 中左边的结点表示原因，右边的结点表示结果。恒等、非、或、与的含义为：

- 恒等：若 $a=1$，则 $b=1$；若 $a=0$，则 $b=0$。即若原因出现，则结果出现；若原因不出现，则结果也不出现。

- 非（$\sim$）：若 $a=1$，则 $b=0$；若 $a=0$，则 $b=1$。即若原因出现，则结果不出现；若原因不出现，则结果出现。

- 或（$\vee$）：若 $a=1$ 或 $b=1$ 或 $c=1$，则 $d=1$；若 $a=b=c=0$，则 $d=0$。即若几个原因中有 1 个出现，则结果出现；若几个原因都不出现，则结果不出现。

- 与（$\wedge$）：若 $a=b=c=1$，则 $d=1$；若 $a=0$ 或 $b=0$ 或 $c=0$，则 $d=0$。即若几个原因都出现，结果才出现；若其中有一个原因不出现，则结果不出现。

图 3-4 因果图的基本符号

画因果图时，原因在左，结果在右，由上而下排列，并根据功能说明书中规定的原因和结果之间的关系，用上述基本符号连接起来。在因果图中还可以引入一些中间结点。

（4）根据功能说明在因果图中加上约束条件。由于语法或环境限制，有些原因与原因之间、原因与结果之间的组合情况不可能出现。为表明这些特殊情况，在因果图上用一些记号表明约束或限制条件。因果图的约束符号如图 3-5 所示。

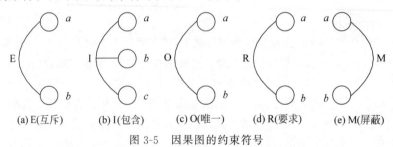

(a) E(互斥)　(b) I(包含)　(c) O(唯一)　(d) R(要求)　(e) M(屏蔽)

图 3-5 因果图的约束符号

- E(互斥)：表示 a、b 两个原因不会同时成立，两个中最多有一个可能成立。即表示不同时为 1，也即 a、b 中至多只有一个为 1。
- I(包含)：表示 a、b、c 这三个原因中至少有一个必须成立。即表示至少有一个为 1，也即 a、b、c 中不同时为 0。
- O(唯一)：表示 a 和 b 当中必须有一个，且仅有一个成立。即表示 a、b 中有且仅有一个 1。
- R(要求)：表示当 a 出现时，b 必须也出现；a 出现时不可能 b 不出现。即表示若 $a=1$，则 b 必须为 1。即不可能 $a=1$ 且 $b=0$。
- M(屏蔽)：表示当 a 是 1 时，b 必须是 0；而当 a 为 0 时，b 的值不定。即表示若 $a=1$，则 b 必须为 0。

（5）根据因果图画出判定表。画判定表的方法一般比较简单，可以把所有原因作为输入条件，每一项原因（输入条件）安排为一行，而所有的输入条件的组合一一列出（真值为 1，假值为 0），对于每一种条件组合安排为一列，并把各个条件的取值情况分别添入判定表中对应的每一个单元格中。例如，如果因果图中的原因有 4 项，那么，判定表中的输入条件则共有 4 行，

而列数则为 $2^4=16$。确定好输入条件的取值之后,便可以很容易地根据判定表推算出各种结果的组合,即输出,其中也包括中间结点的状态取值。上述方法考虑了所有条件的所有组合情况,在输入条件比较多的情况下,可能会产生过多的条件组合,从而导致判定表的行数太多,过于复杂。然而在实际情况中,由于这些条件之间可能会存在约束条件,因此很多条件的组合是无效的,也就是说,它们在判定表中也完全是多余的。因此,根据因果图画出判定表时,可以有意识地排除掉这些无效的条件组合,从而使判定表的列数大幅度减少。

(6) 为判定表的每一列设计一个测试用例,即为从因果图中导出的判定表中的每一列设计一个测试用例。因果图生成的测试用例包括了所有输入数据取 True 与取 False 的情况,且测试用例数目随输入数据数目的增加而增加。事实上,对于测试较为复杂的软件,因果图方法常常是十分有效的,它能有力地帮助人们设计有效的测试用例。当然,如果被测软件在设计阶段就采用了判定表,也就不必再画因果图了,而是可以直接利用判定表设计测试用例。

4. 因果图测试实例

某公司产假规定如下:

- 女员工产假为 90 天,符合晚婚、晚育(男 25 周岁,女 23 周岁)的,可增加产假 30 天,共计 120 天。
- 难产凭医院证明,产假增加 15 天。
- 怀孕不满 7 个月小产,产假不超过 30 天,由医生检查酌情确定。
- 男员工符合晚婚、晚育的,可享受陪产假 7 天。

分析因果关系,绘制的实例因果图如图 3-6 所示。

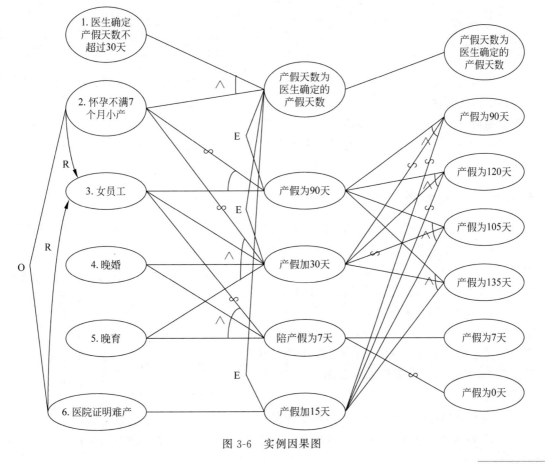

图 3-6 实例因果图

动态测试技术

从图 3-6 所示因果图绘制的过程发现,此规定有些条目未予以明确,那么有些情况出现时,就找不到相应的依据了。比如,第二胎的情况如何处理?怀孕不满 7 个月小产时,如果医生认为的产假天数超过了 30 天怎么处理?等等。发现需求、设计的不完善也是科学运用测试方法理清思路进行测试设计一个有益的方面。这些情况如果是在软件开发过程中,无论是开发人员还是测试人员都应当找到制度规定者,并请其明确,否则就会使系统的容错性、健壮性降低,甚至会丢失需求。此例因果图对应的判定表如表 3-7 所示,判定表的每个数据列对应一个测试用例。

表 3-7 实例判定表

条件	女员工	1	1	1	1	1	1	1	1	1	0	0	0	0
	晚婚	/	1	1	0	0	1	1	0	0	1	1	0	0
	晚育	/	1	0	1	0	1	0	1	0	1	0	1	0
	怀孕不满 7 个月小产	1	0	0	0	0	0	0	0	0	/	/	/	/
	医院证明难产	0	1	1	1	1	0	0	0	0	/	/	/	/
	医生明确小产后的产假天数≤30 天	1	/	/	/	/	0	0	0	0	/	/	/	/
中间结果	普通产假天数(90 天)	0	1	1	1	1	1	1	1	1	0	0	0	0
	小产产假天数(医生确定天数)	1	0	0	0	0	0	0	0	0	0	0	0	0
	难产产假天数(15 天)	0	1	1	1	1	0	0	0	0	0	0	0	0
	晚婚晚育产假天数(30 天)	0	1	0	0	0	1	0	0	0	0	0	0	0
	陪产假天数(7 天)	0	0	0	0	0	0	0	0	0	1	0	0	0
结果	假期/天	90	135	105	105	105	120	90	90	90	7	0	0	0

采用因果图分析的一个好处是可以清晰地归纳出输入条件之间的限制关系,直接将某些条件的组合忽略掉,比如男员工的产假、难产、小产情况等。而这种异常情况并非不需要测试,虽然有些输入组合是不可能出现的,但为了检验软件的容错性,还应针对因果图中的各个约束条件,灵活采用等价类划分法和边界值法等测试方法设计测试用例进行有针对性的测试作为补充。

3.1.5 决策表测试法

在所有功能性测试方法中,基于决策表的测试方法是最严格的,因为决策表具有逻辑严格性。在实际的测试中,因果图法和决策表法是两种密切关联的方法,与其他的黑盒测试方法相比,这两种方法的测试用例设计过程比较麻烦。

自从 20 世纪 60 年代初以来,决策表一直被用来表示和分析复杂逻辑关系。决策表很适合描述不同条件集合下采取行动的各种组合的情况。图 3-7 所示为决策表组成示意图。决策表的组成描述如下。

- 条件桩(Condition Stub):列出了问题的所有条件。通常认为列出条件的先后次

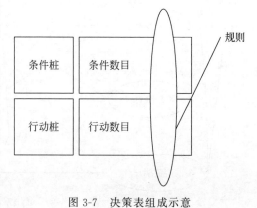

图 3-7 决策表组成示意

序无关紧要。

- 行动桩（Action Stub）：列出了所有可能采取的操作。这些操作之间的排列先后顺序没有约束。
- 条件条目（Condition Item）：列出针对各条件桩的所有可能取值，这些值可能为真假值或其他取值。
- 行动条目（Action Item）：列出在条件条目下的各种取值情况应该采取的动作或操作。
- 规则：任何一个条件组合的特定取值及其相应要执行的操作。

在决策表中贯穿条件条目和行动条目的一列就是一条规则。显然，决策表中列出多少组条件取值，也就有多少条规则，条件条目和行动条目就有多少列，每列对应一个测试用例。表 3-8 给出了决策表的一个例子，共有 6 个测试用例，其中的 X 表示行动桩对应的操作有效，即如果 c_1、c_2 和 c_3 都为真，则采取行动 a_1 和 a_2。如果 c_1 和 c_2 都为真而 c_3 为假，则采取行动 a_1 和 a_3。在 c_1 为真、c_2 为假的条件下，规则中的 c_3 条目叫作"不关心条目"。不关心条目有两种主要解释：条件无关、条件不适用或此条件不需要考虑。通常用"n/a"来表示。

表 3-8　决策表例子

桩	规则 1	规则 2	规则 3、4	规则 5	规则 6	规则 7、8
c_1	T	T	T	F	F	F
c_2	T	T	F	T	T	F
c_3	T	F	—	T	F	
a_1	X	X		X		
a_2	X				X	
a_3		X		X		
a_4			X			X

在决策表中，如果所有条件都是二叉条件的决策表，即每个条件只能取两个值："真"和"假"，这样的决策表叫作"有限条目决策表"，如条件"ATM 中现金是否够？"，只能取"真"表示够和"假"表示不足。如果决策表的每个条件可以有多个值，甚至每个取值对应于变量的等价类，则对应的决策表叫作"扩展条目决策表"，如条件"ATM 交易类型？"，可以取"存款""查询"和"取款"三种值。

在使用决策表设计测试用例时，把条件解释为输入，把行动解释为输出。有时条件也可以为输入的等价类，行动是被测软件的主要功能处理部分。这时规则就解释为测试用例。由于决策表是机械地强制为完备的，因此决策表具有测试用例的完整性。

下面用三角形程序的例子分析在决策表的条件条目中出现"不关心条目"和"不可能条目"的情况，该决策表是有限条目的决策表。

在表 3-9 所示的决策表中，给出了"不关心条目"和"不可能条目"使用的例子。本例中有 4 个条件 c_1、c_2、c_3 和 c_4，根据数学的排列组合原理，4 个条件中的每个条件均可以取"真"和"假"两个值，一共有 2^4 种组合。而当 c_1 条件为"假"时（这里"真"用 Y 表示，"假"用 N 表示），c_2、c_3 和 c_4 均为不关心条目，因为条件 c_1 为"假"，其取值为"不能构成三角形"，再考虑 c_2、c_3 和 c_4 取什么值就没有实际意义了，所以这时候 c_2、c_3 和 c_4 均是不关心条目，用"—"来表示。在表 3-9 中条件条目为"Y，Y，Y，N""Y，Y，N，Y"和"Y，N，Y，Y"时均是"不可能"条目，因为这些条件组合和三角形的实际业务逻辑结合理解是不可能存在的。之所以有这些不可能组合的存在是因为这些组合是根据数学排列组合的原理得到的,这些包含有不关心条目和不可能的规则也可能对应测试用例,以测试例外的情况。

表 3-9   三角形问题决策表

桩	规划 1	规划 2	规划 3	规划 4	规划 5	规划 6	规划 7	规划 8	规划 9
c_1：a、b、c 构成三角形?	N	Y	Y	Y	Y	Y	Y	Y	Y
c_2：$a=b$?	—	Y	Y	Y	Y	N	N	N	N
c_3：$a=c$?	—	Y	Y	N	N	Y	Y	N	N
c_4：$b=c$?	—	Y	N	Y	N	Y	N	Y	N
a_1：非三角形	X								
a_2：不等边三角形									X
a_3：等腰三角形					X		X	X	
a_4：等边三角形		X							
a_5：不可能			X	X		X			

在决策表的设计中,由于条件的选取不同得到的决策表也不同,当然,根据决策表设计的测试用例也不同。所以在设计决策表时,条件的选取至关重要。表 3-10 所示的决策表给出了关于三角形问题决策表的条件的另一种考虑,读者可以进一步分析表 3-10 中的不可能条目和不关心条目。另外,决策表的条件越多,将会大大地扩展决策表的规模。这里将条件(c_1：a、b、c 构成三角形?)扩展为三角形特性的三个不等式的详细表示。如果有一个不等式不成立,则三个整数就不能构成三角形。还可以进一步扩展,因为不等式不成立有两种方式:一条边等于另外两条边之和,或严格大于另外两条边之和。

表 3-10   不同条件的三角形问题决策表

桩	规划 1	规划 2	规划 3	规划 4	规划 5	规划 6	规划 7	规划 8	规划 9	规划 10	规划 11
c_1：$a<b+c$?	F	T	T	T	T	T	T	T	T	T	T
c_2：$b<a+c$?	—	F	T	T	T	T	T	T	T	T	T
c_3：$c<a+b$?	—	—	F	T	T	T	T	T	T	T	T
c_4：$a=b$?	—	—	—	T	T	T	T	F	F	F	F
c_5：$a=c$?	—	—	—	T	T	F	F	T	T	F	F
c_6：$b=c$?	—	—	—	T	F	T	F	T	F	T	F
a_1：非三角形	X	X	X								
a_2：不等边三角形											X
a_3：等腰三角形							X		X	X	
a_4：等边三角形				X							
a_5：不可能					X	X		X			

另外,在设计决策表时应该考虑规则之间可能出现的冗余及不一致的情况,在表 3-11 中,规则 9 的行动条目与规则 1~4 的行动条目相同,这种情况只要冗余规则中的行动与决策表相应的部分相同,决策表的设计就不会有大问题。如果条件条目相同而行动条目不同,例如表 3-11 所示的情况,则决策表的设计会有问题,也就是说决策表的设计存在错误。

表 3-11　一个冗余的决策表

桩	规划 1～4	规划 5	规划 6	规划 7	规划 8	规划 9
c_1	T	F	F	F	F	T
c_2	—	T	T	F	F	F
c_3	—	T	F	T	F	F
a_1	X	X	X	—	—	X
a_2	—	X	X	X	—	—
a_3	X	—	X	X	X	X

如果表 3-12 所示的决策表是和具体的业务逻辑相对应,其中 c_1 是真,c_2 和 c_3 都是假,那么规则 1～4 和规则 9 都适用,即规则 1～4 隐含包含规则 9。这样可以观察到以下情况:

- 规则 1～4 和规则 9 是不一致的。
- 决策表是非确定的。

规则 1～4 和规则 9 是不一致的,是因为行动的组合不同,所以整个决策表是不确定的。测试人员的基本原则是在决策表中小心使用不关心条目。

表 3-12　一个不一致的决策表

桩	规划 1～4	规划 5	规划 6	规划 7	规划 8	规划 9
c_1	T	F	F	F	F	T
c_2	—	T	T	F	F	F
c_3	—	T	F	T	F	F
a_1	X	X	X	—	—	—
a_2	—	X	X	X	—	X
a_3	X	—	X	X	X	—

针对三角形例子,使用表 3-10 给出的决策表,可得到 11 个功能性测试用例:3 个不可能测试用例;3 个测试用例违反三角形性质;1 个测试用例可得到等边三角形;1 个测试用例可得到不等边三角形;3 个测试用例可得到等腰三角形,如表 3-13 所示。如果将表 3-10 中的条件“两边之和是否大于第三边”扩展为“一条边等于另外两条边之和”和“一条边严格大于另外两条边之和”,则决策表所对应的测试用例会增加,如会增加满足“一条边正好等于另外两条边的和”情况的测试用例。

表 3-13　根据决策表 3-10 得到的测试用例

测试用例 ID	a	b	c	预 期 输 出
TTC001	4	1	2	非三角形
TTC002	1	4	2	非三角形
TTC003	1	2	4	非三角形
TTC004	5	5	5	等边三角形
TTC005	?	?	?	不可能
TTC006	?	?	?	不可能
TTC007	2	2	3	等腰三角形
TTC008	?	?	?	不可能
TTC009	2	3	2	等腰三角形
TTC010	3	2	2	等腰三角形
TTC011	3	4	5	不等边三角形

以上主要讨论涉及有限条目的决策表。对于扩展条目决策表的测试用例设计,重要的是要分析条件的划分和每个条件的取值,因为扩展条目的决策表的条件可以取多个值。下面以一个具体的例子来讨论扩展条目决策表的测试用例设计。

被测软件的需求描述为:假设有一个银行信誉卡系统,当月刷卡销费额及本年度未按时还款的次数和当月赠送礼品折合金额占总刷卡额的比例关系如表 3-14 所示,当未按时还款次数大于或等于其对应的刷卡消费额所允许的未按时还款次数时,则免于赠送礼品,用决策表设计测试用例。为了使问题简单化,在此仅考虑本年度的情况,不考虑跨年的累计。

表 3-14 刷卡消费额与未按时还款次数及奖励额关系

刷卡消费额/元	本年度容许未按时还款 最大次数	赠送礼品折合金额占 总刷卡额的比例/%
$2000 < N \leqslant 4000$	0	0.3
$4000 < N \leqslant 7000$	1	0.4
$7000 < N \leqslant 10\,000$	2	0.5
$10\,000 < N \leqslant 15\,000$	3	0.7
$N > 15\,000$	5	0.8

首先,必须确定条件变量的个数,根据需求进行分析,有"刷卡消费额"和"本年度未按时还款次数"两个条件变量,分别用 N 和 M 来表示。其中变量 N 可以划分成如下等价类,每个等价类分别是条件变量 N 的取值范围:

$N_1 = \{2000 < N \leqslant 4000\}$

$N_2 = \{4000 < N \leqslant 7000\}$

$N_3 = \{7000 < N \leqslant 10\,000\}$

$N_4 = \{10\,000 < N \leqslant 15\,000\}$

$N_5 = \{N > 15\,000\}$

对于条件变量 M,由于其最多的本年度未按时还款次数为 11 次(隐含需求),所以合理的等价类划分如下,且每个等价类分别是条件变量 M 的取值:

$M_1 = \{0\}$

$M_2 = \{1\}$

$M_3 = \{2\}$

$M_4 = \{3\}$

$M_5 = \{4, 5\}$

$M_6 = \{6, 7, 8, 9, 10, 11\}$

以上分析条件变量 M 和 N 的取值分别是等价类,由此依据扩展条目决策表的设计原则设计的决策表如表 3-15 所示。每个规则对应一个测试用例,共 10 个测试用例。

表 3-15 扩展决策表用例设计实例

标号	1	2	3	4	5	6	7	8	9	10
$C_1: N$	N_1		N_2		N_3		N_4		N_5	
$C_2: M$	M_1	$M_2 \sim M_6$	M_1, M_2	$M_3 \sim M_6$	M_1, M_2, M_3	$M_4 \sim M_6$	M_1, M_2, M_3, M_4	M_5, M_6	$M_1 \sim M_5$	M_6
$A_1:$ 有刷卡 奖励	X		X		X		X		X	

标号	1	2	3	4	5	6	7	8	9	10
A_2：无刷卡奖励		X		X				X		X
奖励额度	$N\times$ 0.3%	0	$N\times$ 0.4%	0	$N\times$ 0.5%	0	$N\times$ 0.7%	0	$N\times$ 0.8%	0

决策表的设计建立在软件规格说明的基础上,其设计基本步骤如下:

(1) 根据规约分析条件个数和条件的取值,决定用有限条目的决策表还是用扩展条目的决策表。

(2) 分析理论规则的个数。假如用有限条目的决策表设计,每个条件取"真"和"假"两个值,那么对于 n 个条件的决策表规则数为 2^n 个;假如用扩展条目的决策表设计,规则的个数可以根据不同变量划分的等价类个数的积及结合其他方法来确定。

(3) 列出所有可能的行动桩。

(4) 列出所有的条件条目和行动条目,并考虑"不可能条目"和"不关心条目"。

(5) 根据规则完成测试用例的设计。

(6) 评审决策表和测试用例集。

3.1.6 场景法

现在的软件几乎都是用事件触发来控制流程的,像 GUI 软件、游戏软件等事件触发时的情景便形成了场景(Use Case),而同一事件不同的触发顺序和处理结果就形成事件流。这种在软件设计方面的思想也可引入软件测试中,可以比较生动地描绘出事件触发时的情景,有利于设计者设计测试用例,同时使测试用例更容易理解和执行。

提出这种测试思想的是 IBM Rational 公司,并在 RUP2000 中文版中有详尽的解释和应用。在使用场景法测试一个软件时,测试流程按照一定的事件流正确地实现某个软件的功能时,这个流称为该软件功能的基本流;而凡是出现故障或缺陷或例外的流程,就称为备选流。分别将基本流和备选流加以标注,这样的话,备选流就可以是源于基本流,或是由备选流中引出的。

用例场景用来描述流经用例的路径,从用例开始到结束遍历这条路径上所有基本流和备选流,也就是说,场景是由基本流和备选流组成。下面分析基本流和备选流的概念。

1. 理解规约确定基本流和备选流

如图 3-8 所示,直黑线表示基本流,是测试用例对应的最简单的路径。备选流用带有弧线的箭头线表示,一个备选流可能从基本流开始,在某个特定条件下执行,然后重新加入基本流中(如图 3-8 中的备选流 1 和 3);也可能起源于另一个备选流(如备选流 2 就是起源于备选流 1 的备选流),或者终止用例而不再重新加入某个流(如备选流 2 和 4)。经过用例的每条路径都由基本流和备选流来表示。

总之,基本流就是正常的业务流;备选流是非正常的业务流,即被中断的或是意外的业务流。按照图 3-8 中所示的基本流和备选流,可以确定以下不同的用例场景。

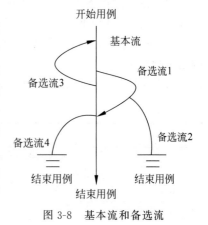

图 3-8 基本流和备选流

场景 1：基本流。

场景 2：基本流、备选流 1；基本流。

场景 3：基本流、备选流 1、备选流 2。

场景 4：基本流、备选流 3；基本流。

场景 5：基本流、备选流 3、备选流 1；基本流。

场景 6：基本流、备选流 3、备选流 1、备选流 2。

场景 7：基本流、备选流 4。

场景 8：基本流、备选流 3、备选流 4。

场景 9：基本流、备选流 3；基本流、场景 3。

在以上场景中，场景 2、4 和 7 只是经过了一种备选流，而场景 3、5、6、8、9 经过了一种以上的备选流。实际上备选流在一个场景中可以出现多次甚至是无数次，当然，无数次的情况实际上是不可能的，因为这样测试用例的执行就不会结束了。需要说明的是，为了能清晰地说明场景，这里所举的例子都是非常简单的，在实际应用中往往比较复杂。下面再举一个例子。

需求描述：在一个学生成绩管理系统中，教师登录系统后，具有增加学生成绩、删除学生成绩、修改学生成绩和打印学生成绩的功能。

其中，教师修改学生成绩功能的基本流可以理解为教师修改学生成绩成功这个业务流。对于备选流，可以理解为：

- 修改学生成绩时学生信息不存在；
- 修改学生成绩时学生信息存在但成绩不存在；
- 修改学生成绩失败。

可以根据以上分析的基本流和备选流设计不同的场景。至于其他功能，基本流和备选流的设计方法相同。

2. 场景法设计步骤

(1) 根据说明书或规约，分析出系统或程序功能的基本流及所有可能的备选流。

(2) 根据基本流和各项备选流设计不同的场景。

(3) 对每个场景生成相应的逻辑测试用例。

(4) 根据逻辑测试用例设计实际(物理)测试用例。

(5) 对生成的测试用例集进行评审，基本的覆盖指标是基本流和所有的备选流在所设计的场景中至少覆盖一次。

3. 实例分析

这里以一个网上书店为例说明场景法设计测试用例的过程。网上书店的订购过程为：用户登录网站后，进行书籍的选择，当选好自己心仪的书籍后进行订购，这时把所需图书放进购物车，等进行结账时，用户需要登录自己注册的用户，登录成功后，进行结账并生成订单，整个购物过程结束。

(1) 分析基本流和所有可能的备选流，如表 3-16 所示。

表 3-16　基本流和备选流

分类	说　明
基本流	用户登录网站，选择书籍，进行订购，把所需图书放进购物车，结账时登录自己的用户，登录成功后生成订单，选择支付方式(银行卡在线支付)，订单确认
备选流 1	用户不存在
备选流 2	用户密码错误

分类	说 明
备选流 3	银行账号不存在
备选流 4	银行账号资金不足
备选流 5	银行账号密码错误
备选流 6	银行卡达到每日最大消费金额(假设每天的最大消费金额为 2000 元)
备选流 7	无选购书籍
备选流 x	退出系统

(2) 根据基本流和备选流来设计场景,如表 3-17 所示。

表 3-17　场景设计列表

分 类	说 明	
场景 1——购物成功	基本流	
场景 2——用户不存在	基本流	备选流 1
场景 3——用户密码错误	基本流	备选流 2
场景 4——银行账号不存在	基本流	备选流 3
场景 5——银行账号资金不足	基本流	备选流 4
场景 6——银行账号密码错误	基本流	备选流 5
场景 7——银行卡达到每日最大消费金额	基本流	备选流 6
场景 8——无选购书籍	基本流	备选流 7
场景 9——退出系统	基本流	备选流 x
场景 10	基本流	备选流 1,备选流 3,备选流 5,备选流 x
场景 11	基本流	备选流 2,备选流 3,备选流 6

表 3-17 中的场景 1~9 覆盖了所有的基本流和备选流。场景 10 和场景 11 是所列举的另外两种情况的场景,这样的场景有很多甚至无穷,因为在一个场景中任何一个备选流可能出现多次。在设计场景时在满足基本流和所有的备选流在所设计的场景中至少覆盖一次的情况下,其他的场景根据业务流的具体情况去设计,如根据业务的使用概率来设计等。

(3) 逻辑测试用例的设计。

对于每一个场景都需要设计测试用例。可以采用矩阵或决策表来设计和管理测试用例。下面显示了一种通用格式,其中各行代表各个逻辑测试用例,而各列则代表测试用例的信息。本例中,对于每个测试用例,存在一个测试用例 ID、对应的场景(条件)、测试用例中涉及的所有数据元素(作为输入或已经存在于数据库中)以及预期结果。

通过从确定执行用例场景所需的数据元素入手构建矩阵。然后,对于每个场景,至少要确定包含执行场景所需的适当条件的测试用例。例如,在下面的矩阵中,V(有效)用于表明这个条件必须是 Valid(有效的)才可执行基本流,而 I(无效)用于表明这种条件下将激活所需备选流。表 3-18 中使用的"n/a"(不可获得或不考虑)表明这个条件不适用于测试用例。表 3-18 为场景对应的逻辑测试用例,在该表中场景 9、场景 10、场景 11 对应的逻辑测试用例有其特殊性。在场景 9 中,在购书的任何时刻或购书过程中的任何阶段均可以退出系统,不能保证购书过程结束,该情况有多种,表 3-18 列出的只是其中的一种逻辑测试用例。场景 10 也是类似的情况,不过该场景必须覆盖备选流 1、备选流 3 和备选流 5 之后才能退出系统,不能保证购书过程结束。场景 11 要求该场景必须覆盖备选流 2、备选流 3、备选流 6。

表 3-18　逻辑测试用例列表

测试用例编号	场景（条件）	用户	用户密码	银行账号	账号密码	消费的金额	账面金额	没超过每天最大金额	选购书籍	退出系统	预 期 结 果
1	场景1	V	V	V	V	V	V	V	V	V	成功购书
2	场景2	I	n/a	V	V	n/a	V	n/a	V	n/a	用户不存在
3	场景3	V	I	V	V	n/a	V	n/a	V	n/a	用户密码错误
4	场景4	V	V	I	n/a	n/a	n/a	V	V	n/a	银行账号不存在
5	场景5	V	V	V	V	V	I	V	V	n/a	银行账号资金不足
6	场景6	V	V	V	I	V	V	V	V	n/a	银行账号密码错误
7	场景7	V	V	V	V	V	V	I	V	n/a	银行卡达到每日最大消费金额
8	场景8	n/a	n/a	n/a	n/a	n/a	n/a	n/a	I	n/a	无选购书籍
9	场景9	V	V	V	V	V	V	V	V	I	购书成功退出或不成功退出
10	场景10	I	V	I	I	n/a	n/a	n/a	n/a	I	不成功退出
11	场景11	V	I	I	V	V	V	I	V	V	购书成功退出或不成功退出

（4）设计实际（物理）测试用例。

实际（物理）测试用例就是前面描述的逻辑测试用的实例化，也就是给逻辑测试用例填上相应的数据。例如，上例中的用户名、密码、银行账号、账号密码、消费金额、账目金额、所购书籍等给出具体的值。具体测试用例如表 3-19 所示。

表 3-19　实际（物理）测试用例

测试用例编号	场景（条件）	用户	用户密码	银行账号	账号密码	消费的金额/元	账面金额/元	没超过每天最大金额/元	选购书籍	退出系统	预期结果
1	场景1	Duolc	654321	123-54321	123456	580	5000	有效	《软件测试》	正常退出	成功购书
2	场景2	Duolc	n/a	123-54321	123456	n/a	5000	n/a	《软件质量控制》	n/a	用户不存在
3	场景3	Duolc	543210	123-54321	123456	n/a	5000	n/a	《软件工程》	n/a	用户密码错误
4	场景4	Duolc	654321	012-54321	n/a	n/a	n/a	n/a	《一地鸡毛》	n/a	银行账号不存在
5	场景5	Duolc	654321	123-54321	123456	1008	1000	有效	《印象》	n/a	银行账号资金不足
6	场景6	Duolc	654321	123-54321	654321	105	1000	有效	《易经》	n/a	银行账号密码错误
7	场景7	Duolc	654321	123-54321	123456	2005	3000	无效	《易经解读》	n/a	银行卡达到每日最大消费金额

测试用例编号	场景（条件）	用户	用户密码	银行账号	账号密码	消费的金额/元	账面金额/元	没超过每天最大金额/元	选购书籍	退出系统	预期结果
8	场景8	n/a	n/a	n/a	n/a	n/a	n/a	n/a	*Nature Science*	n/a	无选购书籍
9	场景9	Duolc	654321	123-54321	123456	200	3000	有效	《史记》	正常或非正常退出	购书成功退出或不成功退出
10	场景10	duolc	654321	113-54321	123456	n/a	n/a	n/a	n/a	非正常退出	不成功退出
11	场景11	Duolc	123456	112-54321	123456	2500	3000	无效	《二十四史》	正常或非正常退出	购书成功退出或不成功退出

（5）用例评审及完善。

评审对象是表3-18和表3-19中的测试用例，主要关注测试用例本身的合理性，如预期输出是否正确等；另外需要关注的是测试用例是否覆盖了所有的备选流等。对测试用例不合理的部分进行完善修改。

3.1.7 正交实验法

1. 正交实验法的由来

"拉丁方"名称的由来：古希腊是一个多民族的国家，国王在检阅臣民时要求每个方队中每行有一个民族代表，每列也要有一个民族代表。数学家在设计方阵时，以每一个拉丁字母表示一个民族，所以设计的方阵称为"拉丁方"。

什么是 n 阶拉丁方？用 n 个不同的拉丁字母排成一个 $n(n<26)$ 阶方阵，如果每行的 n 个字母均不相同，每列的 n 个字母均不相同，则称这种方阵为 $n*n$ 拉丁方或 n 阶拉丁方，即每个字母在任一行、任一列中只出现一次。什么是正交拉丁方？设有两个 n 阶的拉丁方，如果将它们叠合在一起，恰好出现 n^2 个不同的有序数对，则称为这两个拉丁方为互相正交的拉丁方，简称正交拉丁方。例如，3阶拉丁方如下：

$$
\begin{array}{ccc}
A\,B\,C & & A\,B\,C \\
B\,C\,A & 和 & C\,A\,B \\
C\,A\,B & & B\,C\,A
\end{array}
$$

用数字替代拉丁字母：

$$
\begin{array}{ccc}
1\,2\,3 & 1\,2\,3 & (1,2)(2,2)(3,3) \\
2\,3\,1 \ 和 \ 3\,1\,2 & \dashrightarrow & (2,3)(3,1)(1,2) \\
3\,1\,2 & 2\,3\,1 & (3,2)(1,3)(2,1)
\end{array}
$$

2. 正交实验法介绍

根据正交拉丁方的由来，可得知正交实验设计（Orthogonal Experimental Design）是研究多因素(也称因子)、多水平的又一种设计方法,它是根据正交性从全面实验中挑选出部分有代表性的点进行实验,这些有代表性的点具备了"均匀分散,齐整可比"的特点。正交实验设计是分式析因设计(析因设计是一种多因素的交叉分组设计)的主要方法,是一种高效率、快速、经济的实验设计方法。

日本著名的统计学家田口玄一将正交实验选择的水平组合列成表格,称为正交表。例如作一个三因素三水平的实验,按全面实验要求,需进行 $3^3 = 27$ 种组合的实验,且尚未考虑每一组合的重复数。若按 $L_9(3^3)$ 正交表安排实验,只需做 9 次,按 $L_{18}(3^7)$ 正交表进行 18 次实验,显然大大减少了工作量。因而正交实验设计在很多领域的研究中已经得到广泛应用。

在利用决策表或因果图来设计测试用例时,作为输入条件的原因与输出结果之间的因果关系,有时很难从软件需求规格说明中得到。也往往由于因果关系非常庞大,导致利用决策表或因果图而得到的测试用例数目多得惊人,给软件测试带来沉重的负担。为了有效、合理地减少测试的工时与费用,可利用正交实验法进行测试用例的设计。

正交实验法是依据 Galois 理论,从大量的(实验)数据(测试用例)中挑选适量的、有代表性的点(用例),从而合理地安排实验(测试)的一种科学实验设计方法。类似的方法有聚类分析方法、因子方法等。下面通过一个例子来说明正交实验法。

需求描述:为提高某化工产品的转化率,选择了三个有关因子进行条件实验,为反应温度 A、反应时间 B、用碱量 C,并确定了它们的实验范围如下。

A:80~90℃;

B:90~150min;

C:5%~7%。

实验目的是搞清楚因子 A、B、C 的取值对转化率有什么影响,哪些是主要的,哪些是次要的,从而确定最适的生产条件,即反应温度、反应时间及用碱量各为多少才能使转化率最高。这里对因子 A、B 和 C 在实验范围内都选了三个水平,如下所示。

A:$A_1 = 80℃$,$A_2 = 85℃$,$A_3 = 90℃$;

B:$B_1 = 90min$,$B_2 = 120min$,$B_3 = 150min$;

C:$C_1 = 5\%$,$C_2 = 6\%$,$C_3 = 7\%$。

当然,在正交实验设计中,因子可以是定量的,也可以是定性的。而定量因子各水平间的距离可以相等,也可以不相等。这个三因子三水平的条件实验,通常有两种实验方法:取三因子所有水平之间的组合,共有 $C_3^1 C_3^1 C_3^1 = 27$ 次实验,即 $A_1 B_1 C_1, A_1 B_1 C_2, A_1 B_2 C_1, \cdots\cdots, A_3 B_3 C_3$。用图 3-9 表示立方体的 27 个结点。这种实验法叫作全面实验法。

全面实验法对各因子及各因子的不同取值间的组合关系剖析得比较清楚,但实验次数太多。特别是当因子数目多,且每个因子的水平数目也很多时,实验量非常大。如选 6 个因子,每个因子

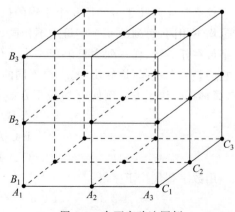

图 3-9 全面实验法图例

取 5 个水平时,如要做全面实验,则需 $5^6 = 15\,625$ 次实验,这实际上是不可能实现的,如果应用正交实验法,只做 25 次实验就够了。而且在某种意义上讲,这 25 次实验代表了 15 625 次实验。

下面用简单对比法分析,即变化一个因子而固定其他因子,如首先固定 B、C 于 B_1、C_1,使 A 变化:

$$B_1C_1 \begin{array}{l} \nearrow A_1 \\ \rightarrow A_2 \\ \searrow A_3(好结果) \end{array}$$

若得出结果以 A_3 为最好,则固定 A 于 A_3,C 还是 C_1,使 B 变化:

$$A_3C_1 \begin{array}{l} \nearrow B_1 \\ \rightarrow B_2(好结果) \\ \searrow B_3 \end{array}$$

若得出结果以 B_2 为最好,则固定 B 于 B_2,A 于 A_3,使 C 变化:

$$A_3B_2 \begin{array}{l} \nearrow C_1 \\ \rightarrow C_2(好结果) \\ \searrow C_3 \end{array}$$

实验结果以 C_2 为最好。于是就认为最好的工艺条件是 $A_3B_2C_2$。

这种方法一般也有一定的效果,但缺点很多。首先,这种方法的选点代表性很差,如按上述方法进行实验,实验点完全分布在立体的一个角上,而在其他大的范围内没有选点,因此这种实验方法不全面,所选的工艺条件 $A_3B_2C_2$ 不一定是 27 个组合中最好的。其次,用这种方法比较条件好坏时,是把单个的实验数据拿来进行数值上的简单比较,而实验数据中必然包含着误差成分,所以单个数据的简单比较不能剔除误差,必然造成结论的不稳定。另外,对于 A、B 和 C 先固定哪两个变量的取值或两个相同变量取值的不同也决定最后的实验结果。

考虑兼顾这两种实验方法的优点,从全面实验的点中选择具有典型性、代表性的点,使实验点在实验范围内分布得很均匀,能反映全面情况。但我们又希望实验点尽量地少,为此还要具体考虑一些问题。如上例,对应于 A 有 A_1、A_2、A_3 共 3 个平面,对应于 B、C 也各有 3 个平面,共 9 个平面。则这 9 个平面上的实验点都应当一样多,即对每个因子的每个水平都要同等看待。具体来说,每个平面上都有 3 行 3 列,要求在每行每列上的点一样多,这符合正交拉丁方的思想。如图 3-10 所示的设计,实验点用 ⊙ 表示。

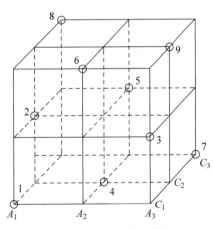

图 3-10 正交实验法图例

可以看到,在 9 个平面中每个平面上都恰好有 3 个点,而每个平面的每行每列都有 1 个点,而且只有 1 个点,总共 9 个点。这样的实验方案,实验点的分布很均匀,实验次数也不多。

当因子数和水平数都不太大时,尚可通过作图的办法来选择分布很均匀的实验点。但是因子数和水平数多了,作图的方法就不行了。实验工作者在长期的工作中总结出一套办法,创造出所谓的正交表。按照正交表来安排实验,既能使实验点分布得很均匀,又能减少实验次数,而且计算分析简单,能够清晰地阐明实验条件与指标之间的关系。用正交表来安排实验及分析实验结果,这种方法叫正交实验设计法,也称正交实验法。

动态测试技术

3. 利用正交实验法测试用例的步骤

（1）提取功能说明，构造因子（因素）——状态（水平）表。

把影响实验指标的条件称为因子，而影响实验因子的条件叫因子的状态。利用正交实验法来设计测试用例时，首先要根据被测试软件的规格说明书找出影响其功能实现的操作对象和外部因素，把它们当作因子；而把各个因子的取值当作状态（水平）。对软件需求规格说明中的功能要求进行划分，把整体的、概要性的功能要求进行层层分解与展开，分解成具体的有相对独立性的、基本的功能要求。这样就可以把被测试软件中所有的因子都确定下来，并为确定每个因子的权值提供参考的依据。确定因子与状态（水平）是设计测试用例的关键。因此要求尽可能全面、正确地确定取值，以确保测试用例的设计做到完整与有效。

（2）加权筛选，生成因素分析表。

对因子与状态的选择可按其重要程度分别加权。可根据各个因子及状态的作用大小、出现频率的大小以及测试的需要确定权值的大小。

（3）利用正交表构造测试数据集。

利用正交实验法设计测试用例与使用等价类划分、边界值分析、因果图等方法相比，具有以下优点：节省测试工作工时；可控制生成的测试用例数量；测试用例具有一定的覆盖率。

在使用正交实验法时，要考虑到被测系统中要准备测试的功能点，而这些功能点就是要获取的因子或因素。但每个功能点要输入的数据按等价类划分有多个，也就是每个因素的输入条件，即状态或水平值。

用例设计的简洁实用步骤为：

（1）确定因素（变量）；

（2）确定每个因素有几个状态（水平）（变量的取值）；

（3）选择一个合适的正交表；

（4）把变量的值映射到表中；

（5）把每一行的各因素水平的组合作为一个测试用例；

（6）添加认为可疑且没有在正交表中出现的组；

（7）评审测试用例集。

4. 正交表的构成分析

行数（Runs）：正交表中行的个数，即实验的次数，也是通过正交实验法设计的测试用例的个数。

因素数（Factors）：正交表中列的个数，即要测试的功能点。

状态或水平数（Levels）：任何单个因素能够取得的值的最大个数。正交表中的包含的值为从 0 到"水平数－1"或从 1 到"水平数"，即要测试功能点的输入条件。

正交表的形式：$L_{行数}($水平数$^{因素数})$。

如 $L_8(2^7)$，其中 7 为此表列的数目（最多可安排的因子数）；2 为因子的水平数；8 为此表行的数目（实验次数），如图 3-11 所示。

又例如 $L_{18}(2 \times 3^7)$，有 7 列是 3 水平的，有 1 列是 2 水平的，$L_{18}(2 \times 3^7)$ 的数字告诉我们，用它来安排实验，做 18 个实验最多可以考查 1 个 2 水平因子和 7 个 3 水平因子。在行数为 mn 型的正交表中（m,n 是正整数），实验次数（行数）$= \sum($每列水平数$-1) + 1$，如 $L_8(2^7)$，$8 = 7 \times (2-1) + 1$。利用上述关系式可以从所要考查的因子水平数来决定最低的实验次数，进而选择合适的正交表。比如要考查 5 个 3 水平因子及一个 2 水平因子，则起码的实验次数为

5×(3−1)+1×(2−1)+1=12(次)，这就是说，要在行数不小于 12，既有 2 水平列又有 3 水平列的正交表中选择，$L_{18}(2\times3^7)$适合。

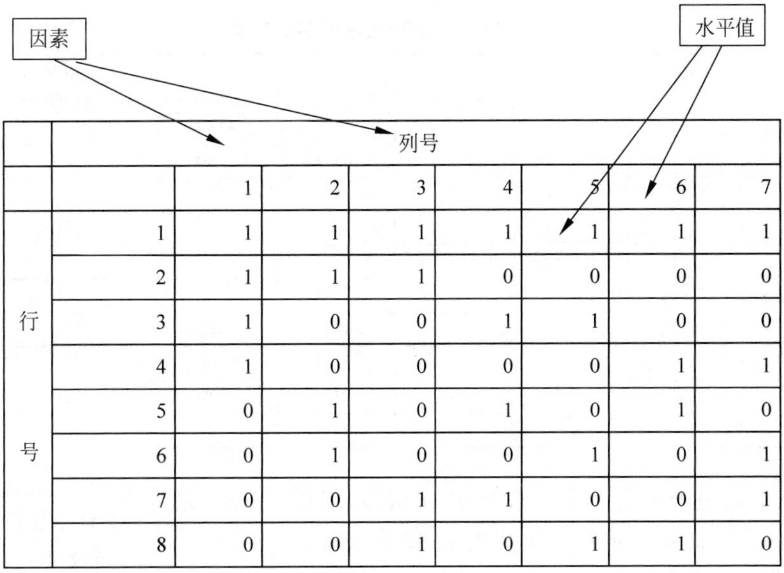

		列号						
		1	2	3	4	5	6	7
行号	1	1	1	1	1	1	1	1
	2	1	1	1	0	0	0	0
	3	1	0	0	1	1	0	0
	4	1	0	0	0	0	1	1
	5	0	1	0	1	0	1	0
	6	0	1	0	0	1	0	1
	7	0	0	1	1	0	0	1
	8	0	0	1	0	1	1	0

图 3-11　正交表 $L_8(2^7)$

正交表具有两条性质：每一列中各数字出现的次数都一样多；任何两列所构成的各有序数对出现的次数都一样多。所以称之为正交表。例如在 $L_9(3^4)$中(如表 3-20 所示)，各列中的 1、2、3 都各自出现 3 次；任何两列，例如第 3、4 列，所构成的有序数对从上到下共有 9 种，既没有重复也没有遗漏。其他任何两列所构成的有序数对也是这 9 种各出现一次，这反映了实验点分布的均匀性。

表 3-20　$L_9(3^4)$正交表

行号	列号			
	1	2	3	4
	水平			
1	1	1	1	1
2	1	2	2	2
3	1	3	3	3
4	2	1	2	3
5	2	2	3	1
6	2	3	1	2
7	3	1	3	2
8	3	2	1	3
9	3	3	2	1

实验方案应该如何设计呢？安排实验时，只要把所考查的每个因子任意地对应于正交表的一列(一个因子对应一列，不能让两个因子对应同一列)，然后把每列的数字“翻译”成所对应因子的水平。这样，每一行的各水平组合就构成了一个实验条件(不考虑没安排因子的列)。对于上面例子，因子 A、B、C 都是 3 水平的，实验次数要不少于 3×(3−1)+1=7(次)，可考虑选用 $L_9(3^4)$。因子 A、B、C 可任意地对应于 $L_9(3^4)$的某 3 列，例如 A、B、C 分别放在 1、2、3 列，然后

实验按行进行,顺序不限,每一行中各因素的水平组合就是每一次的实验条件,从上到下就是这个正交实验的方案,如表3-21所示。这个实验方案的几何解释正好是正交实验设计图例。

表 3-21 产品转化率的实验方案

行号 \ 列号	A 1	B 2	C 3	4		实验号	水平组合	温度/℃	时间/min	加碱量/%
1	1	1	1	1		1	$A_1B_1C_1$	80	90	5
2	1	2	2	2		2	$A_1B_2C_2$	80	120	6
3	1	3	3	3		3	$A_1B_3C_3$	80	150	7
4	2	1	2	3		4	$A_2B_1C_2$	85	90	6
5	2	2	3	1		5	$A_2B_2C_3$	85	120	7
6	2	3	1	2		6	$A_2B_3C_1$	85	150	5
7	3	1	3	2		7	$A_3B_1C_3$	90	90	7
8	3	2	1	3		8	$A_3B_2C_1$	90	120	5
9	3	3	2	1		9	$A_3B_3C_2$	90	150	6

3个3水平的因子做全面实验需要3^3次试验,现用$L_9(3^4)$来设计实验方案,只要做9次,工作量减少了2/3,而在一定意义上代表了27次实验。

5. 正交实验法举例

设计测试用例时的3种情况:

- 因素数(变量)、水平数(变量值)符合正交表。
- 因素数不相同。
- 水平数不相同。

(1)因素数与水平数刚好符合正交表。

下面举一个包括3个控件的界面的例子,如图3-12所示。

这是个人信息查询系统中的一个窗口。可以看到要测试的控件有3个:姓名、身份证号码、手机号码,也就是要考虑的因素有3个。而每个因素里的状态(水平)有两个:填与不填。

图 3-12 一个包括3个控件的界面

选择正交表时需要分析:

- 表中的因素数大于或等于3;
- 表中至少有3个因素数的水平数大于或等于2;
- 行数取最少的一个,即行数最少为$3\times(2-1)+1=4$。

从正交表中开始查找,结果为$L_4(2^3)$。

变量映射结果如下:

行号 \ 列号	1	2	3		行号	姓名	身份证号码	手机号码
1	0	0	0		1	填	填	填
2	0	1	1		2	填	不填	不填
3	1	0	1		3	不填	填	不填
4	1	1	0		4	不填	不填	填

0—填　　1—不填

对应的测试用例如下：

- 填写姓名、填写身份证号码、填写手机号码。
- 填写姓名、不填身份证号码、不填手机号码。
- 不填姓名、填写身份证号码、不填手机号码。
- 不填姓名、不填身份证号码、填写手机号码。

根据其他测试方法增补以下测试用例作为补充：

不填姓名、不填身份证号码、不填手机号码。

从测试用例可以看出，如果按每个因素两个水平数来考虑，则需要 8 个测试用例，而通过正交实验法进行的测试用例只有 5 个，减少了测试用例数。用最小的测试用例集合去获取最大的测试覆盖率。

（2）因素数不相同。

如果因素数不同，可以采用包含的方法，在正交表公式中找到包含该情况的正交表，如果有 N 个符合条件的正交表，那么选取行数最少的正交表。

（3）水平数不相同。

采用包含和组合的方法选取合适的正交表，下面以例子来说明。

上面就正交实验法进行了讲解，现在再拿 PowerPoint 软件打印功能作为例子，希望能让大家更好地理解该方法的具体应用。

假设功能描述如下：

打印范围分为全部、当前幻灯片、给定范围 3 种情况；

打印内容分为幻灯片、讲义、备注页、大纲视图 4 种方式；

打印颜色/灰度分为颜色、灰度、黑白共 3 种设置；

打印效果分为幻灯片加框和幻灯片不加框两种方式。

因素状态（水平）如表 3-22 所示。

表 3-22　因素状态（水平）

状态（水平）/因素	A（打印范围）	B（打印内容）	C（打印颜色/灰度）	D（打印效果）
0	全部	幻灯片	颜色	幻灯片加框
1	当前幻灯片	讲义	灰度	幻灯片不加框
2	给定范围	备注页	黑白	
3		大纲视图		

先将中文字转换成字母，这样便于设计。得到新的因素状态表 3-23 所示。

表 3-23　转换后的因素状态表

状态/因素	A	B	C	D
0	A_1	B_1	C_1	D_1
1	A_2	B_2	C_2	D_2
2	A_3	B_3	C_3	
3		$B4$		

进一步分析：被测项目中一共有 4 个被测对象，每个被测对象的状态（水平）都不一样。

选择正交表：

- 表中的因素数大于或等于 4。
- 表中至少有 4 个因素的水平数大于或等于 2。
- 行数取最少的一个,即满足($3^2 \times 4^1 \times 2^1$)的最少行数:$2 \times (3-1) + 1 \times (4-1) + 1 \times (2-1) + 1 = 9$。

最后选中正交表公式 $L_{16}(4^5)$,对应的正交矩阵如表 3-24 所示。

表 3-24 $L_{16}(4^5)$ 正交表

	1	2	3	4	5
1	0	0	0	0	0
2	0	1	1	1	1
3	0	2	2	2	2
4	0	3	3	3	3
5	1	0	1	2	3
6	1	1	0	3	2
7	1	2	3	0	1
8	1	3	2	1	0
9	2	0	2	3	1
10	2	1	3	2	0
11	2	2	0	1	3
12	2	3	1	0	2
13	3	0	3	1	2
14	3	1	2	0	3
15	3	2	1	3	0
16	3	3	0	2	1

用字母替代正交矩阵如表 3-25 所示。

表 3-25 替代后的正交表

	1	2	3	4	5
1	A_1	B_1	C_1	D_1	0
2	A_1	B_2	C_2	D_2	1
3	A_1	B_3	C_3	2	2
4	A_1	B_4	3	3	3
5	A_2	B_1	C_2	2	3
6	A_2	B_2	C_1	3	2
7	A_2	B_3	3	D_1	1
8	A_2	B_4	C_3	D_2	0
9	A_3	B_1	C_3	3	1
10	A_3	B_2	3	2	0
11	A_3	B_3	C_1	D_2	3
12	A_3	B_4	C_2	D_1	2
13	3	B_1	3	D_2	2
14	3	B_2	C_3	D_1	3
15	3	B_3	C_2	3	0
16	3	B_4	C_1	2	1

从表 3-25 中了解到,第一列水平值为 3,第 3 列水平值为 3,第 4 列水平值 3、2 都需要由各自的字母替代。注意,应该按照顺序进行替代,如果不够替代,则继续从头开始替代,如第一列的 4 个"3"分别用 A_1、A_2、A_3 替代,由于没有 A_4,所以,最后一个"3"用 A_1 替代。最后得到表 3-26。

表 3-26　各自替代后的正交表

	1	2	3	4	5
1	A_1	B_1	C_1	D_1	0
2	A_1	B_2	C_2	D_2	1
3	A_1	B_3	C_3	D_1	2
4	A_1	B_4	C_1	D_2	3
5	A_2	B_1	C_2	D_1	3
6	A_2	B_2	C_1	D_2	2
7	A_2	B_3	C_2	D_1	1
8	A_2	B_4	C_3	D_2	0
9	A_3	B_1	C_3	D_2	1
10	A_3	B_2	C_3	D_1	0
11	A_3	B_3	C_1	D_2	3
12	A_3	B_4	C_2	D_1	2
13	A_1	B_1	C_1	D_2	2
14	A_2	B_2	C_3	D_1	3
15	A_3	B_3	C_2	D_2	0
16	A_1	B_4	C_1	D_1	1

第 5 列去掉,因为没有意义。这样就可以设计 16 个测试用例,具体用例(1~12)如表 3-27~表 3-38 所示。

表 3-27　测试用例 1

测试用例编号	PPT_ST_FUNCTION_PRINT_001
测试项目	测试 PowerPoint 打印功能
测试标题	打印 PowerPoint 文件 A 全部的幻灯片,有颜色,加框
重要级别	高
预置条件	PowerPoint 文件 A 已被打开,计算机主机已连接有效打印机
输入	文件 A:D:\系统测试.ppt
操作步骤	1. 打开打印界面; 2. 打印范围选择"全部"; 3. 打印内容选择"幻灯片"; 4. 颜色/灰度选择"颜色"; 5. 选中"幻灯片加框"复选框; 6. 单击"确定"按钮
预期输出	打印出全部幻灯片,有颜色且已加框

表 3-28　测试用例 2

测试用例编号	PPT_ST_ FUNCTION_PRINT_002
测试项目	测试 PowerPoint 打印功能
测试标题	打印 PowerPoint 文件 A 全部的幻灯片为讲义,灰度,不加框

重要级别	中
预置条件	PowerPoint 文件 A 已被打开,计算机主机已连接有效打印机
输入	文件 A:D:\系统测试.ppt
操作步骤	1. 打开打印界面; 2. 打印范围选择"全部"; 3. 打印内容选择"讲义"; 4. 颜色/灰度选择"灰度"; 5. 单击"确定"按钮
预期输出	打印出全部幻灯片为讲义,灰度且不加框

表 3-29　测试用例 3

测试用例编号	PPT_ST_ FUNCTION_PRINT_003
测试项目	测试 PowerPoint 打印功能
测试标题	打印 PowerPoint 文件 A 全部的备注页,黑白,加框
重要级别	中
预置条件	PowerPoint 文件 A 已被打开,计算机主机已连接有效打印机
输入	文件 A:D:\系统测试.ppt
操作步骤	1. 打开打印界面; 2. 打印范围选择"全部"; 3. 打印内容选择"备注页"; 4. 颜色/灰度选择"黑白"; 5. 选中"幻灯片加框"复选框; 6. 单击"确定"按钮
预期输出	打印出全部备注页,黑白且已加框

表 3-30　测试用例 4

测试用例编号	PPT_ST_ FUNCTION_PRINT_004
测试项目	测试 PowerPoint 打印功能
测试标题	打印 PowerPoint 文件 A 全部的大纲视图,黑白
重要级别	中
预置条件	PowerPoint 文件 A 已被打开,计算机主机已连接有效打印机
输入	文件 A:D:\系统测试.ppt
操作步骤	1. 打开打印界面; 2. 打印范围选择"全部"; 3. 打印内容选择"大纲视图"; 4. 颜色/灰度选择"黑白"; 5. 单击"确定"按钮
预期输出	打印出全部大纲视图,黑白

表 3-31　测试用例 5

测试用例编号	PPT_ST_ FUNCTION_PRINT_005
测试项目	测试 PowerPoint 打印功能
测试标题	打印 PowerPoint 文件 A 当前幻灯片,灰度,加框

重要级别	中
预置条件	PowerPoint 文件 A 已被打开,计算机主机已连接有效打印机
输入	文件 A：D:\系统测试.ppt
操作步骤	1. 打开打印界面; 2. 打印范围选择"当前幻灯片"; 3. 打印内容选择"幻灯片"; 4. 颜色/灰度选择"灰度"; 5. 选中"幻灯片加框"复选框; 6. 单击"确定"按钮
预期输出	打印出当前幻灯片,灰度且已加框

表 3-32　测试用例 6

测试用例编号	PPT_ST_ FUNCTION_PRINT_006
测试项目	测试 PowerPoint 打印功能
测试标题	打印 PowerPoint 文件 A 当前幻灯片为讲义,黑白,加框
重要级别	中
预置条件	PowerPoint 文件 A 已被打开,计算机主机已连接有效打印机
输入	文件 A：D:\系统测试.ppt
操作步骤	1. 打开打印界面; 2. 打印范围选择"当前幻灯片"; 3. 打印内容选择"讲义"; 4. 颜色/灰度选择"黑白"; 5. 选中"幻灯片加框"复选框; 6. 单击"确定"按钮
预期输出	打印出当前幻灯片为讲义,黑白且已加框

表 3-33　测试用例 7

测试用例编号	PPT_ST_ FUNCTION_PRINT_007
测试项目	测试 PowerPoint 打印功能
测试标题	打印 PowerPoint 文件 A 当前幻灯片的备注页,有颜色,不加框
重要级别	中
预置条件	PowerPoint 文件 A 已被打开,计算机主机已连接有效打印机
输入	文件 A：D:\系统测试.ppt
操作步骤	1. 打开打印界面; 2. 打印范围选择"当前幻灯片"; 3. 打印内容选择"备注页"; 4. 颜色/灰度选择"颜色"; 5. 单击"确定"按钮
预期输出	打印出当前幻灯片的备注页,有颜色且不加框

表 3-34　测试用例 8

测试用例编号	PPT_ST_ FUNCTION_PRINT_008
测试项目	测试 PowerPoint 打印功能
测试标题	打印 PowerPoint 文件 A 当前幻灯片的大纲视图,有颜色

重要级别	中
预置条件	PowerPoint 文件 A 已被打开,计算机主机已连接有效打印机
输入	文件 A:D:\系统测试.ppt
操作步骤	1. 打开打印界面; 2. 打印范围选择"当前幻灯片"; 3. 打印内容选择"大纲视图"; 4. 颜色/灰度选择"颜色"; 5. 单击"确定"按钮
预期输出	打印出当前幻灯片为讲义,黑白且已加框

表 3-35　测试用例 9

测试用例编号	PPT_ST_ FUNCTION_PRINT_009
测试项目	测试 PowerPoint 打印功能
测试标题	打印 PowerPoint 文件 A 给定范围的幻灯片,黑白,不加框
重要级别	中
预置条件	PowerPoint 文件 A 已被打开,计算机主机已连接有效打印机
输入	文件 A:D:\系统测试.ppt
操作步骤	1. 打开打印界面; 2. 打印范围选择"幻灯片"; 3. 打印内容选择"幻灯片"; 4. 颜色/灰度选择"黑白"; 5. 单击"确定"按钮
预期输出	打印出给定范围的幻灯片,黑白且不加框

表 3-36　测试用例 10

测试用例编号	PPT_ST_ FUNCTION_PRINT_0010
测试项目	测试 PowerPoint 打印功能
测试标题	打印 PowerPoint 文件 A 给定范围的幻灯片为讲义,有颜色,加框
重要级别	中
预置条件	PowerPoint 文件 A 已被打开,计算机主机已连接有效打印机
输入	文件 A:D:\系统测试.ppt
操作步骤	1. 打开打印界面; 2. 打印范围选择"幻灯片"; 3. 打印内容选择"幻灯片"; 4. 颜色/灰度选择"颜色"; 5. 单击"确定"按钮
预期输出	打印出给定范围的幻灯片为讲义,有颜色且加框

表 3-37　测试用例 11

测试用例编号	PPT_ST_ FUNCTION_PRINT_0011
测试项目	测试 PowerPoint 打印功能
测试标题	打印 PowerPoint 文件 A 给定范围的幻灯片的备注页,灰度,加框
重要级别	中

预置条件	PowerPoint 文件 A 已被打开,计算机主机已连接有效打印机
输入	文件 A:D:\系统测试.ppt
操作步骤	1. 打开打印界面; 2. 打印范围选择"幻灯片"; 3. 打印内容选择"备注页"; 4. 颜色/灰度选择"灰度"; 5. 选中"幻灯片加框"复选框; 6. 单击"确定"按钮
预期输出	打印出给定范围的幻灯片的备注页,灰度且加框

表 3-38　测试用例 12

测试用例编号	PPT_ST_ FUNCTION_PRINT_0012
测试项目	测试 PowerPoint 打印功能
测试标题	打印 PowerPoint 文件 A 给定范围的幻灯片的大纲视图,灰度
重要级别	中
预置条件	PowerPoint 文件 A 已被打开,计算机主机已连接有效打印机
输入	文件 A:D:\系统测试.ppt
操作步骤	1. 打开打印界面; 2. 打印范围选择"幻灯片"; 3. 打印内容选择"大纲视图"; 4. 颜色/灰度选择"灰度"; 5. 单击"确定"按钮
预期输出	打印出给定范围的幻灯片的大纲视图,灰度

总而言之,正交实验法在软件测试中是一种有效的方法。例如,在平台参数配置方面,要选择哪种组合方式是最好的,每个参数可能就是一个因素,参数的不同取值就是不同的水平,这样我们可以采用正交实验法设计出最少的测试组合,达到有效的测试目的。又如,图形界面中有多个控件,每个控件均有多种取值情况的测试可以考虑用正交实验法进行测试,这在以上的例子中也有体现。

3.1.8　黑盒测试方法选择的策略

本章中讲到的黑盒测试用例设计方法包括等价类划分法、边界值分析法、错误推测法、因果图法、决策表法、正交实验设计法、场景法等。这些测试用例的设计方法不是单独存在的,具体到每个测试项目里可能会用到多种方法。不同类型的软件有各自的特点,每种测试用例设计的方法也有各自的特点,针对不同软件如何利用这些黑盒方法是非常重要的,在实际测试中,往往是综合使用各种方法才能有效地提高测试效率和测试覆盖度,这就需要认真掌握这些方法的原理,积累更多的测试经验,以有效地提高测试水平。

下面是各种测试方法选择的综合策略,可供读者在实际应用的测试过程中参考。

(1) 首先考虑等价类划分,包括输入条件和输出条件的等价类划分,将无限测试变成有限测试,这是减少工作量和提高测试效率最有效的方法。可以充分利用不同的等价类方法,最好既考虑有效的等价类,也考虑无效的等价类。

（2）在任何情况下都必须使用边界值分析法。经验表明，用这种方法设计出的测试用例发现软件缺陷的能力最强。但是，边界值分析法没有考虑变量之间的依赖关系，所以，如果被测软件的变量有比较严密的逻辑关系，最好在使用边界值分析法的同时考虑使用决策表和因果图之类的方法。

（3）可以用错误推测法追加一些测试用例作为补充，这需要依靠测试工程师的智慧和经验。

（4）如果软件的功能说明中含有输入条件的组合情况，也就是输入变量之间有很强的依赖关系，则一开始就可选用因果图法或决策表法。但是不要忘记用边界值分析法或其他方法设计测试用例作为补充。

（5）如果被测软件的业务逻辑清晰，同时又是系统级别的测试，那么可以考虑用场景法来设计测试用例。涉及系统级别的测试时，在考虑使用场景法的同时，理解需求规约尤为重要。在分析测试是否达到了所有的功能点覆盖时，功能点的划分要根据具体情况划分得越细越好，但要考虑每个功能的高内聚性和低耦合性。同时，综合考虑使用其他测试方法。

（6）对于参数配置类的软件，选用正交试验法可以达到测试用例数量少且分布均匀的目的。

3.2 白盒测试技术

3.2.1 白盒测试的概念

在第 1 章中简述了白盒测试是一种用于检查代码是否按照预期工作的验证技术，又称结构测试（Structural Testing）、逻辑驱动测试（Logic-driven Testing）或基于程序的测试（Program-based Testing）。"白盒"是指可视的，"盒子"是指被测试的软件。所以说白盒测试是一种可视的测试软件的方法，即它把测试对象看作一个透明的盒子，测试人员要了解程序结构和处理过程，按照程序内部逻辑测试程序，检查程序中的每条通路是否按照预定要求正确工作。

白盒测试的主要特点是它主要针对被测程序的源代码，测试者可以完全不考虑程序的功能，所以，如果需求规约中的功能没有实现，那么白盒测试很难发现。白盒测试能解决程序中的逻辑错误和不正确假设。当我们的代码实现了不合理或不正确的条件和控制时，这些错误往往功能性测试很难发现，只有通过白盒测试方法找到问题所在。人为地把一个详细设计或伪代码翻译为某种程序设计语言后，有可能产生某些人为的错误，虽然语法检查机制能够发现很多错误。但是，还有一些错误只有通过动态白盒测试才会被发现。而人为错误在每个逻辑路径上的概率是一样的。

另外一个原因就在于功能测试本身的局限性。简单地说，如果程序实现了需求规约里没有要求的功能，功能测试是无法发现的（病毒就是这样一个例子），这将会给软件带来隐患，而白盒测试能够发现这样的缺陷。正如 Beizer 所说的："错误潜伏在角落里，聚集在边界上。"相对而言，白盒测试更容易发现它。

白盒测试的测试方法有代码检查法、静态结构分析法、静态质量度量法、逻辑覆盖法、基本路径测试法、域测试、符号测试、Z 路径覆盖、程序变异以及程序控制流分析、数据流分析等。其中多数方法比较成熟，也都有较高的实用价值，个别的方法仍有些问题没有得到圆满的解决。例如，符号测试和基本路径测试的分析方法都是很重要的，但在程序分支过多及程序路径过多时，已有的方法将会显示出它们的局限性。本书主要介绍程序结构分析、逻辑覆盖和程序插装等技术,而代码检查法、静态结构分析法、静态质量度量法放在静态测试方法中讲解,也可称这些方法为静态白盒测试,在第 2 章已经分析过。其中的域测试、符号测试、Z 路径覆盖、程序变异将在本章中做简单介绍。本节后续提及的白盒测试方法均是指动态白盒测试方法。

白盒测试主要用于单元测试、集成测试及其回归测试,但实际上白盒测试的思想也可以用于系统级别的测试。单元测试就是对一组相关组件或单元的独立测试。对单元进行白盒测试是用来检查单元编码是否正确。而大多数对单元进行的白盒测试是由代码人员自己进行的,也称为自测试(self-testing),软件公司常常不对其测试过程中所发现的缺陷进行跟踪,也就是不公开单元测试的缺陷。因此,是代码人员自己先找出错误或缺陷,在还没有提交给测试人员之前先修复它。但有些时候,除了代码人员进行的自测试之外,还可能进行专门的单元测试,这主要视项目的实际情况而定。集成测试是对集成到一起的软件组件和硬件组件进行的测试,用于评估这些组件之间能否进行正确的交互。集成测试的主要目的就是检查各种组件之间的接口,测试员可以通过白盒测试来检查各个单元接口,也就是将各个组件通过接口连在一起。由于回归测试可以用于不同的测试层次,是一种具有选择性的对系统或组件的重复测试,用来验证对软件所做的修改是否带来不良的影响、系统或组件是否仍然符合特定的需求,因此在应用白盒测试方法进行单元测试和集成测试时,回归测试一样适用。在实际的测试过程中,对测试用例文档也必须做配置管理,即对白盒的单元测试和集成测试用例进行版本控制,为后续的回归测试带来方便,因为回归测试往往只执行以前测试的部分测试用例。

在白盒测试过程中,程序员通常要开发桩模块和驱动模块来配合白盒测试的进行。驱动模块就是用于触发被测模块的一个软件模块,一般要提供测试输入、控制和监测并报告测试结果。最简单的形式就是使用一行能够调用一个方法或模块的代码。例如,如果想移动游戏中的一个人物,驱动代码就可能如下:

```
movePerson(Person,diceRoll);
```

这个驱动代码就可能被主方法调用。而白盒测试用例将要执行这行驱动代码并且检查人物的位置(如使用 person. getPosition()方法),以确定人物现在所处的位置。桩模块就是能够代替被测模块所调用的软件模块的程序,可以模拟实际组件行为的组件或对象。例如,若movePerson()方法还没有完成,那么就可以暂时使用下面所示的代码,把人物移动到标识为 1 的位置。

```
Public void movePerson(Person Person,int diceValue){
Person.setPosition(1);}
```

以上驱动方法 movePerson()是被主方法调用的,但是在实际的测试中将驱动方法movePerson()写成主方法也是可行的,直接运行这个主方法调用被测的方法。当然,最后要由正确的程序逻辑来代替这个方法。但是,开发桩模块的程序员可以调用正在开发的代码中的方法,甚至是一个还没有规定预期行为的方法。桩模块和驱动模块通常被看作是随时可以抛弃的代码,但是这些代码往往要被充分使用,因此最好对桩代码和驱动代码进行配置管理。

3.2.2 程序结构分析

程序的结构形式是白盒测试的主要依据。下面将从控制流分析、数据流分析和信息流分析的不同方面讨论几种机械性的方法并分析程序结构。我们的目的总是要找到程序中隐藏的各种错误或缺陷。

1. 控制流分析

由于非结构化程序会给测试、排错和程序的维护带来许多不必要的困难,人们有理由要求写出的程序是结构良好的。自 20 世纪 70 年代以来,结构化程序的概念逐渐被人们普遍接受。体现这一要求对于若干语言,如 Pascal、C 等并不困难,因为它们都具有反映基本控制结构的相应控制语句。但对于早期开发的语言来说,做到这一点,程序编写人员需要特别注意,不应忽视程序结构化的要求。使用汇编语言编写程序,要注意这个问题的道理就更为明显了。正是由于这个原因,系统地检查程序的控制结构成为十分有意义的工作。

(1) 控制流图(程序图)。

程序流程图(Flow Chart)又称框图,也许是人们最熟悉、最容易接受的一种程序控制结构的图形表示。在这种图的框内常常标明了处理要求或条件,这些在做路径分析时是不重要的。为了更加突出控制流的结构,需要对程序流程图做些简化。在图 3-13 中给出了简化的例子。其中图 3-13(a)是一个含有两出口判断和循环的程序流程图,把它简化成图 3-13(b)的形式,称这种简化了的流程图为控制流图(Control-flow Graph)或程序图。在控制流图中只有两种图形符号,它们是:

- 结点:以标有编号的圆圈表示。它代表了程序流程图中矩形框所表示的处理、两个或多出口判断以及两条或多条流线相交的汇合点。
- 控制流线或弧:以箭头表示。它与程序流程图中的流线是一致的,表明了控制的顺序。为讨论方便,控制流线通常标有名字,如图 3-13 中所标的 a、b、c 等。为便于在机器上表示和处理控制流图,可以把它表示成矩阵的形式,称为控制流图矩阵(Control-flow Graph Matrix)。图 3-14 表示了图 3-13 的控制流图矩阵。这个矩阵有 5 行 5 列,是由该控制图中含有的 5 个结点决定的。矩阵中 6 个元素 a、b、c、d、e 和 f 的位置决定于它们所连接结点的号码。例如,弧 d 在矩阵中处于第 3 行第 4 列,那是因为它在控制流图中连接了结点 3 至结点 4。这里必须注意方向。图 3-13(b)中结点 4 至结点 3 是没有弧的,因此矩阵中第 4 行第 3 列也就没有元素。

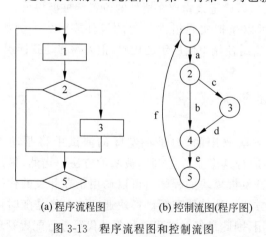

(a) 程序流程图   (b) 控制流图(程序图)

图 3-13 程序流程图和控制流图

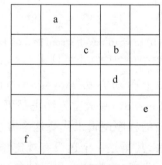

图 3-14 控制流图矩阵

路径测试法的基本依据就是程序图,程序图是有向图。程序图由结点(其中程序图的开始结点称为源结点,结束结点称为汇结点)和边组成,结点表示语句或语句片段,边表示控制流,如 if 语句对应的程序图中,结点表示语句片段,即多个语句片段构成一个完整的语句。再如,赋值语句是一个完整的语句构成一个程序图结点。对边的理解是:如果 i 和 j 是程序图中的结点,从结点 i 到结点 j 存在一条边,当且仅当对应结点 j 的语句片段或语句可以在对应结点 i 的语句片段或语句之后立即执行。

程序图中基本的控制结构对应的图形符号如图 3-15 所示。

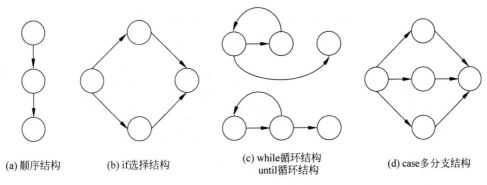

(a) 顺序结构　　　(b) if选择结构　　　(c) while循环结构　　　(d) case多分支结构
　　　　　　　　　　　　　　　　　　　　　until循环结构

图 3-15　程序图的图形符号

如果判断中的条件表达式是复合条件,即条件表达式是由一个或多个逻辑运算符(or、and 和 not)连接的逻辑表达式,则需要改变复合条件的判断为一系列只有单个条件的嵌套的判断。例如,对应图 3-16 所示的复合逻辑下的图 3-16(a)所示程序逻辑的复合条件的判定,应该画成图 3-16(b)所示的程序图。条件语句 if a and b 中条件 a 和条件 b 各有一个只有单个条件的判断结点。

下面是一个判断三角形类型的伪代码程序,以此为例来构造程序图。

```
⋮
if a and b
  then x ;
  else y ;
⋮
```

(a) 程序逻辑　　　　　　　(b) 对应的程序图

图 3-16　复合逻辑的程序图

```
1.  Program triangle2 'Structured programming version of simpler specification
2.  Dim a,b,c As Integer
3.  Dim IsATriangle As Boolean
       'Step 1:  Get Input
4.  Output("Enter 3 integers which are sides of a triangle")
5.  Input(a,b,c)
6.  Output("Side A is ",a)
7.  Output("Side B is ",b)
8.  Output("Side C is ",c)
       'Step 2:  Is A Triangle?
9.  if (a < b + c)  and (b < a + c)  and (c < a + b)
10.     then  IsATriangle = True
11.     else IsATriangle = False
12 endif
       'Step 3:  Determine Triangle Type
13. if IsATriangle
14.     then   if (a = b) and (b = c)
15.               then  Output ("Equilateral")
16.               else   if (a ≠ b) and (a ≠ c)  and (b ≠ c)
17.                         then   Output ("Scalene")
18.                         else   Output ("Isosceles")
19.                      endif
20.            endif
21.     else   Output("Not a Triangle")
22. endif
23. end triangle2
```

动态测试技术

对应的程序图如图 3-17 所示。在程序图中为了表示方便,对应的判断条件简化表示如下:a<b+c→a1;b<a+c→b1;c<a+b→c1;a=b→d1;b=c→e1;a≠b→f1;a≠c→g1;b≠c→h1。

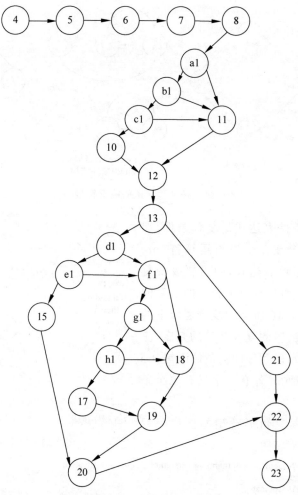

图 3-17　判断三角形类型的程序图

(2) 程序结构的基本要求。

对于程序结构提出以下 4 点基本要求,这些要求是写出的程序不应包含:

- 转向并不存在的标号;
- 有用的语句标号;
- 从程序入口进入后无法达到的语句;
- 不能达到程序出口语句的语句。

显然,提出这些要求是合理的。在编写程序时稍加注意,能做到这几点也是很容易的。这里我们更为关心的是如何进行检测,把以上 4 种问题从程序中找出来。目前对这 4 种情况的检测主要通过编译器和程序分析工具来实现。

2. 数据流分析

数据流分析最初是随着编译系统要生成有效的目标码而出现的,这类方法主要用于代码优化。近年来数据流分析方法在软件测试中也得到成功的运用,用以查找如引用未定义变量等程序错误,也可用来查找对以前未曾使用的变量再次赋值等数据流异常的情况。找出这些错误是很重要的,因为这常常是常见程序错误的表现形式,如错拼名字、名字混淆或者丢失了语句。这里将首先说明数据流分析的原理,然后指明它可揭示的程序错误。

(1) 数据流问题。

如果程序中某一语句执行时能改变某程序变量 V 的值,则称 V 是被该语句定义的。如果某一条语句的执行引用了内存中变量 V 的值,则说该语句引用变量 V。例如,语句:

X: = Y + Z

定义了 X,引用了 Y 和 Z,而语句:

if Y > Z then goto exit

只引用了 Y 和 Z。输入语句:

READ X

定义了 X。输出语句:

WRITE X

引用了 X。执行某个语句也可能使变量失去定义,成为无意义的量。例如,循环语句的控制变量在经循环的正常出口离开循环时,就变成无意义的了。

图 3-18 给出了一个小程序的控制流图,图中结点号就是语句编号,同时指明了每一个语句定义和引用的变量。可以看出,第一个语句定义了 3 个变量 X、Y 和 Z,这表明它们的值是程序外赋给的。例如,该程序以这 3 个变量为输入参数的过程或子程序。同样,出口语句引用 Z 表明,Z 的值被送给外部环境。该程序中含有两个错误:

- 语句 2 使用了变量 W,而在此之前并未对其定义。
- 语句 5、6 使用变量 V,这在第一次执行循环时也未对其定义过。

此外,该程序还包含两个异常:

- 语句 6 对 Z 的定义从未使用过。
- 语句 8 对 W 的定义也从未使用过。

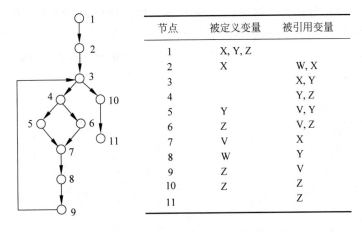

节点	被定义变量	被引用变量
1	X, Y, Z	
2	X	W, X
3		X, Y
4		Y, Z
5	Y	V, Y
6	Z	V, Z
7	V	X
8	W	Y
9	Z	V
10	Z	Z
11		Z

图 3-18　控制流图及其定义和引用的变量

当然,程序中包含有些异常,如程序中含有错误;也许可以把程序写得更容易理解,从而能够简化验证工作以及随后的维护工作(去掉那些多余的语句一般会缩短执行时间,不过在此并不关心这些)。目前通过编译器或程序分析工具,通过数据流分析可以查找出对未定义变量的使用和未曾使用的定义。

（2）数据流分析应用的其他方面。

在优化的编译系统中,数据流分析除了用于以前已说明的以外,还用于多种目的。一个常数传播的例子是:如果变量 V 的所有定义(该定义达到引用 V 的一个特定语句)都把同一已知常数赋给该变更,对 V 的引用便可用这一常数所代替。这里是一个普通的例子。程序段:

```
a: = 4
b: = a +
…
c: = 3 * (a + b)
```

可以用下列程序段代替:

```
a: = 4
b: = 5
…
c: =  27
```

常数传播除了能节省执行时间外,还能提高程序的清晰度,确认系统可以表明进行这种修改的可能性。另一个例子是找出循环内的不变定义。这种定义并不引用其值在执行循环时可改变的任何变量。在优化的编译系统中查找不变定义是很重要的,因为它可使得将这一定义从循环中移出,放在循环前面或者放在循环后面,从而减少它的执行次数。在程序确认中,我们也对不变定义感兴趣,因为它会提醒用户注意粗心的程序设计。

3. 信息流分析

直到目前,信息流分析主要用在验证程序变量间信息的传输遵循的保密要求。然而,近来发现可以导出程序的信息流关系,这就为软件开发和确认提供了十分有益的工具。为了说明信息流分析的性质,下面以整除算法作为例子。图 3-19 是这一算法的程序。图 3-20 是 3 个关系的表。其中第 1 个关系(如图 3-20(a)所示)给出每一条语句执行时所用到的其输入值的变量。例如,从图 3-19 的算法很明显地看出,M 的输入值在语句 2 中得到直接使用,由于这一条语句将 M 的值传送给 R,M 的初始值也间接地用于语句 3 和语句 5。而且,语句 3 中表达式 R >= N 的值决定了语句 4 的重复执行次数,即对 Q 多少次重复赋值,就是说 M 的值也间接地用于语句 4。

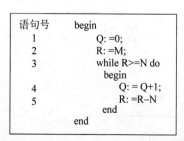

图 3-19　整除算法

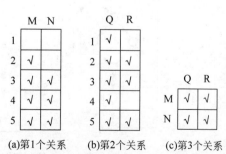

图 3-20　整除算法中输入值、语句与输出值的关系

第 2 个关系(如图 3-20(b)所示)给出了其执行可能直接或间接影响输出变量终值的一些语句。可以看出,所有语句都可能影响到商 Q 的值。而语句 1 和语句 4 并未关系到余数 R 的值。最后的关系表明了哪个输入值可能直接或间接地影响到输出值。针对结构良好的程序快速算法(只需多项式时间)已经开发出来,可用以建立这些关系,这在程序的测试中是非常有用的。例如,第 1 个关系能够表明对未定义变量的所有可能的引用。第 2 个关系在查找错误中也是有用的,比如假定某个变量的计算值在使用以前被错误地改写了,这可能是因为有并不影响任何输出值的语句被发现。在程序的任何指定点查出其执行可能影响某一变量值的语句,这在程序排错和程序验证中都是很有用的。第 3 个输入输出关系还提供一种检查,看看每个输出值是否由相关的输入值而不是其他值导出。

3.2.3　逻辑覆盖测试法

结构测试是依据被测程序的逻辑结构设计测试用例,驱动被测程序运行完成测试。结构测试中的一个重要问题是测试进行到什么地步就达到要求,可以结束测试了。这就是说需要给出结构测试的覆盖准则。下面给出的几种逻辑覆盖测试方法都是从各自不同的方面出发,为设计测试用例提出依据的。为方便讨论,将结合一个小程序段加以说明:

```
if (( A > 1) and ( B = 0 ))then
    X = X/A
if (( A = 2) or ( X > 1 )) then
    X = X + 1
```

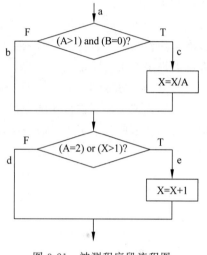

图 3-21　被测程序段流程图

其中,and 和 or 是两个逻辑运算符。图 3-21 给出了它的流程图,a、b、c、d 和 e 是控制流上的若干程序点。

1. 语句覆盖

语句覆盖的含义是在测试时,首先设计若干个测试用例,然后运行被测程序,使程序中的每个可执行语句至少执行一次。这里所谓"若干个",自然是越少越好。在上述程序段中,如果选用的测试用例是:

```
A = 2
B = 0
X = 3　…………………case1
```

则程序按路径 ace 执行。这样,该程序段的 4 个语句均得到执行,从而做到了语句覆盖。但如果选用的测试用例是:

```
A = 2
B = 1
X = 3　…………………case2
```

程序按路径 abe 执行,便未能达到语句覆盖。

从程序中每个语句都得到执行这一点来看,语句覆盖的方法似乎能够比较全面地检验每一个语句。但它也绝不是完美无缺的。假如这一程序段中两个判断的逻辑运算都有问题,例如,第一个判断的运算符 and 错成运算符 or 或是第二个判断中的运算符 or 错成了运算符

and。这时仍使用上述前一个测试用例 case1,程序仍将按路径 ace 执行。这说明虽然也做到了语句覆盖,却发现不了判断中逻辑运算的错误。此外,还可以很容易地找出已经满足了语句覆盖,却仍然存在错误的例子。如有一程序段:

```
if(I≥ 0)
then I = J
```

如果错写成:

```
if(I > 0)
then I = J
```

假定给出的测试数据执行该程序段时,I 的值大于 0,则 I 被赋予 J 的值,这样虽然做到了语句覆盖,但是却掩盖了其中的错误。

实际上,和后面介绍的其他几种逻辑覆盖比较起来,语句覆盖是比较弱的覆盖原则。做到了语句覆盖可能给人们一种心理的满足,以为每个语句都经历过,似乎可以放心了。其实这仍然是不十分可靠的。语句覆盖在测试被测程序中,除去对检查不可执行语句有一定作用外,并没有排除被测程序包含错误的风险。必须看到,被测程序并非语句的无序堆积,语句之间的确存在着许多有机的联系。

2. 判定(判断)覆盖

按判定覆盖准则进行测试是指设计若干测试用例,运行被测程序,使得程序中每个判断的取真分支和取假分支至少经历一次,即判断的真假值均被满足。判定覆盖又称为分支覆盖或判断覆盖。仍以上述程序段为例,若选用的两组测试用例是:

```
A = 2
B = 0
X = 3 ···················case1
```

```
A = 1
B = 0
X = 1 ···················case3
```

则可分别执行路径 ace 和 abd,从而使两个判断的 4 个分支 c、e 和 b、d 分别得到覆盖。当然,也可以选用另外两组测试用例:

```
A = 3
B = 0
X = 3 ···················case4
```

```
A = 2
B = 1
X = 1 ···················case5
```

则可分别执行路径 acd 及 abe,同样也可覆盖 4 个分支。上述两组测试用例不仅满足了判定覆盖,同时还做到语句覆盖。从这一点看,似乎判定覆盖比语句覆盖更强一些。假如此程序段中的第二个判断条件 X>1 错写成 X<1,使用上述测试用例 case5,照样能按原路径(abe)执行,而不影响结果。这个事实说明,只做到判定覆盖仍无法确定判断内部条件的错误。因此,需要有更强的逻辑覆盖准则去检验判断内的条件。以上仅考虑了两出口的判断,还应把判定覆盖

准则扩充到多出口判断(如 case 语句)的情况。

3. 条件覆盖

条件覆盖是指设计若干测试用例,执行被测程序以后,要使每个判断中每个条件的可能取值都至少满足一次。在上述程序段中,第一个判断应考虑到:

A>1,取真值,记为 T1;

A>1,取假值,即 A≤1,记为 F1;

B=0,取真值,记为 T2;

B=0,取假值,即 B≠0,记为 F2。

第二个判断应考虑到:

A=2,取真值,记为 T3;

A=2,取假值,即 A≠2,记为 F3;

X>1,取真值,记为 T4;

X>1,取假值,即 X≤1,记为 F4。

给出 3 个测试用例:case6、case7 和 case8,执行该程序段所走路径及覆盖条件如表 3-39 所示。

表 3-39　case6～case8 条件覆盖结果

测试用例	A B X	所走路径	覆盖条件
case6	2 0 3	a c e	T1,T2,T3,T4
case7	1 0 1	a b d	F1,T2,F3,F4
case8	2 1 1	a b e	T1,F2,T3,F4

从表 3-39 中可以看到,3 个测试用例把 4 个条件的 8 种情况均做了覆盖。进一步分析表 3-39,覆盖了 4 个条件的 8 种情况的同时,把两个判断的 4 个分支 b、c、d 和 e 似乎也覆盖了。这样是否可以说做到了条件覆盖,也就必然实现了判定覆盖呢?来分析另一种情况,假定选用两个测试用例是 case8 和 case9,执行该程序段的覆盖情况如表 3-40 所示。

表 3-40　case8 和 case9 条件覆盖结果

测试用例	A B X	所走路径	覆盖分支	覆盖条件
case9	1 0 3	a b e	b e	F1,T2,F3,T4
case8	2 1 1	a b e	b e	T1,F2,T3,F4

这一覆盖情况表明,覆盖了条件的测试用例不一定覆盖了分支。事实上,它只覆盖了 4 个分支中的两个。为解决这一矛盾,需要对条件和分支兼顾。

4. 判定-条件覆盖

判定-条件覆盖要求设计足够的测试用例,使得判断中每个条件的所有可能至少满足一次,并且每个判断本身的判定结果也至少出现一次。根据判定-条件覆盖的定义,只需设计下面两个测试用例便可覆盖例子的 8 个条件取值以及 4 个判断分支,执行程序段的覆盖情况如表 3-41 所示。

表 3-41　case8 和 case10 的判定-条件覆盖结果

测试用例	A B X	所走路径	覆盖分支	覆盖条件
case10	2 0 4	a c e	c e	T1,T2,T3,T4
case8	2 1 1	a b e	b e	F1,F2,F3,F4

判断-条件覆盖的不足之处:表面上看来,判断-条件覆盖测试了所有条件的取值,但实际上并非如此,而是某些条件掩盖了另一些条件(由于多重条件判定)。例如,对条件表达式 (A>1)and(B=0)来说,若(A>1)的测试结果为 false,可以立即确定表达式的结果为 false,这时往往就不再测试(B=0)的取值了,因此,条件(B=0)就没有被检查。同样,对条件表达式 (A=2)or(x>1)来说,若(A=2)的测试结果为 true,就立即确定表达式的结果为 true,这时,条件(x>1)就没有被检查。因此,采用判断-条件覆盖测试,逻辑表达式中的错误不一定能够查得出来。

5. 条件组合覆盖

条件组合覆盖就是设计足够的测试用例,运行所测程序,使得每个判断的所有可能的条件取值组合都至少执行一次。在本例子中两个判断各包含两个条件,这 4 个条件在两个判断中可能有 8 种组合,它们是:

(1) A>1,B=0,记为 T1,T2;

(2) A>1,B≠0,记为 T1,F2;

(3) A≤1,B=0,记为 F1,T2;

(4) A≤1,B≠0,记为 F1,F2;

(5) A=2,X>1,记为 T3,T4;

(6) A=2,X≤1,记为 T3,F4;

(7) A≠2,X>1,记为 F3,T4;

(8) A≠2,X≤1,记为 F3,F4。

这里设计了 4 个测试用例,用以覆盖上述 8 种条件组合,具体如表 3-42 所示。

表 3-42 条件组合覆盖结果

测试用例	A B X	覆盖组合号	所走路径	覆盖条件
case1	2 0 3	①⑤	a c e	T1,T2,T3,T4
case8	2 1 1	②⑥	a b c	T1,F2,T3,F4
case9	1 0 3	③⑦	a b e	F1,T2,F3,T4
case11	1 1 1	④⑧	a b d	F1,F2,F3,F4

注意,这一程序段共有 4 条路径。以上 4 个测试用例固然覆盖了条件组合,同时也覆盖了 4 个分支,但仅覆盖了 3 条路径,却漏掉了路径 acd。前面讨论的多种覆盖准则,有的虽提到了所走路径问题,但尚未涉及路径的覆盖,而路径能否全面覆盖在软件测试中是一个重要问题,因为程序要取得正确的结果,就必须消除遇到的各种障碍,沿着特定的路径顺利执行。如果程序中的每一条路径都得到考验,才能说程序受到了全面检验。

6. 路径覆盖

按路径覆盖要求进行测试是指设计足够多的测试用例,要求覆盖程序中所有可能的路径。针对例子中的 4 条可能路径,有:

ace,记为 L1;

abd,记为 L2;

abe,记为 L3;

acd,记为 L4。

给出 4 个测试用例:case1、case7、case8 和 case12,使其分别覆盖这 4 条路径,如表 3-43 所示。

表 3-43　路基覆盖结果

测试用例	Ａ　Ｂ　Ｘ	覆盖路径
case1	2　0　3	a c e (L1)
case7	1　0　1	a b d (L2)
case8	2　1　1	a b e (L3)
case12	3　0　1	a c d (L4)

这里所讨论的程序段非常简短,也只有 4 条路径。但在实际问题中,一个不太复杂的程序,其路径数都是一个庞大的数字,要在测试中覆盖这样多的路径是无法实现的。为解决这一难题,只得把覆盖的路径数压缩到一定限度内,例如,程序中的循环体只执行有限次。其实,即使对于路径数很有限的程序已经做到了路径覆盖,仍然不能保证被测程序的正确性。例如,在上述语句覆盖的描述中最后给出的程序段中出现的错误也不是路径覆盖可以发现的。由此看出,各种结构测试方法都不能保证程序的正确性。这一残酷的事实对热心测试的程序人员似乎是一个沉重的打击。但要记住,测试的目的并非要证明程序的正确性,而是要尽可能找出程序中的错误或缺陷。确实并不存在一种十全十美的测试方法,能够发现所有的错误或缺陷。想要撒下几网把湖中的鱼全都捕上来是做不到的,软件测试是有局限性的。

下面重点讨论当路径数庞大或路径数接近无穷的情况下如何有效、合理地压缩路径数量,以达到基路径覆盖。

(1) 基路径算法讨论。

重新分析图 1-2 所示的程序图,根据我们的分析,对于这样一个带有循环的程序图如果要穷举测试程序,遍历所有可执行路径需要设计 $5^{20}+5^{19}+5^{18}+\cdots+5^1+5^0$ 个测试用例,这是一个非常庞大的数值,在实际的测试过程中不可能做到。为了解决这个难题,需要把测试用例覆盖的路径数压缩到一定限度内,并且被覆盖的这些路径应该具有代表性。

先回顾向量空间的概念,向量空间的概念是解决这个问题的理论基础。假设有一个向量空间 $V_n=\{x_1,x_2,x_3,\cdots,x_i,\cdots\}$,其中向量空间中的向量 x_i 为 n 维。假设向量空间 V_n 有一个基: $y_1,y_2,\cdots,y_i,\cdots,y_p$ (p 为基中向量的个数,向量 y_i 对应于向量空间 V_n 中的某个向量),向量空间 V_n 的基必须满足: $y_1,y_2,\cdots,y_i,\cdots,y_p$ 之间是互相独立的; $y_1,y_2,\cdots,y_i,\cdots,y_p$ 之间不能互相线性表示; V_n 中的任何一个向量均能由这个基中的向量来线性表示,例如 $x_3=y_1+0*y_2+0*y_3+\cdots+5y_2-y_p$ 就是一种线性表示。向量空间的基不唯一。

从以上分析中能得出如下结论:假设把程序图中的每个可执行路径都看成向量空间的一个向量,程序图中所有的可执行路径将构成一个向量空间,向量空间中的向量可以是无穷多。如果能从由所有可执行路径构成的向量空间中找到该向量空间的一个基,那么程序图的所有可执行路径将能由这个基中的向量来线性表示。因此,设计测试用例时只要将这个向量空间的基中的每个向量所对应的路径转换成测试用例就可以了,因为所有其他可执行路径均能由向量空间的这个基中的向量对应的路径来线性表示。完成这样的测试设计称为基路径测试,其结果达到了基路径覆盖,也叫 McCabe 覆盖。

现在要解决的问题是:

• 基路径中的独立路径个数,也就是向量空间的基中的向量个数。

• 基路径中的路径如何得到,也就是如何得到向量空间的一个基。

解决第一个问题的办法是根据程序图的环路复杂性(也称为程序图的独立路径数)公式来计算:

$$V_G = e - n + 2$$

其中,e 为程序图的边数,n 为程序图的结点数。V_G 就是基路径中的独立的路径个数。

解决第二个问题的办法是执行寻找基路径的算法,算法描述如下:

① 根据程序图,利用公式 $V_G = e - n + 2$ 得到独立路径数。

② 根据程序图找到一条基线路径,这条基线路径不唯一。基线路径应该满足:从源结点开始到汇结点结束的路径;尽量长;尽量多经过出度大于或等于 2 的结点;基线路径对应的业务最好是执行正常的业务流。

③ 以这条基线路径为基础,从这条基线路径的第一个结点开始,从头往后搜索以找到第一个出度大于或等于 2 的结点(包括第一个结点本身),以这个结点为轴进行旋转,将这个结点在基线路径中的儿子结点和不在基线路径中的其他儿子结点互换,如果不在基线路径中的其他儿子结点数大于一个,则任意选择一个即可,同时,尽量多地保留基线路径中的其他结点不变(称为回溯),这样就得到了另外一条路径。

④ 一般情况下仍然是以基线路径为基础,从刚才找到的出度大于或等于的结点开始往后继续寻找,执行与③同样的流程得到其他路径。

⑤ 如果基线路径中的出度大于或等于 2 的结点全部找到,并根据③的流程得到了其他所有可能的路径,这时路径总数仍然没有达到 V_G 的值,则可以把以基线路径旋转得到的路径看成另外一个基线路径,同样执行③一直到得到的路径数量等于 V_G 为止。

通过以上算法得到的这组路径就是基路径。由于基线路径的选择不同、旋转结点的选择不同均可以影响到基路径,因此基路径不唯一。

值得注意的是,通过以上算法得到的基路径是以程序图为基础的,并没有将程序图和其对应的业务逻辑进行关联。实际上很多时候得到了基路径之后会发现基路径中有些路径不符合业务逻辑,也就是说将这些路径和业务逻辑进行关联的时候,这些路径是不可能执行的。在这种情况下,有两种不同的处理方法:

- 找到和业务逻辑进行关联不可行的路径,在这个路径中找到出度大于或等于 2 的结点按照以上③进行旋转得到另外的路径,直到得到的这个路径符合业务逻辑为止。
- 找到和业务逻辑进行关联不可行的路径,通过人工干预得到一条符合业务逻辑的路径。

(2)基路径测试的实际应用。

首先总结基路径测试法的步骤:

① 以详细设计或源代码作为基础,导出程序图。

② 计算得到程序图的独立路径数或环路复杂性 V_G。

③ 根据程序图分析出一条合理的基线路径。

④ 依据算法得到除基线路径以外的其他独立路径,并使总路径数满足 V_G,即得到一组基路径。

⑤ 依据这组基路径设计对应的测试用例,并评审。

例子一:图 3-22 所示是一个程序图,根据基路径算法得出一组基路径。

首先,依据 $V_G = e - n + 2$,$V_G = 10 - 7 + 2 = 5$,基路径中应该包含 5 条独立的路径。根据必须确定一条基线路径的原则,依据基路径的算法选择基线路径 $A \to B \to C \to B \to E \to F \to G$。这条基线路

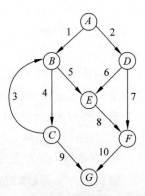

图 3-22 例子程序图

径中的第 1 个结点 A 就是出度等于 2 的结点。以结点 A 为轴进行旋转，以 D 来替换 A，基线路径中的其他结点尽量多保留，这样得到了第 2 条路径 $A{\rightarrow}D{\rightarrow}E{\rightarrow}F{\rightarrow}G$。再以基线路径中的结点 B 为轴旋转，用结点 E 来替换结点 C，同样，基线路径中的其他结点尽量多保留，这样得到第 3 条路径 $A{\rightarrow}B{\rightarrow}E{\rightarrow}F{\rightarrow}G$。再搜索基线路径发现第 3 个结点 C 也是出度等于 2 的结点，以 C 结点为轴旋转，用 G 来替换 B，得到第 4 条路径 $A{\rightarrow}B{\rightarrow}C{\rightarrow}G$。再往后搜索基线路径发现结点 B 已经被旋转过，继续往后搜索找不到没有旋转过的出度大于或等于 2 的结点了，这时，可以在刚才旋转得到的其他路径中找出出度大于或等于 2 的结点，这里可以在第 2 条路径 $A{\rightarrow}D{\rightarrow}E{\rightarrow}F{\rightarrow}G$ 中搜索，发现结点 D 没被旋转过，同时该结点的出度为 2，以 D 为轴进行旋转，用结点 F 替换结点 E，得到路径 $A{\rightarrow}D{\rightarrow}F{\rightarrow}G$。这样就得到了 5 条路径，这 5 条路径是独立的，构成了图 3-22 所示程序图的一组基路径：

- $A{\rightarrow}B{\rightarrow}C{\rightarrow}B{\rightarrow}E{\rightarrow}F{\rightarrow}G$；
- $A{\rightarrow}D{\rightarrow}E{\rightarrow}F{\rightarrow}G$；
- $A{\rightarrow}B{\rightarrow}E{\rightarrow}F{\rightarrow}G$；
- $A{\rightarrow}B{\rightarrow}C{\rightarrow}G$；
- $A{\rightarrow}D{\rightarrow}E{\rightarrow}F{\rightarrow}G$。

最后，结合程序图所对应的业务逻辑，根据这 5 条路径设计出测试用例。由于图 3-22 所示的程序图没有和具体的业务绑定，这里不再考虑。

例子二：以一个求平均值的过程 averagy 为例，说明基路径法设计测试用例的过程。用伪代码语言描述的 average 过程如下所示。

```
PROCEDURE averagy;
* This procedure computes the average of 100 or fewer numbers that lie bounding values; it also
  computes the total input and the total valid.
  INTERFACE RETURNS averagy, total.input, total.valid;
  INTERFACE ACCEPTS value, minimum, maximum;
  TYPE value[1:100] IS SCALAR ARRAY;
  TYPE averagy, total.input, total.valid, minimum, maximum, sum IS SCALAR;
  TYPE i IS INTEGER;
  i = 1;
  total.input = total.valid = 0;
  sum = 0;
  do while  value[i] <> –999 and  total.input < 100
      increment total.input by 1;
          if value[i] >= minimum and value[i] <= maximum
              then  increment total.valid by 1;
                      sum = sum + value[i];
              else  skip;
          endif;
        increment i by 1;
    enddo
    if total.valid > 0
      then  averagy = sum/total.valid;
      else averagy = –999;
    endif
  end avergy
```

以详细设计或源代码作为基础，导出程序的程序图。

依据前面程序图的分析描述标出 1～13 号结点，如图 3-23 所示，并结合本程序画出程序图，如图 3-24 所示。

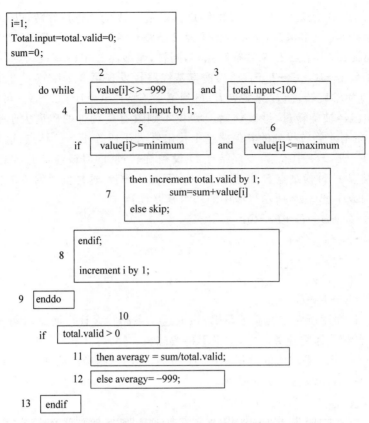

图 3-23　程序 averagy 的结点定义

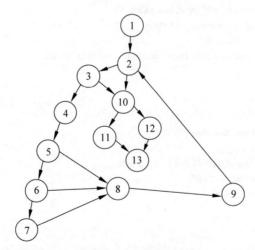

图 3-24　averagy 过程的程序图

计算程序图的独立路径数或环路复杂性 V_G，利用前面给出的计算程序图的独立路径数或环路复杂性的方法，可以算出 $V_G=17-13+2=6$。再根据算法确定一组独立的基路径，基路径共有 6 条独立的路径组成。针对图 3-24 所示的 averagy 过程的程序图选择一条基线路径：1→2→3→4→5→6→7→8→9→2→10→12→13。再根据算法得到如下 5 条路径：

- 1→2→10→12→13；
- 1→2→3→10→12→13；

- 1→2→3→4→5→8→9→2→10→12→13；
- 1→2→3→4→5→6→8→9→2→10→12→13；
- 1→2→3→4→5→6→7→8→9→2→10→11→13。

这 6 条路径构成了程序图 3-24 的一组基路径。因为基路径不唯一，所以也可以得到如下可能的一组基路径：

- 1→2→10→11→13；
- 1→2→10→12→13；
- 1→2→3→10→11→13；
- 1→2→3→4→5→8→9→2→…；
- 1→2→3→4→5→6→8→9→2→…；
- 1→2→3→4→5→6→7→8→9→2→…。

上面的最后 3 条路径后面的省略号表示在程序图中以后剩下的路径是可选择的。程序图中的结点 2、3、5、6 和 10 都是判断结点，是出度大于或等于 2 的结点，这些结点通常是旋转结点。

最后再生成测试用例，确保基路径中每条路径的执行。满足上述第二组基本路径集的测试用例如下所示。

路径 1：

输入数据：value[k]＝有效输入，限于 $k<i$。i 定义如下：

value[i]＝－999，当 $2{\leqslant}i{\leqslant}100$ 时.

预期结果：n 个值的正确的平均值、正确的总计数。

注意：不能孤立地进行测试，应当作为路径 4、5、6 测试的一部分来测试。

路径 2：

输入数据：value[1]＝－999。

预期结果：平均值＝－999，总计数取初始值。

路径 3：

输入数据：试图处理 101 个或更多的值，而前 100 个应当是有效的值。

预期结果：与测试用例 1 相同。

路径 4：

输入数据：value[i]＝有效输入，且 $i<100$；value[k]＜最小值，当 $k<i$ 时。

预期结果：n 个值的正确的平均值、正确的总计数。

路径 5：

输入数据：value[i]＝有效输入，且 $i<100$；value[k]＞最大值，当 $k{\leqslant}i$ 时。

预期结果：n 个值正确的平均值、正确的总计数。

路径 6：

输入数据：value[i]＝有效输入，且 $i<100$。

预期结果：n 个值的正确的平均值、正确的总计数。

测试用例执行之后，与预期结果进行比较。如果所有测试用例都执行完毕，则可以确信程序中所有的可执行语句至少都被执行了一次，达到了基路径覆盖，即达到 McCabe 覆盖。

7. 最少测试用例数计算

为实现测试的逻辑覆盖，必须设计足够多的测试用例，并使用这些测试用例执行被测程序,实施测试。我们关心的是,对某个具体程序来说,至少应设计多少测试用例。这里提供一种估算最少测试用例数的方法。结构化程序由如下 3 种基本控制结构组成:

- 顺序型:构成串行操作。
- 选择型:构成分支操作。
- 重复型:构成循环操作。

为了把问题简化,避免出现测试用例极多的组合爆炸,把构成循环操作的重复型结构用选择结构代替。也就是说,并不指望测试循环体所有的重复执行,而只对循环体检验一次。这样,任一循环便改造成进入循环体或不进入循环体的分支操作了。图 3-25 给出了类似于流程图的 N-S 图表示的基本控制结构(图中 A、B、C、D、S 均表示要执行的操作,P 是可取真假值的谓词,Y 表示真值,N 表示假值)。其中图 3-25(c)和图 3-25(d)两种重复型结构代表了两种循环。在做了如上简化循环的假设以后,对于一般的程序控制流,只考虑选择型结构。事实上它已能体现顺序型和重复型结构了。

例如,图 3-26 表达了两个顺序执行的分支结构。两个分支谓词 P1 和 P2 取不同值时,将分别执行 a 或 b 及 c 或 d 操作。显然,要测试这个小程序,需要至少提供 4 个测试用例才能做到逻辑覆盖。使得 ac、ad、bc 及 bd 操作均得到检验。其实,这里的 4 个用例是图中第一个分支谓词引出的两个操作和第二个分支谓词引出的两个操作组合起来而得到的,即 $2 \times 2 = 4$。这里的 2 是由于两个并列的操作 $1 + 1 = 2$ 而得到的。

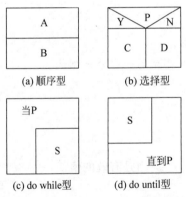

图 3-25 N-S 图表示的基本控制结构

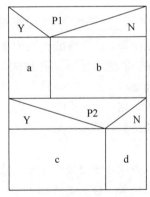

图 3-26 两个串行的分支结构的 N-S 图

对于一般的、更为复杂的问题,估算最少测试用例数的原则也是同样的。现以图 3-27 表示的程序为例。该程序中共有 9 个分支谓词,尽管这些分支结构交错起来似乎十分复杂,很难一眼看出应至少需要多少个测试用例,但如果仍用上面的方法,也是很容易解决的。注意到图 3-27 可分上下两层:分支谓词 1 的操作域是上层,分支谓词 8 的操作域是下层。这两层正像前面图 3-26 中的 P1 和 P2 的关系一样。只要分别得到两层的测试用例个数,再将其相乘即得到总的测试用例数。这里需要首先考虑较为复杂的上层结构。谓词 1 不满足时要做的操作又可进一步分解为两层,这就是图 3-28(a)和图 3-28(b)部分。它们所需测试用例个数分别为 $1 + 1 + 1 + 1 + 1 = 5$ 及 $1 + 1 + 1 = 3$。因而两层组合,得到 $5 \times 3 = 15$。于是整个程序结构上层所需测试用例数为 $1 + 15 = 16$,而下层所需测试用例数显然为 3。故最后得到整个程序所需测试用例数至少为 $16 \times 3 = 48$。

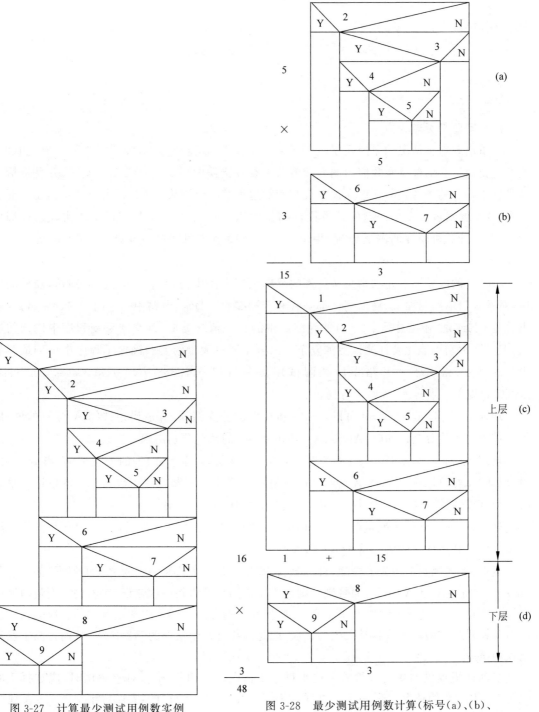

图 3-27　计算最少测试用例数实例

图 3-28　最少测试用例数计算(标号(a)、(b)、(c)、(d)为计算过程标识)

8. 测试覆盖准则

(1) Foster 的 ESTCA 覆盖准则。

前面介绍的逻辑覆盖其出发点似乎是合理的。所谓"覆盖"就是想要做到测试全面,而无遗漏。但事实表明,它并不能真的做到无遗漏。甚至像前面提到的将程序段:

```
if(I≥0)
then I = J
```

错写成:

```
if(I>0)
then i = J
```

这样的小问题都无能为力。

分析出现这种情况的原因在于错误区域仅仅在 I=0 这个点上,即仅当 I 取 0 时,测试才能发现错误。它的确是在我们力图全面覆盖来查找错误的测试"网上"钻了空子,并且恰恰在容易发生问题的条件判断那里未被发现。面对这类情况应该从中吸取的教训是测试工作要有重点,要多针对容易发生问题的地方设计测试用例。K. A. Foster 从测试工作实践的教训出发,吸收了计算机硬件的测试原理,提出了一种经验型的测试覆盖准则,较好地解决了上述问题。

Foster 的经验型覆盖准则是从硬件的早期测试方法中得到启发的。我们知道,硬件测试中,对每个门电路的输入、输出测试都是有额定标准的。通常,电路中一个门的错误常常是"输出总是 0",或是"输出总是 1"。与硬件测试中的这一情况类似,常常要重视程序中谓词的取值,但实际上它可能比硬件测试更加复杂。Foster 通过大量的实验确定了程序中谓词最容易出错的部分,得出了一套错误敏感测试用例分析(Error Sensitive Test Cases Analysis,ESTCA)规则。事实上,规则十分简单。

规则 1:对于 A rel B(rel 可以是<、=和>)型的分支谓词,应适当地选择 A 与 B 的值,使得测试执行到该分支语句时,A<B、A=B 和 A>B 的情况分别出现一次。

规则 2:对于 A rel1 C(rel1 可以是>或<,A 是变量,C 是常量)型的分支谓词,当 rel1 为<时,应适当地选择 A 的值,使 A=C−M(M 是距 C 最小的容器容许正数,若 A 和 C 均为整型时,M=1)。同样,当 rel1 为>时,应适当地选择 A,使 A=C+M。

规则 3:对外部输入变量赋值,使其在每一测试用例中均有不同的值与符号,并与同一组测试用例中其他变量的值与符号不一致。

显然,上述规则 1 是为了检测 rel 的错误,规则 2 是为了检测"差一"之类的错误(如本应是"if A>1"而错成"if A>0"),而规则 3 则是为了检测程序语句中的错误(应引用一变量而错成引用一常量)。上述 3 个规则并不是完备的,但在普通程序的测试中却是有效的。原因在于规则本身针对程序编写人员容易发生的错误,或是围绕着发生错误的频繁区域,从而提高了发现错误的概率。

根据这里提供的规则来检验上述小程序段错误。应用规则 1,对它测试时,应选择 I 的值为 0,使 I=0 的情况出现一次。这样一来就立即找出了隐藏的错误。当然,ESTCA 规则也有很多缺陷。一方面是有时不容易找到输入数据,使得规则所指的变量值满足要求。另一方面是仍有很多缺陷发现不了。对于查找错误的广度问题在变异测试中得到较好的解决。

(2) Woodward 等人的层次 LCSAJ 覆盖准则。

Woodward 等人曾经指出结构覆盖的一些准则,如分支覆盖或路径覆盖,都不足以保证测试数据的有效性。为此,他们提出了一种层次 LCSAJ 覆盖准则。LCSAJ(Linear Code

Sequence And Jump)的意思是线性代码序列与跳转。一个 LCSAJ 是一组顺序执行的代码，以控制流跳转为其结束点。它不同于判断-判断路径。判断-判断路径是根据程序有向图决定的。一个判断-判断路径是指两个判断之间的路径，但其中不再有判断。程序的入口、出口和分支结点都可以是判断点。而 LCSAJ 的起点是根据程序本身决定的。它的起点是程序第一行或转移语句的入口点，或是控制流可以到达的点。几个首尾相接，且第一个 LCSAJ 起点为程序起点、最后一个 LCSAJ 终点为程序终点的 LCSAJ 串就组成了程序的一条路径。一条程序路径可能是由两个、三个或多个 LCSAJ 组成的。基于 LCSAJ 与路径的这一关系，Woodward 提出了 LCSAJ 覆盖准则。这是一个分层的覆盖准则：

第一层：语句覆盖。

第二层：分支覆盖。

第三层：LCSAJ 覆盖。即程序中的每一个 LCSAJ 都至少在测试中经历过一次。

第四层：两两 LCSAJ 覆盖。即程序中每两个首尾相连的 LCSAJ 组合起来在测试中都要经历一次。

……

第 $n+2$ 层：每 n 个首尾相连的 LCSAJ 组合在测试中都要经历一次。

它们说明了越是高层的覆盖准则越难满足。在实施测试时，要实现上述的 Woodward 层次 LCSAJ 覆盖，需要产生被测程序的所有 LCSAJ。

3.2.4 程序插装

程序插装(Program Instrumentation)是一种基本的测试手段，在软件测试中有广泛的应用。

1. 方法概述

程序插装方法简单地说是借助往被测程序中插入操作来实现测试目的的方法。程序插装的基本原理是在不破坏被测试程序原有逻辑完整性的前提下，在程序的相应位置上插入一些探针。这些探针本质上就是进行信息采集的代码段，可以是赋值语句或采集覆盖信息的函数调用。通过探针的执行并输出程序的运行特征数据。基于对这些特征数据的分析，揭示程序的内部行为和特征。例如，在调试程序时，常常要在程序中插入一些打印语句。其目的在于希望执行程序时打印出我们最为关心的信息。进一步通过这些信息了解执行过程中程序的一些动态特性。比如，程序的实际执行路径，或是特定变量在特定时刻的取值。从这一思想发展出的程序插装技术能够按用户的要求获取程序的各种信息，成为测试工作的有效手段。

如果想要了解一个程序在某次运行中所有可执行语句被覆盖(或称被遍历)的情况，或是每个语句的实际执行次数，最好的办法是利用插装技术。这里仅以计算整数 X 和整数 Y 的最大公约数程序为例，说明插装方法的要点。图 3-29 给出了这一程序的流程图。图中虚线框并不是原来程序的内容，而是为了记录语句执行次数而插入的。这些虚线框要完成的操作都是计数语句，其形式为：

$$C(i)=C(i)+1 \quad i=1,2,\cdots,6$$

程序从入口开始执行，到出口结束。凡经历的计数语句都能记录下该程序点的执行次数。如果在程序的入口处还插入了对计数器 C(i)初始化的语句，在出口处插入了打印这些计数器的语句，就构成了完整的插装程序。它便能记录并输出在各程序点上语句的实际执行次数。

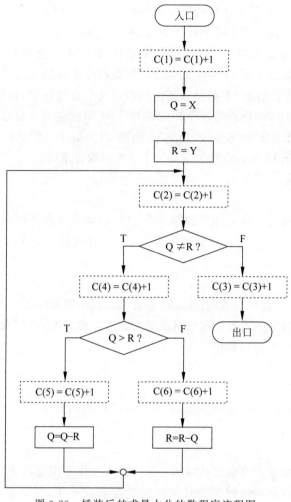

图 3-29　插装后的求最大公约数程序流程图

图 3-30 所示为插装后的语句,图中箭头所指均为插入的语句(原程序的语句已略去)。通过插入的语句获取程序执行中的动态信息,这一做法正如在刚研制成的机器特定部位安装记录仪表。安装好以后开动机器试运行,除了可以从机器加工的成品检验得知机器的运行特性外,还可以通过记录仪表了解其动态特性。这就相当于在运行程序以后,一方面可检验测试的结果数据,另一方面还可借助插入语句给出的信息了解程序的执行特性。正是这个原因,有时把插入的语句称为"探测器",借以实现"探查"或"监控"的功能。

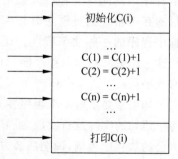

图 3-30　插装程序中插入的语句

　　在程序的特定部位插入记录动态特性的语句,最终是为了把程序执行过程中发生的一些重要历史事件记录下来。例如,记录在程序执行过程中某些变量值的变化情况、变化的范围等。又如本章中所讨论的程序逻辑覆盖情况,也只有通过程序的插装才能取得覆盖信息。实践表明,程序插装方法是应用很广的技术,特别是在完成程序的测试和调试时非常有效。

　　设计程序插装程序时需要考虑的问题包括:

（1）探测哪些信息。

（2）在程序的什么部位设置探测点。

（3）设置多少个探测点。

其中前两个问题需要结合具体情况解决，不能给出笼统的回答。至于第三个问题，需要考虑如何设置最少探测点的方案。例如，图 3-29 中程序入口处，若要记录语句 Q＝X 和 R＝Y 的执行次数，只需插入 C(1)＝C(1)＋1 这样一个计数语句就够了，没有必要在每个语句之后都插入一个计数语句。一般情况下，可以认为在没有分支的程序段中只需一个计数语句。但程序中由于出现多种控制结构，使得整个结构十分复杂。为了在程序中设计最少的计数语句，需要针对程序的控制结构进行具体的分析。这里列举应在哪些部位设置计数语句：

- 程序块的第一个可执行语句之前；
- do、do while、do until 及 do 终端语句之后；
- if、else if、else 语句之后；
- 输入/输出语句之后；
- for 语句的开始前和结束之后。

2. 断言语句

断言（Assertion）是指变量应满足的条件，例如 I＜10、A(6)＞O 等。在所测试的源程序中，在指定位置按一定格式，用注释语句写出的断言叫作断言语句。在程序执行时，对照断言语句检查事先指定的断言是否成立，有助于复杂系统的检验、调试和维护。

断言分为局部性断言和全局性断言两类。局部性断言是指在程序的某一位置上，例如重要的循环或过程的入口和出口处，或者在一些可能引起异常的关键算法之前设置的断言语句。例如，在赋值语句 A－B/Z 之前，设置局部性断言语句：

C ASSERT L( )CAL(Z<>O)

全局性断言是指在程序运行过程中自始至终都适用的断言。例如，变量 I、J、K 只能取 0～100 的值，变量 M、N 只能取 2、4、6、8 这 4 个值等。全局性断言写在程序的说明部分。描述格式为：

C ASSERT VALUES(I,J,K)(O: 100)
C ASSERT VALUES(M,N)(2,4,6,8)

程序员在每个变量、数组的说明之后，都可写上反映其全局特性的断言。动态断言处理程序的工作过程如下：

（1）动态断言处理程序对语言源程序做预处理，为注释语句中的每个断言都插入一段相应的检验程序。

（2）运行经过预处理的程序，检验程序将检查程序的实际运行结果与断言所规定的逻辑状态是否一致。对于局部性断言，每当程序执行到这个位置时，相应的检验程序就要工作；对于全局性断言，在每次变量被赋值后，相应的检验程序就进行工作。动态断言处理程序还要统计检验的结果（即断言成立或不成立的次数），在发现断言不成立的时候，还要记录当时的现场信息，如有关变量的状态等。处理程序还可按测试人员的要求，在某个断言不成立的次数已达指定值时中止程序的运行，并输出统计报告。

（3）一组测试结束后，程序输出统计结果、现场信息，供测试人员分析。

下面介绍 JUnit 中提供的一些断言。JUnit 为我们提供了一些辅助函数，用来帮助我们确定被测试的方法是否按照预期的效果正常工作,通常把这些辅助函数称为断言。下面介绍一下 JUnit 的断言。

1) assertEquals

函数原型 1:assertEquals([String message],expected,actual)。

参数说明:message 是一个可选的消息,如果提供,将会在发生错误时报告这个消息。expected 是期望值,通常都是用户指定的内容。actual 是被测试的代码返回的实际值。

函数原型 2:assertEquals([String message],expected,actual,tolerance)。

参数说明:message 是一个可选的消息,如果提供,将会在发生错误时报告这个消息。expected 是期望值,通常都是用户指定的内容。actual 是被测试的代码返回的实际值。tolerance 是误差参数,参加比较的两个浮点数在这个误差之内则会被认为是相等的。

2) assertTrue

函数原型:assertTrue([String message],Boolean condition)。

参数说明:message 是一个可选的消息,如果提供,将会在发生错误时报告这个消息。condition 是待验证的布尔型值。该断言用来验证给定的布尔型值是否为真,如果结果为假,则验证失败。当然,还有验证为假的测试条件,函数原型:assertFalse([String message],Boolean condition)。该断言用来验证给定的布尔型值是否为假,如果结果为真,则验证失败。

3) assertNull

函数原型:assertNull([String message],Object object)。

参数说明:message 是一个可选的消息,如果提供,将会在发生错误时报告这个消息。Object 是待验证的对象。该断言用来验证给定的对象是否为 null,如果不为 null,则验证失败。相应地,还存在可以验证非 null 的断言,函数原型:assertNotNull([String message],Object object)。该断言用来验证给定的对象是否为非 null,如果为 null,则验证失败。

4) assertSame

函数原型:assertSame([String message],expected,actual)。

参数说明:message 是一个可选的消息,如果提供,将会在发生错误时报告这个消息。expected 是期望值。actual 是被测试的代码返回的实际值。该断言用来验证 expected 参数和 actual 参数所引用的是否是同一个对象,如果不是,则验证失败。相应地,也存在验证不是同一个对象的断言,函数原型:assertNotSame([String message],expected,actual)。该断言用来验证 expected 参数和 actual 参数所引用的是否是不同对象,如果所引用的对象相同,则验证失败。

5) Fail

函数原型:Fail([String message])。

参数说明:message 是一个可选的消息,如果提供,将会在发生错误时报告这个消息。该断言会使测试立即失败,通常用在测试不能达到的分支上(如异常)。

从 JUnit 4.4 开始引入了 Hamcrest 框架,Hamcrest 提供了一套匹配符 Matcher,这些匹配符更接近自然语言,可读性强,更加灵活。也使用全新的断言语法:assertThat,结合 Hamcrest 提供的匹配符,只用这一个方法,就可以实现所有的测试。assertThat 语法如下:

```
assertThat(T actual, Matcher<T> matcher);
assertThat(String reason, T actual, Matcher<T> matcher);
```

其中,actual 为需要测试的变量,matcher 为使用 Hamcrest 的匹配符来表达变量 actual 期望值的声明。应注意的是,必须导入 JUnit4.4 之后的版本才能使用 assertThat 方法。不需要继承 TestCase 类,但是需要测试方法前必须加@Test。以下是一个例子。

```
TTest.java:
01. package cn.edu.ahau.mgc.junit4.test;
02.
03. import Java.util.List;
04. import Java.util.Map;
05.
06. import org.junit.Test;
07. import static org.junit.Assert.*;
08. import cn.edu.ahau.mgc.junit4.T;
09. import static org.hamcrest.Matchers.*;
10.
11. public class TTest {
12.
13.     @Test
14.     public void testAdd() {
15.
16.             //一般匹配符
17.             int s = new T().add(1,1);
18.             //allOf:所有条件必须都成立,测试才通过
19.             assertThat(s,allOf(greaterThan(1),lessThan(3)));
20.             //anyOf:只要有一个条件成立,测试就通过
21.             assertThat(s,anyOf(greaterThan(1),lessThan(1)));
22.             //anything:无论什么条件,测试都通过
23.             assertThat(s,anything());
24.             //is:变量的值等于指定值时,测试通过
25.             assertThat(s,is(2));
26.             //not:和 is 相反,变量的值不等于指定值时,测试通过
27.             assertThat(s,not(1));
28.
29.             //数值匹配符
30.             double d = new T().div(10,3);
31.             //closeTo:浮点型变量的值在 3.0±0.5 范围内,测试通过
32.             assertThat(d,closeTo(3.0,0.5));
33.             //greaterThan:变量的值大于指定值时,测试通过
34.             assertThat(d,greaterThan(3.0));
35.             //lessThan:变量的值小于指定值时,测试通过
36.             assertThat(d,lessThan(3.5));
37.             //greaterThanOrEuqalTo:变量的值大于或等于指定值时,测试通过
38.             assertThat(d,greaterThanOrEqualTo(3.3));
39.             //lessThanOrEqualTo:变量的值小于或等于指定值时,测试通过
40.             assertThat(d,lessThanOrEqualTo(3.4));
41.
42.             //字符串匹配符
43.             String n = new T().getName("Magci");
44.             //containsString:字符串变量中包含指定字符串时,测试通过
45.             assertThat(n,containsString("ci"));
46.             //startsWith:字符串变量以指定字符串开头时,测试通过
```

```
47.        assertThat(n,startsWith( "Ma" ));
48.        //endsWith: 字符串变量以指定字符串结尾时,测试通过
49.        assertThat(n,endsWith( "i" ));
50.        //euqalTo: 字符串变量等于指定字符串时,测试通过
51.        assertThat(n,equalTo( "Magci" ));
52.        //equalToIgnoringCase: 字符串变量在忽略大小写的情况下等于指定字符串时,
           //测试通过
53.        assertThat(n,equalToIgnoringCase( "magci" ));
54.        //equalToIgnoringWhiteSpace: 字符串变量在忽略头尾任意空格的情况下等于指
           //定字符串时,测试通过
55.        assertThat(n,equalToIgnoringWhiteSpace( " Magci " ));
56.
57.        //集合匹配符
58.        List < String > l = new T().getList( "Magci" );
59.        //hasItem: Iterable 变量中含有指定元素时,测试通过
60.        assertThat(l,hasItem( "Magci" ));
61.
62.        Map < String,String > m = new T().getMap( "mgc" ,"Magci" );
63.        //hasEntry: Map 变量中含有指定键值对时,测试通过
64.        assertThat(m,hasEntry( "mgc","Magci" ));
65.        //hasKey: Map 变量中含有指定键时,测试通过
66.        assertThat(m,hasKey( "mgc" ));
67.        //hasValue: Map 变量中含有指定值时,测试通过
68.        assertThat(m,hasValue( "Magci" ));
69.    }
70.
71. }
```

3.2.5 其他白盒测试方法简介

1. 域测试

域测试(Domain Testing)是一种基于程序结构的测试方法。Howden 曾对程序中出现的错误进行分类,他把程序错误分为域错误、计算型错误和丢失路径错误三种。这是相对于执行程序的路径来说的。我们知道,每条执行路径都对应于输入域的一类情况,是程序的一个子计算。如果程序的控制流有错误,对于某一特定的输入可能执行的是一条错误路径,这种错误称为路径错误,也叫作域错误。如果对于特定输入执行的是正确路径,但由于赋值语句的错误致使输出结果不正确,则称此为计算型错误。另一类错误是丢失路径错误,它是由于程序中某处少了一个判定谓词而引起的。域测试是指主要针对域错误进行的程序测试。域测试的"域"是指程序的输入空间。域测试方法基于对输入空间的分析。当然,任何一个被测程序都有一个输入空间。测试的理想结果就是检验输入空间中的每个输入元素是否都产生正确的结果。而输入空间又可分为不同的子空间,每一子空间对应一种不同的计算。在查看被测试程序的结构以后就会发现,子空间的划分是由程序中分支语句中的谓词决定的。输入空间的一个元素,经过程序中某些特定语句的执行而结束(当然也可能出现无限循环而无出口),这都是满足了这些特定语句被执行所要求的条件的。域测试正是在分析输入域的基础上,选择适当的测试点以后进行测试的。域测试有两个致命的弱点:一是为进行域测试对程序提出的限制过多;二是当程序存在很多路径时,所需的测试点也就很多。

2. 符号测试

符号测试的基本思想是允许程序的输入不仅仅是具体的数值数据,而且包括符号值,这一

方法也是因此而得名。这里所说的符号值可以是基本符号变量值,也可以是这些符号变量值的一个表达式。这样,在执行程序过程中以符号的计算代替了普通测试执行中对测试用例的数值计算。所得到的结果自然是符号公式或符号谓词。更明确地说,普通测试执行的是算术运算,符号测试则执行的是代数运算。因此符号测试可以认为是普通测试的一个自然的扩充。符号测试可以看作是程序测试和程序验证的一个折中方法。一方面,它沿用了传统的程序测试方法,通过运行被测程序来验证它的可靠性。另一方面,由于一次符号测试的结果代表了一大类普通测试的运行结果,实际上是证明了程序接受此类输入,所得输出是正确的还是错误的。最为理想的情况是,程序中仅有有限的几条执行路径。如果对这有限的几条路径都完成了符号测试,就能较有把握地确认程序的正确性了。从符号测试方法的使用来看,问题的关键在于开发出比传统的编译器功能更强、能够处理符号运算的编译器和解释器。目前符号测试存在一些未得到圆满解决的问题,分别是:

1) 分支问题

当采用符号执行方法进行到某一分支点处,分支谓词是符号表达式,这种情况下通常无法决定谓词的取值,也就不能决定分支的走向,需要测试人员进行人工干预,或是执行树的方法进行下去。如果程序中有循环,而循环次数又取决于输入变量,那就无法确定循环的次数。

2) 二义性问题

数据项的符号值可能是有二义性的。这种情况通常出现在带有数组的程序中。我们来看以下程序段:

```
X(I) = 2 + A
    X(J) = 3
    C = X(I)
```

如果I=J,则C=3,否则C=2+A。但由于使用符号值运算,这时无法知道I是否等于J。

3) 大程序问题

符号测试中总要处理符号表达式。随着符号执行的继续,一些变量的符号表达式会越来越庞大。特别是当符号执行树很大、分支点很多时,路径条件本身变成一个非常长的合取式。如果能够有办法将其化简,自然会带来很大好处。但如果找不到化简的办法,那将给符号测试的时间带来大幅度的增长,甚至使整个问题的解决遇到难以克服的困难。

3. Z路径覆盖

分析程序中的路径是指检验程序从入口开始,执行过程中经历的各个语句,直到出口。这是白盒测试最为典型的问题,前面已经做了分析。着眼于路径分析的测试可称为路径测试。完成路径测试的理想情况是做到路径覆盖。对于比较简单的小程序实现路径覆盖是可以做到的。但是如果程序中出现多个判断和多个循环,可能的路径数目将会急剧增长,达到天文数字,以致实现路径覆盖不可能做到。为了解决这一问题,前面讨论了基路径测试方法。这里将简单讨论另外一种解决该问题的方法,思路是必须舍掉一些次要因素,对循环机制进行简化,从而极大地减少路径的数量,使得覆盖这些有限的路径成为可能。我们称简化循环意义下的路径覆盖为Z路径覆盖。这里所说的对循环化简是指限制循环的次数。无论循环的形式和实际执行循环体的次数多少,只考虑循环一次和零次两种情况,即只考虑执行时进入循环体一次和跳过循环体这两种情况。图 3-31(a)和图 3-31(b)表示了两种最典型的循环控制结构。前者先进行判断,循环体 B 可能执行(假定只执行一次),也可能不执行,这就如同图 3-31(c)所表示的条件选择结构。后者先执行循环体 B(假定也执行一次),再经判断转出,其效果也与

图 3-31(c)中给出的条件选择结构只执行右支的效果一样。

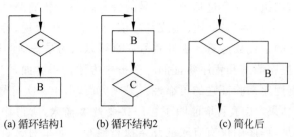

(a) 循环结构1　　(b) 循环结构2　　(c) 简化后

图 3-31　循环结构简化成选择结构

对于程序中的所有路径可以用路径树来表示,具体表示方法本书略。当得到某一程序的路径树后,从其根结点开始,一次遍历,再回到根结点时,把所经历的叶结点名排列起来,就得到一个路径。如果设法遍历了所有的叶结点,那就得到了所有的路径。当得到所有的路径后,生成每个路径的测试用例,就可以做到 Z 路径覆盖测试。

4. 程序变异

程序变异方法与前面提到的结构测试和功能测试都不一样,它是一种错误驱动测试。所谓错误驱动测试方法,是指该方法是针对某类特定程序错误的。经过多年的测试理论研究和软件测试的实践,人们逐渐发现要想找出程序中所有的错误几乎是不可能的。比较现实的解决办法是将错误的搜索范围尽可能地缩小,以利于专门测试某类错误是否存在。这样做的好处在于,便于将目标集中于对软件危害最大的错误,而暂时忽略对软件危害较小的可能错误。这样可以取得较高的测试效率,并降低测试的成本。错误驱动测试主要有两种,即程序强变异和程序弱变异。为便于测试人员使用变异方法,一些变异测试工具被开发出来。关于程序变异测试方法,请参见其他资料。

3.2.6　白盒测试方法选择的策略

在白盒测试中,使用各种测试方法的综合策略参考如下。

- 在测试中,应尽量先用人工或工具进行静态结构分析。
- 测试中可采取先静态后动态的组合方式:先进行静态结构分析、代码检查并进行静态质量度量,再进行覆盖率测试。
- 利用静态分析的结果作为引导,通过代码检查和动态测试的方式对静态分析结果进行进一步的确认,使测试工作更为有效。
- 覆盖率测试是白盒测试的重点,一般可使用基路径测试法达到语句覆盖标准;对于软件的重点模块,应使用多种覆盖率标准衡量代码的覆盖率。
- 在不同的测试阶段,测试的侧重点不同:在单元测试阶段,以检查代码、逻辑覆盖为主;在集成测试阶段,需要增加静态结构分析、静态质量度量;在系统测试阶段,应根据黑盒测试的结果,采取相应的白盒测试。

练　习

1. 在万年历程序中年份(Y)的范围是 $2000 \leqslant Y \leqslant 2500$,分别用边界值分析法、等价类法、因果图法及决策表法设计测试用例。

2. 表 3-44 为个人所得税税率的计算方法列表:

表 3-44　习题 2 表

金额/元	税率及说明
0～500	0%
500～2000	超出 500 元部分按照 5% 计税
2000～5000	10%
5000～20 000	15%
20 000 以上	20%

理解表中的数据,分别用边界值分析法、等价类法设计测试用例。

3. 理解一个宾馆在线订购服务系统,用场景法设计测试用例。

4. 理解下列程序结构,分别用逻辑覆盖法和基路径覆盖法设计测试用例。

```c
# include < stdio. h >
int partition( int * data, int low, int high)
{    int t = 0;
    t = data[low];
    while(low < high)
    {    while(low < high && data[high] >= t)
            high -- ;
        data[low] = data[high];
        while(low < high && data[low] <= t)
            low++;
        data[high] = data[low];
    }
    data[low] = t;
    return low;
}
```

5. 举一个例子应用正交试验法设计测试用例。

动态测试技术

第4章 单 元 测 试

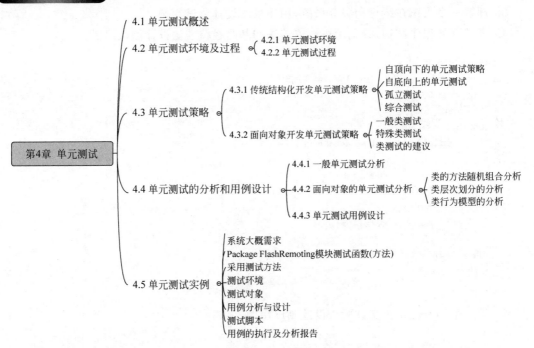
在第1章中对单元测试做了简单描述,本章将对单元测试进行详细分析。

4.1 单元测试概述

何为单元测试?比如,设计师在组装卫星之前,其中的每个部件可能是硬件的元件,也可能是软件的一个功能,对这些部件所进行的测试就类似于软件开发过程中的单元测试。对于程序员来说,单元测试是每天都必做的工作,也称为自测试。再如,完成一个功能函数的代码后,需要对该函数进行测试,看看它所实现的功能是否正常,甚至有时还要全面地测试该函数的所有可能的输入和输出。当然,这种单元测试属于非正规的临时单元测试,这种测试可能存在着测试的不完整性,如只进行了功能测试、没有进行针对代码的白盒测试、一些关键的路径不能覆盖、代码覆盖率很难超过 80% 等。传统软件对"单元"一词有不同的定义,如:

- 单元是可以编译和执行的最小软件组件。
- 单元是决不会指派给多个设计人员开发的软件组件。

实际上,"单元"的概念和被测软件系统所采用的分析和设计方法,以及在其开发过程中采用的实现技术有关。基本单元必须具备一定的基本属性、有明确的规格定义，以及包含与其他部分接口的明确定义等，从软件工程的角度来说，具有功能的独立性、符合高内聚和低耦合的特性，并且能够清晰地与同一程序中的其他单元划分开来。

对于结构化的编程语言而言，程序单元通常是指程序中定义的函数或子程序，单元测试就是指对函数或子程序所进行的测试。但有时候也可以把紧密相关的一组函数或过程看成一个单元。举例来说：如果函数 A 只调用另一个函数 B，而函数 B 不被其他函数调用，且函数 B 和函数 A 的代码总处于一定的范围内，那么在执行单元测试时，就可以将 A 和 B 合并为一个单元进行测试。对于面向对象的编程语言而言，程序单元通常指特定的一个具体的类或相关的多个类，单元测试主要是指对类的测试。但有时在一个类特别复杂时，就会把方法作为一个单元进行测试。对于同面向对象软件关联密切的 GUI 应用程序而言，单元测试一般是在"按钮级"进行。

那么，什么是单元测试？通常而言，单元测试是在软件开发过程中要进行的最低级别的测试活动，或者说是针对软件设计的最小单位即程序模块、函数、类或方法所进行的正确性检验的测试工作，其目的在于发现每个单元内部可能存在的错误或缺陷。在单元测试活动中，软件的独立单元是在与程序的其他部分相隔离的情况下进行测试，主要工作分为两个步骤：人工静态检查（静态测试）和动态执行跟踪（动态测试）。前者主要是保证代码算法的逻辑正确性（尽量通过人工检查发现代码的逻辑错误）、清晰性、规范性、一致性、算法高效性，并尽可能地发现程序中可能存在的错误或缺陷。后者就是通过设计测试用例，执行待测程序跟踪、比较实际结果与预期结果来发现错误或缺陷。

单元测试采用的测试技术包括动态测试中的黑盒测试技术和白盒测试技术，也包括静态测试技术。统计表明，使用静态测试技术对单元进行测试能够有效地发现 30％～70％ 的逻辑设计和编码等错误或缺陷。但是代码中仍会有大量的隐性错误或缺陷无法通过视觉检查发现，必须通过动态测试才能够捕捉到。所以，单元测试中可以采用静态测试和动态测试相结合的方法进行。

什么时候进行单元测试？单元测试越早越好，早到什么程度？微软的 Windows 开发理论讲究 TDD（Testing Driven Development，测试驱动开发），先编写测试代码，再进行开发。在实际的工作中，可以不必过分强调先做什么后做什么，重要的是效果。从经验看，先编写函数的框架，然后编写测试函数，再针对函数的功能编写测试用例，然后编写函数的代码，每写一个功能点都运行测试，随时补充测试用例。这里所谓先编写函数的框架，是指先编写函数空的实现，有返回值的随便返回一个值，编译通过后再编写测试代码，这时函数名、参数表、返回类型都应该确定下来了，所编写的测试代码以后需要修改的可能性比较小。

单元测试是集成测试及其他测试开展的基础。那么，单元测试应该由谁来完成比较合适呢？单元测试与其他测试不同，单元测试也可以看作是编码工作的一部分，在编码的过程中考虑测试问题，得到的将是更优质的代码，因为在这个阶段程序员对代码应该实现的功能了解得最清楚，所以，单元测试有时也称自测试，许多开发集成环境（IDE）可以集成各种单元测试工具帮助编码人员进行单元测试，如在 Eclipse 环境中集成 JUnit，在 VC 环境中集成 Cppunit。因此，一般情况下应该由程序员完成单元测试工作，并且在提交产品代码的同时也提交测试代码。当然，为了确保软件质量，测试部门可以对其测试工作做一定程度的抽样测试和审核，必要时可以由测试团队专门进行单元测试。

单元测试的流程一般为：开发组承担单元测试并在开发经理监督下进行，保证使用合适的测试技术和工具,根据单元测试计划和测试说明文档中的要求进行单元测试的分析和用例的设计,执行充分的测试,达到计划中的覆盖要求,如功能点覆盖、语句覆盖、基路径覆盖等;记录测试结果和单元测试日志。另外,在进行单元测试时,建议有专人负责监控测试过程,见证各个测试用例的运行结果并按要求修改缺陷。当然,可以从开发组中选一人担任,也可以由质量保证组代表担任。单元测试具有回归性。

既然单元测试对开发人员来说如此重要,那么它对客户或最终用户也是这么重要吗?它与验收测试有关吗?这个问题很难回答。事实上,在进行单元测试时常常并不关心整个产品或系统的确认、验证及其正确性等方面,主要侧重于功能,有时也关注性能方面的问题,即主要是证明代码的行为和我们的期望是否一致。只有所有单元的行为都通过了验证,确保它和我们的期望一致,才能开始进行集成测试。所以,足够的单元测试不但能够使开发工作变得更轻松,而且对设计工作也能提供帮助,甚至大大减少花费在调试上面的时间。

单元测试的目标就是验证开发人员所编写的编码是否产生预期结果、是否符合设计的要求,最终确保单元符合需求。同时,代码的质量、可复用性、可维护性及可扩展性的检查也是单元测试的目标。符合需求的单元代码通常应该具备以下性质:正确性、清晰性、规范性、一致性、高效性、可复用性等。

- 正确性:代码逻辑必须正确,能够实现预期的功能。
- 清晰性:代码必须简明、易懂,注释准确,没有歧义。
- 规范性:代码必须符合企业或部门所定义的共同规范,包括命名规则、代码风格等。
- 一致性:代码必须在命名(如相同功能的变量尽量采用相同的标识符)、风格上都保持统一。
- 高效性:代码不但要满足以上性质,而且需要尽可能减少代码的执行时间。
- 可复用性:代码尽量做到可复用、标准化,便于以后重用。

一些开发人员和测试人员甚至质量保证人员对于单元测试存在一些误区。他们可能会问这样的问题:为什么要进行单元测试?因为单元测试涉及开发驱动器和桩,增加了额外的工作,也增加了成本。原因很简单,未经测试覆盖的单元代码可能会存在大量的错误或缺陷,这些错误或缺陷可能是严重的,可能是微小的或表面的,但是这些错误或缺陷还会互相影响,尤其在开发过程的后期阶段,这些错误或缺陷可能会扩展,一旦在后期发现这些错误或缺陷,这些错误或缺陷所在的单元及其相关联的组件都需要进行测试,甚至要进行大规模的集成回归测试和系统的回归测试;另外,这些暴露的错误或缺陷难以定位,结果会大幅度提高后期测试和维护成本,也降低了开发商的市场竞争力。

在传统的软件测试过程中,单元测试是最早开始的测试活动,是在代码编写完成之后才进行的测试,使用最多的技术是白盒测试技术。单元测试被认为是集成测试的基础,因为只有通过了单元测试的模块,才可以把它们集成到一起进行集成测试。否则,即使集成测试通过了,模块之间的接口问题基本解决,但可能存在很多功能性等方面的不安全因素。随着软件开发技术的不断进步,以及人们对软件测试工作重要性认识的增强,这个阶段的测试通常在项目详细设计阶段就已经开始了。由于在软件开发周期后期可能会因为需求变更或功能完善等原因对某个单元的代码做一些改动,因此不妨把单元测试看成是一种活动,从详细设计开始一直贯穿于项目开发的生命周期中,认为单元测试工作是代码生成以后的工作是不正确的。

在软件开发过程中,需求频繁地修改和变动对项目的影响较大,尤其是在开发后期的需求变化,这些需求的变化最终都反映在代码中。也就是说,代码本身出现的错误或缺陷可能并不多,更多错误或缺陷的产生是由于需求变更对原来的代码进行修改引起的。所以只要代码发生了变化,必须保证进行回归测试,回归的程度根据实际情况而定。

与集成测试、系统测试及其他级别的测试相比,单元测试的过程简单,维护更容易,单元测试所需的费用也相对较低。

4.2 单元测试环境及过程

4.2.1 单元测试环境

单元测试环境的搭建是单元测试工作进行的前提和基础,在测试过程中所起到的作用不言而喻。显然,单元测试的环境并不一定是系统投入使用后所需的真实环境。那么,应该建立一个什么样的环境才能够满足单元测试的要求呢?本节将介绍如何建立单元测试的环境。

由于一个模块、函数、类或类中的一个方法(Method)并不是一个能单独运行的独立程序,在进行测试时需要同时考虑该单元和外界的接口,因此要用到一些辅助模块来模拟与所测模块相连的其他模块。一般把这些辅助模块分为两种:

(1)驱动模块:其作用相当于所测模块的主程序。它接收测试数据,把这些数据传送给所测模块,最后再输出实际测试结果。驱动模块的作用为:

- 接收测试输入。
- 对输入进行判断。
- 将输入传给被测单元,驱动被测单元执行。
- 接收被测单元执行结果,并对结果进行判断。
- 将判断结果作为用例执行结果并输出测试报告。

驱动模块举例:

```
/* 被测程序 */
int Fun( int in)
{
    if (in >= 0)
    {
        return 1;
    }
    else
    {
        return -1;
    }
}
```

通过 TCL(Tool Command Language,是一种通用的脚本语言,它几乎在所有的平台上都可以解释运行,功能强大)进行扩展指令编写时,针对该被测函数,驱动如下:

```
/* 用户自己扩展的用户指令,用来驱动被测函数 */
int Ex_TestFun(ClientData clientData,Tcl_Interp * interp,int argc, char * argv[])
{
 int i;
 int ret, iExceptedRet;
//打开测试结果记录文件
```

```
FILE * out;
out = fopen("D:\\result.txt","a");

//第一步：检查用户输入参数个数是否正确
if (3 != argc)
{
    fputs("Parameters error",out);
    fflush(out);
            return TCL_ERROR;
}

    //第二步：取出用户输入参数
if (TCL_OK != Tcl_GetInt(interp,argv[1],&i))
{
    return TCL_ERROR;
}

    if (TCL_OK != Tcl_GetInt(interp,argv[2],&iExceptedRet))
    {
    return TCL_ERROR;
    }

    //第三步：将参数传递给被测函数
    ret = Fun(i);

    //第四步：将被测函数执行结果和输入的期望结果进行比较,根据比较结果作为用例执行结果输出
    //到测试报告中
    if (ret != iExceptedRet)
    {
     fputs("test fail",out);
     fflush(out);
    }
    else
    {
     fputs("test success",out);
     fflush(out);
    }

    return TCL_OK;
}
```

(2) 桩模块：其代替所测模块调用的子模块。桩模块可以进行少量的数据操作，不需要实现子模块的所有功能,但要根据需要来实现或代替子模块的一部分功能。桩模块是一次性模块,主要是为了配合调用它的父模块工作。

桩模块举例：

```
package JMailPacket;

public class JMail_stub {

private static String UT_TC_RE_003_050_001_001 = "zacks_mail@163.com";
```

```
public static boolean SendEmail(String toUser,String Mail_Title,String Mail_Context)
{
    if(toUser.compareTo(UT_TC_001_006_001_001) == 0)
    return true;
    else
        return false;
}
}
```

该桩模块的含义是：类 JMail_stub 为类 JMail 对应的桩；被测类和 JMail 类有调用关系，JMail 类的功能是输入 mail 的相关有效性检查；当被测类进行测试时调用桩 JMail_stub；桩 JMail_stub 代码中的 UT_TC_RE_003_050_001_001 为常量，UT_TC_001_006_001_001 为测试用例编号，系统用户的 Email 为 zacks_mail@163.com。

通过开发驱动器或（和）桩，被测试模块和与它相关的驱动模块或（和）桩模块共同构成了一个"测试环境"，如图 4-1 所示。为了能够正确地对单元模块进行测试，驱动模块和桩模块（特别是桩模块）可能需要模拟实际子模块的功能，因此桩模块的开发并不是很轻松。我们常常希望驱动模块和桩模块的开发工作比较简单，实际开销相对较低。比如，有时候因为编写桩模块比较困难且费时，我们就会尽量避免编写桩模块，即在项目进度管理时将实际桩模块的代码编写工作安排在被测模块前编写，以提高实际桩模块的测试频率，这样单元测试的效果更好，也提高了测试工作的效率。值得注意的是，虽然桩模块提前编写了，但针对具体单元模块的测试用例数据可能需要在测试前填写在桩模块中或改变桩模块中的数据。这样做是为了保证能够向上一级模块提供稳定可靠的实际桩模块，为后续模块测试打下良好的基础。驱动模块的开发也是必不可少的。但遗憾的是，仅用简单的驱动模块和桩模块有时不能完成某些模块的测试任务。桩模块和驱动模块代码也需要进行配置管理。

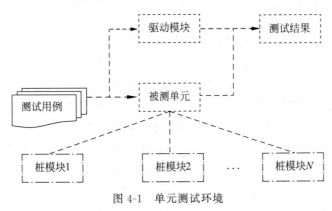

图 4-1 单元测试环境

为了确保可以高质量地完成单元测试，在设计桩模块和驱动模块时最好多考虑一些环境因素，如开发环境及测试工具的集成、系统时钟、文件状态（假如单元模块需要从外部读入数据文件，文件的位置、格式等必须按照要求准备完毕）、单元加载地点甚至外部设备，以及与实际环境相同的编译器、操作系统、计算机等，这些都要在测试设计过程中给予关注。

在面向对象的系统中，一般以类为测试单元，有时也会以类内方法作为单元。对于包或子系统而言，可以设计一个测试模块类来做驱动模块，用于测试包中所有的待测试类。最好不要在每个类中用一个测试函数的方法来测试跟踪类中所有的方法。这样的好处在于：

（1）可以同时测试包中所有的类或方法，也可以方便地测试、跟踪指定的类或方法。

（2）能够联合使用所有测试用例对同一段代码执行测试，以发现更多问题。

（3）便于回归测试，当某个类做了修改之后，只要执行测试类就可以执行所有被测的类或方法。这样不但能够方便地检查、跟踪所修改的代码，而且能够检查出修改对包内相关类或方法所造成的影响，使得由于修改导致的错误或缺陷及时被发现。

（4）复用测试方法，使测试单元保持持久性，并可以用既有的测试来设计相关的其他测试。

（5）将测试代码与产品代码分开，使代码更清晰、简洁；提高测试代码与被测代码的可维护性。

创建测试环境除了开发一些桩模块和驱动模块使被测对象能够运行起来之外，还要模拟生成测试数据或状态，为单元运行准备动态环境，同时，要注意测试过程监控，包括缺陷的记录跟踪、测试结果分析等。下面介绍具体单元测试过程。

4.2.2　单元测试过程

单元测试的主要过程如下：

（1）详细设计说明书（规约）通过评审。

（2）编制单元测试计划（测试经理）。

（3）编制子系统单元测试计划（如果需要）（开发组）。

（4）编写测试代码并开发单元测试用例（开发组）。

（5）代码审查（开发组或测试组）。

（6）测试用例评审（开发组或测试组）。

（7）测试执行（开发组）。

（8）缺陷提交（开发组）。

（9）缺陷跟踪（开发组或测试组）。

（10）测试报告及评审（开发组或测试组）（未通过回到第（4）步）。

在以上的步骤中，详细设计说明书通过评审是单元测试的进入准则。单元测试的退出准则是测试报告通过评审。报告包括代码获准入配置管理库的配置项、Bug 清单等。单元测试过程中，单元测试计划不同的测试组织其格式可能存在差别。单元测试中的代码审查、用例评审使用第 2 章的内容作为技术基础。用例的设计使用第 3 章中分析的黑盒测试方法和白盒测试方法及两种方法的结合作为技术基础。缺陷的提交和跟踪及报告一般借助于工具来支撑，如 Bugzilla、TestCenter 等工具。以下是一个单元测试计划模板（范例），供参考。

单元测试计划（Unit Test Plan）

1　引言

1.1　目的

本文档为××系统的单元测试活动提供范围、方法、资源和进度方面的指导。

本文档的读者主要是开发（测试）经理、测试人员和开发人员。

1.2　测试策略

以类为单元，采用独立的单元测试策略，通过设计相应的驱动和桩的方法来测试类中的方法。在选择类的被测方法时，根据方法的规模和复杂度进行判定。非空非注释代码行数 LOC > 20，或者复杂度 VG > 3 的方法进行单元测试，其他方法不进行单元测试。

对于子类的测试采用分层增量测试(Hierarchical Incremental Testing)策略,对子类的变化部分设计新的测试用例,与父类相同的部分则重用父类的测试用例。

执行单元测试的次序是根据《软件详细设计说明书》中的用例实现交互图,从图中最小依赖关系的类开始测试,再逐步扩大到依赖关系较强的类,直至所有类测试完毕。

1.3 范围

单元测试主要包含了计划阶段、设计阶段、实现阶段和执行阶段4个阶段。本单元测试计划是整个软件开发项目中的一部分,起始于详细设计阶段,直到单元测试阶段结束后终止。该计划主要处理与××系统单元测试有关的任务安排、资源需求、人力需求、风险管理、进度安排等内容。

1.4 参考文献

《软件需求规格说明书(Software Requirement Specification)》。

《软件详细设计说明书(Software Design Descriptions)》。

《用户界面规格说明书(User Interface Specification)》。

1.5 术语

和业务及技术相关的术语。

2 测试项目

根据《软件详细设计说明书》中的详细设计内容,单元测试的测试项目如以下2.1~2.8小节所示。

2.1 ××模块

××设计类标识如表1所示。

表1 ××设计类标识

方法标识符	方法名	代码行(LOC)	复杂度(VG)

2.2 ××模块

略。

3 被测函数

根据测试策略中制定的被测方法选取标准,被测函数如表2所示。

表2 被测函数

方法标识符	方法名	代码行(LOC)	复杂度(VG)

4 不被测函数(方法)

对不满足测试策略中的选取被测试方法标准的方法将不进行单元测试,但这些方法必须经过严格代码检视,以保证不会出现一些低级性的错误,并且在集成测试阶段统一验证其接口功能的正确性。不被测函数如表3所示。

表 3　不被测函数

方法标识符	方法名	代码行(LOC)	复杂度(VG)
...	...		

5　测试方法

根据类规约和操作规约构建测试用例,合理利用传统等价类划分法、边界值分析法、判定表法等黑盒测试方法和语句覆盖、路径覆盖等白盒测试方法。

对具有特殊需求的类辅以下面两种方法设计测试用例:

(1) 根据状态转换图构建测试用例。该方法根据被测试的类的对象所处的状态以及状态之间的转移来构造测试用例,对状态之间和状态内部的每一个转换及其可能发生的异常转换、转换的监护条件等进行全面测试。

(2) 基于实现构建测试用例。该方法利用传统逻辑覆盖法、数据流分析法等白盒测试技术对程序的逻辑结构或数据流进行测试,以达到一定的代码覆盖率。

更详细的测试策略描述请参考《单元测试说明》。

6　测试通过/失败标准

测试通过的标准表述如下:

(1) 所有单元测试的用例都被执行并通过;

(2) 所有发现的缺陷都被修正并通过回归测试;

(3) 所有被测对象的前置条件和后置条件组合覆盖率达到 100%,或能明确给出不需要达到的理由;

(4) 单元测试报告被授权人批准。

测试失败标准表述如下:

(1) 严重缺陷密度大于 15 个/KLOC;

(2) 发现软件结构有重大设计问题,其修改会导致 20% 以上的接口、功能、数量的变化,进一步测试相关特性已经无意义;

(3) 发现关键功能未被设计,该功能的设计会导致 20% 以上的接口、功能、数量的变化,进一步测试相关特性已经无意义。

测试结果审批过程:开发人员提交单元测试报告→开发或测试经理签字并提交 SQA→SQA 对报告进行评审并签字(测试经理参与)→产品经理签字。

7　测试挂起/恢复的条件

测试挂起的条件有:

(1) 当某个类在单元测试执行过程中发现有阻塞用例的时候,该类的单元测试被挂起。

(2) 当有 20% 以上的被测类都遇到有阻塞用例时,所有类的单元测试都被挂起。

（3）当出现有新增需求的时候，与该需求相关的所有类的单元测试都被挂起。

（4）当开发人员提出要进行设计变更的时候，相关类的单元测试将被挂起。

测试恢复的条件有：

（1）测试被挂起的条件已经被解决。

（2）需要恢复测试的对象达到单元测试入口条件，在这里要求这些被测对象已经通过代码走读（要提交走读报告）和语法检查（要提交检查结果）。

8　单元测试交付物

单元测试计划（Unit Test Plan）；

单元测试设计规格（Unit Test Design Specification）；

单元测试用例规格（Unit Test Case Specification）；

单元测试用例脚本；

单元测试驱动和桩代码；

单元测试执行日志（Unit Test Log）；

单元测试报告（Unit Test Report）。

9　单元测试任务

单元测试任务表如表4所示。

表4　单元测试任务表

任务标识	任务描述	责任人	优先级	依赖关系
UT_TASK_001	单元测试计划制订	测试经理	高	
UT_TASK_003	单元测试计划评审	SQA	中	UT_TASK_001
UT_TASK_005	单元测试计划修改	测试经理	中	UT_TASK_003
UT_TASK_007	单元测试设计规格制定	开发或测试人员	中	UT_TASK_003
UT_TASK_009	单元测试设计规格评审	SQA	中	UT_TASK_007
UT_TASK_011	单元测试设计规格修改	开发或测试人员	中	UT_TASK_009
UT_TASK_013	单元测试用例规格设计	开发或测试人员	高	UT_TASK_009
UT_TASK_015	单元测试用例规格评审	SQA	中	UT_TASK_013
UT_TASK_017	单元测试用例规格修改	开发或测试人员	中	UT_TASK_015
UT_TASK_019	单元测试驱动、桩、用例脚本代码实现	开发或测试人员	中	UT_TASK_015
UT_TASK_021	驱动、桩、脚本代码走查	SQA	低	UT_TASK_019
UT_TASK_023	驱动、桩、脚本代码修改	开发或测试人员	低	UT_TASK_021
UT_TASK_025	单元测试执行及回归	开发或测试人员	高	UT_TASK_023
UT_TASK_027	单元测试报告	测试经理	高	UT_TASK_025
UT_TASK_029	单元测试报告审批	开发或测试经理	高	UT_TASK_027

10　环境需求

10.1　硬件需求

10.2　软件需求

10.3　测试工具

如 QTRunner、JUnit。

10.4 其他

11 角色和职责

单元测试角色和职责如表5所示。

表5 单元测试角色和职责

角色	职责
产品经理	解决资源(包括人、工具等)需求,对单元测试结果进行监督
开发经理	协助制订单元测试计划,安排单元测试任务
测试经理	制订单元测试计划,安排单元测试任务,参与单元测试结果验收
SQA	对单元测试过程(包括代码走读、正规检视活动)进行监控
开发或(和)测试人员	完成单元测试需要的输入,并完成单元测试设计规格、单元测试用例规格、单元测试规程的制定,执行单元测试,记录发现的问题,修改问题,并负责问题的回归测试。与此同时,负责定位问题和解决问题

12 人员及培训

(1)需要×名一年以上工作经验的开发人员,并且他们应在详细设计开始之后全职投入单元测试项目组中。

(2)在详细设计完成之前,需要完成对项目需求、系统设计、详细设计、单元测试技术、单元测试脚本技术方面的培训。

(3)在编码完成之前要完成缺陷跟踪流使用、测试日志表格使用、测试工具使用的培训。以上培训大约需要花费每人××人时的工作量。

13 单元测试进度

单元测试进度安排如表6所示。

表6 单元测试进度安排

任务标识	任务描述	起始日期	周期/天
UT_TASK_001	单元测试计划制订	系统设计结束后×天内	
UT_TASK_003	单元测试计划评审	单元测试计划完成后×天内	
UT_TASK_005	单元测试计划修改	单元测试计划评审完成后×天内	
UT_TASK_007	单元测试设计规格制定	单元测试计划评审完成后×天内	
UT_TASK_009	单元测试设计规格评审	单元测试设计规格完成后×天内	
UT_TASK_011	单元测试设计规格修改	单元测试设计规格评审完成后×天内	
UT_TASK_013	单元测试用例规格制定	单元测试设计规格评审完成后×天内	
UT_TASK_015	单元测试用例规格评审	单元测试用例规格完成后×天内	
UT_TASK_017	单元测试用例规格修改	单元测试用例规格评审完成后×天内	

任务标识	任 务 描 述	起 始 日 期	周期/天
UT_TASK_019	单元测试驱动、桩、用例脚本代码实现	单元测试用例规格评审完成后×天内,并且编码阶段已经开始	
UT_TASK_021	单元测试驱动、桩、脚本代码走读	单元测试驱动、桩、用例脚本代码完成后×天	
UT_TASK_023	单元测试驱动、桩、脚本代码修改	单元测试驱动、桩、脚本代码走读后×天	
UT_TASK_025	单元测试执行及回归	单元测试驱动、桩、脚本代码走读后×天,并且编码阶段已经结束	
UT_TASK_027	单元测试报告	单元测试执行及回归完成后×天内	
UT_TASK_029	单元测试报告审批	单元测试报告完成后×天内	
—	风险预留时间	单元测试阶段工作中任意时候	
—	单元测试阶段里程碑时间点	××××−××−××	

14 风险和应急计划

风险和应急计划安排如表7所示。

表7 风险和应急计划安排(举例)

风险ID	风险描述	责任人	优先级	规 避 措 施	应 急 计 划
1	人员无法及时到位	开发或测试经理	高	在产品的预算中体现这部分需求 定期催促人力资源部进行资源协调 从可能空闲的部门中物色人员	推迟进度计划 进行招聘 考虑工作外包
2	人员技能不符合要求	开发或测试经理	中	在人力预算中给出人员技能要求 对提供的人员进行技能面试 从其他产品部门协调有能力的人员	提高培训的强度 加强培训效果监控 对工作输出加强检视
3	测试工具无法到位	开发或测试人员	低	在产品预算中尽早体现这部分需求 联系其他产品,看是否有空闲的许可(License) 尽早联系工具代理商,洽谈采购事宜	采用人工分析程序规模 允许使用规模估计值 自行开发测试工具

15 审批

计划提交人签字: 日期:

开发经理签字: 日期:

产品经理签字: 日期:

4.3　单元测试策略

前面曾提及单元测试涉及的测试技术通常有针对被测单元需求的功能测试,用于代码评审和代码走查的静态测试、白盒测试、状态转换测试(主要是针对类的测试)及可能的非功能测试。这里的非功能测试是指对单元的算法性能、压力、可靠性或安全性等方面的测试,这并不是单元测试的重点,但在适当的时候也要进行,如单元模块性能的好坏会间接地影响整个系统的性能;单元模块的安全性直接影响整个系统的安全等。

做好单元测试,提高单元测试的质量,仅仅了解单元测试的技术还远远不够,选择合适的单元测试策略也至关重要。单元测试的各个组件不是孤立的,是整个系统的组成部分。单元测试需要了解该单元组件在整个系统中的位置,它被哪些组件调用,该单元组件本身又调用哪些组件,最好的情况是在进行单元组件的测试时已经全面地了解了单元组件的层次及调用关系。传统结构化开发和面向对象开发的单元测试的策略是不同的。

4.3.1　传统结构化开发单元测试策略

1. 自顶向下的单元测试策略

1) 步骤

(1) 以单元组件的层次及调用关系为依据,从最顶层开始,把被顶层调用的单元做成桩模块。

(2) 对第二层单元组件进行测试,如果第二层单元组件又被其上层调用,以上层已测试的单元代码为依据开发驱动模块来测试第二层单元组件。同时,如果有被第二层单元组件调用的下一层单元组件,则还需依据其下一层单元组件开发桩,桩的数量可以有多个。

(3) 以此类推,直到全部单元组件测试结束。

2) 优点

因为单元测试是直接或间接地以单元组件的层次及调用关系为依据,所以可以在集成测试之前为系统提供早期的集成途径。由于详细设计一般都是自顶向下进行设计的,这样自顶向下的单元测试策略在顺序上同详细设计一致,因此测试可以与详细设计和编码工作重叠或交叉进行。

3) 缺点

由于单元测试需要开发驱动器或(和)桩模块,随着单元测试的不断进行,测试过程也会变得越来越复杂,测试难度以及开发和维护的成本也都不断增加;低层次单元组件的结构覆盖率也难以得到保证;由于需求变更或其他原因而必须更改任何一个单元组件时,就必须重新测试该单元下层调用的所有单元;低层单元测试依赖顶层测试,无法进行并行测试,使测试进度受到不同程度的影响,延长了测试周期。

4) 总结

从上述分析中,不难看出该测试策略的成本要高于孤立的单元测试成本,因此从测试成本方面来考虑,这并不是最佳的单元测试策略。在实际工作中,如果单元已经通过独立测试,可以选择此方法。

2. 自底向上的单元测试

1) 步骤

(1) 以单元组件的层次及调用关系为依据,先对组件调用图上的最底层组件进行测试,模拟调用该组件的模块为驱动模块(器)。

(2) 对上一层单元组件进行单元测试,开发调用本层单元组件的驱动器,同时,要开发被本层单元组件调用的已经完成单元测试的下层单元组件的桩。驱动器的开发依据调用被测单元组件的代码,桩的开发依据被本层单元组件调用的已经完成单元测试的下层单元组件代码。

(3) 以此类推,直到全部单元组件测试结束。

2) 优点

因为单元组件的层次越靠近下层,组件本身的调用或控制逻辑越少,最底层组件一般是完全处理实际业务的组件,所以首先进行底层单元组件的测试,无须太多依赖单元组件的层次和调用结构,可以直接从功能设计中获取测试用例;可以为系统提供早期的集成途径;在详细设计文档中缺少结构细节时可以使用该测试策略。

3) 缺点

随着单元测试的不断进行,测试过程会变得越来越复杂,测试周期延长,测试和维护的成本增加;随着各个基本单元逐步加入,系统会变得异常庞大,因此测试人员不容易控制;越接近顶层的单元组件的测试,其结构覆盖率就越难以保证。另外,顶层测试易受底层组件变更的影响,任何一个组件修改之后,直接或间接调用该组件的所有单元都要重新测试。由于只有在底层单元测试完毕之后才能够进行顶层单元的测试,所以并行性不好。另外,自底向上的单元测试也不能和详细设计、编码同步进行。

4) 总结

相对其他测试策略而言,该测试策略比较合理,尤其是需要考虑对象或复用时。它属于面向功能的测试,而非面向结构的测试。对那些以高覆盖率为目标或者软件开发时间紧张的软件项目来说,这种测试方法不适用。

3. 孤立测试

1) 步骤

无须考虑每个单元组件与其他组件之间的关系,分别为每个组件单独设计桩模块和驱动模块,逐一完成所有单元组件的测试。

2) 优点

该方法简单、容易操作,因此所需测试时间短,能够达到高覆盖率。因为一次测试只需要测试一个单元组件,所以其驱动模块比自底向上的驱动模块设计简单,而其桩模块的设计也比自顶向下策略中使用的桩模块简单。另外,各组件之间不存在依赖性,所以单元测试可以并行进行。如果在测试中增添人员,则可以缩短项目开发时间。

3) 缺点

不能为集成测试提供早期的集成途径。设计的多个桩模块和驱动模块不依赖于单元组件的层次及调用关系,增加了额外的测试成本。

4) 总结

该方法是比较理想的单元测试方法。如能对集成测试起到辅助作用,有利于缩短项目的集成测试时间和项目的开发时间。

4. 综合测试

在单元测试中,可以考虑将这三种方法结合使用,以下是综合使用自底向上的测试策略和孤立测试策略的例子。

下面是判断三角形类型的 C 语言代码:

```
# include < stdio. h >
int x, y, z;
void GetInput( int a, int b, int c)
{
    int c1, c2, c3;
    do
{printf("\nenter 3 integers(1 < = x < = 200) which are sides of triangle\n");
 scanf(" % d, % d, % d", &a, &b, &c);
 c1 = (1 < = a)&&(a < = 200);
 c2 = (1 < = b)&&(b < = 200);
 c3 = (1 < = c)&&(c < = 200);
 if(!c1)printf("value of a is not in the range of permitted values\n");
 if(!c2)printf("value of b is not in the range of permitted values\n");
 if(!c3)printf("value of c is not in the range of permitted values\n");}
 while(!c1||!c2||!c3);
        x = a; y = b; z = c;
        printf("\nside A is % d", x);
        printf("\nside B is % d", y);
 printf("\nside C is % d", z);
}


int IsTrian( int a, int b, int c)
{
   if((a<(b + c))&&(b<(a + c))&&(c<(a + b))) return 1;
   else return 0;
}


void TeterType( int a, int b, int c)
{
   if(!IsTrian(a, b, c))printf("\nnot a triangle! \n");
   else {if((a == b)&&(b == c))printf("\nequilateral\n");
     else{ if((a!= b)&&(a!= c)&&(b!= c))printf("\nscalene\n");
              else printf("\nisosceles\n");}
  }
}

int main()
{
   GetInput(x, y, z);
   DeterType(x, y, z);
   return 0;
}
```

通过以上代码可以画出如图 4-2 所示的模块结构。

对于图 4-2 的模块结构在进行单元测试时可以采取自底向上的单元测试法和孤立的单元测试法结合,也就是所谓的综合测试。首先用自底向上的单元测试法开发模块 GetInput()和 IsTrian()的驱动器并测试这两个模块,然后用孤立的单元测试法,先开发模块 DeterType()的桩和驱动器并测试;同样,再开发 main()桩并测试,以完成整个模

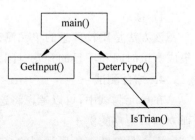

图 4-2 三角形问题的模块结构

块的单元测试。

4.3.2 面向对象开发单元测试策略

类的单元测试除了开发桩和驱动器(一般集成在 IDE 中的单元测试工具会提供支持,如 JUnit)外,其策略具有特殊性。

1. 一般类测试

类的测试包含一系列的校验活动,其主要目的是校验类是否按照其规格说明正确实现了。如果实现是正确的,那么所有类的实例也应该是正确的。通过执行测试用例或者走查都可以有效地对类的代码进行测试。代码走查在某种意义上来说可以代替基于执行的测试,但它有一定的局限性:走查会有人为错误的影响,并且需要考虑花更多的精力在回归测试上。因此,对类的测试的主要方式是基于执行的测试。

类的测试一般是由开发人员完成的,类的测试代码一般被看作是程序的一部分。这样可以降低测试成本,开发人员在对类进行测试的同时也有助于理解类的定义,并且测试驱动也可以用来对所写代码进行调试,有效的测试类组件同样也有助于定位错误。开发人员做类测试也有不足的一面,开发人员对设计的错误理解可能会因为得不到监控而扩散,这些潜在的错误会因为不能及时发现而造成很大的影响。因此,在时间允许的情况下,测试人员也需要尽可能地参与类的测试。

在进行类测试时,数据设计主要有以下原则:

(1) 程序是否能处理输入范围以外的数据。

(2) 程序是否有未考虑到的处理结果。

(3) 程序是否造成系统不可预知的错误。

下面是一个例子代码。

```java
public class Test {
public static void main(String[] args){
new Test();
}

    Test(){
        Test alias1 = this;
        Test alias2 = this;
    synchronized (alias1){
    try{
            alias2.wait();
            System.out.println("DONE WAITING");
        }
    catch (InterruptedException e){
            System.out.println("INTERR UPDATED");
        }
    catch(Exception e){
            System.out.println("OTHER EXCEPTION");
        }
    finally{
            System.out.println("FINALLY");
        }
    }
    System.out.println("ALL DONE");
}
}
```

在代码中 alias1 与 alias2 指向同一对象,在线程获取了 Test 的锁后虽然释放,但在等待池中没有通知 Test 对象,从而造成系统长时间的等待。这种错误在多线程应用中非常常见,对这种模型的应用应该重点检查系统锁的机制。

类测试可以采用黑盒测试和白盒测试的方法,可以考虑对类的功能覆盖或达到某种要求的代码覆盖指标。由于每个类均具有状态图,所以基于状态图的类测试是一种很有效的策略。下面重点分析。

为了能有效地测试所有的类,根据类的不同行为分成 4 种类型,并可以用 ADT(Abstract Data Type)图和状态图(State Transition Graph)来加以描述。

1) 非模态类

非模态类(non-module)不受它的状态的限制,也与方法调用的顺序无关。

【例 4-1】 臭氧层密度的采集作为类,如图 4-3 所示。

此类带有如下方法:

- m1:采集当前值。
- m2:采集与边界值的差值。
- m3:采集最近 24 小时的最高值。
- m4:采集本月的最高值。

每个方法在任何时候都可以被调用,也不受状态和调用顺序的影响。

基本测试原则:

(1) 所有的方法(所有的结点)覆盖:m1,m2,m3,m4。

(2) 所有可能的方法调用顺序(所有的边,下面是一种覆盖所有边的情况)覆盖:

- m1,m1,m2,m2,m3,m3,m4,m4,m1;
- m1,m3,m1;
- m2,m4,m2;
- m1,m4,m3,m2,m1。

(3) 所有的路径覆盖。

2) 单模态类

单模态类(uni-module)与它的状态无关,但与调用方法的先后顺序有关。

【例 4-2】 一个模拟三人(player1、player2 和 player3)打牌的系统,每一轮都是严格按照顺序出牌,如图 4-4 所示。

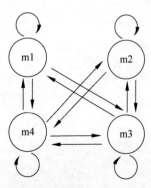

图 4-3 非模态类 ADT 的例子

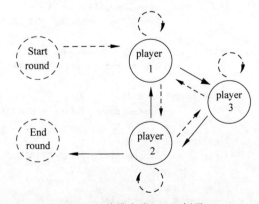

图 4-4 单模态类 ADT 例子

基本测试原则:

(1) 所有的方法(所有的结点)覆盖:player1,player2,player3。

(2) 所有可能的方法调用顺序(所有的边)覆盖:

- player1,player2,player3,player1。
- player1,player1(异常)。
- player1,player3(异常)。

……

(3) 所有的路径覆盖。

3) 准模态类

准模态类(quasi-module)与它的状态有关,但与它的方法的调用顺序无关。

【例4-3】 一个容量无限大的队作为一个类,它有"空"和"非空"两个状态(empty 和 not empty)并带有 remove 和 add 两个方法,对方法的调用顺序没有任何限制,但方法的调用必须考虑当前的状态,如图 4-5 所示。

基本测试原则:

(1) 所有的方法覆盖:empty,add,not empty, remove,empty。

在 empty 状态下调用方法 add,状态由 empty 转换成 not empty,然后再调用方法 remove,状态又从 not empty 转换成 empty。

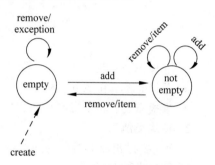

图 4-5 准模态类 ADT 例子

(2) 所有的状态(所有的结点)覆盖:empty,add,not empty。

所有的状态转换(所有的边):

- empty,remove,empty(异常)。
- notempty,remove,not empty。

……

(3) 所有的路径覆盖。

4) 模态类

模态类(module)与它的状态以及它的方法的调用顺序都有关。

【例4-4】 一个汽车排挡模拟系统(4 排挡车)。

排挡的换挡有明确的规定,即换挡只能一挡一挡地在邻挡间换,而且先到达空挡,然后再进入实挡。这里以速度作为状态,在换挡过程中速度起着很重要的作用,例如只有当车在停止的状态下(速度为零)才能换倒挡等,如图 4-6 所示。

基本测试原则:

(1) 所有的方法覆盖。

(2) 所有的状态(所有的结点)覆盖。

(3) 所有的状态转换(所有的边)覆盖。

(4) 所有的路径覆盖。

一个类的属性和方法越多,它的状态也就越庞大。针对一个类的完整测试,覆盖所有的状态的组合一般是不太可能的,也是不经济的,因为它的测试用例很快就会达到天文数字。

为了有效地对类进行测试,针对以上 4 种类型的类制定了如下一般的覆盖原则:

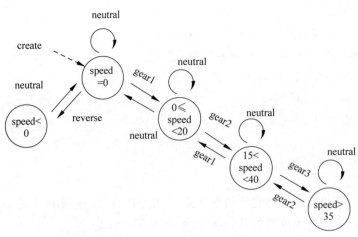

图 4-6　模态类 ADT 例子

- 非模态类：在 ADT 图内覆盖所有的结点。
- 单模态类：在 ADT 图内覆盖所有的边(包括所有的结点)。
- 准模态类：和模态类在状态转换图内覆盖所有的状态转换(包括所有的结点)。

2. 特殊类测试

下面主要讨论面向对象的两个特殊类的测试策略：抽象类的测试和泛型类的测试。

1) 抽象类的测试

在面向对象的概念中，所有的对象都是通过类来描绘的，但是反过来却并不是所有类都是用来描绘对象的，如果一个类中没有包含足够的信息来描绘一个具体的对象，这样的类就是抽象类。抽象类往往用来表征在对问题领域进行分析、设计中得出的抽象概念，是对一系列看上去不同但是本质上相同的具体概念的抽象。例如，如果进行一个图形编辑软件的开发，就会发现问题领域存在着圆、三角形这样一些具体概念，它们是不同的，但是它们又都属于形状这样一个概念，"形状"这个概念在问题领域是不存在的，它就是一个抽象概念。正是因为抽象的概念在问题领域没有对应的具体概念，因此用以表征抽象概念的抽象类是不能够实例化的。

在面向对象领域，抽象类主要用来进行类型隐藏。用它可以构造出一个固定的一组行为的抽象描述，但是这组行为却能够有任意个可能的具体实现方式。这个抽象描述就是抽象类，而这一组任意个可能的具体实现则表现为所有可能的派生类。

由于一个抽象类没有具体的实现，因此也就没法具体进行测试。但可以用已经测试过的类作为它的具体实现，或创建一些简单、经济的又能符合规约的桩来具体实现。这样抽象类就能像一般的其他类一样使用不同的测试方法进行测试。

2) 泛型类的测试

泛型类封装了不针对任何特定数据类型的操作。泛型类常用于容器类，如链表、哈希表、栈、队列、树等。这些类中的操作，如对容器添加、删除元素，不论所存储的数据是何种类型，都执行几乎同样的操作。

泛型类和泛型方法兼复用性、类型安全和高效率于一身，是与之对应的非泛型的类和方法所不及的。

在泛型中有个重要的概念就是泛型的类型参数(Type Parameters)。类型参数使得设计类和方法时，不必确定一个或多个具体参数，它的具体参数可延迟到客户代码中声明、实现。这意味着使用泛型的类型参数 T，写一个类 MyList < T >，客户代码可以这样调用：MyList < int >，

MyList < string >或 MyList < MyClass >。这避免了运行时类型转换或装箱操作的代价和风险。

在泛型类型或泛型方法的定义中,类型参数仅仅只是一个占位符(Placeholder),一般用一个大写字母来表示,如 T。在客户代码声明、实例化该类型的变量时,把 T 替换为客户代码所指定的数据类型。泛型类不是一个真正的类型,而更像是一个类型的蓝图。要使用 MyList < T >,客户代码在尖括号内指定一个类型参数,来声明并实例化一个已构造类型(Constructed Type)。这个特定类的类型参数可以是编译器识别的任何类型。可以创建任意数量的已构造类型实例,每个使用不同的类型参数,如下:

```
MyList < MyClass > list1 = new MyList < MyClass >();
MyList < float > list2 = new MyList < float >();
MyList < SomeStruct > list3 = new MyList < SomeStruct >();
```

在这些 MyList < T >的实例中,类中出现的每个 T 都将在运行的时候被类型参数所取代。依靠这样的替换,仅用定义类的代码,就创建了三个独立的类型安全且高效的对象。

但是为了测试这些泛型类,又必须在对象实例化前赋予具体的参数,问题是采用什么样的参数。对于泛型类的测试,一般建议先用一个简单的、经典的类型参数,以便于一个泛型类能像其他一般的类一样测试。

如果泛型类带有多个类型参数,类型参数间还会相互作用和相互影响,一个参数的行为可能会影响到另一个参数的控制流和数据流。因此必须尽可能测试各种类型参数的组合,这里还要考虑参数的顺序变换以及用多个有相同类型的参数构建的实例。

一般泛型类的测试驱动器也建议采用泛型类,这样,同一个测试驱动器可重复测试不同的参数类型。

穷举测试一个可参数化的类一般是不太可能实现的,因为会有无限多个具有不同行为的参数组合类型。

3. 类测试的建议

Robert V. Binder(*Testing Object-Oriented System - Models, patters, and Tools.* Addison-Wesley,2000)提出了一个经典的针对类的测试的建议:

- 执行被测类内的所有方法。
- 检查所有的异常情况,包括引发每个输出的异常情况和对异常输入的处理情况。
- 检查被测类是否能到达所有可到达的状态。
- 每个方法都要在对象的每个状态内被调用(如果在一个正确的状态,则具有正确的行为。如果在一个非正确的状态,则调用应该被拒绝)。
- 保证每个状态的转换是正确的。
- 适度的加载测试、性能测试和错误推测或怀疑测试(Suspicion Tests)。
- 用划分等价类和检查边界值法检查所有的输入参数和输出值。

由于类的继承性,对类的测试不能仅仅只局限于单个的类,必须要同时考虑到与此类相关的类以及它们的父类。如果被测类是一个子类,则可以部分利用其父类的测试用例。

由于类的继承性的特点,在测试父类导出的子类时必须注意如下几点:

- 做扁平化,即将父类的方法和属性加入子类中,子类测试完后删除。
- 对于所有重新定义的方法必须设计新的测试用例并执行这些用例。
- 对于所有导出的子类必须重新执行父类的所有测试用例,因为子类的上下环境不同,对这些不同环境需要分别设计测试用例进行测试。

4.4 单元测试的分析和用例设计

4.4.1 一般单元测试分析

单元测试的分析是单元测试用例设计的基础,全面分析才能设计出合理的测试用例。单元测试的分析涉及详细设计、代码、功能业务需求、非功能业务需求、组件内部数据结构、组件接口,甚至涉及组件运行时的硬盘的剩余空间不足情况、网络出现故障情况、缓冲区溢出情况等方方面面。本节将从不同侧面对单元测试的分析进行讨论。

做好单元测试的分析需要有了解系统的业务方面的需求、具有单元及其他级别的测试经验以及丰富的测试技术和其他方面的知识,所以对于经验丰富的测试人员常常能够轻松地分析出单元最可能出现的问题,但是对于没有经验或经验很少的测试人员来讲,很难做到。下面总结了一些单元测试分析的指导原则,希望使读者在测试工作中能够有的放矢、有章可循:

(1) 检查详细设计是否通过评审并验证其和代码逻辑的一致性,为代码审查和白盒测试用例设计服务。单元测试无论是采取静态测试方法还是动态测试方法,其依据是详细设计规约。例如,在代发工资系统中,读取代发工资文件的模块详细设计需要对读取的代发工资文件总额和代发工资的人数进行验证,即将代发工资文件中的人数和工资分项汇总并与代发工资文件中的总人数和总工资额比较验证。如果代码中没有这个验证逻辑或者逻辑有误,就出现了详细设计规约和代码逻辑的一致性问题。假如没有明确的详细设计规约,可以询问相关人员,自己确定一些需求,或者安排用户参与以便及时获得反馈,对自己确定的需求假设进行调整。在整个软件开发的生命周期中,由于需求的更新有可能使得判断代码"正确"的标准改变。对于那些涉及大量测试数据的测试,可考虑使用一个独立的数据文件来存储这些数据,做单元测试时直接读取这些数据,但前提是在使用数据文件之前要进行仔细检查,以免引入不必要的错误。

(2) 分析单元组件涉及的所有功能点和非功能需求,为功能性和非功能性用例设计服务。功能点要划分到最小,如 ATM 取款单元组件具有正常取款、检查输入的取款值是否合法、检查超出当天的最大取款、比较取款额和余额、显示及打印收据等功能点。非功能需求方面,如算法的效率等。

(3) 分析单元组件是否满足所有的边界条件,为经典的边界值方法设计用例服务。边界条件是指软件变量的操作或取值界限,在 3.1.1 节有过详细分析。

(4) 对强制发生的一些错误情况进行分析,为意外情况设计补充用例服务。软件系统在实际使用过程当中,总会有意想不到的各种各样的情况和错误发生,如对一个底层通信软件模块测试时,主动造成网络故障情况;对一个运行时需要大量存取空间的模块测试时,主动造成磁盘空间不足;对一个运行时需要大量内存或需要开辟大量内存空间的模块测试时,主动造成内存不足;对一个和硬件有接口的模块测试时,主动造成外部的硬件故障,如显示设备故障、条形码读码器故障等。还有,如果被测单元依赖数据库或 Servlet 引擎时,那么就要模拟这些外部条件产生错误的情况来做单元测试。类似的情况并不一定要求测试人员手工来模拟,可以借助一些相关的工具,如各种商业或开发的模拟器。

(5) 分析被测单元组件接口。接口是单元和外界进行数据交互的唯一通路,只有在数据通过接口能正确流入、流出模块的前提下,其他测试才有意义。设计与接口相关的测试用例及用例正确与否应该考虑下列因素:

- 输入的实际参数与形式参数的个数是否相同。
- 输入的实际参数与形式参数的属性是否匹配。
- 输入的实际参数与形式参数的量纲(参数的物理含义)是否一致。
- 调用其他模块时所给实际参数的个数是否与被调模块的形式参数个数相同。
- 调用其他模块时所给实际参数的属性是否与被调模块的形式参数属性匹配。
- 调用其他模块时所给实际参数的量纲(参数的物理含义)是否与被调模块的形式参数量纲一致。
- 调用预定义函数时所用参数的个数、属性和次序是否正确。
- 是否存在与当前入口点无关的参数引用。
- 是否修改了只读型参数。
- 对全局变量的定义各模块是否一致。
- 是否把某些约束作为参数传递。

如果模块内包括外部输入输出,还应该考虑下列因素:
- 文件属性是否正确。
- OPEN/CLOSE 语句是否正确。
- 格式说明与输入输出语句是否匹配。
- 缓冲区大小与记录长度是否匹配。
- 文件使用前是否已经打开,使用后是否关闭。
- 是否处理了文件尾。
- 是否处理了输入输出错误。
- 输出信息中是否有文字性错误。

(6) 分析模块内部的数据结构。局部数据结构往往是错误的根源,对其检查主要是为了保证临时存储在模块内的数据在程序执行过程中完整、正确,因此应仔细设计测试用例,力求发现下面几类错误:
- 被测模块中是否存在不合适或不一致的数据类型说明。
- 被测模块中是否残留未赋值或未初始化的变量。
- 被测模块中是否存在错误的初始值或错误的默认值。
- 被测模块中是否有不正确的变量名(拼错或不正确的截断)。
- 被测模块中是否存在数据结构的不一致。
- 被测模块中是否会出现上溢、下溢和地址异常。

除了局部数据结构外,如果可能,单元测试时还应该查清全局数据(例如 C 语言的缓冲区)对模块的影响,为设计、检查模块内部结构错误设计用例服务。

(7) 分析基路径覆盖,为基路径覆盖设计用例服务。在 3.2 节中详细分析了基路径覆盖,在模块的单元测试中应对基路径中的每一条独立执行路径进行覆盖测试。

(8) 分析其他覆盖,为基本覆盖设计用例服务。如分析语句覆盖、判定覆盖、条件覆盖、条件组合覆盖、循环覆盖(常常借用边界值分析方法来覆盖循环)。常常能发现的错误包括:
- 运算符优先级理解或使用错误。
- 混合类型运算错误。
- 变量初始化错误。
- 精度不够。

- 表达式符号错误。
- 不同数据类型的对象之间进行比较。
- 错误地使用逻辑运算符或优先级。
- 因计算机表示的局限性,期望理论上相等而实际上不相等的两个量相等。
- 比较运算或变量出错。
- 循环终止条件不可能出现。
- 迭代发散时不能退出。
- 错误地修改了循环变量。

(9) 分析单元出错处理的正确性,为设计出错处理用例服务。一个好的设计应能预见各种出错条件,并进行适当的出错处理,即预设各种出错处理通路。出错处理是模块功能的一部分,这种带有预见性的机制保证了在程序出错时对出错部分及时修补,因此出错处理通路同样需要认真测试,此类测试应着重检查下列问题:

- 输出的出错信息看不懂,难以理解。
- 错误陈述中未能提供足够的出错定位信息。
- 显示错误与实际遇到的错误不符。
- 异常处理不得当。
- 在程序进行出错处理前,错误条件已经引发系统的干预。

以上这些分析在用例的设计时要充分考虑到。

4.4.2 面向对象的单元测试分析

面向对象的单元测试用例分析除了 4.4.1 节介绍的一般分析法之外,还有其特殊性。

1. 类的方法随机组合分析

如果一个类有多个操作(功能),这些操作(功能)序列有多种排列,而这种不变化的操作序列可随机产生,用这种可随机排列的序列来检查不同类实例的生存史,就叫随机测试。

为了简要地说明本方法,考虑一个记事本的应用软件。在这个应用中,类 text 有以下操作:open(打开)、new(新建)、read(读取)、write(写入)、copy(复制)、paste(粘贴)、view(查看)、save(保存)和 close(关闭)。这些操作中的每一个都能应用于类 text,但是由于这个问题的本质具有某些约束条件,例如在其他操作执行之前,必须首先执行 open 操作,并且在所有其他操作执行完,最后必须执行 close 操作。对于约束,还存在这些操作的许多不同的排列。text 的一个的最小操作序列:open+new+write+save+close。

另外,有其他很多行为可以出现在序列 open+new+write+(read|write|copy |paste)+save+close 中,这样可以随机地生成一系列不同的操作序列作为测试用例,测试不同类实例的生存史。

再如一个银行信用卡的应用,其中有一个类 account(账户)。该 account 的操作有 open、setup、deposit、withdraw、balance、summarize、creditlimit 和 close。这些操作中的每一项都可用于计算,但 open、close 必须在其他计算的任何一个操作前后执行,即使 open 和 close 有这种限制,这些操作仍有多种排列,因此一个不同变化的操作序列可由于应用不同而随机产生。如一个 account 实例的最小行为转换期可包括以下操作:

open+setup+deposit+withdraw+close

这表示了对 account 的最小测试序列。然而,在下面序列中可能发生大量的其他行为:

open＋setup＋deposit＋(deposit｜withdraw｜balance｜summarize｜creditlimit)＋withdraw＋close

由此可以随机产生一系列不同的操作序列,例如:

测试用例分析 1:

open＋setup＋deposit＋deposit＋balance＋summarize＋withdraw＋close

测试用例分析 2:

open＋setup＋deposit＋withdraw＋deposit＋balance＋creditlimit＋withdraw＋close

可以执行这些测试和其他的随机顺序测试,以测试不同的类实例生存历史。

2. 类层次划分的分析

这种测试可以减少用完全相同的方式检查类测试用例的数目。这很像传统软件测试中的等价类划分测试。划分测试又可分为三种。

(1) 基于状态的划分。按类操作是否改变类的状态来进行划分(归类)。这里仍用 account 类为例,改变状态的操作有 deposit、withdraw,不改变状态的操作有 balance、summarize 和 creditlimit。如果测试按检查类操作是否改变类状态来设计,则结果如下:

用例分析 1:执行操作改变状态。

open＋setup＋deposit＋deposit＋withdraw＋withdraw＋close

用例分析 2:执行操作不改变状态。

open＋setup＋deposit＋summarize＋creditlimit＋withdraw＋close

(2) 基于属性的划分。按类操作所用到的属性来划分(归类)。如果仍以一个 account 类为例,其属性 creditlimit 能被划分为三种操作:用 creditlimit 的操作、修改 creditlimit 的操作、不用也不修改 creditlimit 的操作。这样,测试序列就可按每种划分来设计。

(3) 基于类型的划分。按完成的功能划分(归类)。例如在 account 类的操作中,可以划分为初始操作:open、setup;计算操作:deposit、withdraw;查询操作:balance、summarize、creditlimit;终止操作:close。

3. 类行为模型的分析

状态转换图(STD)可以用来帮助导出类的动态行为的测试序列,以及这些类与之合作的类的动态行为测试序列。

为了说明问题,仍使用前面讨论过的 account 类。开始由 empty account 状态转换为 setup account 状态。类实例的大多数行为发生在 working account 状态中。而最后,取款和关闭分别使 account 类转换到 non-working account 和 dead account 状态。图 4-7 所示为状态转换图。

这样,设计的测试用例应当是完成所有的状态转换。换句话说,操作序列应当能导致 account 类所有允许的状态至少进行一次转换。

测试用例分析 1:

open＋setup Accnt＋deposit(initial)＋withdraw(final)＋close

应该注意,该序列等同于一个最小测试序列,加入其他测试序列到最小序列中。

测试用例分析 2:

open＋setup Accnt＋deposit(initial)＋deposit＋balance＋credit＋withdraw(final)＋close

测试用例分析 3:

open＋setup Accnt＋deposit(initial)＋deposit＋withdraw＋accntinfo＋withdraw(final)＋close

还可以分析出更多的测试用例,以保证该类所有行为被充分检查。在类行为导致与一个或多个类协作的情况下,可使用多个 STD 去跟踪系统的行为流。

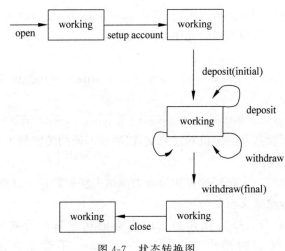

图 4-7　状态转换图

面向对象测试的整体目标是以最小的工作量发现最多的错误,这和传统软件测试的目标是一致的,但是由于面向对象软件具有的特殊性质,在测试的策略和战术上有很大不同。测试的视角扩大到包括复审分析和设计模型,此外,测试的焦点从模块移向了类。

4.4.3　单元测试用例设计

基于 4.3 节、4.4.1 节和 4.4.2 节的分析,可以设计单元测试用例了。一般先设计逻辑测试用例,再依据逻辑用例设计物理测试用例(物理测试用例就是在逻辑测试用例中填入相关测试数据)。

在用静态测试技术进行测试时,一般不需要设计具体的用例,按照静态测试技术的要求完成相关工作即可,如对单元代码进行走查代码时,应该按照走查的标准和检查表的要求完成单元代码的走查工作,但在代码走查中可能会涉及相关代码逻辑合理性的检查及代码和详细设计的一致性检查。

在用黑盒测试方法设计单元测试用例时,依据分析的功能点,重点考虑测试用例至少覆盖所有最小的功能点一次。表 4-1 中的测试用例覆盖了 ATM 取款这个单元组件的功能有:

(1) 正常取款。

(2) 输入的取款金额是否合法。

(3) 检查超出当天的最大取款(假设为 2000 元)。

(4) 余额不足(假设账号余额为 1500 元)。

(5) 打印收据功能点至少一次。

测试的前提是银行卡和密码为有效。

表 4-1　单元最小功能点覆盖实例

用例编号	输　　入			预 期 输 出	覆盖功能说明
	银行卡号	卡密码	取款金额/元		
001	111-8888(有效)	654321(正确)	500	正常取款,打印收据	(1)(5)
002	111-8888(有效)	654321(正确)	005	取款金额不合法	(2)
003	111-8888(有效)	654321(正确)	2500	超出当天最大取款	(3)
004	111-8888(有效)	654321(正确)	1800	账户余额不足	(4)

在对类测试设计测试用例时要依据前面分析来设计,如 account 类,用例分析时有状态转换分析:open＋setup account＋deposit(initial)＋deposit＋balance＋credit＋withdraw(final)＋close,所以要基于这个分析来设计相应的用例。

单元测试的非功能性测试一般是通过黑盒测试实现特定的功能来达到测试的目的。如排序算法的有效性的测试是通过完成排序功能来实现的,只不过测试用例的设计要考虑不同复杂程度的测试数据,测试结果的分析涉及排序的时间、排序的数据量等。

边界值分析是黑盒测试的经典方法,一般的用例设计都会采用,具体设计方法参考 3.1.1 节。这里举个例子,如银行系统规定在每次的 ATM 交易中,密码输入错误次数不能超过 5 次,意思是 N 小于或等于 5 时是不吞卡,N 为每次的 ATM 交易时密码输入错误次数。利用边界值方法可以设计如表 4-2 所示的测试用例。

表 4-2 用边界值法设计测试用例列举

用例编号	输入			预期输出	说明
	银行卡号	卡密码	取款金额/元		
001	111-8888(有效)	654321(正确)	0	取款额不能为零	测试零边界
002	111-8888(有效)	123456(连续错2次,第三次正确)	200	正常取款	测试密码错误次数没超出边界
003	111-8888(有效)	123456(连续错5次,第6次正确)	1000	正常取款	测试密码错误次数的边界极限
004	111-8888(有效)	123456(连续错6次)	1000	吞卡	测试密码错误次数超出边界极限

可以根据单元测试分析中提及的"强制一些错误情况发生"通过黑盒来设计测试用例,如 ATM 系统中主动造成磁盘空间不足、主动造成内存不足情况的测试用例。表 4-3 为系统产生报表后存储空间不足的用例。

表 4-3 强制错误用例列举

用例编号	输入			预期输出	说明
	支局号	报表类型	报表日期跨度		
001	000234	交易明细	7 天	交易明细保存失败	报表产生后放于本地系统中,假设本地系统只有 500MB 可用空间,而 7 天的交易明细有 700MB

另外,单元的接口覆盖测试也是采用单元黑盒功能来实现的,其目的就是通过设计一定的测试用例使单元的接口都被覆盖到。

总之,在使用黑盒技术设计测试用例时应该多方面考虑,用例的设计至少应该考虑以下方面:
- 测试程序单元的所有最小功能点是否覆盖。
- 测试程序单元的非功能性是否满足要求,如安全性、可靠性、强度(压力)测试(可选)。
- 考虑可选的其他测试特性,如接口、边界、余量、强制性出错、人机交互界面测试等。

前面曾提及,单元测试用例的设计既可以使用白盒测试方法也可以使用黑盒测试方法,但以白盒测试为主,黑盒测试侧重于功能,白盒测试侧重于逻辑。白盒测试进入单元测试的前提条件是测试人员已经对被测试对象有了一定的了解,基本上明确了被测试软件的逻辑结构。具体过程就是针对程序逻辑结构设计加载测试用例,驱动程序执行,检查在不同点程序的状态,以确定实际的状态是否与预期的状态一致。一般来说,为了度量测试的完整性,白盒测试通常也要求达到一定的覆盖率。因为通过覆盖率的统计可以知道测试是否充分、对软件的哪个部分所做的测试不够,可以指导我们如何设计增加覆盖率的测试用例。这样就能够提高测试质量,尽量避免设计无效的用例。在白盒测试的范畴内通常使用下面几种测试覆盖率来度量测试:语句覆盖、判定覆盖、条件覆盖、判定条件覆盖、条件组合覆盖、路径覆盖等。白盒测试最低应该达到的覆盖率目标是:语句覆盖率达到 100%,分支覆盖率达到 100%,覆盖程序中的主要路径。主要路径是指完成模块正常功能的路径和其他异常处理执行的路径。测试人员在实际工作中要根据不同的覆盖要求用白盒测试方法来设计面向代码的单元测试用例,运行测试用例后至少应该同时满足如下几个覆盖:

- 对程序模块的所有独立的执行路径至少覆盖一次,达到基路径覆盖,即 McCabe 覆盖。
- 对所有的逻辑判定,真假两种情况都至少覆盖一次。
- 在循环的边界和界限内执行循环体,即用边界值的方法来测试循环体。
- 测试内部数据结构的有效性等。

白盒测试用例的具体设计方法参考 3.2 节。

总而言之,要从不同的角度来设计单元测试的用例,如,以类为单元,就应该根据一般的测试用例分析(4.4.1 节)、面向对象的测试用例分析(4.4.2 节)、基于类方法及方法之间调用等覆盖的白盒测试分析(3.2 节)及单元功能点分析的结果来构成测试用例集,并进行评审。测试用例集中要标识测试的优先级、用例执行顺序、前提条件等。当然,必要时还要补上非功能的测试用例。

4.5 单元测试实例

这里以酒店服务与管理系统中的 Package FlashRemoting(看成模块)为例来分析单元测试。在 Package FlashRemoting 中包含有 FindPassWord. java、HotelLogin. java 和 MemberManage. java 三个类。

1. 系统大概需求

1) 项目概述

酒店服务与管理系统为酒店管理活动提供了一个方便的电子平台。该系统分前台会员预订房间部分和后台系统管理部分。管理员通过后台管理系统将房间信息发布在网上,并对整个房间预订流程进行有效的控制、管理和统计;消费者通过系统前台部分方便、快捷地进行酒店信息浏览以及房间的预定,享受酒店提供的各种服务。

2) 项目范围

酒店服务与管理系统适用于各色酒店,前台管理包括预订房间及退订、酒水服务等,后台管理包括会员管理等。除此以外该管理系统也同样适用于非酒店但有同样需求的行业,比如旅行社的服务预定与退订等。

3) 功能简述

用户可以进行注册会员操作,使用会员身份登录后可以修改个人资料、浏览酒店信息、查看餐单、预订房间和进行用户反馈。管理员在登录以后可以进行相关管理操作,包括查看订单信息、查看客房信息、发布预订信息、管理预订信息、生成报表、管理会员信息和反馈用户建议等。

2. Package FlashRemoting 模块测试的函数(方法)

被测函数详见表 4-4。

表 4-4　Package FlashRemoting 模块测试函数列表

标 识 符	名 称	代码行(LOC)
LLD_001_FUN_001	boolean LoginAdmin(String userName, String userPassword, String Private_Key)	49
LLD_001_FUN_002	boolean LoginUser(String userName,String userPassword)	43
LLD_001_FUN_003	String LoginFMS(StringuserName, String userPassword, String Private_Key)	69
LLD_001_FUN_004	String newUser(String firstName, String lastName, String passWord,String eMail,String salutation)	106
LLD_001_FUN_005	String newAdmin(String firstName, String lastName, String passWord,String eMail,String salutation,String Private_Key)	101
LLD_001_FUN_006	boolean RepassWord(String User_ID)	46
LLD_001_FUN_007	boolean emailFormat(String email)	12
LLD_001_FUN_008	int CheckSet(int Set)	15

3. 采用测试方法

- 保证所有的语句、分支被覆盖;
- 参考等价类划分方法;
- 参考边界值分析方法;
- 参考使用错误猜测方法;
- 测试脚本使用 Java 语言实现,并且和驱动代码、桩代码构成一个可执行系统;
- 某函数的缺陷被修正后必须回归与该函数相关的所有单元测试用例。

4. 测试环境

(1)硬件需求。

应用服务器、数据库服务器及两台标准开发 PC 等。

(2)软件需求。

相关操作系统,数据库系统等。

(3)测试工具。

如 GitHub、JUnit 等。

5. 测试对象

Package FlashRemotingtag_02 版本。

6. 用例分析与设计

1)LoginAdmin 测试分析与设计

(1)标识符定义:UT_TD_001_001。

(2)被测特性。

- 输入管理员账户不存在时,登录失败;
- 输入管理员账户与密码不匹配时,登录失败;
- 输入管理员登录密钥错误时,登录失败;
- 输入参数任意为空时,登录失败;
- 输入参数合法时,登录成功。

（3）测试方法。

管理员账户参数的等价类划分考虑空和非空情况。对于非空情况,又可以划分为数据库中存在和不存在两种情况。

密钥参数的等价类划分考虑空和非空情况。对于非空情况,又可以划分为与管理员账户匹配与不匹配两种情况。

密钥参数的等价类划分考虑空和非空情况。对于非空情况,又可以划分为正确和不正确两种情况。

（4）测试项标识(见表 4-5)。

表 4-5　测试项标识 1

测试项标识符	测试项描述	优　先　级
UT_TC_001_001_001	输入参数任意为空的情况	低
UT_TC_001_001_002	输入管理员登录密钥错误的情况	高
UT_TC_001_001_003	输入管理员账户与密码不匹配的情况	高
UT_TC_001_001_004	输入管理员账户不存在的情况	中
UT_TC_001_001_005	输入参数合法的情况	高

（5）测试通过\失败标准。

所有的用例都必须被执行,且没有发现错误。

（6）对应用例(见表 4-6～表 4-10)。

表 4-6　测试用例 1

测试项编号	UT_TC_001_001_001	
优先级	低	
测试项描述	测试参数任意为空情况的错误情况	
前置条件	网站管理员单击"登录"按钮,进入登录界面	
用 例 序 号	输　　　入	期 望 结 果
001	userName="HA00000000001" userPassword="" Private_Key="genocidc"	返回 false 反馈密码不能为空的错误信息
002	userName="" userPassword="992125gjl" Private_Key="genocidc"	返回 false 反馈用户名不能为空的错误信息
003	userName="HA00000000001" userPassword="992125gjl" Private_Key=""	返回 false 反馈密钥不能为空的错误信息

表 4-7　测试用例 2

测试项编号	UT_TC_001_001_002	
优先级	高	
测试项描述	测试管理员登录密钥的错误情况	
前置条件	网站管理员单击"登录"按钮,进入登录界面	
用例序号	输　　入	期　望　结　果
001	userName＝"HA00000000001" userPassword＝"992125gjl" Private_Key＝"genocidc"	返回 false 反馈密钥错误的错误信息

表 4-8　测试用例 3

测试项编号	UT_TC_001_001_003	
优先级	中	
测试项描述	测试管理员账户不存在的错误情况	
前置条件	网站管理员单击"登录"按钮,进入登录界面	
用例序号	输　　入	期　望　结　果
001	userName＝"HA00000000011" userPassword＝"992125gjl" Private_Key＝"genocide"	返回 false 反馈不存在该管理员的错误信息

表 4-9　测试用例 4

测试项编号	UT_TC_001_001_004	
优先级	高	
测试项描述	测试管理员账户与密码不匹配的错误情况	
前置条件	网站管理员单击"登录"按钮,进入登录界面	
用例序号	输　　入	期　望　结　果
001	userName＝"HA00000000001" userPassword＝"992125gll" Private_Key＝"genocide"	返回 false 反馈密码错误的错误信息

表 4-10　测试用例 5

测试项编号	UT_TC_001_001_005	
优先级	高	
测试项描述	测试参数合法的情况	
前置条件	网站管理员单击"登录"按钮,进入登录界面	
用例序号	输　　入	期　望　结　果
001	userName＝"HA00000000001" userPassword＝"992125gjl" Private_Key＝"genocide"	返回 true Logined＝true 更新最后登录时间

2）LoginUser 测试分析与设计

（1）标识符定义：UT_TD_001_002。

（2）被测特性。

• 输入用户账户不存在时,登录失败;

- 输入用户账户与密码不匹配时,登录失败;
- 输入参数任意为空时,登录失败;
- 输入参数合法时,登录成功。

(3)测试方法。

用户账户参数的等价类划分考虑空和非空情况。对于非空情况,又可以划分为数据库中存在和不存在两种情况。

密码参数的等价类划分考虑空和非空情况。对于非空情况,又可以划分为与用户账户匹配与不匹配两种情况。

(4)测试项标识(见表 4-11)。

表 4-11　测试项标识 2

测试项标识符	测试项描述	优　先　级
UT_TC_001_002_001	输入参数任意为空的情况	低
UT_TC_001_002_002	输入用户账户与密码不匹配的情况	高
UT_TC_001_002_003	输入用户账户不存在的情况	中
UT_TC_001_002_004	输入参数合法的情况	高

(5)测试通过\失败标准。

所有的用例都必须被执行,且没有发现错误。

(6)对应用例(见表 4-12~表 4-15)。

表 4-12　测试用例 6

测试项编号	UT_TC_001_002_001	
优先级	低	
测试项描述	测试参数任意为空的错误情况	
前置条件	网站用户单击"登录"按钮,进入登录界面	
用 例 序 号	输　入	期 望 结 果
001	userName="" userPassword="123412s3d32"	返回 false 反馈用户名不能为空的错误信息
002	userName="HM0010030204" userPassword=""	返回 false 反馈密码不能为空的错误信息

表 4-13　测试用例 7

测试项编号	UT_TC_001_002_002	
优先级	高	
测试项描述	测试用户账户与密码不匹配的错误情况	
前置条件	网站用户单击"登录"按钮,进入登录界面	
用 例 序 号	输　入	期 望 结 果
001	userName="HM0010030204" userPassword="123412s3d32"	返回 false 反馈密码错误的错误信息

表 4-14　测试用例 8

测试项编号	UT_TC_001_002_003	
优先级	中	
测试项描述	测试用户账户不存在的错误情况	
前置条件	网站用户单击"登录"按钮,进入登录界面	
用 例 序 号	输 入	期 望 结 果
001	userName＝"HM0000000001" userPassword＝"123412s3d32"	返回 false 反馈不存在该用户的错误信息

表 4-15　测试用例 9

测试项编号	UT_TC_001_002_004	
优先级	高	
测试项描述	测试参数合法的情况	
前置条件	网站用户单击"登录"按钮,进入登录界面	
用 例 序 号	输 入	期 望 结 果
001	userName＝"HM0010030204" userPassword＝"992125gjl"	返回 true Logined＝true 更新最后登录时间

3)newAdmin 测试分析与设计

(1)标识符定义:UT_TD_001_005。

(2)被测特性。

- 输入管理员邮箱不合法时,注册失败;
- 输入特定参数为空时,注册失败;
- 输入参数合法时,注册成功。

(3)测试方法。

管理员 firstName 参数的等价类划分考虑空和非空情况。

密码参数的等价类划分考虑空和非空情况。

密钥参数的等价类划分考虑空和非空情况。

邮箱参数的等价类划分考虑合法和不合法情况。

(4)测试项标识(见表 4-16)。

表 4-16　测试项标识 3

测试项标识符	测试项描述	优 先 级
UT_TC_001_005_001	输入特定参数为空的情况	低
UT_TC_001_005_002	输入邮箱参数不合法的情况	高
UT_TC_001_005_003	输入参数合法的情况	高

(5)测试通过\失败标准。

所有的用例都必须被执行,且没有发现错误。

(6)对应用例(见表 4-17～表 4-19)。

表 4-17　测试用例 10

测试项编号	UT_TC_001_005_001	
优先级	低	
测试项描述	测试特定参数为空的错误情况	
前置条件	管理员单击"注册"按钮,进入注册界面	
用 例 序 号	输　入	期 望 结 果
001	firstName="Claude" lastName="Strife" Password="" eMail="zacks_mail163.com" saluation="先生" Pivate_Key="genocide"	返回 false 反馈密码不能为空的错误信息
002	firstName="" lastName="Strife" Password="992125gjl" eMail="zacks_mail163.com" saluation="先生" Pivate_Key="genocide"	返回 false 反馈 firstName 不能为空的错误信息
003	firstName="Claude" lastName="Strife" Password="992125gjl" eMail="zacks_mail163.com" saluation="先生" Pivate_Key=""	返回 false 反馈密钥不能为空的错误信息

表 4-18　测试用例 11

测试项编号	UT_TC_001_005_002	
优先级	高	
测试项描述	测试邮箱参数不合法的错误情况	
前置条件	管理员单击"注册"按钮,进入注册界面	
用 例 序 号	输　入	期 望 结 果
001	firstName="Claude" lastName="Strife" Password="992125gjl" eMail="zacks_mail163.com" saluation="先生" Pivate_Key="genocide"	返回 false 反馈邮箱错误的错误信息

表 4-19　测试用例 12

测试项编号	UT_TC_001_005_003	
优先级	高	
测试项描述	测试参数合法的情况	
前置条件	管理员单击"注册"按钮,进入注册界面	
用 例 序 号	输　入	期 望 结 果
001	firstName="Claude" lastName="Strife" Password="992125gjl" eMail="zacks_mail@163.com" saluation="先生" Pivate_Key="genocide"	返回 User_ID

4）newUser 测试分析与设计

（1）标识符定义：UT_TD_001_004。

（2）被测特性。

- 输入用户邮箱不合法时，注册失败；

- 输入特定参数为空时，注册失败；

- 输入参数合法时，注册成功。

（3）测试方法。

用户 firstName 参数的等价类划分考虑空和非空情况。

密码参数的等价类划分考虑空和非空情况。

邮箱参数的等价类划分为合法和不合法的情况。

（4）测试项标识（见表 4-20）。

表 4-20　测试项标识 4

测试项标识符	测试项描述	优　先　级
UT_TC_001_004_001	输入特定参数为空的情况	低
UT_TC_001_004_002	输入邮箱参数不合法的情况	高
UT_TC_001_004_003	输入参数合法的情况	高

（5）测试通过\失败标准。

所有的用例都必须被执行，且没有发现错误。

（6）对应用例（见表 4-21～表 4-23）。

表 4-21　测试用例 13

测试项编号	UT_TC_001_004_001	
优先级	低	
测试项描述	测试特定参数为空的错误情况	
前置条件	网站用户单击"注册"按钮，进入注册界面	
用　例　序　号	输　　入	期　望　结　果
001	firstName="Claude" lastName="Strife" Password="" eMail="zacks_mail163.com" saluation="先生"	返回 false 反馈密码不能为空的错误信息
002	firstName="" lastName="Strife" Password="992125gjl" eMail="zacks_mail163.com" saluation="先生"	返回 false 反馈 firstName 不能为空的错误信息

表 4-22　测试用例 14

测试项编号	UT_TC_001_004_002
优先级	高
测试项描述	测试邮箱参数不合法的错误情况
前置条件	网站用户单击"注册"按钮，进入注册界面

用 例 序 号	输 入	期 望 结 果
001	firstName="Claude" lastName="Strife" Password="992125gjl" eMail="zacks_mail163.com" saluation="先生"	返回 false 反馈邮箱错误的错误信息

表 4-23　测试用例 15

测试项编号	UT_TC_001_004_003
优先级	高
测试项描述	测试参数合法的情况
前置条件	网站用户单击"注册"按钮,进入注册界面

用 例 序 号	输 入	期 望 结 果
001	firstName="Claude" lastName="Strife" Password="992125gjl" eMail="zacks_mail@163.com" saluation="先生"	返回 User_ID

5) emailFormat 测试分析与设计

(1) 标识符定义：UT_TD_001_007。

(2) 被测特性。

输入邮箱不合法时,返回出错信息。

(3) 测试方法。

邮箱参数的等价类划分考虑合法和不合法情况。

(4) 测试项标识(见表 4-24)。

表 4-24　测试项标识 5

测试项标识符	测试项描述	优 先 级
UT_TC_001_007_001	输入邮箱参数不合法的情况	高
UT_TC_001_007_002	输入邮箱参数合法的情况	高

(5) 测试通过\失败标准。

所有的用例都必须被执行,且没有发现错误。

(6) 对应用例(见表 4-25 和表 4-26)。

表 4-25　测试用例 16

测试项编号	UT_TC_001_007_001
优先级	高
测试项描述	测试邮箱参数不合法的错误情况
前置条件	需要填写邮箱地址或需要向邮箱发送消息

用 例 序 号	输　　入	期 望 结 果
001	email＝"zacks_mail163.com"	返回 false 反馈邮箱错误的错误信息
002	email＝"zacks_mail@yahoo.com.cn"	返回 true

表 4-26　测试用例 17

测试项编号	UT_TC_001_007_002	
优先级	高	
测试项描述	测试邮箱参数合法的情况	
前置条件	需要填写邮箱地址或需要向邮箱发送消息	
用 例 序 号	输　　入	期 望 结 果
001	email＝"zacks_mail@163.com"	返回 true

6）RepassWord 测试分析与设计

（1）标识符定义：UT_TD_001_006。

（2）被测特性。

- 输入账户不存在时，找回密码失败；
- 输入参数为空时，找回密码失败；
- 输入账户存在时，找回密码成功（发送密码至注册邮箱）。

（3）测试方法。

账户参数的等价类划分考虑空和非空情况。对于非空情况，又可以划分为账户存在和不存在情况。

（4）测试项标识（见表 4-27）。

表 4-27　测试项标识 6

测试项标识符	测试项描述	优 先 级
UT_TC_001_006_001	输入账户参数为空的情况	低
UT_TC_001_006_002	输入账户参数不存在的情况	中
UT_TC_001_006_003	输入账户参数存在的情况	高

（5）测试通过\失败标准。

所有的用例都必须被执行，且没有发现错误。

（6）对应用例（见表 4-28～表 4-30）。

表 4-28　测试用例 18

测试项编号	UT_TC_001_006_001	
优先级	低	
测试项描述	测试账户参数为空的错误情况	
前置条件	网站使用者单击"找回密码"按钮	
用 例 序 号	输　　入	期 望 结 果
001	User_ID＝""	返回 false 反馈账户参数不能为空的错误信息

表 4-29　测试用例 19

测试项编号	UT_TC_001_006_002	
优先级	中	
测试项描述	测试账户参数不存在的情况	
前置条件	网站使用者单击"找回密码"按钮	
用 例 序 号	输　　入	期 望 结 果
001	User_ID=" HM0000000101"	返回 false 反馈账户参数不存在的错误信息

表 4-30　测试用例 20

测试项编号	UT_TC_001_006_003	
优先级	高	
测试项描述	测试账户参数存在的情况	
前置条件	网站使用者单击"找回密码"按钮	
用 例 序 号	输　　入	期 望 结 果
001	User_ID=" HM0000000001"	返回 true

7）CheckSet 测试分析与设计

（1）标识符定义：UT_TD_001_008。

（2）被测特性。

- 当输入参数为[0,9 999 999 999]的整数时,能够检测数字的位数,输出被测数字的位数;
- 当输入参数为大于或等于 10 000 000 000 的整数时,输出提示信息:已超出酒店的最多用户注册容量;
- 当输入参数为负整数时,输出零。

（3）测试方法。

输入参数按照参数类型划分为负整数和非负整数两种情况。非负整数按照范围划分为 0～9 999 999 999 和大于或等于 10 000 000 000 两种情况。

（4）测试项标识（见表 4-31）。

表 4-31　测试项标识 7

测试项标识符	测试项描述	优 先 级
UT_TC_001_008_001	输入参数为 0～9 999 999 999 的整数的情况	高
UT_TC_001_008_002	输入参数为大于或等于 10 000 000 000 的整数的情况	高
UT_TC_001_008_003	输入参数为负整数的情况	高

（5）测试通过\失败标准。

所有的用例都必须被执行,且没有发现错误。

（6）对应用例（见表 4-32～表 4-34）。

表 4-32　测试用例 21

测试项编号	UT_TC_001_008_001	
优先级	高	
测试项描述	输入参数为 0~9 999 999 999 的整数的情况	
前置条件	无	
用 例 序 号	输　入	期 望 结 果
001	set=0	返回 1
002	set=1	返回 1
003	set=123	返回 3
004	set=9999999990	返回 10
005	set=9999999999	返回 10

表 4-33　测试用例 22

测试项编号	UT_TC_001_008_002	
优先级	高	
测试项描述	输入参数为大于或等于 10 000 000 000 的整数的情况	
前置条件	无	
用 例 序 号	输　入	期 望 结 果
001	set=10000000000	显示提示信息：已超出酒店的最多用户注册容量

表 4-34　测试用例 23

测试项编号	UT_TC_001_008_003	
优先级	高	
测试项描述	输入参数为负整数的情况	
前置条件	无	
用 例 序 号	输　入	期 望 结 果
001	set=-1	返回 0

7. 测试脚本

脚本以管理员登录为例，被测源代码为 AdminLoginSRC.java、测试用例脚本为 AdminLogin_UnitTest.java、驱动器为 AdminLogin_drive.java、桩为 Crypt_stub.java。被测源代码 AdminLoginSRC.java 中需要调用 crypt 类中的 decode 函数，因此设计一个和被调用函数名字相同的桩来模拟被调用函数。这个桩本身不执行任何功能仅在被调用时返回静态值来模拟被调用函数的行为。对于打桩了的函数，在测试时不考虑其内部逻辑是如何处理的，仅检测其接受的参数是否合法，并根据用例需要设定其输出参数、返回值或全局变量。

驱动器 AdminLogin_drive.java 将自动化地调用执行 AdminLogin_UnitTest.java 中的所有测试用例，并得到测试用例正确执行与否的结果。驱动器使得测试不必与用户界面真正交互。以下给出部分代码，其他代码从略。

AdminLoginSRC.java 的代码如下：

```
package FlashRemoting;

import Java.sql.*;
```

153

第4章

单元测试

```java
import Java.util.Date;
import Java.io.Serializable;
import Javax.sql.*;
import Javax.naming.*;
import Java.io.*;

public class HotelLogin implements Serializable
{
public static boolean LoginAdmin(String userName, String userPassword, String Private_Key)
{
    String sql = "SELECT Admin_PassWord FROM Admin_List WHERE Admin_ID = ?";
    PreparedStatement stmt = null;
    Connection connection = null;
    ResultSet rs = null;
    try
    {
        Context ctx = (Context)new InitialContext().lookup("Java:comp/env");
        DataSource ds = (DataSource)ctx.lookup("Main_Database");
        connection = ds.getConnection();
        stmt = connection.prepareStatement(sql);
        stmt.setString(1, userName);
        byte[] key = Private_Key.getBytes();
        rs = stmt.executeQuery();
        logined = false;
        while(rs.next())
        {
        byte[] results = rs.getBytes("Admin_PassWord");
if(userPassword.compareTo((new String(EncodePassword.Crypt_Stub.decode((results),key)))) == 0)
            {
                Date Checkin = new Date();
                Timestamp checkin = new Timestamp (Checkin.getTime());
sql = "Update Admin_List set Last_LoginTime = '" + checkin + "' Where Admin_ID = '" + userName + "'";
                stmt = connection.prepareStatement(sql);
                stmt.executeUpdate();
                logined = true;
            }
        }
    }
    catch(Exception e)
    {
        System.out.println(e);
    }
    finally
    {
        try
        {
            rs.close();
            connection.close();
            stmt.close();
        }
        catch(Exception e)
        {
```

```
        }
    }
    return logined;
}
}
```

AdminLogin_UnitTest. java 的代码如下：

```java
package FlashRemoting;

import junit. framework. TestCase;

public class Login_UnitTest extends TestCase
{
public static String CASE_NUM;
public static boolean UT_TC_001_001_005_001 ()
{
CASE_NUM = "UT_TC_001_001_005_001";
    boolean CASE_SUC = false;
if(HotelLogin. LoginAdmin("HA0000000001", "992125gjl", "genocide") == true && EncodePassword.
Crypt_stub. STUB_SUC == true)
    {
        CASE_SUC = true;
    }
    return CASE_SUC;
}
public static boolean UT_TC_001_001_003_001()
{
CASE_NUM = "UT_TC_001_001_003_001";
    boolean CASE_SUC = false;
if(HotelLogin. LoginAdmin("HA0000000011", "992125gjl", "genocide") == false && EncodePassword.
Crypt_stub. STUB_SUC == true)
    {
        CASE_SUC = true;
    }
    return CASE_SUC;
}
public static boolean UT_TC_001_001_004_001()
{
CASE_NUM = "UT_TC_001_001_004_001";
    boolean CASE_SUC = false;
        if(HotelLogin. LoginAdmin ( "HA00000000001", "992125gll", "genocide") == false &&
EncodePassword. Crypt_stub. STUB_SUC == true)
    {
        CASE_SUC = true;
    }
    return CASE_SUC;
}
public static boolean UT_TC_001_001_002_001()
{
    CASE_NUM = "UT_TC_001_001_002_001";
    boolean CASE_SUC = false;
```

```
        if(HotelLogin. LoginAdmin ("HA00000000001", "992125gjl", "genocidc") == false &&
EncodePassword.Crypt_stub.STUB_SUC == true)
        {
            CASE_SUC = true;
        }
        return CASE_SUC;
    }
    public static boolean UT_TC_001_001_001_001()
    {
      CASE_NUM = "UT_TC_001_001_001_001";
        boolean CASE_SUC = false;
        if(HotelLogin. LoginAdmin("HA00000000001", "", "genocidc") == false && EncodePassword. Crypt_
stub. STUB_SUC == true)
        {
            CASE_SUC = true;
        }
        return CASE_SUC;
    }
    public static boolean UT_TC_001_001_001_002()
    {
      CASE_NUM = "UT_TC_001_001_001_002";
        boolean CASE_SUC = false;
if(HotelLogin. LoginAdmin("", "992125gjl", "genocidc") == false && EncodePassword. Crypt_stub.
STUB_SUC == true)
        {
            CASE_SUC = true;
        }
        return CASE_SUC;
    }
    public static boolean UT_TC_001_001_001_003()
    {
CASE_NUM = "UT_TC_001_001_001_003";
        boolean CASE_SUC = false;
if(HotelLogin. LoginAdmin("HA00000000001", "992125gjl", "") == false && EncodePassword. Crypt_
stub. STUB_SUC == true)
        {
            CASE_SUC = true;
        }
        return CASE_SUC;
    }
}
```

AdminLogin_drive. java 的代码如下:

```
package FlashRemoting;

public class Login_Drive{
    private static boolean UT_TC_001_001_001_001 = false;
    private static boolean UT_TC_001_001_001_002 = false;
    private static boolean UT_TC_001_001_001_003 = false;
    private static boolean UT_TC_001_001_002_001 = false;
    private static boolean UT_TC_001_001_003_001 = false;
    private static boolean UT_TC_001_001_004_001 = false;
```

```
    private static boolean UT_TC_001_001_005_001 = false;
    public static void main(String[] args) {

        if(UT_TC_001_001_001_001())
        {
            UT_TC_001_001_001_001 = true;
        }
        if(UT_TC_001_001_001_002())
        {
            UT_TC_001_001_001_002 = true;
        }
        if(UT_TC_001_001_001_003())
        {
            UT_TC_001_001_001_003 = true;
        }
        if(UT_TC_001_001_002_001())
        {
            UT_TC_001_001_002_001 = true;
        }
        if(UT_TC_001_001_003_001())
        {
            UT_TC_001_001_003_001 = true;
        }
        if(UT_TC_001_001_004_001())
        {
            UT_TC_001_001_004_001 = true;
        }
        if(UT_TC_001_001_005_001())
        {
            UT_TC_001_001_005_001 = true;
        }
    }
}
```

Crypt_stub. java 的代码如下：

```
package EncodePassword;

import Java.security. * ;
import Javax.crypto. * ;

public class Crypt_stub
{
    public static boolean STUB_SUC = true;

    //解密
    public static byte[] decode(byte[] input,byte[] key) throws Exception
    {
        String skey = new String(key);
        byte[] result = "false".getBytes();
if((FlashRemoting.Login_UnitTest.CASE_NUM.compareTo("UT_TC_001_001_005_001") == 0)||
(FlashRemoting.Login_UnitTest.CASE_NUM.compareTo("UT_TC_001_001_003_001") == 0))
        {
            if(skey.compareTo("genocide") != 0)
            {
                STUB_SUC = false;
                return result;
```

```
            }
            result = "992125gjl".getBytes();
            return result;
        }
if((FlashRemoting.Login_UnitTest.CASE_NUM.compareTo("UT_TC_001_001_001_001") == 0) ||
FlashRemoting.Login_UnitTest.CASE_NUM.compareTo("UT_TC_001_001_001_002") == 0) ||
FlashRemoting.Login_UnitTest.CASE_NUM.compareTo("UT_TC_001_001_002_001") == 0))
        {
            if(skey.compareTo("genocidc") != 0)
            {
                STUB_SUC = false;
            }
            return result;
        }
if(FlashRemoting.Login_UnitTest.CASE_NUM.compareTo("UT_TC_001_001_004_001") == 0))
        {
            if(skey.compareTo("genocide") != 0)
            {
                STUB_SUC = false;
            }
            return result;
        }
if(FlashRemoting.Login_UnitTest.CASE_NUM.compareTo("UT_TC_001_001_001_003") == 0)
        {
            if(skey.compareTo("") != 0)
            {
                STUB_SUC = false;
            }
            return result;
        }
        STUB_SUC = false;
        return result;
    }
}
```

8. 用例的执行及分析报告

略。

练　习

1. 什么是单元测试？如何理解单元测试的最小单位？

2. 简述单元测试的用例设计策略。

3. 开发一个程序，程序包括多个模块或多个类？利用单元测试对每个模块或类进行单元测试。

4. 简述单元测试的过程。

5. 在开发一个软件项目的过程中，如果程序代码完成后不进行单元测试而直接进入集成测试将导致什么样的后果？

6. 基于一个项目的业务类，根据 4.4.2 节的分析，设计测试用例。

集 成 测 试

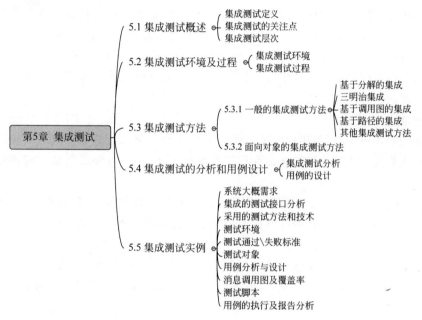

第 1 章对集成测试做了简单描述,本章将对集成测试进行详细分析。

5.1　集成测试概述

1. 集成测试定义

集成测试(Integration Testing)也叫组装测试、联合测试,是在单元测试基础上,将所有模块按照概要设计的要求组装成为子系统或系统的测试,是对模块间接口或系统的接口以及集成后的子系统或系统的功能进行正确性检验的一项测试工作。一般来说,集成测试是由专门的测试机构组织软件测试工程师依据概要设计说明书进行的,集成测试必须遵循一定的测试过程,如制订集成测试计划等。

软件开发过程涉及从需求到需求分析、概要设计、详细设计以及编码等阶段的一个逐步细化的过程,从测试角度分析,单元测试到集成测试和系统测试的过程就是对系统的一个逆向验证的过程。在这个过程中,集成测试是介于单元测试和系统测试之间的过渡阶段,起到承上启下的作用,与软件概要设计阶段相对应,可以理解为单元测试的扩展和延伸。在进行集成测试之前,单元测试应该已经完成,并且集成测试所使用的对象应当是已经成功地通过了单元测试的单元。如果没通过单元测试或者没做单元测试,那么集成测试会出现除接口之外的其他涉及单元本身的各种问题。另外,所有的软件项目都不能摆脱系统集成这个阶段。不管采用什么开发模式,软件单元只有经过集成才能形成一个有机的整体。由于具体的集成过程可能是显性的也可能是隐性的,因此只要有集成测试,总会出现一些常见问题,工程实践中几乎不存在软件单元集成过程中不出任何问题的情况。一般来说,集成测试需要花费的时间远远超过单元测试,直接从单元测试过渡到系统测试是极不妥当的做法,没通过单元测试或者没做单元测试就进入集成测试都是不可取的。

最简单的集成测试形式就是把两个单元模块集成或者说组合到一起,然后测试这两个模块之间的接口。当然实际项目的集成测试过程复杂得多,通常要根据具体情况采取不同的集成测试策略将多个模块组装成为子系统或系统,以验证在各单元模块通过测试的前提下各个模块能否以正确、稳定、一致的方式进行接口和交互,即验证其是否符合软件开发过程中的概要设计说明书的要求。集成测试的用例设计一般采用黑盒测试方法,但随着测试技术的发展以及软件系统复杂度的增加,尤其是在大型的跨平台的应用软件中,常常会使用白盒测试(如将不同的跨平台系统的业务路径组成更长的路径)与黑盒测试相结合的方法进行测试用例的设计。集成测试具有回归特性。

2. 集成测试的关注点

在前面的论述中了解到,集成测试主要验证通过单元测试之后的模块之间接口的正确性以及各个模块集成后系统功能的正确性和完整性。那么,在进行集成测试时应该重点关注哪几个方面呢？总结如下:

(1) 各个模块集成起来后,通过模块接口的交互的参数数量、参数数据类型、参数顺序等是否一致,是否有数据丢失,是否能够按期望的要求传递给另外一个模块。

(2) 各个模块集成起来后,是否仍然存在单元测试时所没发现的问题。

(3) 通过单元测试的子功能模块集成到一起能否实现所期望的父功能。例如,在 ATM 系统中,卡检验模块、密码验证模块、存款处理模块、显示打印模块集成后是否能实现正常的取款功能。

(4) 在集成过程中,随着新的被集成模块的加入,是否对其他已经集成的模块产生负面影响。

(5) 全局数据结构是否正确,数据结构的内部构成是否被不正常地修改。

(6) 随着集成的深入,系统的特性误差,尤其是功能方面的特性误差是否会累计扩大,是否会达到不可接受的程度。

(7) 在与用户界面的集成中,控件的输入内容检查、结果显示、数据类型控制等方面是否合理。

3. 集成测试层次

在第 1 章分析了开发和测试模型,可以看出一个软件产品要经历多个不同的开发和测试阶段。从需求→需求分析→概要设计→详细设计→编码这个过程是一个分层设计和不断细化的过程,是一个抽象的过程,编码是最底层的抽象。也就是说,这个过程经过分层的设计,由大到小逐步细化最终完成整个软件的开发。而软件测试则要从单元测试开始,然后对所有通过单元测试的模块进行集成测试,最后将系统的所有组成元素组合到一起进行系统测试,再经过验收测试到交付。那么,从集成测试本身而言又该如何理解集成的层次呢？

对于使用传统的结构化技术开发的软件系统而言,在集成时,按集成粒度不同,可以把集成测试分为 4 个层次：

(1) 模块内集成。如果模块内部包括不同的函数或过程，则可能需要模块内集成。

(2) 子系统内集成。子系统是由不同的模块构成的，所以必须完成这些模块间的集成，集成时以模块结构图为依据。

(3) 子系统间集成。如果系统包含有多个相互独立的子系统，如某系统包含报表子系统、通信子系统、批处理子系统、业务子系统等，需要通过子系统间的集成测试，才能把各子系统组合到一起。集成时以软件结构图为依据。

(4) 不同系统之间的集成。如网上图书销售系统和银行系统间的集成实现网上购书在线支付。

对于使用面向对象技术开发的软件系统而言，在集成时，按集成粒度不同，可以把集成测试分为 4 个层次：

(1) 类内集成。对类内的不同的方法进行集成，可以依据类状态等作为集成依据。

(2) 类间集成。类实例化后，类之间有消息传递，类间集成可以以序列图和协作图为依据。

(3) 子系统间集成。分析同上。

(4) 不同系统之间的集成。分析同上。

5.2　集成测试环境及过程

1. 集成测试环境

集成测试的环境因被集成的系统不同而不同，如 MIS、在线事务处理系统、嵌入式系统等。对这些系统而言，由于其开发环境、运行环境的不同将导致集成环境的不同。同一软件系统，其集成测试环境和单元测试环境二者有相似之处，但相对于单元测试环境而言，集成测试环境的搭建比较复杂。随着各种软件构件技术（如 Microsoft 公司的 COM、SUN 公司的 J2EE、IBM 公司的 Eclipse 等）的不断发展，以及软件复用技术思想的不断成熟和完善，可以使用不同技术、基于不同平台并依据现成构件集成一个应用软件系统，这使得软件复杂性也随之增加。因此在做集成测试的过程中，可能需要利用一些专业的测试工具或测试仪来搭建集成测试环境（如测试 Java 类和服务器交互的工具 HttpUnit、测试网页链接的工具 LinkBot Pro 等）。必要时，还要开发一些专门的接口模拟工具。

在搭建集成测试环境时，可以考虑以下因素：

1) 硬件环境

在集成测试时，应尽可能考虑实际的环境。如果使用实际环境有困难且不可用，则考虑可替代的环境或在模拟环境下进行。如果测试在模拟环境下进行，还需要分析模拟环境与实际环境之间可能存在的差异。对于普通的应用软件来说，由于对软件运行速度影响最大的硬件环境主要是内存和硬盘空间的大小及 CPU 性能的优劣，因此，在搭建集成测试的硬件环境时，应该注意到测试环境和软件实际运行环境的差距。例如，很多中小型软件企业一般都是在 PC 上开发软件，甚至测试的时候也使用 PC。显而易见，在 PC 上所做的性能测试结果将会和软件在实际环境中运行的性能有很大差别。但是，集成测试的硬件环境还有可能涉及除计算机设备以外的硬件，如 ATM、条形码读码器、传送带、传感器等设备，集成测试时要么使用真实的设备，要么开发模拟器来模拟，但大多数情况下以开发模拟器为主。

2）操作系统环境

目前，操作系统的种类很多，同一种类的操作系统也存在不同的版本，这给集成测试带来麻烦和挑战。同样一个模块、一个子系统或一个软件系统在不同的操作系统环境中运行的表现可能会有很大差别，如，在基于 Windows 和 Linux 的操作系统中往往同样的软件在这两个系统中均能运行起来，但运行的效果会不同，可能存在运行的结果不同、显示结果不一样或不显示等情况。因此在对软件进行集成测试时不但要考虑不同机型，而且要考虑到实际环境中安装的各种具体的操作系统环境，甚至，要考虑同一个操作系统的不同版本。在集成测试中充分考虑操作系统对与软件系统的后续兼容性测试（系统测试级别）是否有益。

3）数据库环境

目前几乎所有的应用都是基于大型关系数据库的，常见的数据库系统有 Oracle、MySQL、SQL Server 和 Neo4j、TigerGraph、MongoDB 等。如 Oracle 和 SQL Server 在表的创建、数据访问、数据管理、数据备份及数据恢复等方面存在诸多不同，在开发应用系统时，用户会根据各自的实际情况来选择适合自己的数据库产品。由于基于不同的数据库系统开发的应用程序存在差别，如，很难做到在 Oracle 下开发的应用在 SQL Server 下能很正常地运行，而在集成测试过程中数据库往往起到测试数据源的载入（提供测试用例中需要的相关数据），测试的中间数据和最终结果数据保存的作用，因此，在搭建集成测试时要充分考虑所使用的数据库。可能的情况是要针对常见的几种数据库产品进行测试，形成不同的数据库系统的版本。另外，如图数据库 Neo4j 和非关系型数据库 MongoDB 集成测试时也存在类似问题。

4）网络环境

集成测试的网络环境也是千差万别，可以是企业内部网，也可以是外网。一般来说，除了进行跨不同平台的系统集成测试外，集成测试可以把公司内部的网络环境作为集成测试的网络环境。

5）测试工具环境

有时集成测试必须借助测试工具才能够完成，因此也需要搭建一个测试工具能够运行的环境。

6）开发驱动器和桩

和单元测试的情况类似，集成测试一般会涉及驱动器和桩的开发，如在自顶向下的集成方法中就需要开发桩；在自底向上的集成方法中就需要开发驱动器。

7）其他环境

除了上面提到的集成测试环境外，集成测试还可能涉及一些其他环境，如：Web 应用所需要的 Web 服务器环境、浏览器环境及测试管理工具和缺陷跟踪工具的集成环境等。这就要求测试人员根据具体要求进行搭建。

图 5-1 显示了一个系统的集成测试环境，供读者参考。

2. 集成测试过程

和单元测试一样，集成测试也包含不同的阶段，一般可以把集成测试划分为 5 个阶段：计划阶段、用例分析和设计阶段、实施阶段、执行阶段、分析评估阶段。在实际集成测试过程中可能其阶段有所不同，读者可以参考 IEEE 制定的相关标准。

1）计划阶段

在第 4 章中简单介绍过测试计划的重要性，一个计划的好与坏直接影响着后续测试工作的进行。计划本身而言是动态的，任何计划都不可能一成不变，计划要适时适应变化，集成测试计划也是如此。如由于需求的改变、技术的调整、人员的变化及工具的使用等原因都可能导致计划的调整。

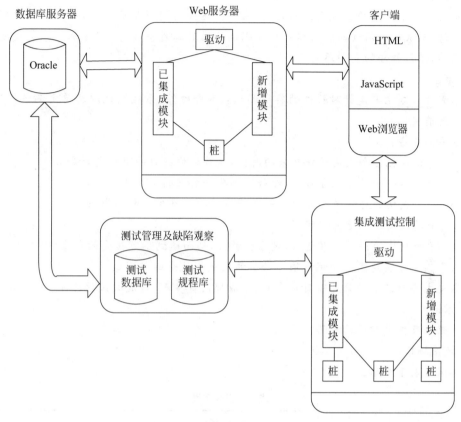

图 5-1　一个集成测试环境示意图

那么,应该在软件测试生命周期中的哪一个阶段制订集成测试计划呢? 集成测试的计划一般在概要设计评审通过后进行,参考需求规格说明书、概要设计说明书、项目开发计划、单元测试计划及相关报告来制订。集成测试计划的制订涉及多方面,如:

- 确定集成测试的对象和测试范围。
- 根据集成测试的测试对象的数量及难度估算工作量,进而可以估算成本。
- 确定集成测试组织结构、角色分工和工作任务的划分。
- 标识集成测试各个阶段的开始和结束时间、任务及约束等条件。
- 根据集成测试过程中可能的风险,进行风险分析并制订分析应急计划,如时间风险、技术风险等。
- 考虑集成测试工具的选用、测试设备及环境搭建等资源。
- 考虑外部技术支援的力度和深度,以及相关培训安排。
- 确定集成测试使用的技术。
- 确定集成测试中出现缺陷的跟踪处理流程。
- 定义进入集成测试和退出集成测试的标准。

集成测试计划定稿之前可能要经过几次修改和调整才能够完成,直到通过评审并授权为止。以下是一个集成测试计划的模板,供参考。

第 1 章 引言

1.1 目的

本文是××系统的集成测试的大纲,主要描述如何进行集成测试活动、如何控制集成测试活动、集成测试活动的流程以及集成测试活动的工作安排等,以保证程序集成起来能正常工作,保证程序的完整运行。

1.2 范围

本测试计划主要是针对软件的集成测试:不含硬件、系统测试以及单元测试(完成单元测试是前提)。

主要的任务:

(1) 测试在把各个模块连接起来的时候,穿越模块接口的数据是否会丢失;

(2) 测试各个子功能组合起来,能否达到预期要求的父功能;

(3) 一个模块的功能是否会对另一个模块的功能产生不利的影响;

(4) 全局数据结构是否有问题;

(5) 单个模块的误差积累起来,是否会放大,从而达到不可接受的程度。

主要测试方法是黑盒测试方法。必要的集成测试是回归测试。

本文主要的读者对象是项目负责人、集成部门负责人、集成测试设计师。

1.3 术语

和业务及技术相关的术语。

1.4 测试环境

举例如表 1 所示。

表 1 测试环境

序　号	描　述	配　置
1#	浏览器	IE & Firefox
2#	输入习惯	中文
3#	操作系统环境	Windows 10
4#	测试工具	Selenium
5#	输入设备	条形码读码器

1.5 参考文件及工作产品

开始测试涉及以下文档:

• 《需求分析规约》——Requirement Analysis Specification。

• 《项目开发计划》——Project Plan。

• 《概要设计说明书》——High Level Design Specification。

• 《详细设计说明书》——Detailed Level Design Specification。

• 《单元测试报告》——Module Test Report。

执行测试前涉及的任务:

• 用例设计完成并通过评审;

• 测试脚本开发完成;

• 测试环境搭建完成;

- 测试过程及缺陷管理流程确定。

测试结束时提交的文档：测试分析与评估报告。

<h2 style="text-align:center">第 2 章　集成策略</h2>

2.1　进入标准

编码完成，单元测试完成。集成测试计划完成，时间表、工具以及人员安排到位。

2.2　集成内容

1. 函数集成

如函数间接口、函数是否调用正常。

2. 功能集成

如不同函数间实现的业务功能。

3. 数据集成

如数据传递是否正确，对于传入值的控制范围是否一致等。

4. 子系统集成

如把不同通信子系统、业务子系统及报表子系统进行集成。

2.3　集成策略

假如系统的集成测试采用自底向上的集成(Bottom-Up Integration)方式。自底向上集成方式从程序模块结构中最底层的模块开始组装和测试。因为模块是自底向上进行组装的，对于一个给定层次的模块，它的子模块(包括子模块的所有下属模块)事前已经完成组装并经过测试，所以不再需要编制桩模块。选择这种集成方法，管理方便，测试人员能较好地锁定软件故障所在位置。

集成测试中的主要步骤：

(1) 制订并审核集成测试计划。

(2) 测试用例分析、设计及评审。

(3) 测试的实施。

(4) 测试的执行。

(5) 测试的分析和评估。

如表 2 所示。

表 2　集成测试的主要步骤

活　动	输　入	输　出	职　责
制订并审核集成测试计划	概要设计说明书等	集成测试计划	制订测试计划
测试用例分析和设计及评审	集成测试计划 概要设计说明书	设计测试用例	设计测试用例并评审
测试的实施	集成测试用例 测试过程	测试脚本 测试环境	开发测试脚本、搭建测试环境
		测试驱动或桩	开发驱动或桩
测试的执行	测试脚本	测试结果	记录结果、跟踪缺陷
测试的分析和评估	集成测试计划 测试结果	测试分析和评估报告	会同开发人员评估测试结果，得出测试报告

2.4 集成顺序

1．软件集成顺序

集成顺序：例如,自底向上,先函数、数据、功能再子系统。

2．软件/硬件集成顺序

无。

3．子系统集成顺序

略。

第 3 章 测试过程描述

3.1 软件集成测试

以下举例说明。

在××项目中,集成测试的主要过程如下:

(1) 设计集成测试用例。

自底向上集成测试的步骤:

步骤 1：按照概要设计规格说明,明确哪些是被测模块。在熟悉被测模块性质的基础上对被测模块进行分层,在同一层次上的测试可以并行进行,然后排出测试活动的先后关系,制订测试进度计划。

步骤 2：在步骤 1 的基础上,按时间线序关系将软件单元集成为模块,并测试在集成过程中出现的问题。这里可能需要测试人员开发一些驱动模块来驱动集成活动中形成的被测模块。对于比较大的模块,可以先将其中的某几个软件单元集成为子模块,然后再集成为一个较大的模块。

步骤 3：将各软件模块集成为子系统(或分系统)。检测各自子系统是否能正常工作。同样,可能需要测试人员开发少量的驱动模块来驱动被测子系统。

步骤 4：将各子系统集成为最终用户系统,测试各子系统能否在最终用户系统中正常工作。

(2) 集成测试：组织人员按照(1)中的集成测试用例测试系统集成度。

① 测试人员按照测试用例逐项进行测试,并且将测试结果填写在测试报告上(测试报告必须覆盖所有测试用例);

② 测试过程中发现 Bug,将 Bug 填写在 Bugzilla(缺陷跟踪工具)上发给集成部经理(Bug 状态为 NEW);

③ 对应责任人接到 Bugzilla 通过 email 发过来的 Bug 信息;

④ 对于明显的并且可以立刻解决的 Bug,将 Bug 发给开发人员(Bug 状态为 ASSIGNED),对于不是 Bug 的提交,集成部经理通知测试设计人员和测试人员,对相应文档进行修改(Bug 状态为 RESOLVED,决定设置为 INVALID);对于目前无法修改的,将这个 Bug 放到下一轮次进行修改(Bug 状态为 RESOLVED,决定设置为 REMIND)。

(3) 问题反馈：反馈 Bug 给开发人员。

① 开发人员接到发过来的 Bug 立刻修改(Bug 状态为 RESOLVED,决定设置为 FIXED);

② 测试人员接到 Bugzilla 通过 email 发过来的 Bug 更改信息,应该逐项复测,填写新的测试报告(测试报告必须覆盖上一次中所有 REOPENED 的测试用例)。

(4) 回归测试：重新测试修复 Bug 后的系统。重复(3),直到(4)中回归测试结果到达系统验收标准。

如果复测有问题返回第(2)步(Bug 状态为 REOPENED),否则关闭这项 Bug(Bug 状态为 CLOSED)。

本轮测试中测试用例中有 90% 一次性通过测试,结束测试任务;本轮测试中发现的 Bug 有 95% 经过修改并且通过再次测试(即 Bug 状态为 CLOSED),返回进行新的一轮测试。

(5) 集成测试测试总结报告:完成以上 4 步后,综合相关资料生成报告。

(6) 进入系统测试:α 测试、β 测试。

如图 1 所示。

3.2 软件/硬件集成测试

主要涉及硬件和软件间集成,硬件和硬件间集成这里一般不涉及,集成关注:

(1) 功能点:根据用户文档列出所有功能点,检验其正确性。

(2) 接口:根据用户文档列出所有接口,检验其正确性。

(3) 流程处理:根据用户文档列出所有流程,检验其正确性。

(4) 外部接口:根据用户文档列出所有外部接口,检验其正确性。

3.3 子系统集成测试

完成子系统间集成。

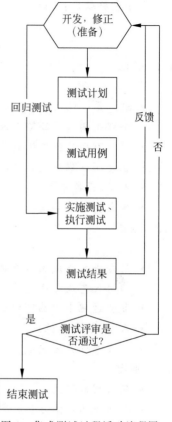

图 1 集成测试过程活动流程图

第 4 章 集成测试验收标准

4.1 模块(指单元集成后的模块)验收标准

接口:接口提供的功能或者数据正确。

功能点:验证程序与产品描述、用户文档中的全部说明相对应,一致性。

流程处理:验证程序与产品描述、用户文档中的全部说明相对应,一致性。

外部接口:验证程序与产品描述、用户文档中的全部说明相对应,一致性。

4.2 集成测试验收标准

首先,集成测试用例中所设计的功能测试用例必须全部通过,性能及其他类型测试用例 95% 以上通过。在未通过的测试用例中,不能含有"系统崩溃"和"严重错误"这两种错误,"一般错误"小于 1%。测试结果与测试用例中期望的结果一致,测试通过,否则标明测试未通过。

第 5 章 测试工具

5.1 测试工具

- 测试中心平台:Bugzilla;
- 性能测试工具:loadrunner;
- 集成测试工具:Selenium。

5.2 其他工具

电子表格软件：Excel。

图表工具软件：Microsoft Visio。

第 6 章 挂起、恢复和退出条件

6.1 挂起

举例：

- 进入第一轮集成测试,测试人员大体了解一下产品情况,如果发现在单元内存在三个以上错误或缺陷以及操作性的错误,退回单元测试组测试；
- 遇到有项目优先级更高的集成测试任务；
- 在复测过程中发现产品无法运行下去；
- 人员、设备不足；
- 重大突发紧急情况。

6.2 恢复

举例：

- 符合进入集成测试条件；
- 项目优先级更高的集成测试任务暂告完成；
- 复测过程中产品可以运行下去；
- 人员、设备到位；
- 突发事件处理完成。

6.3 退出

- 项目因故终止；
- 不可抗力：合同专用条款中约定等级以上的自然灾害也属不可抗力；
- 其他原因的测试工作频频被挂起或者挂起后迟迟恢复不了,并超过了客户要求的期限。

第 7 章 责任人和时间表

7.1 责任

测试负责人：×××。

控制并完成测试任务和测试过程,决定测试人员提交上来的 Bug 是否需要修改。

测试设计人员：×××,×××。

设计集成测试用例。

测试人员：×××,×××,×××。

按照测试用例进行测试活动。

开发人员：×××。

程序 Bug 修改,程序员间协调。

用户代表：无。

7.2 时间表

开始/结束时间表(略)。

第 8 章 记录和解决问题

记录：利用 Bugzilla 平台记录 Bug,并指定相关责任人。更进一步,把 Bugzilla 和需求设计文档、开发文档、测试文档、测试用例等联系起来,做成一个软件研发工具套件,即可通过一个 Bug 方便地找到对应的文档、代码、测试用例等。

解决问题：小组会议以及开发人员协调负责人,协调测试开发之间的工作。

2）用例分析和设计阶段

一般在详细设计开始时就可以着手进行集成测试用例的分析和设计工作。可以以需求规格说明书、概要设计、集成测试计划文档作为参考依据。当然，必须在概要设计通过评审的前提下才可以进行。与制订集成测试计划一样，测试用例的分析和设计涉及多个活动环节。例如：

- 集成对象的结构分析。
- 被集成的模块及接口分析。
- 集成测试采用的策略分析。
- 采用的测试方法及测试工具分析。
- 集成测试环境分析。
- 测试用例的设计及评审。
- 测试用例集的覆盖标准分析。

通过上述活动之后，形成的工作产品是集成测试用例集，为集成测试的实施阶段做准备。

3）实施阶段

本阶段的工作是依据集成测试计划和已经设计的测试用例集完成测试执行前的准备工作，一般涉及以下活动：

- 集成测试环境的搭建。
- 测试工具的选择、工具的准备和调试。
- 测试驱动器或（和）测试桩的开发。
- 测试脚本的开发。
- 测试过程控制流的制定。

4）执行阶段

集成测试的执行阶段在执行过程中应该注意：

- 严格按照集成测试计划中制订的集成顺序执行。
- 单元测试完成并通过评审后才能执行集成测试。
- 严格按照规定的测试过程控制流管理执行过程。
- 严格记录各项测试执行结果，进行缺陷跟踪。
- 根据需要进行集成测试的回归。

5）分析评估阶段

当集成测试执行结束后，要召集相关人员，如测试经理、测试技术人员、相关编码人员、系统设计人员等根据测试计划中的集成测试退出等相关标准对测试结果进行评估，确定是否通过集成测试，产生集成测试分析和评估报告。

5.3 集成测试方法

5.3.1 一般的集成测试方法

集成测试分析为选择和确定集成测试策略提供了重要的参考依据，集成测试策略是建立在测试分析基础之上的。集成测试策略实际上就是指被测软件单元的集成方式、方法。集成测试的方法有很多种，每种方式有其自身的优点和缺点，因此要根据系统自身的实际特点来选择合适的集成测试方法，这就是策略。常见的集成测试方法有很多种，例如大爆炸集成、自顶向下集成、自底向上集成、三明治集成、基于调用图的集成、基于路径的集成、分层集成、基于功能的集成、高频集成、基于进度的集成、基于风险的集成、基于事件的集成、基于使用的集成、客户端/服务器的集成、分布式集成等。而在实际的集成测试过程中,可以根据软件系统的体系结构和层次结构等特点同时采用不同的集成测试方法完成集成测试。下面将对主要的集成测试方法进行详细介绍。

1. 基于分解的集成

基于分解的集成测试可以分为非增量式和增量式两大类。非增量式集成测试也称作大爆炸(Big Bang)集成,就是分别对已经通过单元测试的模块按照层次结构图组装到一起进行测试,最终得到所要求的软件。增量式测试与非增量式测试相反,是一个逐步集成的过程。增量式集成(或组装)是首先对已经通过单元测试的模块逐步组装成较大的系统,在组装的过程中边组装边测试,以发现组装过程中产生的问题。增量式测试按不同的集成次序可分为两种方法,即自顶向下集成和自底向上集成。

1) 大爆炸集成

(1) 定义。

大爆炸集成属于非增值式集成(No-Incremental Integration)的方法,也称为一次性组装或整体拼装。这种集成测试的做法就是把所有通过单元测试的模块一次性集成到一起进行测试,不考虑组件之间的互相依赖性及可能存在的风险;目的是尽可能缩短测试时间,使用尽量少的测试用例来进行集成以验证系统。

(2) 方法举例。

图 5-2 所示是模块结构图,图中的 A、B、C、D、E 5 个模块均已经通过了单元测试,大爆炸集成就是将这 5 个模块一次性地集成在一起进行测试,找出可能出现的接口和其他类型的缺陷。

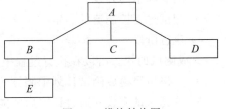

图 5-2　模块结构图

(3) 优点。

- 可以同时集成所有模块,因此能够充分利用人力、物力资源,加快工作进度。
- 需要的测试用例数目少,因此测试用例设计的工作量相对比较小。
- 测试方法简单、易行。

(4) 缺点。

- 难以保证对各个模块之间的接口进行充分测试,因此很容易遗漏掉一些潜在的接口错误(如数据类型传递错误)。即使集成测试通过,也会遗漏很多错误(如接口错误等),从而增加系统测试的工作量,软件的可靠性难以得到很好的保证。
- 对全局数据结构的测试不够彻底。
- 一次集成的模块数量多,集成测试后可能会出现大量的错误,因此难以进行错误定位和修改。另外,修改了一处错误之后,很可能新增更多的新错误,新旧错误混杂,给程序的完善带来很大的麻烦。因此,往往要经过很多次集成测试才能够运行成功,集成回归。

(5) 适用范围。

- 集成时,仅仅修改或增加了少数几个模块且前期产品是稳定的。
- 功能少,模块数量不多,程序逻辑简单,并且每个组件都是已经过充分单元测试的情况。

- 基于严格的净室软件工程(开发零缺陷或接近零缺陷的软件方法)开发的产品,并且在每个开发阶段,产品质量和单元测试质量都相当高。

2)自顶向下集成

(1)定义。

自顶向下的集成测试就是按照系统层次结构图,以主程序模块为中心,采用自上而下地对各个模块一边组装一边进行测试。自顶向下可以分为用深度优先集成和广度优先集成两种方式,集成的过程和数据结构的深度遍历与广度遍历一致。深度优先集成是沿着系统层次结构图的纵向方向,按照一个主线路径自顶向下把所有模块逐渐集成到结构中进行测试,但是主线路径的选择是任意的,可以从左向右,也可以从右向左进行。广度优先集成是沿着系统层次结构图的横向方向,把每一层中所有直接隶属于上一层的所有模块逐渐集成起来进行测试,一直到最底层,可以从左向右,也可以从右向左进行。需要开发桩,开发的桩数量为结点数减1。

(2)集成方法。

过程如下:

① 以主模块为所测模块兼驱动模块,所有直属主模块的下属模块全部用桩模块对主模块进行测试。

② 采用深度遍历或广度遍历的策略,用实际源代码模块替换相应桩模块,再用桩代替它们的下属模块,与已经测试的模块或子系统集成为新的子系统,每次只替换一个桩为源代码。

③ 进行回归测试(即重新执行以前的全部测试或部分测试用例),排除集成过程中引起错误的可能。

④ 判断是否所有的模块都已经集成到系统中,若是则结束测试,否则转到②继续执行。

除了第③点所要求的回归测试之外,在软件体系结构中有增加模块、删除模块、修改模块等情况发生后的集成,需要回归测试,回归测试的测试用例是重新执行以前运行过的全部或部分测试用例,以确定集成加入新模块、删除模块或模块修改后是否引入错误或缺陷。

下面举例说明集成过程,该例子是采用自顶向下、从左向右的深度优先集成。图5-3的上方是模块结构图,下方是集成的过程。图5-3中 $S_1 \sim S_5$ 代表桩模块,在采用自顶向下、从左向右的深度优先集成过程中每次只将一个桩模块替换为源代码。

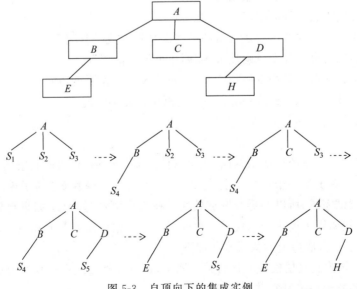

图5-3 自顶向下的集成实例

（3）优点。

- 在测试的过程中，可以较早地验证主要的控制和判断模块。在一个功能划分合理的程序模块结构中，控制和判断模块常常出现在较高的层次中，因而可以提前做测试，以便发现问题。
- 选择深度优先集成的方式，可以首先实现和验证一个完整的软件功能。如，采用从左向右的深度优先集成可以先对逻辑输入的分支进行集成，检查和克服潜在的错误和缺陷，验证其功能的正确性，为此后主要分支的集成提供保证。
- 不需要开发驱动器，减少开发和维护成本。
- 开发和集成测试的顺序是一致的，因此在开发的同时可以并行执行集成测试，能够灵活地适应目标环境。
- 故障隔离和错误定位容易。如果主程序模块 A 通过了测试，加入模块 B 后出现错误或缺陷，那么可以判断错误可能是出现在 B 模块或（和）A 模块或 B 模块和 A 模块的接口。

（4）缺点。

- 测试时需要为每个模块的下层模块提供桩模块，桩数量为结点数减 1。增加桩模块的开发和维护成本。
- 底层尤其是叶子模块一般是实现功能的模块，其需求变更可能会影响到全局模块，可能需要修改整个系统的多个上层模块。因此，容易出现回归测试或多次回归。
- 在集成过程中，底层模块不断加入，整个系统变得越来越复杂，可能会导致底层模块特别是被重用的或被多个模块调用的模块测试不够充分。

（5）适用范围。

这种集成测试方法适用于大部分采用结构化编程方法的软件产品。一般的大型复杂软件系统往往会综合使用多种不同的集成测试方法。采用自顶向下的集成测试方法可以参考以下几个方面：

- 软件的体系结构控制比较清晰。
- 软件的体系结构的高层模块接口变化少。
- 开发和集成测试并行的情况。
- 软件的体系结构的低层模块接口的最终定义较迟或经常因需求变更等原因被修改。
- 产品中的控制模块技术风险较大，需要尽可能提前验证。
- 需要尽早看到系统某些方面功能行为，如输入功能和输出功能等。
- 极限编程（Extreme Programming）中的测试优先的情况。

3）自底向上集成

（1）定义。

自底向上集成是从系统层次结构图（或称软件的体系结构图）的最底层模块开始进行组装的集成测试方式。对于某一个层次的特定模块，因为它的子模块（包括子模块的所有下属模块）已经组装并测试完成，所以不再开发桩模块。在集成测试过程中，如果想要从子模块得到信息可以通过直接调用子模块的源代码。集成测试的过程中需要开发相应模块的驱动器。

（2）集成方法。自底向上的集成步骤如下：

① 由驱动模块控制底层模块并进行并行测试，也可以把最底层模块组合成某一特定软件功能的组，由驱动器模块控制它并进行测试。

② 用实际模块代替驱动器,与它已经测试的直属子模块集成为子系统。

③ 按模块结构向上集成并为子系统配备新驱动模块,进行新的测试。

④ 判断是否已经集成到主模块,若是则结束测试,否则执行②。

下面举例说明集成过程。图 5-4(a)是模块结构图,图 5-4(b)是集成的过程,$D_1 \sim D_3$ 代表驱动器模块,在集成过程中,D_1 和 E 之间集成、D_2 和 H 之间集成可以并行。图 5-4(b)中开发驱动器的数为结点数-叶子数,即 $6-3=3$,驱动器的数量比自顶向下集成开发的桩数量少,不过代价是驱动器模块都比较复杂。另一种集成过程如图 5-5 所示,$D_1 \sim D_5$ 为驱动器模块,这种集成过程开发的驱动器数量和自顶向下的方法一样,即结点数 -1,这种集成过程增加了最后阶段的各分支和主模块的不同的驱动器间的集成。

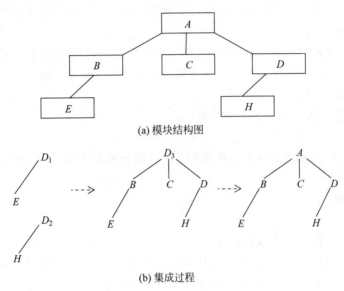

(a) 模块结构图

(b) 集成过程

图 5-4　自底向上一种集成过程实例

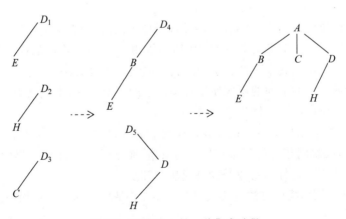

图 5-5　自底向上另一种集成过程

（3）优点。

- 尽早地验证下层模块的行为。当任意一个叶子模块通过单元测试后,都可以随时对下层模块进行集成测试,并且驱动模块的开发还有利于规范和约束系统上层模块的设计,可在一定程度上增加系统的可测试性。

- 集成测试过程中,可以同时对系统层次结构图中不同的分支进行集成测试,具有并行性。
- 在对上层模块进行测试时,下层模块的行为就已经得到了验证,因此在向上集成的过程中,越靠近主控模块的上层模块更多的是验证其控制和逻辑。

（4）缺点。

- 直到最后一个模块加进去之后才能看到整个系统的框架,才能发现时序问题和资源竞争问题。
- 驱动模块的开发相对复杂且工作量大。
- 主控模块的测试要到集成测试的最后才能进行,因此不能及时发现高层模块设计上的错误,如果主控模块的控制和逻辑对于软件体系结构非常关键,可能影响较大。

（5）适用范围。

与自顶向下的集成方式类似,该方法适用于大部分结构相对比较简单、采用结构化编程方法的软件系统。采用自底向上的集成测试方法可以参考以下几个方面:

- 底层模块接口和行为比较稳定。
- 高层模块接口和行为变更比较频繁。
- 底层模块开发和单元测试工作完成较早。

以上讨论的 3 种集成测试的方法都属于基于功能分解的集成,下面讨论三明治集成测试方法。

2. 三明治集成

（1）定义。

三明治集成是一种混合增量式集成测试方法,综合了自顶向下和自底向上两种集成方法的优点,也属于基于功能分解的集成。这种方法桩和驱动器的开发工作都比较少,不过代价是类似大爆炸集成的后果,在一定程度上增加了定位缺陷的难度。

（2）集成方法。

分析如下:

① 对整个的模块层次结构图(软件体系结构图)而言,首先必须确定以哪一层为界来决定使用三明治集成方法,一般以模块层次结构图的中间层或接近于中间的层为界。

② 以确定为界的层及其以下的各层使用自底向上的集成方法。

③ 以确定为界的层的上面的层次使用自顶向下的集成方法,不包括确定为界的层。

④ 对系统所有模块进行整体集成测试。

三明治集成方法应该尽量减少设计驱动模块和桩模块的数量。在集成测试过程中,使用以确定为界的层各模块同相应的下层先集成的策略,而不是使用确定为界的层各模块同相应的上层先集成,是考虑到这样做可以减少桩模块的开发。

下面举例说明三明治集成方法的集成过程。图 5-6 是软件的模块结构图。图 5-7 和图 5-8 是集成步骤。

① 确定以 E 模块所在层为界。

② 以 E 模块为界及其所在层自底向上集成(见图 5-7)。

③ 以 E 模块为界的上面的层次的自顶向下的集成(见图 5-8)。

④ 对系统所有模块进行整体集成测试(见图 5-6)。

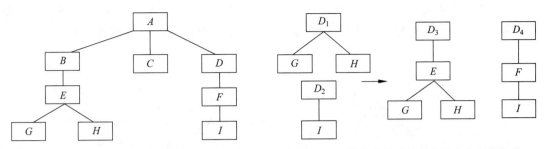

图 5-6　软件的模块结构图　　　　　图 5-7　E 模块为界及其所在层自底向上集成

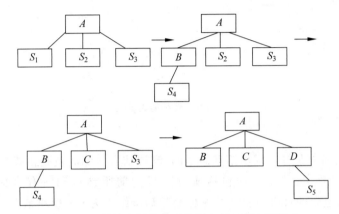

图 5-8　E 模块为界的上面的层次的自顶向下集成

（3）优点。

① 具有自顶向下和自底向上两种集成方法的优点。

② 确定哪一层为界具有一定的技巧,可以减少桩模块和驱动模块的开发量。

③ 自顶向下和自底向上两种集成方法可以并行。

（4）缺点。

在最后的所有模块集成阶段会增加缺陷定位的难度。

（5）适用范围。

大多数软件系统都可以应用此集成测试方法。

3. 基于调用图的集成

基于分解的集成方法的缺点就是以系统功能分解为基础,以模块结构图为依据。如果把集成的依据改为模块调用图,则可以使集成测试向结构性测试方法发展,避免基于分解的集成方法存在的一些不足。在第 1 章介绍过图论知识。模块调用图是一种有向图,结点表示程序模块,边对应程序调用。如果模块 X 调用模块 Y,则从模块 X 到模块 Y 有一条有向边。基于调用图的集成方法有两种:成对集成和相邻集成。下面我们对这两种方式进行简单的介绍。

1）成对集成

成对集成的基本思想就是免除桩/驱动器开发工作,使用实际代码来代替桩/驱动器。这看起来类似大爆炸集成方式,但是把这种集成限制在调用图中的一对模块或单元上。

成对集成的方法就是对应调用图的每一个边建立并执行一个集成测试对,这个测试主要关注这条边对应的接口。对整个软件系统而言,需要建立多个集成测试对且存在着一个模块分别和不同的模块建立不同的测试对,但是成对集成可以大大减少桩和驱动器开发的工作量。

图 5-9 为某系统的调用图,以此为例加以分析。该调用图共有 22 个集成测试对,其中的模块 a 分别和 x、h、i、v、l、b 建立集成测试对。图中的虚线包围列出了 3 个集成测试对。

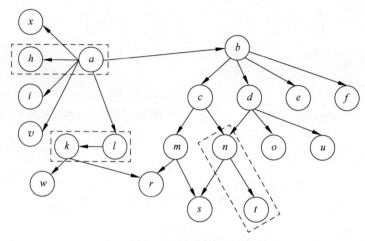

图 5-9　成对集成举例

2) 相邻集成

相邻集成中的相邻是针对模块结点而言的,模块结点的邻居就是由指定模块结点引出的结点集合。在有向图中,结点邻居包括所有直接的前驱结点和所有直接的后继结点,如图 5-10 中,模块结点 c 的直接前驱结点为 b,直接后继结点为 m;模块结点 a 没有直接前驱结点,其直接后继结点有 x、h、i、v、l。在图 5-10 中,对于模块结点 l 来说,它的邻居有 a、k 两个模块结点;对于模块结点 k 来说,它的邻居有 l、w 和 r 3 个模块结点;对于模块结点 b 来说,它的邻居有 a、c、d、e、f 5 个模块结点。图 5-10 的虚线范围给出了模块结点 l 和 d 的邻居。

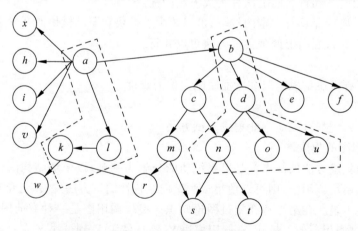

图 5-10　相邻集成举例

对于给定调用图,我们总是可以计算出邻居数量。每个内部结点(内部结点具有非零内度和非零外度)都有一个邻居,如果叶结点直接连接到根结点,则还要加上一个邻居。这样有:

$$内部结点＝结点－(源结点＋汇结点)$$

$$邻居＝内部结点＋源结点$$

经过合并,得到:

$$邻居＝结点－汇结点$$

源结点和汇结点在"4.基于路径的集成"部分有详细解释。

根据上面的公式,调用图 5-10 的邻居数量为:$20-12=8$。所以相邻集成和成对集成相比可大大降低集成对数。从例子中可以看出其集成对数为 22 对,而邻居数只有 8 个,并且避免了桩和驱动器的开发。

回忆一下三明治集成,可以看出相邻集成本质上是前面介绍过的三明治集成,其不同之处是相邻集成的依据是调用图,而不是分解树,它们的共同之处是都具有缺陷隔离的困难。另外,对于同时属于不同邻居的结点存在缺陷的时候,修改该结点的缺陷后,所有包括该结点的邻居都需要重新进行集成测试,也就是说要进行集成的回归。例如图 5-10 中的模块结点 n 就是这种情况。

4. 基于路径的集成

在 3.2 节中描述了程序图的概念,在程序图中语句片段作为完整语句处理,语句片段是程序图中的结点。在分析基于路径的集成方法之前,先了解与程序图的结点、路径等相关概念。

1) 源结点

程序中的源结点是程序执行开始或重新开始执行处的语句片段。模块或单元中的第一个可执行语句显然是源结点。源结点还会出现在紧接转移控制到其他模块或单元的结点之后。在图 5-11 的模块 A 中的结点 1、6 是源结点;模块 B 中的 1、3 结点是源结点;模块 C 中的 1 结点是源结点。

2) 汇结点

汇结点是程序执行结束处的语句片段。程序中的最后一个可执行语句显然是汇结点,转移控制到其他单元的结点也是汇结点。在图 5-11 的模块 A 中的结点 5、7 是汇结点;模块 B 中的 2、4 结点是汇结点;模块 C 中的 6 结点是汇结点。

3) 模块执行路径

模块执行路径(Module Execution Path,MEP)是指模块内部以源结点开始、以汇结点结束的一系列语句,中间没有插入汇结点。依据图 5-11 中模块的情况,其所有的模块执行路径为:

$\text{MEP}(A,1)=<1,2,3,4,7>$

$\text{MEP}(A,2)=<1,2,3,5>$

$\text{MEP}(A,3)=<6,7>$

$\text{MEP}(A,4)=<1,2,3,5,6,7>$

$\text{MEP}(B,1)=<1,2>$

$\text{MEP}(B,2)=<3,4>$

$\text{MEP}(B,3)=<1,2,3,4>$

$\text{MEP}(C,1)=<1,4,5,6>$

$\text{MEP}(C,2)=<1,2,5,6>$

$\text{MEP}(C,3)=<1,3,5,6>$

4) 消息

消息是一种程序设计语言机制,通过这种机制可以把控制从一个单元转移到另一个单元。在不同的程序设计语言中,消息可以被解释为子例程调用、过程调用、方法调用及函数引用。约定接收消息的单元总是最终将控制返回给消息源。消息可以向其他单元传递数据。

5) MM 路径

MM 路径(Method Message Path,MM-Path)是指穿插出现的模块执行路径和消息构成的序列。如图 5-11 中的粗线所示,代表模块 A 调用模块 B,模块 B 调用模块 C,这就是一个 MM 路径。

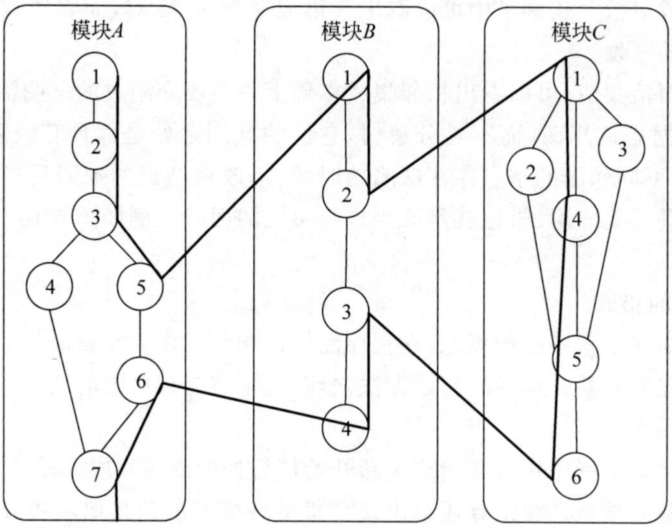

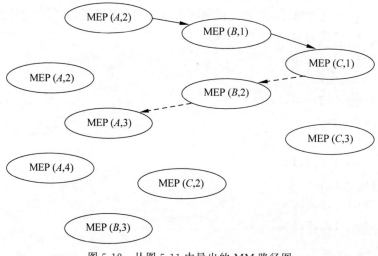

图 5-11　MM 路径举例

如果模块 A、模块 B、模块 C 之间的调用关系按照图 5-11 所示,那么我们可以将模块 A、模块 B、模块 C 之间所有的 MM 路径表示出来,以构成 MM 路径图。该 MM 路径图也包括模块内部退化的 MM 路径(没有调用关系的 MEP),如图 5-12 所示。在图 5-12 中实线表示消息,虚线表示消息的返回。图中除了反映模块 A、模块 B、模块 C 之间的调用关系的一条 MM 路径之外,还包括 MEP(A,1)、MEP(A,4)、MEP(B,3)、MEP(C,2)和 MEP(C,3)5 条退化的 MM 路径。

图 5-12　从图 5-11 中导出的 MM 路径图

进行路径集成测试时,选择的 MM 路径集合的最低覆盖指标是覆盖单元集合中所有从源结点到汇结点的路径、MM 路径集合覆盖所有的结点或者 MM 路径集合覆盖所有消息调用和返回的边。在上面的例子中,要设计一组测试用例使图 5-12 中的所有 MM 路径至少覆盖一次,包括退化的 MM 路径。如果存在循环,则要进行压缩,产生有向无环路图,因此可解决无限多路径问题。

MM 路径是功能测试和结构性测试的一种结合。从测试本身来说,MM 路径是功能性的,因此可以使用所有功能性测试技术。而在测试用例的设计上使用了白盒测试中的路径思想,不过这里的路径不是模块内部的路径而是跨模块的路径,而在 MM 路径图的标识方式上也是结构性的。因此,在基于路径的集成测试过程中,很好地把功能测试和结构测试的方法结合到了一起。但是,基于路径集成的测试的关键是标识 MM 路径,再基于路径设计对应的测试用例。

5. 其他集成测试方法

1) 分层集成

分层模型在通信系统中十分普遍。分层集成就是针对分层模型使用的一种集成方法。系统的层次划分可以通过逻辑的或物理的两种不同方式进行。从逻辑角度,一般通过功能把系统划分成不同功能层次的子系统,子系统内部具有较高的耦合性,子系统间的关系具有线性层次关系;从物理角度,可以根据不同单板内的系统划分为不同的硬件子系统,各硬件子系统之间根据连接具有线性层次关系。而对于那些各层次之间存在着拓扑网络关系的系统,则不适合使用该集成方法。

该方法首先划分系统的层次,确定每个层次内部的集成方法。层次内部的集成可以使用大爆炸集成、自顶向下集成、自底向上集成和三明治集成中的任何一种。一般对于顶层可能还有第二层的内部采用自顶向下的集成方法;对于中间层采用自底向上的集成方法。最后,确定层次间的集成方法,也可以使用大爆炸集成、自顶向下集成、自底向上集成和三明治集成中的任何一种方法。

该方法对具有明显线性层次关系的系统比较适合。

2) 基于功能的集成

该方法是从功能实现的角度出发,按照模块的功能重要程度作为模块的集成顺序。先对最主要的功能模块进行集成测试,以此类推,最后完成整个系统的集成测试。很明显这样的方法是采用了增量的方法。

该方法首先确定功能的优先级别,分析优先级最高的功能路径,把该路径上的所有模块都集成到一起,必要时需要开发驱动模块和桩模块。在集成过程中每次增加该路径中的一个关键功能,直至该路径上的模块集成结束。再根据优先级别继续集成其他路径,直到所有模块都被集成到被测系统中。

该方法能较早地实现系统中的关键功能,但是不适用于复杂系统,因为复杂系统的功能之间的相互关联性强,不易于分析主要模块。

3) 高频集成

快速迭代式开发或增量式开发存在不足之处,即一些错误或缺陷在开始的时候只是存在于功能模块或集成包内,影响不大,但随着产品开发过程中的迭代增加或增量的增加,这些错误或缺陷可能会影响到新加入的模块功能,甚至影响到系统的稳定性。这就需要在迭代或增量过程中不断地进行集成测试验证系统功能的正确性和稳定性。如果这些错误或缺陷遗留到最后再检查,其代价和风险可能很大,高频集成就是基于这种考虑而进行的测试。

高频集成具备的基本条件是该次增量结束或该次迭代开发结束,可以通过使用配置管理工具帮助获得每次增量结束或该次迭代开发结束后的程序版本。另外,高频集成可以采用必要的自动化测试工具来支持。该集成测试方法频繁地将新代码加入一个已经稳定的基线中,避免集成错误或缺陷不被发现,同时控制可能出现的基线偏差。

高频集成可以参考以下 3 个步骤:

(1) 增量结束或该次迭代开发结束,从配置管理库中得到代码的增量部分,测试人员完成编写或修改对相应代码的测试包;对新增或修改过的代码进行静态测试(可能包括代码走读、检视、评审和静态分析);对代码进行重新创建并运行测试包(可能包括使用类似内存检测工具、性能检测工具进行跟踪检查);当这些组件通过测试时,将已修改过的测试包提交到集成测试部门。

(2) 集成测试人员将修改或增加的组件和配置管理库的基线上的其他组件集中形成一个新的集成体,运行测试包进行集成测试(可能需要测试工具的支持),该次集成测试结束后形成一个新的基线。

(3) 该次集成测试结束后需对测试结果进行评价。主要涉及现有的集成测试包是否按要求进行维护、测试的频率间隔是否合理、测试的必要条件是否具备,如是否增量结束等。如果该次集成测试失败,则系统将退回到原来的基线。

对于高频集成方法,其维护测试包很重要。该方法的有利因素包括:开发和集成可以并行进行;对桩代码的需要不是必需的;错误或缺陷最可能存在于新增加或修改的代码中,容易进行错误或缺陷的定位和修改等。

以上介绍了一些主要的集成测试方法,除了这些集成测试方法以外,还有基于进度的集成、基于风险的集成、基于事件的集成、基于使用的集成等,在这里不再一一详述。

5.3.2 面向对象的集成测试方法

集成测试的主要目的是检查两个或两个以上的模块或对象的接口数据是否正确。传统的集成测试,是通过各种集成策略集成各功能模块,一般可以在部分程序编译完成的情况下进行。而对于面向对象程序,相互调用的功能是散布在程序的不同类中,类通过消息相互作用申请和提供服务。类的行为与它的状态密切相关,状态不仅仅是体现在类数据成员的值,也许还包括其他类中的状态信息。由此可见,类的相互依赖极其紧密,根本无法在编译不完全的程序上对类进行测试。因此,面向对象的集成测试通常需要在整个程序编译完成后进行。此外,面向对象程序具有动态特性,程序的控制流往往无法确定,因此一般也只能对整个编译后的程序做基于黑盒子的集成测试。

在集成测试中,一个关键的问题是怎样进行集成。好的集成方法可以避免写大量的测试驱动器和桩,节约各种资源。本节不涉及讨论类内方法的集成。

面向对象的集成在不同的阶段可分成 3 个不同的集成类型:

- 类的集成:将有关的类集成为一个子系统或组件。
- 子系统或组件的集成:将子系统集成为一个应用层。
- 层的集成:不同的层的集成,可以是描述层、工作层、存取层或客户端/服务器(Client/Server)层的集成。

图 5-13 所示为一种架构的集成示意图。

在面向对象的集成测试过程中要考虑到面向对象系统是由事件操纵的特点,在集成测试时一般推荐考虑如下 5 个层次:

- 类的方法测试(Method Testing);
- 消息序列(Message Sequences);

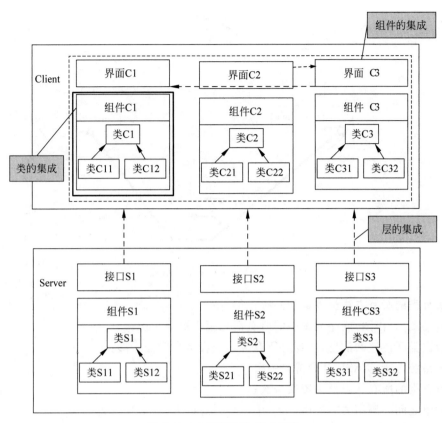

图 5-13　一种架构的集成示意

- 事件序列(Event Sequences);
- 线程测试(Thread Testing);
- 交互测试(Thread Interaction Testing)。

在线程测试中主要是应用了方法/消息路径(Method Message Paths,MM Paths 或 MM 路径)。所谓方法/消息路径就是一个运行的方法(Method)通过消息(Message)的传递调用另一个方法,最后到不能再产生消息的方法为止,即处于一种相对静止状态。在一个调用中可能会存在多个方法/消息路径,在线程测试中就是要覆盖这些方法/消息路径。

事件控制的测试过程中引入了原子系统功能(Atomic System Function,ASF)的概念,ASF 是由外部的事件(Input Port Event,输入端口事件)激活系统,导致系统有所反应(Output Port Event,输出端口事件),这样的一个过程称为原子系统功能。在面向对象的集成测试中还应覆盖子系统内的原子系统功能。

图 5-14 所示为 MM-Paths/ASF 示意图。

面向对象的集成测试能够检测出相对独立的单元测试无法检测出的那些类相互作用时才会产生的错误或缺陷。基于单元测试对成员函数行为正确性的保证,集成测试只关注于系统的结构和内部的相互作用。

UML 中的协作图是基于时间先后顺序表达对象的交互,而序列图则是通过对象的交互顺序来表达同样事件或操作,这些也是集成测试的很好依据。

集成测试所要达到的覆盖指标可以是:

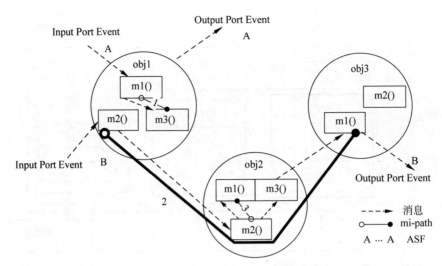

图 5-14　MM-Paths /ASF 示意图

- 所有类的所有方法至少覆盖一次;
- 协助图(合作图)或序列图中的所有消息至少覆盖一次;
- 依据类间传递的消息,达到对所有执行线程至少覆盖一次;
- 子系统内所有 ASF 至少覆盖一次;
- 所有类的所有状态至少覆盖一次;
- 对象之间的调用关系图中的边(消息)或结点(方法)至少覆盖一次。

同时也可以考虑使用现有的一些测试工具来得到集成测试接口(消息)的覆盖率。

在进行具体的分析和用例设计时,可参考下列步骤:

(1) 先选定检测的类,参考面向对象设计分析结果,以及协助图、顺序图、状态图等,仔细分析出类的状态和相应的行为、类或成员函数间传递的消息、输入或输出的界定等。

(2) 确定覆盖指标。

(3) 利用类图(E-R 图)确定待测类的所有关联。

(4) 根据程序中类的对象构造测试用例,确认使用什么输入激发类的状态、使用类的服务和期望产生什么行为等。

值得注意的是,设计测试用例时,不但要设计类功能满足的输入,还应该有意识地设计一些异常输入的例子、类是否有不合法的行为产生,如发送与类状态不相适应的消息、要求有不相适应的服务等。

所设计的测试用例必须进行评审。

5.4　集成测试的分析和用例设计

1. 集成测试分析

集成测试的分析和用例设计是集成测试过程中最为核心的阶段。集成测试的分析对用例的设计和整个集成测试过程具有重要的指导作用,在集成测试的分析过程中,主要涉及进行体系结构分析、类或模块及接口分析、集成测试方法选择策略分析,有时也会涉及可测试性分析、测试风险分析等。

1）体系结构分析

本章前面已经提及,体系结构是进行集成测试的重要依据。

对于使用传统结构化方法开发的系统,软件的体系结构是概要设计的重要组成部分,软件的体系结构就是模块的层次结构,它是集成测试的依据。在进行集成测试分析时,不但要考虑软件的体系结构,还要考虑整个系统的体系结构,这个结构可能包含软件、网络、硬件等系统要素。体系结构分析主要关注:

（1）分析软件体系结构与需求分析规约及需求的一致性。

（2）分析软件体系结构的合理性。如,体系结构的层次、调用深度和关系等,必要时建议开发人员调整体系结构。

（3）在软件体系结构中一般没有人机交互界面对应的模块,这里必须加以考虑。

（4）分析整个系统的体系结构,除软件体系结构外,还涉及哪些系统要素及其组织方式。

对于使用面向对象开发的系统,软件的体系结构可以用组件图来表示,整个系统的体系结构可以通过配置图来体现,也会涉及硬件、网络等系统要素,在集成测试分析时也必须考虑。图 5-15 为图书管理系统的图书信息管理子系统的组件图,各含义如下:

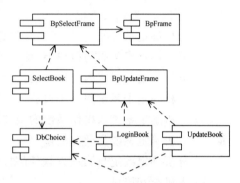

图 5-15　图书信息管理子系统组件图

- BpFrame 组件:属于用户界面包,定义系统检索与修改界面的框架。
- BpSelectFrame 组件:属于用户界面包,继承 BpFrame 类,定义检索界面框架。
- BpUpdateFrame 组件:属于用户界面包,继承 BpSelectFrame 类,定义系统修改界面框架。
- SelectBook 组件:属于用户界面包,继承 BpSelectFrame 类,与 DbChoice 类相关联,显示图书信息检索界面。
- LoginBook 组件:属于业务模型包,继承 BpUpdateFrame 类,与 DbChoice 类相关联,实现图书信息录入功能。
- UpdateBook 组件:属于业务模型包,继承 BpUpdateFrame 类,与 DbChoice 类相关联,实现图书信息修改功能。
- DbChoice 组件:属于组件包,定义了用于数据库操作的实例变量和实例方法。

从图 5-15 我们可以看出该子系统主要由几类组件组成:界面组件、业务组件、访问数据库组件,有时可以包含通信组件、数传递组件等。对系统各个组件之间的依赖关系进行分析,然后据此确定集成测试的粒度,即集成模块的大小,在此例中可以以一个组件作为一个模块,其中的界面组件负责与用户的交互,业务组件负责处理业务逻辑,访问数据库组件提供与数据库的接口。其中,业务组件是通过 3 个主要的类(SelectBook、LoginBook、UpdateBook)来实现,这 3 个类与 DbChoice 具有依赖关系。

在集成测试过程中,如果单元测试是以类为单元且类内方法均测试并达到了类内集成,在集成测试时组件可以采用以类为单元,直接进行类间集成测试。相反,如果单元测试以方法为单元且类内方法没达到类内集成,组件应该分别以方法和类为单元进行测试,然后再进行类内集成和类间集成测试。

对于 App 项目或微服务架构的项目,存在前后端或前后端分析的情况,这种架构的集成测试在第 9 章和第 10 中有详细分析。

2）类或模块及接口分析

模块分析及接口分析是在体系结构分析工作基础之上的细化，它在集成测试的过程中，也是一个非常重要的环节，直接影响集成测试的工作量、进度以及质量，因此也需要认真对待。对于模块分析，要依据单元测试的结果分析单元划分的合理性、单元优先级及关键模块，另外，对在单元测试时开发的驱动器和桩进行分析，以便在集成测试时修改后复用（可从配置管理库中得到单元测试的驱动器和桩代码）。

我们已经知道集成测试的主要内容是对接口的测试，这就要求对接口进行周密细致的分析，对接口进行分类，分析并找出通过接口传递的数据类型、数据的个数等。接口的划分以概要设计为基础，一般需要考虑：

（1）分析确定系统的边界、子系统的边界和模块的边界。

（2）分析确定模块间的接口，包括一个模块和其他多个模块的接口。

（3）分析确定子系统内模块间的接口。

（4）分析确定子系统间的接口。

（5）分析确定系统与操作系统的接口。

（6）分析确定系统与硬件的接口。

（7）分析确定系统与第三方软件的接口。

（8）人机交互接口。

在各种软件的开发过程中，我们会接触到各种各样的接口，可以把这些接口大致划分为系统内接口（系统内部各模块交互的接口）和系统外接口（外部系统，如人、硬件和软件等与系统交互的接口）两类，其中前者是集成测试的重点，并且可以把它进一步划分为以下几类接口：

- 函数或方法接口：通过分析函数或方法的调用和被调用关系来确定。
- 消息接口：这类接口主要应用在面向对象系统和嵌入式系统中。消息接口的特点是软件模块间并不直接发生关系，而是按照接口协议进行通信。
- 类接口：面向对象系统中最基本的接口。该接口往往都要通过继承、参数类、对于不相同类方法调用等策略来实现。
- 其他接口：其他类型接口包括全局变量、配置表、注册信息、中断等。这类接口具有一定的隐蔽性，往往测试人员会忽略这部分接口。这类接口经常是测试不充分的。我们在对这类接口进行测试时可以借助专门的自动化工具。

接口数据分析就是对通过接口进行传递的数据进行分析，针对不同类型的接口，要采取不同的分析方法。在分析的过程中可以直接设计出相应的测试用例。

（1）函数接口分析。我们要关注其参数个数、参数属性（参数的数据类型、是输入还是输出）、参数前后顺序、参数的等价类情况、参数的边界值情况，必要的时候还要对各种组合情况加以分析。

（2）消息接口分析。主要分析消息的类型、消息域、域的顺序、域的属性、域的取值范围、可能的异常值等。必要的时候也要对其组合情况加以分析。

（3）类接口和交互方式分析。在面向对象应用程序中，很多类都要同其他类进行交互。因此，在这类应用程序中类交互的测试就成为集成测试的重点，对类接口和交互方式进行详细分析就成为集成测试的重中之重。类接口和交互方式大致可以分为如下几类：

- 公共操作将一个或多个类命名为正式参数的类型。

- 公共操作将一个或多个类的命名作为返回值的类型。
- 类的方法创建了另一个类的实例,将其作为在它的实现中不可缺少的一部分。
- 类的方法引用某个类的全局实例(好的设计人员会尽量减少全局变量的使用)。

(4) 对于其他类接口的分析,重点分析其读写属性、并发性、等价类和边界值等。

总之,接口分析涉及的内容很多,测试人员在工作中还要根据项目自身的特点,在参照上述指导性原则的基础上多和开发人员交流,尽量能够对应用程序进行全面的接口分析,以便更好地进行测试用例的设计,因为接口分析的好坏在很大程度上影响着集成测试工作质量的高低。

集成测试的分析还会涉及集成测试方法的选择策略及其他方面的分析。系统整体结构的分析,尤其是软件体系结构的分析为集成测试方法的选择打下基础,如,软件的体系结构比较清晰和稳定、高层模块接口变化的可能性小、底层模块定义比较晚且变化的可能性大,则可以选择自顶向下的集成方法。当然,也可以采用不同的集成方法的综合。集成测试本身会存在风险,尤其对于比较大的系统而言,风险分析很有必要,以便根据风险分析的曝光度确定集成测试的过程和环节。集成测试常见的分析包括技术风险、人员风险、测试环境风险(硬件、软件、工具等)、管理风险、市场风险、时间风险、资金风险等。

2. 用例的设计

集成测试的分析结果是设计用例的重要基础,也就是说集成测试的用例设计要综合考虑使用的测试方法、系统接口特点、覆盖要求甚至测试时间等多方面。对于测试方法而言,无论是哪一个级别的测试,都离不开基本的测试用例设计方法(白盒测试用例设计方法和黑盒测试用例设计方法),在集成测试时一般也需要灵活交叉地使用这些方法,以达到集成测试的目的,如满足相应的测试覆盖率要求,即达到集成测试要求的功能覆盖率和接口覆盖率。集成测试的用例设计可以考虑从以下几个方面入手。在以下几个方面的分析中以 ATM 系统为例。假设在 ATM 系统中有以下模块:与 ATM 机硬件接口模块、检查卡有效性模块、密码验证模块、选择交易类型模块、存款处理模块、取款处理模块、查询处理模块、显示模块、打印收据模块等。

1) 为系统运行设计用例

集成测试关注的主要内容就是各个模块的接口是否能正常使用,接口的正确与否直接关系到后续集成测试能否顺利进行。因此,首先要设计一组测试用例保证系统能运行起来,也就是验证实现基本功能的测试用例。认识到这一点,就可以根据测试目标来设计相应的测试用例。

可考虑使用的主要测试技术有:

(1) 等价类划分。

(2) 边界值分析。

(3) 基于决策表的测试。

利用等价类的思想对 ATM 系统的"存款""取款""查询"进行等价类划分,在"取款"功能里对"100 元""500 元""1000 元""2000 元"不同取款额进行等价类划分来设计满足基本功的测试用例。再如,在插入卡后,检查密码的时候可以利用边界值分析法的思想设计密码位数不足或密码位数过长的输入密码情况的测试用例等,目的是实现基本的 ATM 机"存款""取款""查询"业务。

总之,应该将基本功能、基本业务逻辑和测试技术结合起来设计一组能使系统运行起来的测试用例。

2) 为正向测试设计用例

在软件各个模块的接口设计和模块功能设计完全正确无误并且满足需求的情况下,正向测试用例设计的主要目标是在基本功能实现的基础上,能否实现所有预期的功能。如在 ATM 系统中,取款 1000 元是成功的,那么取款 10 000 元能否成功;收据的打印卡号的后续部分是隐藏的;存款成功后,能否进行多次续存等。基于此测试目标,可以直接根据概要设计文档导出相关的测试用例。可以通过以下方面来考虑并设计测试用例:

(1) 输入域测试。如输入不同的 ATM 取款金额、不同的存款金额等。

(2) 输出域测试。如不同取款金额的输出、收据的输出、显示屏的输出等。

(3) 等价类划分。如把所有正常的 ATM 交易的屏幕的每个输出看成一个等价类,达到所有等价类的覆盖等。

(4) 状态转换测试。如,读卡状态→输入密码状态→选择交易类型状态→正在取款状态→打印收据状态→交易结束。

(5) 规约导出法。如,根据概要设计规约中的功能描述导出测试用例。

3) 为逆向测试设计用例

集成测试中的逆向测试就是设计测试用例来实现需求规格没有描述的功能或各种异常的情况来检查可能出现的接口遗漏,或者判断接口定义是否有错误以及可能出现的接口异常错误,包括接口数据本身的错误、接口数据顺序错误等。在接口数据量庞大的情况下,如果要对所有异常的情况,以及异常情况的组合进行测试是很难的,因此,在这样的情况下就可以基于一定的约束条件(如根据风险等级的大小、排除不可能的组合情况)进行测试。

基于面向对象应用程序和 GUI 程序进行测试有时还需要考虑可能出现的状态异常,包括是否遗漏或出现了不正确的状态转换、是否遗漏了有用的消息、是否会出现不可预测的行为、是否有非法的状态转换,如从一个页面可以非法进入某些只有登录以后或经过身份验证才可以访问的页面等。

可从以下方面考虑并设计测试用例:

(1) 错误猜测法。如,在做 ATM 交易时,当 ATM 断电时,猜测 ATM 硬件接口模块有问题。

(2) 基于风险的测试。如,取款交易涉及资金风险,如果取 550 元,是否会出现钱没取出,账户已经扣款的情况。

(3) 基于故障的测试。如,ATM 卡槽故障,是否能读卡。

(4) 边界值分析。如,取款超出每天的最大限额为 20 000 元的情况。

(5) 特殊值测试。如,取款额为 0 或负值的情况。

(6) 状态转换测试。如,从正在取款状态强制到交易结束状态。

4) 为满足特殊需求设计用例

在早期的软件测试过程中,安全性测试、性能测试、可靠性测试等非功能性测试主要在系统测试阶段才开始进行。由于计算机系统越来越复杂、庞大,在现在的软件测试过程中,需要不断地对这些满足特殊需求的测试过程加以细化。在大部分软件产品的开发过程中,模块设计文档就已经明确地指出了接口要达到的安全性指标、性能指标等,如,在 ATM 系统中密码验证模块需要有对密码的加密功能,而密码在通信传输时又需要对其动态加密,这就涉及了模块级和集成级的安全性测试。此时我们应该在对模块进行单元测试和集成测试阶段就开展满足特殊需求的测试,为整个系统是否能够满足这些特殊需求把关。

规约(可能涉及需求规约、概要设计规约、详细设计规约)导出法是合理的用例设计方法。

5) 为满足覆盖指标设计用例

与单元测试所关注的覆盖重点不同,在集成测试阶段关注的主要覆盖是功能覆盖和接口覆盖(而不是单元测试所关注的路径覆盖、条件覆盖等),通过对集成后的模块进行分析,来判断是否所有的功能以及接口(如对消息的测试,既应该覆盖到正常消息也应该覆盖到异常消息)被覆盖。接口的覆盖可以通过模块的调用图帮助分析,也可以借助工具协助。如果现有的测试用例执行后,没有实现对所有功能和接口的覆盖,则需要补充设计测试用例。

可考虑从以下方面设计用例:

(1) 功能覆盖分析。如,ATM 系统中取款功能的所有子功能覆盖,子功能包括正常金额取款功能、非正常金额取款功能、非正常金额的异常取款功能等。

(2) 接口覆盖分析。如,ATM 系统中的各模块之间的接口、软件模块和 ATM 硬件的接口、人与 ATM 的接口等。

6) 测试用例补充

在软件开发的过程中,难免会因为需求变更等原因,会有功能增加、特性修改等情况发生,因此我们不可能在测试工作一开始就 100% 完成所有的集成测试用例的设计,这就需要在集成测试阶段能够及时跟踪项目变化,按照需求增加和修改来补充集成测试用例,保证进行充分的集成测试。如,ATM 系统对每次交易输入的密码错误次数从 3 次改为 5 次,则必须设计相应的测试用例作为补充。

以上从 6 个方面分析了集成测试用例的设计,在实际的集成测试过程中,通常会考虑软件开发成本、测试成本、进度和质量等方面的平衡,所以,集成测试也要考虑重点突出,如,要保证对所有重点的接口以及重要的功能进行充分的测试,然后在时间允许的前提下做其他功能和接口的测试。另外,在集成测试的过程中要吸取教训和积累经验,如,用例设计要充分考虑到可回归性以及是否便于自动化测试的执行。

从以上 6 个方面设计的集成测试用例难免会存在交叉,也就是说存在不同的测试用例覆盖相同的功能和接口,出现这种问题可以通过对测试用例的评审来解决。

5.5　集成测试实例

这里仍然以单元测试中酒店服务与管理系统为例来说明集成测试的应用。在单元测试中以 Package FlashRemoting 为例来进行单元测试。在集成测试中将实现对 FlashRemoting 模块和 EncodePassword 模块集成以及 FlashRemoting 模块和 EncodePassword 模块与界面模块的集成。

1. 系统大概需求

见单元测试实例部分。

2. 集成测试接口分析

FlashRemoting 模块接口如表 5-1 所示。

表 5-1　FlashRemoting 模块接口

标　识　符	名　　称	调用层次数	调用函数次数
HLD_001_INT_001	boolean LoginAdmin (String userName, String userPassword, String Private_Key)	1	1
HLD_001_INT_002	boolean LoginUser (String userName, String userPassword)	1	1

标　识　符	名　　　称	调用层次数	调用函数次数
HLD_001_INT_003	String newUser(String firstName,String lastName, String passWord,String eMail,String salutation)	1	4
HLD_001_INT_004	String newAdmin（String firstName,String lastName,String passWord,String eMail,String salutation,String Private_Key)	1	4
HLD_001_INT_005	boolean RepassWord(String User_ID)	1	1
HLD_001_INT_006	boolean emailFormat(String email)	0	0
HLD_001_INT_007	int CheckSet(int Set)	0	0

FlashRemoting 模块和 EncodePassword 模块集成接口如表 5-2 所示。

表 5-2　FlashRemoting 模块和 EncodePassword 模块集成接口

标　识　符	名　　　称	调用层次数	调用函数次数
HLD_003_INT_001	byte[] encode(byte[] input,byte[] key)	1	1
HLD_003_INT_002	byte[] decode(byte[] input,byte[] key)	1	1

FlashRemoting 模块、EncodePassword 模块和界面模块集成接口如表 5-3 所示。

表 5-3　FlashRemoting 模块、EncodePassword 模块和界面模块集成接口

接　口　序　号	接　口　描　述
GUN_INT_001	主页面会员登录界面设置接口
GUN_INT_002	主页面注册新会员界面设置接口
GUN_INT_003	注册新会员称谓选择设置接口
GUN_INT_004	注册新会员重复密码匹配检查结果显示接口
GUN_INT_005	会员详细信息界面设置接口
GUN_INT_006	登录成功之后欢迎界面设置接口
GUN_INT_007	显示最后一次登录时间接口

通过分析 FlashRemoting 模块和 EncodePassword 模块的每个对外的接口函数,其中的许多函数都只有调用一层的函数,甚至不调用。因此只测 newAdmin 和 decode 两个接口。对于 GUI 接口,鉴于其测试与系统测试有重复性,这里只进行最基本的接口功能验证。

被测接口及标识如表 5-4 所示。

表 5-4　被测接口及标识

标　识　符	名　　　称
HLD_001_INT_004	String newAdmin（String firstName,String lastName,String passWord,String eMail,String salutation,String Private_Key)
HLD_003_INT_002	byte[] decode(byte[]input,byte[] key)
GUN_INT_001	主页面会员登录界面设置接口
GUN_INT_002	主页面注册新会员界面设置接口
GUN_INT_003	注册新会员称谓选择设置接口
GUN_INT_004	注册新会员重复密码匹配检查结果显示接口
GUN_INT_005	会员详细信息界面设置接口
GUN_INT_006	登录成功之后欢迎界面设置接口
GUN_INT_007	显示最后一次登录时间接口

3. 采用的测试方法和技术

（1）对 FlashRemoting 模块内集成,例子仅对 newAdmin 进行测试。

（2）在完成 FlashRemoting 模块集成测试后,对 FlashRemoting 模块和 EncodePassword 模块进行集成测试。对于 newAdmin 和 decode 这两个接口的测试,可以从接口的输入域和输出域覆盖上进行测试用例的设计,同时考虑接口功能的完整性;虽然仅仅是两个模块的集成,但实际采用的是自顶向下的集成方法。

（3）对于界面接口,利用场景法设计测试用例,根据用例进行手动验证其功能,同时,关注其是否调用正确的接口函数,并且是否能够正确地传递输入参数,正确地获取返回值和输出参数。

（4）参考等价类划分方法。

（5）参考边界值分析方法。

（6）参考使用错误猜测方法。

（7）覆盖分析。

4. 测试环境

（1）硬件需求。

应用服务器、数据库服务器及两台标准开发 PC 等。

（2）软件需求。

相关操作系统、数据库系统等。

（3）测试工具。

Github、Selenium 等。

5. 测试通过/失败标准

测试通过的标准表述如下:

- 所有的接口用例都被执行过并通过;
- 所有发现的真实缺陷都被修正并回归测试;
- newAdmin 接口和 decode 接口的输入域被 100％覆盖;
- newAdmin 接口和 decode 接口的函数调用路径被 100％覆盖。

测试失败的标准表述如下:

- 缺陷密度大于 2 个/KLOC;
- 发现有重大结构设计问题,其修改会导致 20％以上的函数接口、功能、模块数量的变化,进一步测试相关接口已经无意义;
- 发现关键功能未被设计,该功能的设计会导致 20％以上的函数接口、功能、模块数量的变化,进一步测试相关接口已经无意义。

6. 测试对象

（1）FlashRemoting 模块 tag_02 版本。

（2）EncodePassword 模块 tag_03 版本。

（3）界面模块 tag_05 版本。

7. 用例分析与设计

1）HDL_001_INT_004 测试分析与设计

（1）设计标识符：IT_TD_001。

（2）被测特性。

- 输入特定参数为空时,注册失败;
- 输入管理员邮箱不合法时,注册失败;
- 输入参数合法时,注册成功。

（3）测试方法。

分析 newAdmin 的函数调用关系图和流程图,从 newAdmin 函数测试知道,用桩对 EmailFormat、CheckSet 和 SendEmail 3 个函数进行了替代。因此,对于 newAdmin 的集成来说,关键是验证 newAdmin 与 EmailFormat、CheckSet 和 SendEmail 的接口是否与预计的效果相同。

（4）测试项标识如表 5-5 所示。

表 5-5　测试项标识 1

测试项标识符	测试项描述	优　先　级
IT_TD_001_001	输入特定参数为空的情况	低
IT_TD_001_002	输入管理员邮箱不合法的情况	高
IT_TD_001_003	输入参数合法的情况	高

（5）测试通过/失败标准。

所有的用例都必须被执行,且没有发现缺陷。

（6）对应的测试用例如表 5-6～表 5-8 所示。

表 5-6　测试用例 1

测试项编号	IT_TD_001_001	
优先级	低	
测试项描述	测试特定参数为空的错误情况	
前置条件	管理员单击"注册"按钮,进入注册界面	
用　例　序　号	输　入	期　望　结　果
001	firstName="Claude" lastName="Strife" Password="" eMail="zacks_mail163.com" saluation="先生" Pivate_Key="genocide"	返回 false 反馈密码不能为空的错误信息
002	firstName="" lastName="Strife" Password="992125gjl" eMail="zacks_mail163.com" saluation="先生" Pivate_Key="genocide"	返回 false 反馈 firstName 不能为空的错误信息
003	firstName="Claude" lastName="Strife" Password="992125gjl" eMail="zacks_mail163.com" saluation="先生" Pivate_Key=""	返回 false 反馈密钥不能为空的错误信息

表 5-7　测试用例 2

测试项编号	IT_TD_001_002	
优先级	高	
测试项描述	测试邮箱参数不合法的错误情况	
前置条件	管理员单击"注册"按钮,进入注册界面	
用 例 序 号	输　　　入	期　望　结　果
001	firstName="Claude" lastName="Strife" Password="992125gjl" eMail="zacks_mail163.com" saluation="先生" Pivate_Key="genocide"	返回 false 反馈邮箱错误的错误信息

表 5-8　测试用例 3

测试项编号	IT_TD_001_003	
优先级	高	
测试项描述	测试参数合法的情况	
前置条件	管理员单击"注册"按钮,进入注册界面	
用 例 序 号	输　　　入	期　望　结　果
001	firstName="Claude" lastName="Strife" Password="992125gjl" eMail="zacks_mail@163.com" saluation="先生" Pivate_Key="genocide"	返回 User_ID

2) HDL_003_INT_002 测试分析与设计

(1) 设计标识符: IT_TD_002。

(2) 被测特性。

- 输入管理员密钥正确的情况,返回解密后的数据库中的密码;
- 输入管理员密钥错误的情况下,返回解密后错误的编码。

(3) 测试方法。

分析 decode 的函数调用关系图和流程图,从 loginAdmin 函数测试知道,用桩对 decode 进行了替代。因此,对于 decode 的集成来说,关键是验证 loginAdmin 与 decode 的接口是否与预计的效果相同。

(4) 测试项标识如表 5-9 所示。

表 5-9　测试项标识 2

测试项标识符	测试项描述	优　先　级
IT_TD_002_001	输入密钥错误的情况	高
IT_TD_002_002	输入密钥为空的情况	高

191

(5) 测试通过/失败标准: 所有的用例都必须被执行,且没有发现缺陷。

(6) 对应的测试用例如表 5-10 和表 5-11 所示。

表 5-10　测试用例 4

测试项编号	IT_TD_002_001	
优先级	高	
测试项描述	测试管理员登录密钥为空情况	
前置条件	网站管理员单击"登录"按钮,进入登录界面	
用 例 序 号	输　入	期 望 结 果
001	userName="HA00000000001" userPassword="992125gjl" Private_Key=""	返回 false

表 5-11　测试用例 5

测试项编号	IT_TD_002_002	
优先级	高	
测试项描述	测试管理员登录密钥不为空的情况	
前置条件	网站管理员单击"登录"按钮,进入登录界面	
用 例 序 号	输　入	期 望 结 果
001	userName="HA00000000001" userPassword="992125gjl" Private_Key="genocidc"	返回经解密算法解密后的字节流

3) GUI_INT_001 测试分析与设计

(1) 设计标识符: IT_TD_003。

(2) 被测特性: 主页面会员登录界面设置接口。

(3) 测试方法: 检测输入的合法会员账号、密码是否能够正确地传递给 loginUser 接口函数。检测输入的验证码为空时,是否能正确提示出错信息。检测接口输出的正确性分为两个方面: 一方面,验证能否正确获取 loginUser 的返回值;另一方面,能够正确获取到错误信息并显示给用户。

(4) 测试项标识如表 5-12 所示。

表 5-12　测试项标识 3

测试项标识符	测试项描述	优　先　级
IT_TD_003_001	验证接口的输入正确性	高
IT_TD_003_002	验证返回值处理的正确性	高
IT_TD_003_003	验证错误信息捕获的正确性	高

(5) 测试通过/失败标准: 所有的用例都必须被执行,且没有发现缺陷。

(6) 对应测试用例: 略。

4) GUI_INT_002 测试分析与设计

(1) 设计标识符: IT_TD_004。

(2) 被测特性: 主页面注册新会员界面设置接口。

(3) 测试方法: 检测输入的合法注册信息是否能够正确地传递给 newUser 接口函数。检测输入的必填项为空时,是否能正确提示出错信息。检测接口输出的正确性分为两个方面:

一方面,验证能否正确获取 newUser 的返回值;另一方面,能够正确获取到错误信息并显示给用户。

（4）测试项标识如表 5-13 所示。

表 5-13　测试项标识 4

测试项标识符	测试项描述	优　先　级
IT_TD_004_001	验证接口的输入正确性	高
IT_TD_004_002	验证返回值处理的正确性	高
IT_TD_004_003	验证错误信息捕获的正确性	高

（5）测试通过/失败标准:所有的用例都必须被执行,且没有发现错误。

（6）对应测试用例:略。

5）GUI_INT_003 测试分析与设计

（1）设计标识符:IT_TD_005。

（2）被测特性:注册新会员称谓选择设置接口。

（3）测试方法:检测称谓下拉框中选择的数据是否能够正确地传递给 newUser 接口函数。检测是否允许不选择称谓;检测是否会显示给用户正确的提示信息。

（4）测试项标识如表 5-14 所示。

表 5-14　测试项标识 5

测试项标识符	测试项描述	优　先　级
IT_TD_005_001	验证接口的输入正确性	高
IT_TD_005_002	验证提示信息显示的正确性	高

（5）测试通过/失败标准:所有的用例都必须被执行,且没有发现错误。

（6）对应测试用例:略。

6）GUI_INT_004 测试分析与设计

（1）设计标识符:IT_TD_006。

（2）被测特性:注册新会员重复密码匹配检查结果显示接口。

（3）测试方法:检测重复输入的密码与第一次输入的密码不匹配时的错误信息是否能够正确显示给用户。

检测两次输入密码匹配时,是否能将密码数据正确地传递给 newUser 接口函数。

（4）测试项标识如表 5-15 所示。

表 5-15　测试项标识 6

测试项标识符	测试项描述	优　先　级
IT_TD_006_001	验证接口的输入正确性	高
IT_TD_006_002	验证错误信息捕获的正确性	高

（5）测试通过/失败标准:所有的用例都必须被执行,且没有发现错误。

（6）对应测试用例:略。

7) GUI_INT_005 测试分析与设计

(1) 设计标识符：IT_TD_007。

(2) 被测特性：会员详细信息界面设置接口。

(3) 测试方法：检测输入的合法注册信息是否能够正确地传递给 newUser 接口函数。检测输入的必填项为空时，是否能正确提示出错信息。检测接口输出的正确性分为两个方面：一方面，验证能否正确获取 newUser 的返回值；另一方面，能够正确获取到错误信息并显示给用户。

(4) 测试项标识如表 5-16 所示。

表 5-16　测试项标识 7

测试项标识符	测试项描述	优　先　级
IT_TD_007_001	验证接口的输入正确性	高
IT_TD_007_002	验证返回值处理的正确性	高
IT_TD_007_003	验证错误信息捕获的正确性	高

(5) 测试通过/失败标准：所有的用例都必须被执行，且没有发现错误。

(6) 对应测试用例：略。

8) GUI_INT_006 测试分析与设计

(1) 设计标识符：IT_TD_008。

(2) 被测特性：登录成功之后欢迎界面设置接口。

(3) 测试方法：检测登录成功时是否能正确调用欢迎界面。

(4) 测试项标识如表 5-17 所示。

表 5-17　测试项标识 8

测试项标识符	测试项描述	优　先　级
IT_TD_008_001	验证接口调用的正确性	高

(5) 测试通过/失败标准：所有的用例都必须被执行，且没有发现错误。

(6) 对应测试用例：略。

9) GUI_INT_007 测试分析与设计

(1) 设计标识符：IT_TD_009。

(2) 被测特性：显示最后一次登录时间接口。

(3) 测试方法：检测接口输出的正确性；能够正确获取到返回信息并显示给用户。

(4) 测试项标识如表 5-18 所示。

表 5-18　测试项标识 9

测试项标识符	测试项描述	优　先　级
IT_TD_009_001	验证信息捕获并显示的正确性	高

(5) 测试通过/失败标准：所有的用例都必须执行，且没有发现错误。

(6) 对应测试用例：略。

8. 消息调用图及覆盖率

图 5-16 是 FlashRemoting 模 块 和 EncodePassword 模 块 之 间 的 消 息 调 用，Package FlashRemoting 中包含有 FindPassWord. java、HotelLogin. java 和 MemberManage. java 3 个 类，EncodePassword 模块含有一个 Crypt 类，测试这两模块之间的接口需要调用 JMail 类方 法，用桩代替。

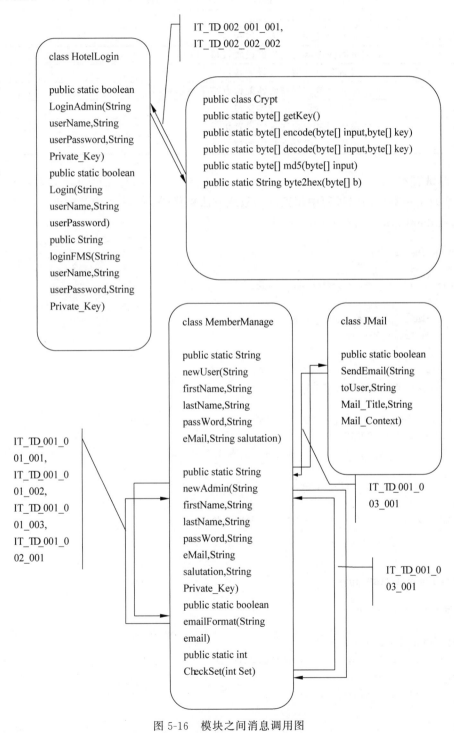

图 5-16　模块之间消息调用图

覆盖率分析表如表 5-19 所示。

表 5-19　覆盖率分析表

标　识　符	名　　　称	覆盖率/%
HLD_001_INT_004	String newAdmin（String firstName，String lastName，String passWord，String eMail，String salutation，String Private_Key）	100
HLD_003_INT_002	byte[] decode(byte[] input，byte[] key)	100
GUN_INT_001	主页面会员登录界面设置接口	100
GUN_INT_002	主页面注册新会员界面设置接口	100
GUN_INT_003	注册新会员称谓选择设置接口	100
GUN_INT_004	注册新会员重复密码匹配检查结果显示接口	100
GUN_INT_005	会员详细信息界面设置接口	100
GUN_INT_006	登录成功之后欢迎界面设置接口	100
GUN_INT_007	显示最后一次登录时间接口	100

9. 测试脚本

以下列出在集成测试过程中用到的函数或方法桩代码。

MyAuthenticator_stub. java：

```java
package JMailPacket;

import Javax.mail.PasswordAuthentication;

public class MyAuthenticator_stub {
  private String strUser;
  private String strPwd;

  public MyAuthenticator_stub()
  {
  this.strUser = "zacks_mail@163.com";
  this.strPwd = "992125gjl";
  }

  protected PasswordAuthentication getPasswordAuthentication()
  {
  return new PasswordAuthentication(strUser, strPwd);
  }
}
```

EmailFormat_stub. java：

```java
package FlashRemoting;

public class EmailFormat_stub {
    public static boolean emailFormat(String email)
    {
        return true;
    }
}
```

Crypt_stub. java：

```java
package EncodePassword;

import Java. security. * ;
import Javax. crypto. * ;

public class Crypt_stub
{
public static boolean STUB_SUC = true;

private static String Algorithm = "DES"; //定义加密算法,可用 DES,DESede,Blowfish

static
{
    Security. addProvider(new com. sun. crypto. provider. SunJCE());
}

//生成密钥,注意此步骤时间比较长

public static byte[] getKey() throws Exception
{
    KeyGenerator keygen = KeyGenerator. getInstance(Algorithm);
    SecretKey deskey = keygen. generateKey();
    return deskey. getEncoded();
}

//加密
public static byte[] encode(byte[] input,byte[] key) throws Exception
{
    String skey = new String(key);
        byte[] result = "false". getBytes();
        if(FlashRemoting. NewUser_UnitTest. CASE_NUM. compareTo("IT_TD_001_001_001") == 0)
        {
            if(skey. compareTo("genocide") != 0)
            {
                STUB_SUC = false;
                return result;
            }
            result = "992125gjl". getBytes();
            return result;
        }
        if((FlashRemoting. NewUser_UnitTest. CASE_NUM. compareTo("IT_TD_001_001_003") == 0)
        || (FlashRemoting. NewUser_UnitTest. CASE_NUM. compareTo("IT_TD_001_001_002") == 0)
        || (FlashRemoting. NewUser_UnitTest. CASE_NUM. compareTo("IT_TD_001_002_001") == 0))
        {
            if(skey. compareTo("genocidc") != 0)
            {
                STUB_SUC = false;
            }
            return result;
        }
        if(FlashRemoting. NewUser_UnitTest. CASE_NUM. compareTo("IT_TD_001_003_001") == 0))
        {
            if(skey. compareTo("genocide") != 0)
            {
```

```
                                STUB_SUC = false;
                            }
                            return result;
                        }

                        STUB_SUC = false;
                        return result;
            }

        //解密
        public static byte[] decode(byte[] input,byte[] key) throws Exception
        {
                String skey = new String(key);
                byte[] result = "false".getBytes();
                if(FlashRemoting.Login_UnitTest.CASE_NUM.compareTo("IT_TD_002_001_001") == 0)

                {
                    if(skey. compareTo("genocide") != 0)
                    {
                        STUB_SUC = false;
                        return result;
                    }
                    result = "992125gjl".getBytes();
                    return result;
                }
                if(FlashRemoting.Login_UnitTest.CASE_NUM.compareTo("IT_TD_002_002_001") == 0)

                {
                    if(skey. compareTo("genocidc") != 0)
                    {
                        STUB_SUC = false;
                    }
                    return result;
                }

                STUB_SUC = false;
                return result;
        }

    //md5()信息摘要, 不可逆
    public static byte[] md5(byte[] input) throws Exception
    {
        Java. security. MessageDigest alg = Java. security. MessageDigest. getInstance("MD5");
    //或 "SHA - 1"
        alg. update(input);
        byte[] digest = alg.digest();
        return digest;
    }

        //字节码转换成十六进制字符串
    public static String byte2hex(byte[] b)
    {
        String hs = "";
        String stmp = "";
        for ( int n = 0;n < b. length;n++)
```

```
    {
        stmp = (Java.lang.Integer.toHexString(b[n] & 0XFF));
        if (stmp.length() == 1)
            hs = hs + "0" + stmp;
        else
            hs = hs + stmp;
        if (n < b.length - 1)
            hs = hs + ":";
    }
    return hs.toUpperCase();
    }
}
```

JMail_stub.java：

```
package JMailPacket;

public class JMail_stub {
public static boolean SendEmail(String toUser,String Mail_Title,String Mail_Context)
{
    return true;
}
}
```

10. 用例执行及报告分析

略。

练　习

1. 分析集成测试的重点及集成测试回归的目的。
2. 简要说明集成测试环境的创建。
3. 分析结构化开发和面向对象开发的集成测试依据。
4. 简述集成测试的覆盖指标要求。
5. 分别用自顶向下集成、自底向上集成、大爆炸集成、三明治集成方法完成对图 5-17 的集成测试。

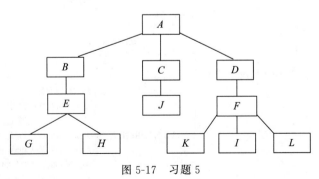

图 5-17　习题 5

6. 以一个具体项目为例分析服务端类间集成、前端和服务端分离的集成测试。

第6章　系统测试

第6章

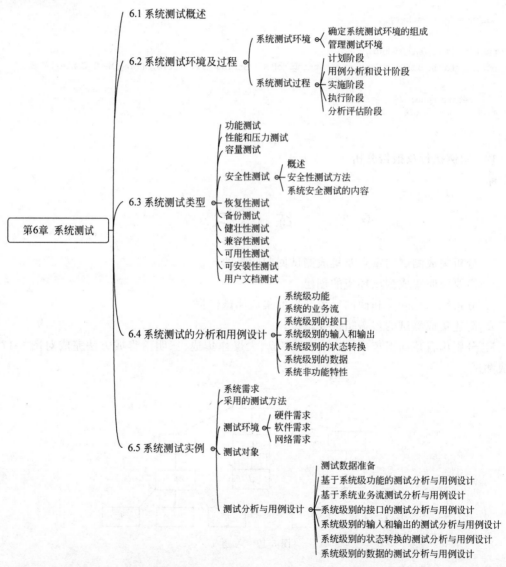

第6章思维导图

- 6.1 系统测试概述
- 6.2 系统测试环境及过程
  - 系统测试环境
    - 确定系统测试环境的组成
    - 管理测试环境
  - 系统测试过程
    - 计划阶段
    - 用例分析和设计阶段
    - 实施阶段
    - 执行阶段
    - 分析评估阶段
- 6.3 系统测试类型
  - 功能测试
  - 性能和压力测试
  - 容量测试
  - 安全性测试
    - 概述
    - 安全性测试方法
    - 系统安全测试的内容
  - 恢复性测试
  - 备份测试
  - 健壮性测试
  - 兼容性测试
  - 可用性测试
  - 可安装性测试
  - 用户文档测试
- 6.4 系统测试的分析和用例设计
  - 系统级功能
  - 系统的业务流
  - 系统级别的接口
  - 系统级别的输入和输出
  - 系统级别的状态转换
  - 系统级别的数据
  - 系统非功能特性
- 6.5 系统测试实例
  - 系统需求
  - 采用的测试方法
  - 测试环境
    - 硬件需求
    - 软件需求
    - 网络需求
  - 测试对象
  - 测试分析与用例设计
    - 测试数据准备
    - 基于系统级功能的测试分析与用例设计
    - 基于系统业务流测试分析与用例设计
    - 系统级别的接口的测试分析与用例设计
    - 系统级别的输入和输出的测试分析与用例设计
    - 系统级别的状态转换的测试分析与用例设计
    - 系统级别的数据的测试分析与用例设计

第1章对系统测试做了简单描述,本章将对系统测试进行详细分析。

6.1　系统测试概述

软件只是计算机系统中的一个组成部分,软件开发完成后,还要与系统中的其他元素结合起来才能运行,这些元素包括计算机硬件、外围设备(简称外设)、网络、操作系统等。因此系统测试是在整个系统投入运行之前,对系统的各元素进行组装和确认测试,确保在系统实际运行时软件、硬件、外设、网络等系统元素能够相互配合并正常工作。

系统测试的类型有很多,系统测试除了验证系统的功能外,还会涉及安全性、性能压力、可用性、可靠性、可恢复性等方面的测试,而且每种测试都有其特定的目标。系统测试对于开发者来说是将系统交付给用户之前的最后一道防线。

系统测试属于黑盒测试范畴,不需要对软件的源代码进行分析,但是在系统测试中可以运用白盒测试的思想,如在系统测试中对系统业务路径的分析就是白盒测试思想的延伸,系统的业务路径就是将系统不同的模块或不同的子系统连接起来形成一个系统业务路径,执行这个路径也就实现系统的某项功能。

系统测试一般由测试经理统一组织、制订系统测试计划,测试技术人员负责测试分析、用例设计、开发测试脚本、测试环境的搭建、测试执行等工作。系统测试需要有完整的监控过程,完成系统测试后,需要提交各种系统测试文档,这些文档包括系统测试报告、缺陷跟踪管理报告等。

系统测试的依据是系统需求规约(说明书)和系统需求分析规约(说明书)。

6.2　系统测试环境及过程

1. 系统测试环境

搭建系统测试环境是系统测试实施的一个重要阶段,测试环境适合与否直接影响系统测试结果的真实性和正确性。系统测试环境包括硬件环境和软件环境两大部分,硬件环境是指测试所必需的服务器、客户端、网络连接设备以及打印机/扫描仪等辅助硬件设备所构成的环境;软件环境是指被测软件运行时的操作系统、数据库及其他工具软件、应用软件构成的环境。

(1) 确定系统测试环境的组成。可以从以下方面考虑。

- 系统测试所需的计算机数量,以及对每台计算机的硬件配置要求,包括 CPU 的速度、内存和硬盘的容量、网卡所支持的速度。
- 系统测试所需的外设,如打印机数量及其型号、ATM 数量及型号、条形码读码器数量及型号等。
- 部署被测应用的服务器所必需的操作系统、数据库管理系统、中间件、Web 服务器以及其他必需组件的名称、版本,以及所要用到的相关补丁的版本。
- 用来保存系统测试中生成的文档和数据的服务器所必需的操作系统、数据库管理系统、中间件、Web 服务器以及其他必须组件的名称、版本,以及所要用到的相关补丁的版本。
- 用来执行测试工作的计算机所必需的操作系统、数据库管理系统、中间件、Web 服务器以及其他必须组件的名称、版本,以及所要用到的相关补丁的版本。

- 是否需要专门的计算机用于系统测试的应用服务器环境和测试管理服务器环境的备份。
- 系统测试中所需要使用的网络环境。例如如果测试结果与接入 Internet 的线路的稳定性有关,那么应该考虑为测试环境租用单独的线路;如果测试结果与局域网内的网络速度有关,那么应该保证计算机的网卡、网线以及用到的集线器及交换机都不会成为瓶颈。
- 必要的测试工具及其运行的操作系统、数据库管理系统、版本等。

(2) 管理测试环境。可以从以下方面考虑。

- 设置专门的系统测试环境管理员角色。测试环境管理员,其主要职责是测试环境的搭建,包括操作系统、数据库、中间件、Web 服务器等必须软件的安装、配置,并做好各项安装、配置手册的编写;设置系统测试环境的各台机器的硬件配置、IP 地址、端口配置、机器的具体用途,以及当前网络环境;系统测试环境各项变更的执行及记录;测试环境的备份及恢复;操作系统、数据库、中间件、Web 服务器以及被测应用中所需的各用户名、密码以及权限的管理。
- 记录好系统测试环境管理所需的各种文档。测试环境的各台机器的硬件环境文档、测试环境的备份和恢复方法手册,记录了每次备份的时间、备份人、备份原因以及所形成的备份文件的文件名和获取方式的文档;用户权限管理文档,该文档记录了访问操作系统、数据库、中间件、Web 服务器以及被测应用时所需的各种用户名、密码以及各用户的权限,并对每次变更进行记录。
- 测试环境访问权限的管理。为每个访问系统测试环境的测试人员和开发人员设置单独的用户名和密码。访问操作系统、数据库、Web 服务器以及被测应用等所需的各种用户名、密码、权限,由测试环境管理员统一管理;测试环境管理员拥有全部的权限,开发人员只有对被测应用的访问权限和查看系统日志(只读),测试组成员不授予删除权限,用户及权限的各项维护、变更,需要记录到相应的用户权限管理文档中。
- 测试环境的备份和恢复。系统测试环境必须是可恢复的,否则将导致原有的测试用例无法执行,或者发现的缺陷无法重现,最终使测试人员已经完成的工作失去价值。因此,应当在测试环境(特别是软件环境)发生重大变动时进行完整的备份,例如使用 Ghost 对硬盘或某个分区进行镜像备份。

软件测试环境搭建以后,在系统测试过程中会存在着维护和更新,对改变的重要配置需要做到对测试环境管理文档、测试环境的备份及时更新。

2. 系统测试过程

和集成测试一样,系统测试也包含不同的阶段,一般可以把系统测试划分为 5 个阶段:计划阶段、用例分析和设计阶段、实施阶段、执行阶段、分析评估阶段。在实际系统测试过程中可能其阶段有所不同,读者可以参考 IEEE 制定的相关标准。

(1) 计划阶段。

系统测试计划的好与坏影响着后续测试工作的进行,系统测试计划的制订对系统测试的顺利实施起着至关重要的作用。一般是由测试经理依据系统需求规约和系统需求分析规约并结合项目计划来制订,有时系统测试计划也需要项目的管理者和测试技术人员参与。

系统测试计划过程主要分为两个阶段:计划的制订阶段和评审阶段。由于系统测试与开发过程可以同时进行,因此在制订系统测试计划时应该充分考虑到总体开发情况和总体测试计划,谨慎地选择测试环境,了解具体要求。在系统测试计划的时间安排上应该留出一定的缓

冲时间,以防意外的风险情况发生时措手不及。另外,当有需求变更时要及时更新系统测试计划。系统测试计划一般会涉及下面内容:

- 系统测试范围与主要内容;
- 测试技术和方法;
- 测试环境与测试辅助工具;
- 系统测试的进入、挂起和恢复及完成(退出)测试的准则;
- 人员与任务;
- 缺陷管理与跟踪。

(2) 用例分析和设计阶段。

本阶段工作主要由测试技术人员来完成。在参考系统测试计划、系统需求规约及需求分析规约的基础上,对系统进行测试分析,分析主要涉及:

- 系统业务及业务流分析;
- 系统级别的接口分析,如与硬件接口、与其他系统接口;
- 系统功能分析;
- 系统级别的输入和输出分析;
- 系统级别的状态转换分析;
- 系统级别的数据分析,如 ERD 分析;
- 系统非功能分析,如安全性、可用性方面的分析。

然后依据分析的结果设计测试用例,使之达到指定的覆盖指标,如系统主要的业务流覆盖、所有的功能覆盖等。测试用例必须经过严格的评审。

(3) 实施阶段。

这个阶段的主要工作是搭建测试环境、准备测试工具、测试开发及脚本的录制,可能还会涉及必要的相关培训,如工具的培训等。另外,本阶段需要确定系统测试的软件版本基线,如在 GitHub 中可以通过设置版本标签来实现。

(4) 执行阶段。

本阶段主要是完成测试用例的执行、记录、问题跟踪修改等工作。如果用例的执行是通过工具来支撑的,那么需要进行测试脚本的回放并记录执行结果,如性能压力测试、并发性测试等需要借助工具才能完成。本阶段需要严格遵循制定的测试规程,必要时会涉及系统的回归测试。

(5) 分析评估阶段。

当系统测试执行结束后,要召集相关人员,如测试设计人员、系统设计人员等对测试结果进行评估形成一份系统测试分析报告,测试结果数据来源于手工记录或自动化工具的记录,以确定系统测试是否通过。评估的内容一般涉及:

- 测试用例的有效性,即测试用例本身可能存在不足、用例执行的成功率等。
- 测试的覆盖情况,如是否达到规定的覆盖指标。
- 缺陷跟踪与解决的情况。

6.3　系统测试类型

系统测试有别于单元测试和集成测试,除了系统测试的对象是针对整个系统之外,还在于系统测试一般不仅仅是基于功能方面的测试,还会涉及其他非功能性方面的测试。第 1 章对软件测试的类型进行了简单分析,本节将从系统测试的角度重点描述系统测试的主要测试类型。

1. 功能测试

功能测试(Functional Test)是系统测试必须完成的,是系统测试中最基本的测试工作,属于黑盒测试技术范畴。其主要的测试依据是系统需求规格说明书和系统需求分析说明书,验证产品是否符合功能需求。因此对系统功能的测试人员的基本要求是:

- 充分了解需求规约和需求分析规约,尤其是功能需求规约;
- 掌握一定的测试方法;
- 具有一定的测试经验。

在充分了解需求规约和需求分析规约的基础上对系统所有的功能进行分析,包括隐含的功能需求并加以标识;分析功能的正常情况和功能异常情况并分类标识;对功能划分优先级,按照优先级确定测试的先后顺序和测试的详细程度,如网上机票订购系统,其订票功能、退票功能为主要功能,而整个页面的布局设置就是相对次要的功能;对每个功能进行测试分析,分析其可测性、采用何种方法测试、测试的前提条件、可能的输入和交互、预期输出等;是否需要借助于测试工具来实现测试、工具使用的程度,即哪些功能用手工测试,哪些使用自动化测试工具。如果需要捕捉功能执行过程中的变量值就需要工具支撑。

功能测试是系统测试的核心工作,用例的设计至关重要,常见的设计方法有:

- 基于规约的方法,即规约导出法;
- 等价类划分法;
- 边界值分析法;
- 因果图;
- 判定表;
- 正交实验设计;
- 基于风险的测试;
- 错误猜测法;
- 场景法;
- 业务流分析法。

功能测试除考虑要选取合适的测试方法之外,功能测试用例的编写要规范、测试用例需要评审,这便于测试过程的监控和管理,提高测试工作的效率,也便于进行功能测试的回归。

以下 2~10 均是非功能测试,但不仅于这些。

2. 性能和压力测试

系统的性能和压力测试(Performance Test and Stress Test)是系统测试的一个重点,将在第 8 章中进行详细阐述。

3. 容量测试

一定程度上容量测试可以看作是性能测试的一部分,这里主要针对数据的容量进行分析。这里的容量测试是面向数据的,是在系统能正常运行的情况下进行的,以确定系统是否能够处理一定容量的数据,也就是观察系统承受超额数据容量的能力。

容量测试可以参考以下步骤:

(1) 分析系统的所有外部数据源,然后进行分类;对每类数据源分析可能的容量限制;对于记录类型数据需要分析记录长度限制、记录中每个域长度限制和记录数量限制;对每个类型数据源,构造系统峰值的大容量数据对系统进行测试。如批量代发工资系统中代发工资文件的记录(人数)的多少,每条记录的长度限制;图形处理系统中读入的图像文件的大小和图形文件的数量。

(2) 分析测试结果,并与系统的期望值比较,确定系统存在的容量瓶颈。

(3) 对系统进行优化并重复进行容量测试,直到系统达到期望的容量处理能力。

常见的数据容量测试有数据量敏感测试、编译器编译能力测试、链接编辑器测试、大规模模块电路模拟、操作系统任务队列满载测试、网络中邮件或文件满载测试等。数据容量测试常用的测试用例设计方法有规约导出法、边界值分析法和错误猜测法。

4. 安全性测试

1) 概述

根据 ISO 8402 的定义,安全性是指"使伤害或损害的风险限制在可接受的水平内"。因此直观地说,系统的安全性是系统的一种内在属性。安全性的英文术语有 Safety 和 Security,后者主要是指文件、数据及资料的保密问题。系统的安全性涉及多个层面:

- 物理层安全。
- 网络层安全。
- 操作系统层安全。
- 应用程序层安全。
- 第三方安全。

随着信息化的普及,信息安全犯罪在当今层出不穷。一方面要用法律和道德的武器来约束不法分子的行为,另一方面要对那些涉及敏感信息以及容易对个人造成伤害的信息系统实施必要的安全防范措施。系统应用的环境以及业务类型千差万别,如基于网络环境的系统、基于销售业务的系统、基于商业机密以及人事管理系统、基于金融方面的系统等都存在着这样或那样的机密信息。一个完善的系统应该具备抵御非法或非正常途径的入侵者破坏系统正常工作的能力。安全性测试就是检查系统对非法侵入的防范能力,测试人员假扮非法入侵者,采用各种办法试图突破系统的防线。例如:

- 想方设法截取或破译口令。
- 破坏保护客户信息的软件或专门开发软件来破坏系统的保护机制。
- 故意导致系统失败或瘫痪,企图趁系统恢复之机非法进入。
- 试图通过浏览非保密数据,推导所需信息等。

2) 安全性测试方法

(1) 功能验证。

功能验证是采用软件测试当中的黑盒测试方法,对涉及安全的软件功能,如用户管理模块、权限管理、加密系统、认证系统等进行测试,主要验证上述功能是否有效。

(2) 漏洞扫描。

漏洞扫描主要是借助于特定的漏洞扫描器完成的。通过使用漏洞扫描器,系统管理员能够发现系统存在的安全漏洞,从而在系统安全中及时修补漏洞。一般漏洞扫描器分为两种类型:主机漏洞扫描器和网络漏洞扫描器。主机漏洞扫描器是指在系统本地运行检测系统漏洞的程序;网络漏洞扫描器是指基于网络远程检测目标网络和主机系统漏洞的程序。

(3) 模拟攻击。

对于安全测试来说,模拟攻击测试是一组特殊的极端的测试方法,以模拟攻击来验证软件系统的安全防护能力。

3）系统安全测试的内容

（1）应用程序安全测试。

应用程序的安全性包括对数据或业务功能的访问,在预期的安全性情况下,操作者只能访问应用程序的特定功能、有限的数据。其测试是核实操作者只能访问其所属用户类型已被授权访问的那些功能或数据。测试时,确定有不同权限的用户类型,创建各用户类型并用各用户类型所特有的事务来核实其权限,最后修改用户类型并为相同的用户重新运行测试。

应用程序的安全性问题：

- 功能验证：有效的密码是否接受,无效的密码是否拒绝；系统对于无效用户或密码登录是否有提示；用户是否会自动超时退出,超时的时间是否合理；各级用户权限划分是否合理。

- 模拟攻击：系统是否允许极端或不正常的方式访问（如果不通过登录页面,则直接输入 URL,看其是否能够进入）。

（2）操作系统安全测试。包括：

- 账号和口令：对主机或域上用户强制进行口令复杂度设置；检查系统是否使用默认管理员账号；检查在系统中是否存在可疑或与系统无关的账号；检查系统用户是否有口令长度要求；检查系统用户是否有密码过期策略。

- 网络与服务：查看主机开放的共享,关掉不必要的共享和系统默认的共享服务；查看主机进程信息（不允许系统中安装与应用服务无关的应用程序）；查看系统启动的服务列表；查看系统启用的端口号；查看系统是否制定操作系统的备份恢复策略服务。

- 文件系统：文件系统的安全主要是检查主机磁盘分区类型和某些特定目录的权限。注意,服务器应使用具有安全特性的 NTFS 格式,而不应该使用 FAT 或 FAT32 分区（上述内容主要针对 Windows 操作系统）。

- 日志审核：主要是检查主机日志的审核情况。它主要包括应用程序日志、安全日志（用户登录系统的日志）、系统日志。

- 其他安全设置：系统补丁漏洞；登录系统操作的用户的权限；病毒防治；系统日志是否有备份功能；数据的备份与恢复；卸载与系统无关组件或应用程序。

（3）数据库安全。

数据库安全将在"数据库测试"一节详细描述,这里做简单分析。

在管理和维护数据库的过程中为了保障数据库安全从下面几方面限制数据库的访问安全,以 Oracle 为例：

- 限制能访问 Oracle 数据库的客户端,指定的 IP 才可以访问,防止恶意的用户登录。

- 即使有访问 Oracle 数据库的机会,账户的密码使用强口令和其他登录策略,恶意用户也无法轻松进入。

- 每个登录账户设置了合适的权限,执行改变数据库状态的权限需要得到管理员的授权,确保了系统合法账户对数据库的操作安全。

（4）IIS 服务器安全测试。

IIS 安全测试涉及：

- IIS 基础服务组件安装情况（根据系统情况合理的安装,减少安装不必要的服务控件）。

- 查看 IIS 日志是否启用,日志存储路径以及日志记录选项。

- IIS 主目录路径和目录访问权限的设置。注意,目录建议不要和系统盘符设置在同一路径下;目录访问权限根据所在项目系统的实际情况来设置,通常只启用"读取"权限,记录访问和索引资料权限与系统的安全无关,都默认启用,因为所用的 Internet 用户访问的目录就是 IIS 设定的主目录。
- 默认文档的启用。
- 访问控制的身份验证。
- 连接超时功能的设置(可以根据项目的安全要求,具体可参考系统需求规格说明书来进行合理的设置)。
- 安全补丁的更新和安装情况。

(5) 网络环境安全测试。

网络环境安全测试主要检测的是系统所在的网络环境安全设置,此测试可以根据项目本身的情况进行。网络安全测试时需要关注以下方面:

- 备份和升级情况。
- 访问控制情况。
- 网络服务情况。
- 路由协议情况。
- 日志审核情况。
- 网络攻击防护情况。
- 登录标志。
- 安全管理。

5. 恢复性测试

软件测试不可能发现软件中的所有缺陷,可恢复测试(Recovery Testing)是测试一个系统从灾难或出错中能否很好地恢复的过程,即验证系统从软件或者硬件失败中恢复的能力。恢复测试一般是通过人为的各种强制性手段让系统出现故障,然后检测系统是否能正确地恢复(自动恢复和人工恢复)。简单地说,可恢复测试是一种对抗性的测试过程。在测试中把应用程序或系统置于极端的条件下或是模拟在极端条件下产生故障,然后调用恢复进程,并监测、检查和核实应用程序与数据能否得到正确的恢复。

可恢复测试通常需要关注恢复所需的时间以及恢复的程度。例如,当系统出错时能否在指定时间间隔内修正错误并重新启动系统。而对于需要人工干预的恢复系统,还需要估计平均修复时间,确定其是否在可接受的范围内。

因此,随着网络应用、电子商务及电子政务越来越普及,系统可恢复性也显得越来越重要,可恢复性对系统的稳定性、可靠性影响很大。但可恢复性测试很容易被忽视,因为可恢复测试的实施相对来说比较难,一般情况下是很难设想出让系统出错和发生灾难性的错误,这需要足够的时间和精力,也需要得到更多的设计人员、开发人员的参与。

在进行恢复性测试时,首先要进行恢复性测试的分析,一般需要考虑以下几个方面:

- 恢复的策略。
- 恢复的程度。
- 恢复期间的安全性,如数据的安全。
- 按日志恢复的能力。
- 当出现供电问题时的恢复能力。

- 恢复的时间长短。
- 恢复操作后系统性能是否下降。

常用的恢复性测试用例设计方法有规约导出法、错误猜测法、基于故障的测试、模拟场景法。

6. 备份测试

备份可能涉及数据库备份、文件系统备份及操作系统备份等,但主要是指数据库备份。备份测试主要是测试系统的备份能力及验证系统在软件、硬件、网络等方面出问题时的备份数据的恢复能力,它属于恢复性测试的一个部分。备份测试可以从下面方面来做分析:备份文件,并同最初的文件进行比较;文件和数据的存储;完整的备份过程;备份是否引起系统性能的降低;手工操作过程备份的有效性;备份期间的安全性;备份期间维护处理日志的完整性。

7. 健壮性测试

健壮性测试又被称为容错性测试,不同于可恢复性测试。容错性测试一般是输入异常数据或进行异常操作,以检验系统的保护性。如果系统的容错性好,系统会给出提示或内部消化掉,而不会导致系统出错甚至崩溃。而可恢复性测试是通过各种手段,让软件强制性地发生故障,然后验证系统已保存的用户数据是否丢失、系统和数据是否能很快恢复。因此,可恢复性测试和容错性测试是互补的关系,可恢复性测试也是检查系统容错能力的方法之一。

所以,健壮性测试主要是测试系统是否具有良好的健壮性,要求设计人员在做系统设计时必须周密细致,尤其要注意妥善地进行系统异常的处理。实际上很多开发项目在设计的过程中,设计者很容易忽略系统关于容错方面的功能,这些多半受到开发者的能力、经验、时间、人力、物力等的限制。因此,系统容错性差也成为目前软件危机中的一个主要原因。不具备容错性能的系统不是一个优秀的系统,在市场上也很难被用户所接纳。

健壮性测试常用的方法是系统故障插入测试,模拟在硬件、软件、网络等方面出现故障的情况并且观察系统行为。

健壮性测试设计的常用方法有故障插入测试、场景法、错误猜测法等。

8. 兼容性测试

兼容性测试将验证软件与其所依赖的环境的依赖程度,包括对硬件的依赖程度、对平台软件、其他软件的依赖程度等。兼容性测试需要在各种各样的软硬件环境下进行,测试中的硬件环境是指进行测试所必需的服务器、客户端、网络连接设备以及打印机、扫描仪等辅助硬件设备所构成的环境;软件环境则是指被测软件运行所需的操作系统、数据库、中间件、浏览器及与被测软件共存的其他应用软件等构成的环境。在兼容性测试时遇到测试环境准备上的问题,可以尝试以下几种方法:

- 向硬件厂商租用或借用。
- 采用试用版软件。
- 在条件完善的专业测试实验室里完成测试。

兼容性测试内容包括:

- 硬件兼容性测试:所有软件都需要向用户说明其运行的硬件环境,对于多层次结构的软件系统来说,需要分别说明其服务器端、客户端以及网络所需的环境。兼容性测试就是确认这些对于硬件环境是否正确、合理。硬件兼容性测试包括与整机的兼容性(CPU、内存、硬盘);与板卡及配件的兼容性;与打印机的兼容性;其他方面硬件的兼容性等。

- 软件兼容性测试：与操作系统的兼容性，如检测被测系统是否能运行于不同的操作系统环境；与数据库的兼容性，如检测被测系统是否可以和不同的数据库交换数据；与中间件的兼容性；与浏览器的兼容性；与其他软件的兼容性。
- 数据兼容性测试：不同数据格式的兼容性；XML 符合性等。
- 平台化软件兼容性测试。
- 新旧系统数据迁移测试。

因此，在做兼容性测试时，应主要关注如下几个方面的问题：

- 系统可能运行在哪些不同的操作系统环境下。
- 系统可能与哪些不同类型的数据库进行数据交换。
- 系统可能运行在哪些不同的硬件配置的环境下，如硬件的型号不同、硬件的生产商不同等。
- 系统可能需要与哪些软件系统协同工作，这些软件系统可能的版本有哪些。

并不是每个系统都要进行所有兼容性项目的测试。对于定制系统来说，兼容性测试应尽早进行，否则系统投入使用后，随着系统中数据的增多，兼容性测试的风险和投入将越来越大。

9. 可用性测试

可用性测试是指让有代表性的用户尝试对产品进行典型操作，同时，观察员及开发人员在一旁观察、聆听并做记录。因此，可用性测试一般是面向用户的系统测试，有时也是面向原型的测试。测试的重点是系统的功能、系统的业务、帮助等。

可用性测试方法包括：

（1）认知预演

认知预演（Cognitive Walkthroughs）是由 Wharton 等于 1990 年提出的，该方法首先要定义目标用户、代表性的测试任务、每个任务正确的行动顺序、用户界面，然后进行行动预演并不断地提出问题，包括用户能否达到任务目的、用户能否获得有效的行动计划、用户能否采用适当的操作步骤、用户能否根据系统的反馈信息评价是否完成任务，最后进行评论，诸如要达到什么效果、某个行动是否有效、某个行动是否恰当、某个状况是否良好。该方法的优点在于能面向原型。该方法的缺点在于评价人不是真实的用户，不能很好地代表用户。

（2）启发式评估。

启发式评估（Heuristic Evaluation）由 Nielsen 和 Molich 于 1990 年提出，由多位评价人（通常是 4～6 人）根据可用性原则反复浏览系统各个界面，独立评估系统，允许各位评价人在独立完成评估之后讨论各自的发现，共同找出可用性问题。该方法的优点在于专家决断比较快、使用资源少，能够提供综合评价，评价机动性好。但是也存在不足之处：一是会受到专家的主观影响；二是没有规定任务，会造成专家评估的不一致；三是评价后期阶段由于评价人的原因造成信度降低；四是专家评估与用户的期待存在差距，所发现的问题仅能代表专家的意见。

（3）用户测试法。

用户测试法（User Test）就是让用户真正地使用软件系统，由实验人员对实验过程进行观察、记录和测量。这种方法可以准确地反馈用户的使用表现、反映用户的需求，是一种非常有效的方法。用户测试可分为实验室测试和现场测试。实验室测试是在可用性测试实验室里进行的，而现场测试是由可用性测试人员到用户的实际使用现场进行观察和测试。用户测试之后评估人员需要汇编和总结测试中获得的数据，例如完成时间的平均值、中间值、范围和标准偏差,用户成功完成任务的百分比等,然后对数据进行分析,并根据问题的严重程度和紧急程度排序撰写最终测试报告。

可用性测试的设计的主要方法有规约导出法、错误猜测法和场景法等。

10. 可安装性测试

可安装性测试的目的就是要验证成功安装系统的能力。安装系统处在一个开发项目的结束,也是被测系统运行的开始。顺利安装系统,会给用户一个良好的印象。因此安装过程需要简单明了,并且相关的文档要求同样地直观简洁。随着软件产品的日益丰富,可获得软件的途径也多种多样,软件的安装方式也发生了很大的变化,有系统软件的安装、应用软件的安装、服务器的安装、客户端的安装,还有产品的升级安装等。

安装测试时要注意下面几点:

* 是否需要专业人员安装。需要专业人员安装的软件通常只有 Readme 文档或者简单的安装说明书,测试的工作量相对较小。需要普通用户自行安装的软件则必须提供详细的安装说明书。
* 软件的安装说明书有无对安装环境进行限制和要求。至少在标准配置和最低配置两种环境下安装。曾经有过这样的例子,某客户端产品进行安装测试时十分顺利,在准备发布之前的一次演示中,按安装说明书进行安装时却意外发现无法通过,提示没有安装相关 Java 程序包。真正的原因就是测试人员的测试用机都按习惯在装操作系统时默认安装了相关 Java 程序包,造成了测试上的疏漏。
* 安装过程是否简单,容易掌握。软件的安装说明书与实际安装步骤是否一致。对一般用户而言,长长的安装文档、复杂的操作步骤往往会产生畏惧心理。如果实际步骤与安装说明上有出入,就容易让用户缺乏信心,增加技术支持的成本。
* 安装过程是否有明显的、合理的提示信息。相应的信息是否合理、合法;插入光盘,选择、更改目录,安装的进程和步骤等均应有明显的、合理的指示;用户许可协议的条款要保证其合理、合法。
* 安装过程中是否会出现不可预见的或不可修复的错误。安装过程中(特别是系统软件)对硬件的识别能力;检查系统安装是否会破坏其他文件或配置;检查系统安装是否可以中止并恢复原状。
* 软件安装的完整性和灵活性。大型的应用程序会提供多种安装模式(最大、最小、自定义等),每种模式是否能够正确地执行,安装完毕后是否可以进行合理的调整。
* 软件使用的许可号码或注册号码的验证。
* 升级安装后原有应用程序是否可以正常运行。
* 卸载测试也是安装测试的一部分。卸载后,文件、目录、快捷方式等是否清除;卸载后,占用的系统资源是否全部释放;卸载后,是否影响其他软件的使用。

安装测试的设计可参考使用规约导出法和错误猜测法。

11. 用户文档测试

用户文档一般包括用户操作手册、维护手册和在线帮助。

用户操作手册测试主要涉及是否准确地按照操作手册的描述使用系统功能。操作手册中的每条必须尝试;检查每条陈述;查找容易误导用户的内容。

维护手册是软件产品投入运行以后,发现问题对其进行修正、更改等的建议以及对修改可能的影响所做的详细描述。维护手册的测试可以通过模拟相关问题的修正和更改来进行。

在线帮助是给用户提供一种实时的咨询服务。一个完善的系统应该具备在线帮助的功能，可以说在线帮助是系统中不可或缺的功能，因而在线帮助测试同样显得十分必要。在线帮助测试主要用于验证系统的实时在线帮助的可操作性和准确性。在线帮助测试人员需要对下列问题给予关注：

- 帮助文档的索引是否准确无误；
- 帮助文档的内容是否贴切；
- 系统运行过程中帮助文档是否能被激活；
- 所激活的帮助内容是否符合当前操作内容；
- 帮助中的超链接功能是否可用、可靠；
- 帮助文档是否书写得十分具体，可以满足客户的需求。

在线帮助测试设计的主要方法是规约导出法。

6.4 系统测试的分析和用例设计

系统测试的分析和用例设计是系统测试的最困难阶段，6.1 节已经提到系统测试用例的分析和设计的依据是需求和分析规约，如，其中的场景图是用例分析和设计的重要参考之一。方法包括黑盒方法和白盒方法，如等价类测试法、边界值分析法、场景法，正交实验法及白盒中的路径法是常用的方法。这些方法可以灵活运用，也可以多种方法联合使用。除了运用这些方法外，还可以从系统层面来分析并设计测试用例，这里结合某商业银行 ATM 系统为例来阐述。

1. 系统级功能

系统级的功能包括正常的功能和非正常的功能。系统级功能是指在系统的功能层面上分析并依据分析的结果设计用例。对于某商业银行 ATM 系统而言，系统级的正常功能有：

- 非跨行和跨行取款。检查该功能是否正常实现，同时可能涉及检查是否收取手续费及手续费是否合理、取款额是否超限、当天存款后是否当天可以取、收据是否能正常打印等。
- 非跨行和跨行存款。检查该功能是否正常实现，同时可能涉及检查：存款是否有限额、假钞是否能识别、是否收取手续费及收取手续费是否合理、收据是否能正常打印等。
- 非跨行查询和跨行。检查该功能是否正常。

......

系统级非正常功能有：

- 非跨行和跨行取款。包括钱箱钱不足、账户钱不足、错误输入密码次数超限、取款金额非 100 的倍数、取款过程中随时中断（如按"取消"键）、账户挂失或冻结能否取款。
- 非跨行和跨行存款。包括存入非 100 元钞（如 50 元）、存入假钞、错误输入密码次数超限、存款过程中随时中断（如按"取消"键）、账户挂失或冻结能否存款。
- 非跨行查询和跨行。查询时随时中断查询。

......

系统级功能分析之后，就可以设计用例，用例的设计要保证系统功能的全覆盖。所使用的用例设计方法可以是场景法、规约导出法、边界值分析法和等价类测试法等。

2. 系统的业务流

系统的业务流和系统的功能在一定程度上存在交叉,但是它们分析的角度有所不同,系统的业务流强调流,包括正常业务流和非正常业务流,这些业务流可以称为系统线索。对于某商业银行 ATM 系统而言,系统的正常业务流可能有:

- 查询账户余额→取款→查询账户余额→取款→正常退出。
- 查询账户余额→存款→查询账户余额→存款→正常退出。
- 取款→查询账户余额→取款→查询账户余额→正常退出。
- 存款→查询账户余额→取款→查询账户余额→正常退出。
- 存款→存款→查询账户余额→退出。

......

系统的非正常业务流可能有:

- 查询账户余额→取款→查询账户余额→取款→按"取消"键退出。
- 查询账户余额→存款→按"取消"键退出。
- 取款→查询账户余额→取款→查询账户余额→按"取消"键退出。
- 存款→查询账户余额→取款→按"取消"键退出。
- 存款→存款→查询账户余额→按"取消"键退出。

......

无论是正常的业务流和非正常的业务流都是系统功能的延伸,这种系统的业务流之所以被称为线索,是因为这种系统功能的延伸可以很长。对于商业银行 ATM 系统而言,线索很长就是指这些业务理论上可以无穷尽地做下去。

系统业务流分析之后,就可以设计用例,用例的设计尽量覆盖所有可能的业务流,也就是说这些业务流用户在使用时发生的概率比较高。可以运用 80-20 理论为系统的业务流覆盖进行分析。如业务流:查询账户余额→取款→取款→取款→取款→取款→查询余额→正常退出,可能就是一个正常的业务流。

用例的设计方法一般采用场景法、错误推测法和需求规约导出法。

3. 系统级别的接口

系统级别的接口可能涉及与硬件的接口、与其他软件系统接的口、与人的接口等。在分析时不仅要考虑到接口正常的情况,也要考虑接口非正常的情况。

对于某商业银行 ATM 系统而言,接口有用户和触摸屏的接口、用户和 ATM 键的接口、银行卡和 ATM 的插槽的接口、软件系统和收据打印机接口、存款、其他银行的接口。在测试分析时需要分析所有的接口,同时要分析这些接口正常的情况和非正常的情况。用例设计时要保证用例至少覆盖这些接口一次,包括接口正常和非正常。如需要设计用例覆盖下面的接口,有时一些测试用例的执行需要对一些接口进行模拟。

- 覆盖所有触摸屏的功能(包括取款、存款和查询)。
- 覆盖所有触摸屏不正常的操作情况。
- 覆盖所有 ATM 功能键。
- ATM 插槽正常的情况。
- 存款口正常的情况。
- 存款口打不开或不能正常关闭的情况。
- ATM 插槽损坏的情况。

- 跨行正常取款的情况。
- 跨行取款接口异常的情况。

……

用例的设计方法以需求规约导出法为主。

4. 系统级别的输入和输出

系统级别的输入和输出涉及系统运行的所有的外部输入和外部输出,一般不包括中间的交互输入和输出,同时应该考虑输入和输出的不正常的情况。如网上订票需要输入日期、航班号、身份证号、银行卡号等,输出的是机票、保险单;还应该考虑诸如航班号非正常、身份证不合法、机票打偏或模糊等输入和输出情况。又如 GIS 在运行时读入外部图形文件,输出的是需要的地形图。对于某商业银行 ATM 系统而言,系统级别输入包括卡输入、存款放钞等,卡输入要考虑卡过期无效的情况,存款放钞要考虑钞被污染或钞有皱褶等情况;输出包括吐钞、收据输出、各种不同的屏幕显示等。

在测试分析之后,就可以进行用例的设计,用例应该覆盖所有系统级别的输入和输出至少一次。

用例的设计方法以需求规约导出法为主。

5. 系统级别的状态转换

基于系统的状态转换的测试分析是一种很好的途径,对于一般的系统均能分析其系统状态转换。如在汽车零部件在线采购和销售的系统中存在系统状态转换:启动系统状态→销售缺货状态→在线订购状态→订购完成状态→销售状态→当天结账状态→打印报表状态→关闭系统状态。

再如熟悉的复印机系统也存在系统状态转换:启动状态→等待复印状态→正在复印状态→缺墨状态→正在复印状态→卡纸状态→退出状态。

下面以某商业银行 ATM 系统为例加以分析。图 6-1 所示是 ATM 系统的状态图。图中的方框表示状态,箭头表示状态的变迁。状态图描述系统基于事件反应的动态行为,显示了该系统如何根据当前所处的状态对不同的事件所做出的反应。状态图有三个关键要素:事件、状态、变迁,即在事件的触发下系统从一种状态变迁到另外一种状态。

系统级别的状态转换图(状态图)是测试分析的依据之一,由于状态图是系统设计规约的重要组成部分,在测试分析时要验证状态图和系统实现的一致性,在验证的基础上再进行用例的设计,用例设计要求达到状态图的状态覆盖或边覆盖(变迁覆盖)。

测试用例的设计方法一般以规约导出法、场景法为主。

6. 系统级别的数据

由于 ERD(Entity Relationship Diagram,也即 E-R 图)的实体属性是数据字典和数据库设计的基础,也和数据库表的字段具有对应关系,因此,系统级别的数据分析一般以 ERD 为依据。下面以某商业银行 ATM 系统的简化 ERD 来加以分析。图 6-2 是 ATM 系统的简化 ERD。由于 ERD 是系统需求分析规约的重要组成部分,在进行测试分析时,首先要验证 ERD 和系统设计中的数据字典和数据库的一致性,在此基础上再对 ERD 本身从测试角度进行分析。在图 6-2 中客户和账户之间、客户和交易之间、终端和交易之间是一对多的关系,客户和终端之间是多对多的关系。根据这些关系可以设计测试用例,如可以设计满足下面情况的用例:

- 在 ATM 系统中是否允许一个客户有多个账户。

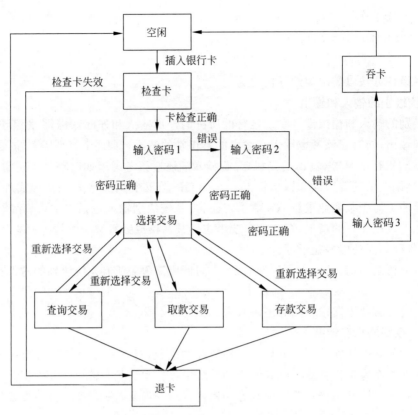

图 6-1　ATM 系统状态图

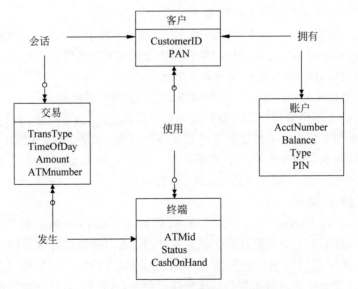

图 6-2　ATM 系统的简化 ERD

- 一个客户是否能做多个交易,是否有交易次数的限制。
- 一个终端是否允许用不同的银行卡做交易。
- 不同的客户在跨行的不同 ATM 上是否可以随意做交易。
- 一张主卡是否可以持有多张副卡。

该方法设计测试用例一般采用规约导出法。设计出的用例一般作为系统测试用例的补充。

7. 系统非功能特性

系统非功能性的测试分析和用例设计在"系统测试类型"中进行了详细分析。系统非功能特性的测试一般是通过实现功能来实现的,但不以测试功能为目的。系统非功能特性根据系统需求来确定需要测试哪些方面,如系统需求中对系统的性能、安全性、兼容性方面有明确要求,那么必须对这些要求进行分析并设计测试用例。对于 ATM 系统,假如系统有非功能性需求:系统应该满足同时支持 1000 人在线交易,系统必须对所有的交易数据和密码动态加密,当网络中断时,系统能自动恢复等。针对这些需求测试人员应该根据具体情况进行详细分析并设计出合理的测试用例。比如可以设计满足如下情况的测试用例:

- 在真实环境或接近真实环境下,借助于工具同时模拟 1000 人以上在线用户做不同的交易。
- 借助于工具实现系统自动产生动态密钥,并能实现对交易数据和密码动态加密。
- 系统运行时人为中断网络,检查交易是否自动恢复。

该方法设计测试用例一般采用规约导出法并结合系统功能性测试法。设计出的测试用例具有针对性。

以上从系统的层面来阐述如何分析和设计系统测试用例,并与其他方法(如黑盒和白盒方法等)设计的用例合并构成初步的系统测试用例集。对测试用例集的评审是解决用例之间交叉、重复及错误的有效方法。通过评审可以得到一个设计合理的测试用例集,达到系统测试的目的。当然测试用例集中的测试用例需要有优先级、执行顺序、测试套件等标记,并可能基于测试用例开发有针对性的测试脚本实现测试执行自动化和便于系统回归测试。

系统测试中通常使用基于需求的覆盖策略对测试结果进行度量。基于需求的测试覆盖在测试生命周期中需要进行多次评测,并在测试生命周期的里程碑点提供测试覆盖的标识(如已计划的、已实施的、已执行的和成功的测试覆盖)。

测试覆盖通过下面公式计算:

$$测试覆盖 = T(p,i,x,s)/RfT$$

其中,T 是用测试过程或测试用例表示的测试数(已计划的、已实施的或成功的,基于用例表示的就是测试用例的数量);RfT 是测试需求(Requirement for Test)的总数,对于测试用例而言,测试用例应该覆盖所有需求。

在制订测试计划活动中,需要计算测试覆盖以确定计划中的测试覆盖指标,其计算方法如下:

$$测试覆盖(已计划的) = Tp/RfT$$

其中,Tp 是用测试过程或测试用例表示的已计划测试数。

在实施测试活动中,由于测试过程正在实施中(按照测试脚本),在计算测试覆盖时使用下面公式:

$$测试覆盖(已执行的) = Ti/RfT$$

其中,Ti 是用测试过程或测试用例表示的已执行的测试数。

在执行测试活动中,使用两个测试覆盖评测;一个是确定通过执行测试获得的测试覆盖;另一个确定成功的测试覆盖(即执行时未出现失败的测试,如没有出现缺陷或意外结果的测试)。

这些覆盖评测通过下面公式计算:

$$测试覆盖(已执行的) = Tx/RfT$$

其中,Tx 是用测试过程或测试用例表示的已执行的测试数。

$$成功的测试覆盖(已执行的) = Ts/RfT$$

其中,Ts 是用完全成功、没有缺陷的测试过程或测试用例表示的已执行测试数。

如果将以上比率转换为百分数,则下面基于需求的测试覆盖的描述成立:$x\%$ 的测试用例(上述公式中的 $T(p,i,x,s)$)已经覆盖,成功率为 $y\%$。

6.5 系统测试实例

这里以 ATM 系统为例来分析系统测试。

1. 系统需求

描述如下:

第 1 章 引言

1.1 目的

为了明确用户的需求并较好地与开发人员进行沟通,使用户与开发人员双方对软件需求取得共同理解的基础上达成协议,特编写此文档,并作为整个软件开发的基础。

1.2 背景

本项目的开发是应××银行要求,为其开发的一套 ATM 系统,用以代替原来的 ATM 系统,以显著提高现有系统运行效率,加快银行的竞争,提高储户满意度。

1.3 参考资料

文档编写标准:GB 99999—1999

《计算机软件需求说明编制指南》(GB 9385—88)。

《计算机软件产品开发文件指南》(GB 8567—88)。

《ATM 系统可行性分析报告》。

1.4 术语

银行:一个金融机构,负责保存顾客的账号信息。可以经授权访问账号。

客户:本软件系统的开发提出方,即××银行。

卡:储蓄卡。银行发行的可以在 ATM 终端交易的一种储蓄凭证介质。

储户:在 ATM 系统上交易的银行账户拥有者。一个持卡人就是一个储户。

ATM:Auto Teller Machine。由两部分组成:一部分是 ATM 服务器;另一部分是 ATM 终端。终端负责和银行卡持有者进行交互,ATM 服务器负责处理交易。一个 ATM 服务器可以同时连接多个 ATM 终端。

账号:一张银行卡对应一个账号,卡号与账号之间是一对一关系。

第 2 章 项目概述

2.1 开发软件的一般描述

这个项目的开发是为银行提供一套高效稳定的终端服务平台,为储户存款、取款、查询等提供便利。

2.2 开发软件的功能描述

该软件是一个 24 小时实时服务系统,可以划分为两个子系统:一个是服务银行储户的,即是持卡人的交易系统;另一个是服务银行工作人员的。银行工作人员分为两类:一类是业务人员,可以使用本系统进行配款、统计、打印报表;一类是技术人员,对本系统进行管理维护。

本系统的基本框架见图1。

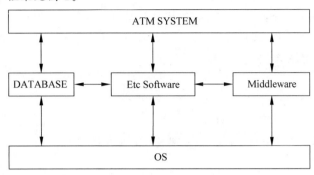

图 1　ATM 系统框架图

2.3　实现语言

主要使用 Java 与 C、Shell 语言。

2.4　用户特点

本软件的用户主要是银行的广大持卡人,大多都具有使用 ATM 经验。另外,系统要实现的一个重要目标就是界面友好性和易操作性。即使是一个对 ATM 系统完全陌生的客户,也可以在交易界面的提示下顺利完成交易。

另外一部分用户是银行工作人员,大致分为两类:一类是业务人员,其依赖本系统管理 ATM 交易参数,统计交易信息,打印各类汇总报表,根据 ATM 提示及时配款;另一类是银行技术人员,其对本系统进行升级、维护工作。

2.5　一般约束

本软件的主要约束是时间期限。

第3章　需求说明

3.1　基本描述

ATM 终端可以接受一张可识别的银行储蓄卡,通过储户身份验证后,同储户进行各种交互,处理储户要求,执行各类操作,为储户服务。系统要求保持一定时间内的交易记录,可以处理多个 ATM 终端并发访问。同时,系统应每天自动汇总各种交易数据,生成报表。系统 24 小时工作,无操作时播放待机动画广告。系统具有设备自检提示报错功能,可以提示凭条打印机已坏、ATM 终端钱柜缺钱。ATM 工作示意图如图 2 所示。

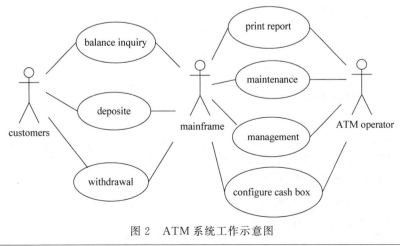

图 2　ATM 系统工作示意图

3.1.1 用户信息

用户信息分为两部分：储户信息和管理员信息。

储户信息：储户姓名，储户账户(可以多个)，储户电话，证件类型，证件号码。

管理员信息：登录名，密码，权限。

3.1.2 交易信息

卡信息：卡号，账号，密码，卡类型，卡金额。

ATM 信息：ATM 编号，ATM 余额。

交易流水信息：交易类型，交易代码，账号，交易时间。

3.2 功能需求

针对××银行对该软件的需求，做如下功能设计，在给出基本框架之后，将逐一介绍各部分。根据用户的不同身份分为两个子系统，每个子系统包含了不同的功能：

管理子系统：管理维护功能，配款功能，统计和打印报表功能。

储户子系统：存款功能，取款功能，转账功能，修改密码功能，查询余额功能等。

ATM 系统功能模块如图 3 所示。

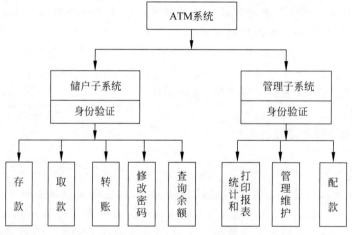

图 3　ATM 系统功能模块图

3.2.1 储户子系统

功能需求 1：

描述：ATM 终端无人操作时，显示待机动画。

输入：无。

处理：ATM 显示待机界面。

输出：显示待机界面。

功能需求 2：

描述：ATM 接受卡，检验卡是否可进行交易。

输入：ATM 接收用户插卡。

处理：检验卡是否可识别处理。

输出：不可识别退卡；否则继续。

功能需求3：

描述：校验密码格式是否正确。

输入：储户输入密码。

处理：校验密码是否符合格式。

输出：不正确则提示储户重新输入。

功能需求4：

描述：校验密码是否正确。

输入：储户输入正确格式密码。

处理：校验当前密码与存储的账户密码是否一致。

输出：不一致则提示密码错误，请重新输入或者退卡。

功能需求5：

描述：卡密码连续三次输入错误，没收磁卡。

输入：用户连续第三次输入密码。

处理：校验密码。

输出：错误则吞食磁卡，提示"你的卡连续三次密码错误，已被吞没。请联系客服955××"。

功能需求6：

描述：磁卡认证完成，进入主交易界面。

输入：储户输入正确密码。

处理：校验密码。

输出：显示主交易界面。

功能需求7：

描述：ATM现金不足，系统应对取款储户进行提示，可退出交易。

输入：无。

处理：检查ATM现金数。

输出：返回至ATM主交易界面。

功能需求8：

描述：ATM凭条打印机故障，系统应对存款和转账储户进行提示，可退出交易。

输入：无。

处理：检查ATM凭条打印机。

输出：若出现故障则提示客户是否继续，可返回至主交易界面。

功能需求9：

描述：ATM认定的存款金额客户不认可。

输入：认证成功完成，输入需要存储的金额，将钞票放入 ATM。

处理：硬件检验钞票数量，提示用户确认，储户输入"否"。

输出：退出钞票，返回主界面。

功能需求 10：

描述：ATM 存款。

输入：ATM 认定存款金额，储户"确认"。

处理：在账号上记录存入金额。

输出：打印存款凭条，显示"交易成功"，返回主交易界面。

功能需求 11：

描述：取款金额大于账户余额。

输入：输入取款全额。

处理：判断输入金额和账户余额。

输出：取款余额大，则提示储户"余额不足"，返回主界面。

功能需求 12：

描述：取款数额超过当日取款最大额度。

输入：储户输入取款金额。

处理：判断输入金额和当日该账户 ATM 取款额之和是否大于当日取款最大额度。

输出：如果超出则提示储户"超过当日取款最大额度"，重新输入或返回。

功能需求 13：

描述：取款。

输入：取款合法金额。

处理：从账户减去取走的金额。

输出：吐钱。

功能需求 14：

描述：取款交易成功，打印取款凭条。

输入：储户输入"打印"或者"不打印"。

处理：若是"打印"则打印机打印凭条，否则什么也不做。

输出：无。

功能需求 15：

描述：修改密码。

输入：储户输入新密码。

处理：判断两次新密码是否一致。

输出：若一致则重置密码，显示"修改成功"；否则退出修改密码。

功能需求 16：

描述：转账。

输入：转账账号,转账金额。

处理：判断金额是否超过本账户现有金额,若是则本账号下账,被转账的账号上账。

输出：显示"转账成功",或者退出转账。

3.2.2　管理子系统

功能需求 1：

描述：打印报表。

输入：业务人员启动打印程序。

处理：系统自动生成日、月、年等各种报表。

输出：无。

功能需求 2：

描述：自动升级或维护。

输入：工作人员启动升级程序。

处理：自动获取升级文件,终止系统,升级,重启 ATM 系统。

输出：显示"升级成功,版本号 V×.×"。

3.3　性能及其他需求

- 在查询过程中,要求系统显示该账户卡上所有的余额。
- 在取款过程中,该系统只支持交易金额为 100 的倍数。
- 在存款过程中,该系统只支持交易金额为 50 的倍数。
- 在转账过程中,该系统支持任何用户输入的数据,但是仅仅限于本行之间的账户转账。
- 如果交易中响应时间超过 30s,系统提示"操作已过时",自动退出本系统。
- 交易结束时,系统更新账户上的数据,保持账户余额的一致性。
- 交易完成后,用户可以单击"取卡"按钮退出本系统。
- 本系统可以进行跨银行的现金交易。
- 系统可以并行使用的用户在 100 个以上。

注意：当交易金额超过当前账户余额时,系统自己提示"余额不足",自动退出本系统,当系统遇到任何不正确的输入时系统自动退出。

3.4　对输入输出的规定

密码：由用户设置的一个 6 位整数。

取款数目：只支持交易金额为 100 的倍数。

取款金额：不能输入 5000 以上的数字。

存款数目：只支持交易金额为 50 的倍数。

转账数目：支持用户输入的任何数据,但是仅限于行内间账户转账。

响应时间：30s 以内。

注意：如果输入、输出违反以上规定,则系统退出,返回到登录页面。

3.5 特殊需求

易用性：系统设计应具有良好的易用性、操作简便,符合常规 Windows 操作环境下的用户使用习惯。同时,尽量减少用户的记忆工作量,如在信息录入时尽可能充分利用数据字典进行选择录入,以提高用户工作效率。在系统查询功能设计时,应提供多种查询条件的复合查询,让用户可以快速、精确地得到相关信息。同时,系统设计应具有良好的健壮性,如对各种用户各种错误输入应能及时识别并给出相应提示。

安全性：系统中所有涉及的敏感信息如登录口令等,服务器端应设置严格安全访问控制策略,从而保证系统安全性和操作责任的可追溯性。

2. 采用的测试方法

系统从如下方面进行测试分析并结合具体的用例设计技术(主要是黑盒测试技术)设计测试用例：

- 系统级功能；
- 系统业务流；
- 系统级别的接口；
- 系统级别的输入和输出；
- 系统级别的状态转换；
- 系统级别数据；
- 系统非功能。

由于运用这些方法分析并设计的测试用例具有交叉重复的可能,因此,测试用例集需要经过严格的评审,除去不合理的和重复的测试用例。另外,可能由于没有达到某种覆盖要求或覆盖不足还需要补充一些测试用例。

3. 测试环境

(1) 硬件需求。

- 后台测试主机一台；
- 跨行测试主机一台；
- ATM 测试机具两台；
- 网点服务器一台；
- 打印机一台。

(2) 软件需求。

- 应用软件测试版；
- Windows 10 操作系统；
- HP UNIX 操作系统；
- Oracle 数据库。

(3) 网络需求。

100MB 以上的带宽。

4. 测试对象

ATM 系统。应用软件版本：sys_test_tag(系统测试版本标签)。

5. 测试分析与用例设计

(1) 测试数据准备,如表 6-1 所示。

表 6-1　基本测试数据

卡　号	预期密码	账户余额/元
201288345608(本系统的 A 银行账号)	123456	8000
201288345618(本系统的 A 银行账号)	654321	4000
101288345609(跨行 B 银行账号)	321456	2000

（2）基于系统级功能的测试分析与用例设计。

基于系统级功能的测试分析需要在系统层面上考虑正常功能和非正常功能。覆盖指标要求是达到正常功能和非正常功能全覆盖,正常功能和非正常功能主要是根据需求导出的,包括显式的和隐含的需求。表 6-2 和表 6-3 是两个测试用例的例子。

表 6-2　测试用例列举 1

用例编号	ATM_Sys_Test_case_fun_001					
测试覆盖的系统功能	正常取款(覆盖正常功能)					
用例设计方法	场景法					
前置条件	测试卡正常、账户余额足、密码无误					
输入						
初始输入	预期交互输入、输出 1	预期交互输入、输出 2	预期交互输入、输出 3	预期交互输入、输出 4	预期交互输入、输出 5	预期交互输入、输出 6
插卡: 201288345608	输入:密码为 123456;输出:选择交易类型	输入:选择"取款";再输入:200;输出:"交易正在处理中,请等待"	输入:无,输出:"请在 30s 内取走现金"	无	无	无
最后预期输出						
200 元,收据,退卡						

表 6-3　测试用例列举 2

用例编号	ATM_Sys_Test_case_fun_002					
测试覆盖的系统功能	取款未成功并吞卡(密码错误超过三次)(覆盖一个非正常功能)					
用例设计方法	场景法、错误推测法、需求规约导出法的综合					
前置条件	测试卡正常、账户正常					
输入						
初始输入	预期交互输入、输出 1	预期交互输入、输出 2	预期交互输入、输出 3	预期交互输入、输出 4	预期交互输入、输出 5	预期交互输入、输出 6
插卡: 201288345608	输入:密码为 123457;输出:"密码不正确,请重新输入"	输入:密码为 123458;输出:"密码不正确,请重新输入"	输入:密码为 123459;输出:"密码不正确"	无	无	无
最后预期输出						
你的卡连续三次密码错误,已被吞没。请联系客服 955××						

（3）基于系统业务流测试分析与用例设计。

系统的业务流在某种程度上和系统功能有交叉,系统业务流是系统功能的延伸,系统线索在理论上可以是无限长,用例设计时一般要达到系统主要的业务流全覆盖,系统主要业务流的分析以需求规约为依据,同时,注意和客户交流,以确定哪些是系统的主要业务流。表 6-4 和表 6-5 是两个测试用例的例子。

表 6-4　测试用例列举 3

用例编号	ATM_Sys_Test_case_business_001					
测试覆盖的系统业务	异地跨行取款三次成功正常取款(覆盖正常连续异地取款业务)即:取款→取款→取款→查询账户余额→正常退出(未打交易凭条)					
用例设计方法	场景法,需求规约导出法综合					
前置条件	测试卡正常、账户正常、密码正常					
输入						
初始输入	预期交互输入、输出 1	预期交互输入、输出 2	预期交互输入、输出 3	预期交互输入、输出 4	预期交互输入、输出 5	预期交互输入、输出 6
插卡:101288345609	输入:密码为 321456;输出:选择交易类型	输入:选择"取款";再输入:300;输出:"交易正在处理中,请等待";输出:300 元	输入:选择"取款";再输入:500;输出:"交易正在处理中,请等待";输出:500 元	输入:选择"取款";再输入:500;输出:"交易正在处理中,请等待";输出:500 元	输入:选择"查询";输出:账户余额为 700 元	无
最后预期输出						
700 元,退卡						

表 6-5　测试用例列举 4

用例编号	ATM_Sys_Test_case_business_002					
测试覆盖的系统业务	本地取款(取消并退出,本用例执行后需要检查最后一次取款交易取消后,账户是否扣款):查询账户余额→取款→查询账户余额→取款→按"取消"键退出					
用例设计方法	场景法、需求规约导出法综合					
前置条件	测试卡正常、账户正常、密码正常					
输入						
初始输入	预期交互输入、输出 1	预期交互输入、输出 2	预期交互输入、输出 3	预期交互输入、输出 4	预期交互输入、输出 5	预期交互输入、输出 6
插卡:201288345618	输入:密码为 654321;输出:选择交易类型	输入:"查询";输出:4000 元	输入:选择"取款",再输入:500;输出:"交易正在处理中,请等待";输出:500 元	输入:选择"查询";输出:3500 元	输入:选择"取款";再输入:400;再输入:选择"取消"	无
最后预期输出						
退卡						

（4）系统级别的接口的测试分析与用例设计。

在 ATM 系统中有人机接口、软件和硬件接口、ATM 系统和其他银行的接口，在对接口进行测试用例分析时，要分析接口的特点并根据特点设计测试用例，一般的覆盖要求是达到所有接口覆盖（包括正常和非正常的情况），即测试用例需覆盖所有接口都至少一次。表 6-6 和表 6-7 是两个测试用例的例子。

表 6-6   测试用例列举 5

用例编号	ATM_Sys_Test_case_interface_001					
测试覆盖的系统接口	饭卡插入 ATM（覆盖插卡口对异常卡的识别和处理）					
用例设计方法	错误推测法					
前置条件	测试卡不正常					
输入						
初始输入	预期交互输入、输出 1	预期交互输入、输出 2	预期交互输入、输出 3	预期交互输入、输出 4	预期交互输入、输出 5	预期交互输入、输出 6
插卡：饭卡	无	无	无	无	无	无
最后预期输出						
"非法卡"，退卡						

表 6-7   测试用例列举 6

用例编号	ATM_Sys_Test_case_interface_002					
测试覆盖的接口	先存款发现有不能存的非法钞，取出非法钞继续存款，存款成功后继续存款，存钞口故障，退出存款并打印收据退出系统。覆盖存款口（正常和故障情况）及打印口。该用例的执行需要人工模拟干预					
用例设计方法	场景法、错误推测法综合					
前置条件	测试卡正常、账户正常、密码正常					
输入						
初始输入	预期交互输入、输出 1	预期交互输入、输出 2	预期交互输入、输出 3	预期交互输入、输出 4	预期交互输入、输出 5	预期交互输入、输出 6
插卡：201288345618	输入：密码为 654321；输出：选择交易类型	输入：选择"存款"，存款口打开，显示"请放入 100 倍数的钞"；再输入（即放入）：1000；输出：有非法钞	输入：选择"确定"，存款口打开，取出存款口里的假钞；再输入 1000；输出："交易正在处理中，请等待"；输出：存入 500 元	输入：选择"存款"，存款口故障不能打开；再输入：选择"取消"（即取消继续存款）	输入：选择"打印收据"	无
最后预期输出						
输出收据，退卡						

（5）系统级别的输入和输出的测试分析与用例设计。

由于在 ATM 系统中系统级别的输入和输出与其他方法存在很多重复，这里不再详细举例，可以参阅 6.4 节中的"系统级别的输入和输出"内容。

（6）系统级别的状态转换的测试分析与用例设计。

由于在 ATM 系统中系统级别的状态转换和其他的方法存在很多重复，这里不再详细举例，可以参阅 6.4 节中的"系统级别的状态转换"内容。

（7）系统级别的数据的测试分析与用例设计。

在 ATM 系统中，所有的实体之间均存在着不同的关系，如一对一、一对多、多对多的关系，其中关系的"多"也可能是某个有限的具体值，这些关系是进行测试分析和用例设计的依据。这些测试用例是从数据的角度分析并设计的，因此，一般作为其他方法设计的测试用例的有效补充。比如在"客户"和"交易"两个实体中，由于"客户"和"交易"之间是一对多的关系，假定本系统需求中规定一个用户每天只能做 20 笔交易，那么，由于"客户"和"交易"之间的一对多关系实际上就是 1 对 20 的关系，可以设计某账户一天进行了 20 个和 20 个以上不同 ATM 系统交易的测试用例来进行测试，以验证当总交易数超过 20 时以检查系统是如何处理的。

具体用例这里从略。

练　　习

1. 简要分析系统测试的类型及其作用。

2. 运用本章中阐述的系统测试的分析和用例设计方法设计一个你熟悉的计算机系统的系统测试用例集并进行评审。

3. 分析系统测试对环境的要求。

4. 举一个被测试系统和硬件有接口的例子，设计测试用例覆盖这个接口。

5. 举一个被测试系统和其他软件系统有接口的例子，设计测试用例覆盖这个接口。

第7章 验收测试

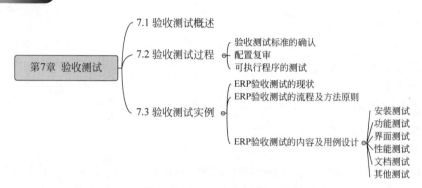
第1章对验收测试做了简单描述,本章将对验收测试进行详细分析。

7.1 验收测试概述

验收测试是软件开发结束后,验证软件的功能和性能及其他特性是否与用户的要求一致。验收测试是系统级别的测试,但是验收测试是客户进行的测试或者客户参与进行的测试。验收测试包括用户验收测试、系统管理员的验收测试(包括测试备份和恢复、灾难恢复、用户管理、任务维护、定期的安全漏洞检查等)、基于合同的验收测试,α 和 β 测试。验收测试是客户对软件质量评价的一个重要标准。

通过系统测试之后,软件已完全组装起来,接口方面的缺陷也已排除,软件测试的最后一步——验收测试即可开始。验收测试的主要内容是测试软件能否按合同要求进行工作,即是否满足用户需求说明书中的标准。验收测试对商品化软件的品质从功能、性能、可靠性、易用性等方面进行全面的质量检测,帮助软件企业找出产品存在的问题,出具相应的产品质量报告。验收测试要回答开发的软件产品是否符合预期的各项要求,以及用户能否接受的问题。由于它不只是检验软件某个方面的质量,而是要进行全面的质量检验,并且要决定软件是否合格,因此验收测试是一项严格的正式测试活动。需要根据事先制订的计划,进行软件配置审核、功能测试、性能测试等多方面检测。

软件开发人员很难完全预见用户实际使用程序的情况。例如用户可能错误地理解命令,或提供一些奇怪的数据组合,也可能对设计者自认明了的输出信息迷惑不解等。因此,软件是否真正满足最终用户的要求,应由用户进行一系列验收测试。有时,验收测试长达数周甚至数月,不断暴露缺陷,导致开发延期。一个软件产品,可能拥有众多用户,不可能由每个用户验收,此时多采用称为 α 和 β 测试的过程,以期发现那些似乎只有最终用户才能发现的问题。

α测试是指软件开发公司组织内部人员模拟各类用户对即将面市的软件产品(称为α版本)进行测试,试图发现软件缺陷并修正。α测试的关键在于尽可能逼真地模拟实际运行环境和用户对软件产品的操作并尽最大努力涵盖所有可能的用户操作方式。经过α测试后的软件产品称为β版本。紧随其后的β测试是指软件开发公司组织各方面的典型用户在日常工作中实际使用β版本,并要求用户报告异常情况、提出批评意见。然后软件开发公司再对β版本进行改错和完善。

验收测试应该考虑以下主要测试内容,这些测试类型在第 6 章已经做了详尽的分析,这里只是验收测试客户进行的:

- 安装测试;
- 功能测试;
- 可靠性测试;
- 安全性测试;
- 时间及空间性能测试;
- 易用性测试;
- 可移植性测试;
- 可维护性测试;
- 文档测试。

根据系统需求设计验收测试的测试用例之后,必要时还要开发测试程序或脚本,然后再执行。如果用户在验收测试中发现的所有软件缺陷的数量和严重程度符合客户的预期且这些缺陷都已得到解决,同时,所有的软件配置均已更新和审核,可以反映出软件在用户验收测试中所发生的变化,α和β测试均已完成并对只有最终用户发现的问题进行了改错和完善,用户验收测试就完成了。

用户验收测试的每个相对独立的部分,都应该有目标(本步骤的目的)、启动标准(本步骤必须满足的条件)、活动(构成本步骤的具体活动)、完成标准(完成本步骤要满足的条件)和度量(应该收集的产品与过程数据)。在实际验收测试过程中,收集度量数据不是一件容易的事情。

7.2　验收测试过程

验收测试可以分为几个大的部分:验收测试标准的确认、配置审核、可执行程序的测试、α和β测试。其大致顺序可分为:文档审核、源代码审核、配置脚本审核、测试程序或脚本审核、可执行程序测试、α和β测试。要注意的是,在开发方将系统提交用户方进行验收测试之前,必须保证开发方本身已经对系统的各方面进行了足够的系统测试或正式测试。用户在按照合同接收并清点开发方的交付物(包括以前已经提交的)时,要查看开发方提供的各种审核报告和测试报告内容是否齐全。

1. 验收测试标准的确认

实现软件验收测试是通过一系列黑盒测试完成的。验收测试同样需要制订测试计划和过程,测试计划应规定测试的种类和测试进度,测试过程则定义测试的实施策略、测试用例的分析和设计方法、测试的控制等一系列活动。测试用例的设计目的旨在说明软件与需求是否一致。无论是计划还是过程,都应该着重考虑软件是否满足合同规定的所有功能、性能及其他需求,另外,还要考虑文档资料是否完整、准确,人机界面和其他方面(例如可移植性、兼容性、错误恢复能力和可维护性等)是否令用户满意。

验收测试的结果有两种可能:一种是功能和性能指标满足软件需求说明的要求,用户可以接受;另一种是软件不满足软件需求说明的要求,用户无法接受。项目进行到这个阶段才发现严重的缺陷和偏差一般很难在预定的工期内改正,因此必须与用户协商,寻求一个妥善解决问题的方法。

2. 配置复审

验收测试的另一个重要环节是配置复审。复审的目的在于保证软件配置齐全、分类有序,并且包括软件维护所必需的细节。软件承包方通常要提供如下相关的软件配置内容:可执行程序、源程序、配置脚本、测试程序或脚本。

主要的开发类文档有《需求说明书》《需求分析说明书》《概要设计说明书》《详细设计说明书》《数据库设计说明书》《测试计划》《测试报告》《程序维护手册》《程序员开发手册》《用户操作手册》《项目总结报告》等。

主要的管理类文档有《项目计划书》《质量保证计划》《配置管理计划》《用户培训计划》《质量总结报告》《评审报告》《会议记录》《开发进度月报》等。

在开发类文档中,容易被忽视的文档有《程序维护手册》和《程序员开发手册》。《程序维护手册》的主要内容包括系统说明(包括程序说明)、操作环境、维护过程、源代码清单等,编写目的是为将来的维护、修改和再次开发工作提供有用的技术信息。《程序员开发手册》的主要内容包括系统目标、开发环境使用说明、测试环境使用说明、编码规范及相应的流程等,实际上就是程序员的培训手册。

不同大小的项目都必须具备上述文档内容,只是可以根据实际情况进行重新组织。通常,正式的审核过程分为5个步骤:计划、预备会议(可选)、准备阶段、审核会议和问题追踪。预备会议是对审核内容进行介绍并讨论。准备阶段就是各责任人事先审核并记录发现的问题。审核会议是最终确定工作产品中包含的缺陷。审核要达到的基本目标是根据共同制定的审核表,尽可能地发现被审核内容中存在的问题,并最终得到解决。在根据相应的审核表进行文档审核和源代码审核时,还要注意文档与源代码的一致性。

在实际的验收测试执行过程中,常常会发现文档审核是最难的工作,一方面由于市场需求等方面的压力使这项工作常常被弱化或推迟,造成持续时间变长,加大文档审核的难度;另一方面,文档审核中不易把握的地方非常多,每个项目都有一些特别的地方,而且也很难找到可用的参考资料。

3. 可执行程序的测试

文档审核、源代码审核、配置脚本审核、测试程序或脚本审核都顺利完成,就可以进行验收测试的可执行程序的测试,包括功能、性能等方面的测试,每种测试也都包括目标、启动标准、活动、完成标准和度量5部分。要注意的是,不能直接使用开发方提供的可执行程序用于验收测试,而要按照开发方提供的编译步骤,从源代码重新生成可执行程序。

在真正进行用户验收测试之前一般应该已经完成了下面工作(也可以根据实际情况有选择地采用或增加):

- 软件开发已经完成并进行了系统测试,并全部解决了已知的缺陷。
- 验收测试计划已经过评审并批准,并且置于文档控制之下。
- 对软件需求说明书的审查已经完成。

- 对概要设计、详细设计的审查已经完成。
- 对所有关键模块或类的代码审查已经完成。
- 对单元、集成、系统测试计划和报告的审查已经完成。
- 所有的测试脚本已完成,并至少执行过一次,且通过评审。
- 使用配置管理工具且代码置于配置控制之下。
- 系统缺陷的处理流程已经就绪。
- 已经制定、评审并批准验收测试完成标准。

具体的测试内容通常包括安装(升级)、启动与关机、功能测试(正例、重要算法、边界、时序、反例、错误推理)、性能测试(正常的负载、容量变化)、压力测试(临界的负载、容量变化)、配置测试、平台测试、安全性测试、恢复测试(在出现掉电、硬件故障或切换、网络故障等情况时,系统是否能够正常运行)、可靠性测试等。

性能测试和压力测试一般情况下是在一起进行,通常还需要辅助工具的支持。在进行性能测试和压力测试时,测试范围必须限定在那些使用频度高和时间要求苛刻的软件功能的子集中。由于开发方已经事先进行过性能测试和压力测试,因此可以直接使用开发方的辅助工具,也可以通过购买或自己开发来获得辅助工具。

7.3 验收测试实例

以一个 ERP 系统验收测试为例来分析验收测试。

1. ERP 验收测试的现状

验收测试是一种有效性测试或合格性测试。它是以用户为主,软件开发人员、实施人员和质量保证人员共同参与的测试。ERP(企业资源规划)作为提高企业管理创新能力的有力工具,其定义、设计、开发、实施和应用的过程遵循一定的规律。这些规律表现在软件过程控制、质量保证和软件测试等方面。验收测试关系到 ERP 能否成功验收,能否平滑步入维护期,能否快速实现效益。ERP 验收测试的全面性、效率性、科学性、规范性、彻底性在广大制造业企业和 ERP 软件供应商中还是一个崭新的话题。当前很多人对 ERP 验收测试工作存在一些误解:

(1) 由于 ERP 软件的复杂性、规模性,人们可能更多地关注它多变的需求定义、个性化解决方案、定制化开发过程,却轻视了项目的验收工作。这些"只重视开发和过程,不重视验收和维护"的做法,最直接的后果就是形成了一个个延期工程或"烂尾"项目。

(2) ERP 实施工作做好了,用户企业可以把系统运行起来了,文档移交了,客户签字了,还有什么必要做验收测试? 这种误解源于对验收测试的目的、流程、方法和意义缺乏认识。

(3) 验收测试是用户、企业的事,与软件服务提供商无关。事实上,只有两者密切配合,才能提高测试效率。

(4) 将验收测试理解成给用户做演示。验收测试要讲究策略,不是走走过场,而是有计划、有步骤地执行活动,要进行科学的、全面的测试用例设计。

(5) 验收测试就是验证软件的正确性。验收测试和其他的测试一样,既要验证软件的正确性,又要发现软件缺陷。

2. ERP 验收测试的流程及方法原则

软件包括程序、数据和文档,ERP 验收测试的对象应当涵盖这三个方面。验收测试的主体要以用户、企业为主,ERP 软件服务供应商积极配合;或以第三方测试为主,用户和软件供应商共同配合。

软件实施人员要适时配合和敦促用户做好验收测试的各项准备工作,按计划、按步骤执行验收测试,形成规范的测试文档,客观地分析和评估测试结果,并跟踪缺陷,对软件缺陷要分级分类管理,必要时要进行回归测试,确保所有问题能得到解决,最终成功通过验收。

在测试方法上,由于验收阶段的特殊性,一般以黑盒测试和配置复审为主,以自动化测试和特殊性能测试为辅,用户、软件开发实施人员和质量保证人员共同参与。

ERP 验收测试要注意下面 4 个原则问题:

(1) 验收测试始终要以双方确认的 ERP 需求规格说明和技术合同为准,确认各项需求是否得到满足,各项合同条款是否得到贯彻执行。

(2) 验收测试和单元测试、集成测试不同,它是以验证软件的正确性为主,而不是以发现软件缺陷为主。

(3) 对验收测试中发现的软件缺陷要分级分类处理,直到通过验收为止。

(4) 验收测试中的用例设计要具有全面性、多维性、效率性,能以最少的时间在最大程度上确认软件的功能和性能是否满足要求。

3. ERP 验收测试的内容及用例设计

ERP 验收测试的目的是确认系统是否满足产品需求规格说明和技术合同的相关规定。通过实施预定的测试计划和测试执行活动确认软件的功能需求、性能需求是否满足及文档是否满足规范要求。ERP 是较复杂的大规模性软件,其验收测试涵盖的具体内容包括安装测试、功能测试、界面测试、性能测试、文档测试、负载压力测试、恢复测试、安全性测试、兼容性测试等。下面结合 ERP 验收测试的具体内容,分析用例设计的注意事项。

1) 安装测试

安装测试的目的在于验证软件能否在不同的配置情况下完成安装,并确认能否正常运行。ERP 安装测试的用例设计要注意下面几点:

(1) 根据 ERP 的可移植性,选择不同操作系统。

(2) 选择不同层次的硬件配置和软件配置,一般选用最低、中等和最高三种配置进行测试,验证系统对软硬件环境的依赖性。

(3) 观察 ERP 安装程序在软硬件资源充足的情况下能否正常安装,安装过程中是否给予充足的提示,是否存在流氓软件的一些弊病,安装完成后能否正常运行,能否彻底删除。

(4) 在资源不充沛的情况下,如磁盘空间不够、内容不足等,系统能否完成安装,能否给予各种提示。

2) 功能测试

功能测试是验收测试中的主要内容。ERP 功能测试要包含下面项目:单个模块的查询、增加、删除、修改、保存等操作;数据的输入与输出;数据处理操作,如导入、结转等;基础数据定义的精度;计算的准确性,如仓库的历史库存、当前库存、货位库存是否准确;数据共享能力;身份验证和权限管理;接口参数和系统控制参数;单据流转情况;状态控制,如系统是否对 MPS(Master Production Schedule)在执行 MRP(Manufacturing Resource Planning)分解、工单下达、车间任务调度等操作前后的状态做了标识,状态的改变是否正确;报表的打印输出;审批流程定义及各种审批、反审批操作;短信发送及管理;岗位及部门业务的操作,如从申请采购管理、采购计划到采购订单管理,再到采购到货管理;跨部门的业务操作,如从销售订单到主生产计划,从车间领料到仓库出库等。

ERP 功能测试的用例设计要注意下面几点:

(1) 测试项目的输入域要全面。要有合法数据的输入,也要有非法数据的输入。如在测试基础数据的定义时,若规定是数字,则既要输入数字进行测试,也要输入字母、空格等非数字进行测试。数字包含整数、负数、小数,因而还要输入这些不同的数字验证数字的精度。

(2) 划分等价类,提高测试效率。在考虑测试域全面性的基础上,要划分等价类,选择有代表意义的少数用例进行测试,提高测试效率。如若 MRP 记录有"刚形成""已派工""正执行""已完成"4 种状态,系统只允许对刚形成的 MRP 记录做局部性修改或删除操作,那么在测试时,将 MRP 记录划分为 4 类,每种状态对应一类,每类各选一条记录作为测试用例即可。

(3) 要适时利用边界值进行测试。如"订单预排"中一般要求预排的数量大于 0,那么测试数据可以分别为 0、-1、1、5000000、10000000(一个非常大的正数)。

(4) 重复递交相同的事务。

(5) 不按照常规的顺序执行功能操作。

(6) 验证实体关系。实体间的关系有三种:一对一、一对多、多对多。如一个 MPS 对应多个 MRP,一个 MRP 对应多个车间任务。

(7) 执行正常操作,观察输出结果的异常性。如删除某条记录对排序的影响;执行审批后,单据的状态是否改变。

3) 界面测试

ERP 界面要符合现行标准和用户习惯。软件企业可以形成自己的特色,但要确保整个软件风格一致。界面测试要从友好性、易操作性、美观性、布局合理、分类科学、标题描述准确等方面入手。测试用例的设计要重点注意下面几点:

(1) 背景和前景的颜色是否协调,颜色反差是否用得恰当。

(2) 软件的图标、按钮、对话框等外观风格是否一致,美观效果所要求的屏幕分辨率是否符合要求。

(3) 窗口元素的布局是否合理,并保持一致。

(4) 各种字段标题的信息描述是否准确。

(5) 快捷键、按钮、鼠标等操作在软件中是否一致。

(6) 窗口及报表的显示比例和格式是否能适应用户的预期需求。

(7) 误操作引起的错误提示是否友好。

(8) 活动窗口和被选中的记录是否高亮显示。

(9) 是否有帮助信息,菜单导航能否正常执行。

(10) 检查一些特殊域和特殊控件能否运行。

4) 性能测试

性能测试主要测试软件的运行速度和对资源的消耗。通过调整 ERP 所依赖的软硬件配置、网络拓扑结构、工作站点数、数据量和服务请求数来测试软件的移植性、运行速率、稳定性和可靠性。借助企业级自动化测试工具来辅助测试,通过极限测试来分析、评估软件性能。

5) 文档测试

文档是软件的重要组成部分,也是软件质量保证和软件配置管理的重要内容。文档测试主要通过评审的方式检查文档的完整性、准确性、一致性、可追溯性和可理解性。ERP 作为一个大规模软件,覆盖了企业的各种业务。它至少要具备需求定义、分析和设计、测试评估、项目管理、用户应用这 5 类文档,具体而言,如应包含 GB 8567—2006 中规定的 14 种软件文档。

在文档复审时,要特别注意下面几点:

（1）要明确文档验收的标准,软件企业和用户企业要达成一致。

（2）确定文档的重要性和项目文档需求,比如在验收阶段,用户文档(用户手册、操作手册、维护手册、联机帮助文件)显得特别重要,需要认真评审。

（3）检验文档完整性,主要是文档的种类和内容的完整性。

（4）检验文档的一致性和可追溯性,主要是软件的分析和设计描述是否按照需求定义进行展开的;应用程序是否与分析和设计文档的描述一致;用户文档是否客观描述应用程序的实际操作;关于同一问题的描述是否存在不同的说法。

（5）检验文档的准确性,主要是文档的描述是否准确、有无歧义、文字表达是否存在错误。

（6）检验文档的可理解性,主要审核文档是否针对特定的读者群体,表达是否详细。如ERP 操作手册,除了描述每个模块的操作外,还应该提供关联性岗位业务、部门业务和跨部门业务的操作说明。

6）其他测试

除了上述测试外,还有必要对系统的其他特性和需求加以测试。如检测软件遇突发性故障后对数据的恢复能力,软件的安全保密性和对硬件、软件、数据的兼容性,系统所能承担的最大数据量和健壮性等。

在 ERP 系统中其他测试考虑以下几种:

（1）负载压力测试。主要包括并发性能测试、疲劳强度测试、大数据量测试和速度测试。一般采用自动化技术分别在客户端、服务器端和网络上进行测试。用例设计时,要以真实的业务为依据,选择有代表性的、关键的业务操作作为测试对象。

（2）恢复测试。通过模拟硬件故障或故意造成软件出错,检测系统对数据的破坏程度和可恢复的程度。

（3）安全性测试。通过非法登录、漏洞扫描、模拟攻击等方式检测系统的认证机制、加密机制、防病毒功能等安全防护策略的健壮性。

（4）兼容性测试。通过硬件兼容性测试、软件兼容性测试和数据兼容性测试来考查软件跨平台、可移植的特性。

总之,ERP 用户和软件开发实施人员要明确验收测试的真正意图。开发人员和实施人员不应该掩盖软件缺陷或不关心用户不熟悉的测试项目。用户也不能因为存在一些当前无法实现的需求而搁置验收工作。相反,两者应当精诚合作,相互信任。对于那些不可行的需求或不明确的需求,双方要协商进行需求变更,并达成一致意见。只有这样的验收测试,才能促使ERP 工程项目得以快速、圆满验收。

练　　习

1. 简述验收测试的过程。
2. 验收测试中的配置审计为什么重要？举例说明。
3. 以一个你熟悉的项目为例,全面分析验收测试的测试内容。
4. 阐述验收测试和系统测试的区别。

第8章 负载压力测试

第8章思维导图

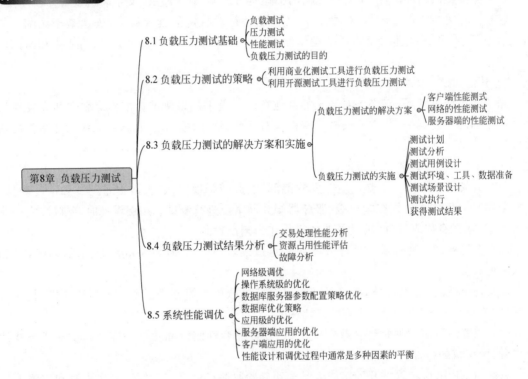

8.1 负载压力测试基础

负载压力测试是在一定约束条件下测试系统所能承受的并发用户量、运行时间、运行数据量,以确定系统所能承受的最大负载压力。负载压力测试有助于确认被测系统是否能够支持性能需求,以及预期的负载增长等。负载压力测试不是只关注不同负载场景下的响应时间等指标,它也要通过测试来发现在不同负载场景下会出现的,例如速度变慢、内存泄漏等问题并找出其原因。负载压力测试是性能测试的重要组成部分。

1. 负载测试

术语"负载测试"在测试文献资料中通常都被定义为给被测系统逐渐施加它所能操作的最大任务数的过程,也就是说负载测试是通过逐步增加系统负载,测试系统性能的变化,并最终确定在满足性能指标的情况下,系统所能承受的最大负载量的测试。负载测试有时会被称为容量测试,或者耐久性测试或持久性测试。有一种比较特别的容量测试叫作零容量测试,它是给系统加上空任务而进行的测试。

负载测试的例子很多,如通过编辑一个巨大的文件来测试文字处理软件;通过发送一个巨大的作业来测试打印机;通过成千上万的用户邮箱来测试邮件服务器;大量用户同时做ATM交易;在一个循环中不停地运行客户端超过规定的扩展时间段等。

2. 压力测试

压力测试是通过逐步增加系统负载,测试系统性能的变化,并最终确定在什么负载条件下系统性能处于失效状态,并以此来获得系统能提供的最大承受能力级别的测试。通俗地讲,压力测试是为了发现在什么条件下系统的性能会变得不可接受,或者说系统瘫痪或崩溃。可见,压力测试是一种特定类型的负载测试。例如,访问一个页面的响应时间规定为不超过1s,负载测试就是测试在响应时间为1s时,系统所能承受的最大并发访问用户的数量,而压力测试就是测试系统在多大的并发访问用户数量下,响应时间不可接受,例如超过1min(定义为失效状态)。

压力测试在某些情况下又叫作负面测试。进行压力测试的主要目的是使系统出故障且出故障时系统能适当地恢复,而系统恢复得如何的特性则叫作可恢复性。下面是一些对系统进行压力测试的例子:两倍的并发用户数或者HTTP连接数;随机的关闭及重启连接到服务器上的网络集线器/路由器的端口(例如可以通过SNMP命令来实现);把数据库断线,然后再重启;当系统还在运行的时候,重建一个RAID阵列;在Web和数据库服务器上运行消耗资源(如CPU、内存、磁盘和网络等)的进程等。

3. 性能测试

系统的性能是一个很大的概念,覆盖面相当广泛,对一个软件系统而言,包括执行效率、资源占用、稳定性、安全性、兼容性、可扩展性和可靠性等,这里重点讨论的负载压力是系统性能的一个重要方面。性能测试用来保证产品发布后系统的性能指标能够满足用户需求。性能测试在软件质量保证中起重要作用,通常情况下存在性能调优与性能评测两种性能测试策略。

4. 负载压力测试的目的

假设一个银行系统在每天的ATM交易高峰时出现这样的抱怨:"这个系统怎么了? 每天上午10点左右交易时系统响应时间太慢了,经常出现交易超时或交易失败。到底问题在哪里?"作为系统开发人员可能会问:"在客户要求的特定的系统配置下,开发的系统怎样才能达到最好的性能呢?"或者会考虑待开发的系统应该选择什么样的服务器配置、数据库配置和网络,开发怎样的应用系统才能达到客户的性能要求呢? 这些问题最终只有通过负载压力测试才能得到答案,由此决定了负载压力测试的目的。负载压力测试的目的可以概括为以下几个方面:

(1)在生产或真实环境下测试系统性能、评估系统性能以及服务等级是否满足特定的需求。

例如电信计费软件,众所周知,在每月的规定时间区间内是市话缴费的高峰期,在缴费主机系统覆盖的范围内可能有几千个收费网点同时启动。收费过程一般分为两步:首先要根据用户提供的电话号码来查询出其当月产生的费用;然后收取现金或者从个人账户代扣并将此用户的状态修改为已交费状态。一个看起来简单的两个步骤,当成百上千的终端同时执行这样的操作时情况就大不一样了,如此众多的交易同时发生,对应用程序本身、操作系统、中心数据库服务器、中间件服务器、网络设备的承受力都是一个严峻的考验。决策者需要模拟系统负载压力,预见软件的并发承受力,这是在测试阶段就应该解决的重要问题。

一个企业自己组织力量或委托软件公司开发的业务应用系统投入生产环境之后,往往可能会产生这样一个问题,即这套系统能不能承受大量的并发用户同时访问,这个问题是系统负载压力需求的体现。

强调在生产或真实环境下测试系统性能,在实施过程中这样做会遇到很多困难和阻力,比如系统上线运行之后,真实环境下不允许负载压力测试为系统带来大量的垃圾数据、测试数据与真实业务数据混在一起无法控制测试结果、负载压力测试如果使服务器宕机会给系统带来巨大损失等。那么在这种条件不允许的情况下,应该采用什么样的措施弥补呢? 可以使用一种"模拟环境"来做测试,这种环境是指在与实际真实应用环境基本相同或保持一致的环境中进行测试。

(2) 预见系统负载压力承受力,在应用实际部署之前评估系统性能。

目前的大多数企业应用系统需要支持成千上万的用户、各类应用环境,以及由不同供应商的元件组装起来的复杂系统,难以预知系统负载,使企业担心会发生系统投入生产后性能差、用户交易时反应慢,甚至出现系统失灵等问题。其结果就是直接导致企业的收益损失。测试系统性能强调对系统当前性能的评估,通过评估,可以在应用实际部署之前预见系统负载压力承受力。这种测试的意义在于指导系统总体设计,既可以避免浪费不必要的人力、物力和财力,又可以避免硬件和软件的设计不匹配,使系统具有更长、更健壮的生命力。

如何确定系统的负载压力承受力是一个非常复杂且关键的问题,这部分内容会在后面的章节中详细论述。对于系统性能测试,有时我们所从事的工作仅仅是被动监控一些性能指标,而要预见系统负载压力,则不可避免地会借助自动化的负载压力测试工具。

(3) 分析系统瓶颈、优化系统。

系统性能检测和预见为分析系统瓶颈和优化提供了原始数据,打好了基础。瓶颈这个术语来源于玻璃瓶与瓶身相比收缩了的部分。收缩的瓶颈将引起流量的下降,从而限制了液体流出瓶外的速度。类似地,在负载压力测试中,"瓶颈"这个术语用来描述那些限制系统负载压力性能的因素。我们给系统瓶颈一个简单定义,即应用系统中导致系统性能大幅下降的原因。瓶颈大大降低了系统性能,测试工程师的职责之一就是降低或者消除系统中的瓶颈。一般情况下,发现瓶颈并找出原因并不是一件容易的事,很多时候可能无法准确定位系统瓶颈之所在。瓶颈可能定位在硬件中,可能定位在软件中,也可能在网络或者数据库中。对应用软件本身来讲,瓶颈可能定位在开发的应用程序中,也可能跟踪定位在操作系统或者数据库内部,这种瓶颈的分析就需要借助于相关的工具才能定位。数据库和操作系统的开发者们都一直在测试其产品的新版本,以期能尽其所能地排除产品中存在的瓶颈。硬件中的瓶颈可能会非常容易排除,一般来讲解决硬件瓶颈的方法只是简单地向系统中添加 CPU、磁盘或者内存等,如果硬件瓶颈是由于系统缓冲区设计或内存总线造成的,那么通常情况下就无能为力了。对于硬件瓶颈、软件或其他因素引起的瓶颈,建议先解决软件瓶颈,原因有 4 个:一是软件瓶颈往往导致系统性能衰减更快,反过来讲,消除软件瓶颈,系统性能提升更快;二是人为因素更易导致软件瓶颈,要消除软件瓶颈,开发人员会更主动,并且可以节省资源;三是盲目增加硬件无形中增加了系统费用,将来软硬件不匹配的问题终究还会暴露出来;四是系统的有些瓶颈看似是由应用软件引起的,而实际上可能是由网络或数据库引起的,这样可以从软件入手进行跟踪定位,找到真正的系统瓶颈原因。

优化调整系统是在发现瓶颈、故障定位之后要完成的事情,实现优化之后即可消除瓶颈、提高性能。建议将负载压力问题分为两类:一类是需要优化的性能问题,这类问题如果不解决可能导致系统性能大幅度下降,或者会造成系统瘫痪;另一类是非系统优化所能解决的性能问题。这里讨论的是前者。导致系统性能下降的因素来自许多方面,例如 I/O 过载、内存不足、数据库资源匮乏、网络速度低、硬件资源不足、操作系统资源不足、应用程序架构存在缺陷、软硬件配置不恰当等。优化调整即是对症下药,做到药到病除。如,磁盘 I/O 导致了系统瓶颈,那么消除它的方法可能是重新设计数据库。

我们知道,各个组成部分的最优并不代表系统性能可以达到最优,每个组成单元都具备一些调优指标,每个指标的调整并非最大就好,或者最小就好,也很少存在某个范围是最好这种情况。给测试工程师的建议是调优的最终目的是各个指标的调整取得系统的平衡点,即达到了系统性能的最佳点。由此可见,负载压力测试将为企业应用项目的实施增加信心,帮助用户正确地进行容量规划,实现软硬件投资合理化,最终交付高质量的系统,避免项目投产失败,保证用户的投资得到相应的回报。

8.2　负载压力测试的策略

负载压力测试可以利用手工进行测试和利用自动化负载压力测试工具进行测试两种测试策略。手工测试方法,比如可以手工模拟负载压力,方法是找若干台计算机和同样数目的操作人员在同一时刻进行操作,然后用秒表记录下响应时间,这样的手工测试方法可以大致反映系统所能承受的负载压力情况。但是,这种方法需要大量的人员和机器设备,而且测试人员的同步问题无法解决,更无法捕捉程序内部的变化情况。利用自动化负载压力测试工具进行测试可以很好地解决这些问题。利用自动化负载压力测试工具可以在一台或几台 PC 上模拟成百或上千的虚拟用户同时执行业务的情景,通过可重复的、真实的测试能够彻底地度量应用的性能,确定问题所在。可见,负载压力测试的发展趋势是利用自动化的测试工具进行测试,当然在没有工具的情况下,也可以通过手工测试对系统承受负载压力情况做一个近似的评估。下面重点介绍利用自动化测试工具进行负载压力测试的策略,分别是利用商业化测试工具进行测试、利用开源测试工具进行测试。

1. 利用商业化测试工具进行负载压力测试

利用商业化测试工具是进行负载压力测试的主要手段,知名的商业化测试工具,比如 LoadRunner、Load impact(是一款服务于 DevOps 的性能测试工具,支持各种平台的网站、Web 应用、移动应用和 API 测试)、华为 CloudTest、阿里云 PTS、腾讯 WeTest 等,适用范围非常广,一般都经过了长时间实践检验,测试效果得到业界的普遍认可,测试结果具有一定的可比性,并且厂商能提供很好的技术支持,其版本的升级也会得到保证。但是商业化测试工具一般价格较高,如果考虑价格因素,那么利用开源工具进行测试也是一个选择的策略。

2. 利用开源测试工具进行负载压力测试

开源被定义为用户不侵犯任何专利权和著作权,以及无须通过专利使用权转让就可以获取、检测、更改的软件源代码,这意味着任何人都有权访问、修改、改进或重新分配源代码。开源的理念是人们可以在已存在的工具上不断地共同开发,最终产品将更加完善和先进。简而言之,很多企业和个体都会从中获益。开源的最大优点是测试工具是免费的。如 Apache JMeter、Siege、WebBench、Locust 等都是常用的开源负载压力测试工具。

8.3　负载压力测试的解决方案和实施

1. 负载压力测试的解决方案

系统的并发性能是负载压力性能最主要的组成部分,首先来讨论什么是并发。对一个系

238

统来讲,某些业务操作对特定用户来说存在很大的同时操作的可能性。例如,网上购物系统的订单提交、订票系统的票源查询、人力资源系统月末及年末报表上传等,客户端大量的并发操作提高了网络的吞吐量,加剧了服务器资源互斥访问。冲突加大了数据库死锁的可能。这样的负载压力轻则会导致系统性能低下,重则会对系统造成破坏,给用户带来经济损失。因此并发性能的测试对于保证系统的性能是非常关键的。

那么,在实际操作中,采取什么样的方案来实施这一类操作呢?首先并发负载压力的实施是在客户端,负载压力的传输介质是网络,最终压力会到达后台各类服务器,包括 Web 服务器、应用服务器、数据库服务器以及系统所必需的服务器,例如银行系统服务器、电信主机服务器、认证服务器、检索服务器等。所以,在并发性能测试过程中,关注点包括客户端的性能、应用在网络上的性能以及应用在服务器上的性能。为什么这些内容都是必需的呢?大家知道,测试首先要定位问题,最终目的是解决问题,这些关注点正是定位问题的必要条件。下面将详细论述这些重点内容。

1) 客户端性能测试

在客户端模拟大量并发用户执行不同业务操作,达到实施负载压力的目的。一般采用负载压力测试工具来模拟大量并发用户,主要组成部分包括主控台、代理机以及被测服务器,各部分采用网络连接。主控台负责管理各个代理以及收集各代理测试数据,代理负责模拟虚拟用户加压。在每次并发性能测试只有一台主控台,但可以有多个代理。如何模拟负载压力呢?总的原则是最大限度地模拟真实负载压力。要做到这一点,既是对测试工具的考验,又是对测试工程师经验与智慧的考验。

2) 网络上的性能测试

网络上的性能测试主要包括两部分内容:一是网络应用性能监控;二是应用网络故障分析。应用网络故障分析的测试目标是显示网络带宽、延迟、负载和 TCP 端口的变化如何影响用户的响应时间。通过测试可以达到如下目的:

(1) 优化性能;

(2) 预测系统响应时间;

(3) 确定网络带宽需求;

(4) 定位应用程序和网络故障。

在测试过程中借助于网络故障分析工具,可以解决下列问题:

(1) 使应用跨越多个网段的活动过程变得清晰;

(2) 提供有关应用效率的统计数据;

(3) 模拟最终用户在不同网络配置环境下的响应时间,决定应用运行的最佳网络环境。

3) 服务器端的性能测试

这里谈到的"测试"的概念就是对服务器执行监控,监控的内容主要包括操作系统、数据库以及中间件等。目前监控的手段可以采用工具自动监控,也可以使用操作系统、数据库、中间件本身提供的监控工具。利用工具监控有下列优点:

(1) 减少故障诊断和分析时间;

(2) 减少手工定位的时间和避免误诊;

(3) 在问题发生前定位故障;

(4) 验证可达到的性能水平和服务水平协议;

(5) 持续的服务器、数据库、应用性能和可用性监控;

（6）故障诊断和恢复：自动报警、故障恢复程序、故障恢复信息；

（7）服务器、应用可用性和性能报告。

操作系统、数据库、中间件本身提供的监控工具有时采用命令行的方式，有时具备友好的图形界面，当然也有一些用于特定系统的监控工具。

操作系统的监控涉及后台重要服务器操作系统监控，如果系统采用负载均衡机制，那么还有必要验证负载均衡是否能处理大的客户端压力，并且正确实现负载均衡。操作系统有很多种类型，监控的指标也不尽相同，但对于主流的操作系统，我们最关注的指标包括三个，即CPU、内存以及硬盘。通过操作系统监控工具可以监视操作系统资源的使用情况，间接地反映了各 JavaScript 服务器程序的运行情况。根据运行结果进行分析可以帮助我们快速定位系统问题范围或者性能瓶颈点，因此操作系统的监控是不容忽视的。

有关数据库的测试这里仅仅从数据库的负载压力的角度做一些分析。数据库的负载压力监控或性能监控非常复杂，不同数据库监控的指标存在差异，这里将共性的指标抽取出来，如下所示。

- 监控数据库系统中关键的资源；
- 监测读写页面的使用情况；
- 监控超出共享内存缓冲区的操作数；
- 监测上一轮查询期间作业等待缓冲区的时间；
- 跟踪共享内存中物理日志和逻辑日志的缓冲区的使用率；
- 监控磁盘的数据块使用情况以及被频繁读写的热点区域；
- 监控用户事务或者表空间监控事务日志；
- 监控数据库锁资源；
- 监测关键业务的数据表的表空间增长；
- 监控 SQL 执行情况。

下面举一个数据库 Oracle 资源监控的例子，可以看到重点关注的内容，这些内容包括内存利用、事件统计、SQL 分析和会话统计等。

（1）内存利用。

① db blockgets；

② db block changes；

③ global cache gets；

④ global cache get time。

（2）事件统计。

① enqueue waits；

② shared hash latch upgrades—no wait；

③ shared hash latch upgrades—wait；

④ redo log space wait time。

（3）SQL 分析。

① table scan rows gotten；

② table scans(long tables)；

③ table scans(short tables)；

④ index fast full scans(full)。

(4) 会话统计。

① session logical reads;

② session stored procedure space;

③ CPU used by this session;

④ session connect time。

中间件服务器包括 Web 服务器,例如 Apache;Web 应用服务器,例如 WebSphere 和 WebLogic;应用服务器,例如 tuxedo 等。国产中间件目前也在广泛地使用,例如 TongLink 等。中间件是客户端负载压力的直接承受者,起到承上启下的作用,中间件的资源使用是否合理,与客户端以及与后台数据库服务器连接是否合理,都直接影响系统的性能。

中间件的监控要得到哪些指标的值? 怎样分析结果值? 这里以中间件 WebSphere 为例分析其资源监控指标,这些指标包括:

- Event-Queue Depth High(events per second):队列深度达到配置的最大深度时触发的事件。
- Event-Queue Depth Low(events per second):队列深度达到配置的最小深度时触发的事件。
- Event-Queue Full(events per second):将消息放到已满的队列时触发的事件。
- Event-Queue Service Interval High(events per second):在超时阈值内没有消息放到队列或者没有从队列检索到消息时触发的事件。
- Event-Queue Service Interval OK(events per second):在超时阈值内消息已经放到队列或者已经从队列检索到消息时触发的事件。
- Status-Current Depth:本地队列上的当前消息计数,该度量只适用于监视队列管理器的本地队列。
- Status-Open Input Count:打开的输入句柄的当前计数,以便应用程序可以将消息"放到"队列。
- Status-Open Output Count:打开的输出句柄的当前计数,以便应用程序可以从队列中"获得"消息。

2. 负载压力测试的实施

负载压力测试实施的一般步骤可以概括为:测试计划→测试分析→测试用例设计→测试环境、工具、数据准备→测试场景设计→测试执行→获取测试结果。

下面将详细论述部分主要内容。

1) 测试计划

制订一个全面的测试计划是负载测试成功的关键。定义明确的测试计划将确保制定的方案能完成负载测试目标。这部分内容描述负载测试计划过程,包括分析应用程序、定义测试目标、计划方案实施、检查测试目标。在任何类型的系统测试中,制订完善的测试计划是成功完成测试的基础。负载压力测试计划的作用包括:

(1) 构建能够精确地模拟真实环境的测试方案。负载测试模拟真实环境下测试应用程序,并检测系统的性能、可靠性和容量等。

(2) 了解测试需要的资源。应用程序测试需要硬件、软件和人力资源。开始测试之前,应了解哪些资源可用并确定如何有效地使用这些资源。

(3) 以可度量的指标定义测试成功条件。明确的测试目标和标准有助于确保测试成功。

仅定义模糊的目标（如检测超负载情况下的服务器响应时间）是不够的。明确的成功条件应类似于"10 000 个客户能够同时查看他们的账户余额，并且服务器响应时间不超过 30s"。

下面详细论述负载压力测试计划过程的 4 个步骤：

（1）分析应用程序。

负载测试计划的第一步是分析应用程序。应该对硬件和软件组件、系统配置以及典型的使用模型有一个透彻的了解。应用程序分析可以确保使用的测试环境能够在测试中精确地反映应用程序的环境和配置。

① 确定系统组件。

绘制一份应用程序结构示意图。如果可能，从现有文档中提取一份示意图。如果要测试的应用程序是一个较大的网络系统的一部分，应该确定要测试的系统组件。确保该示意图包括了所有的系统组件，例如客户端、网络、中间件和服务器等。

图 8-1 所示为一个银行系统的构架图，描述了一个集中式银行系统的架构。客户可以通过授权网点、ATM 终端等通过网络和系统的主机进行交互，该图很清楚地说明了系统的各组件。

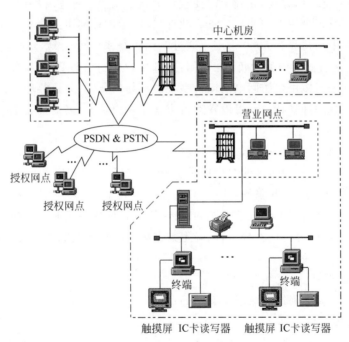

图 8-1　一个银行系统的构架图

② 描述系统配置。

增加更多详细信息以完善示意图。描述各系统组件的配置，应当掌握以下信息：

- 连接到系统的用户数；
- 应用程序客户端计算机的配置情况（硬件、内存、操作系统、软件、开发工具等）；
- 使用的数据库和 Web 服务器的类型（硬件、数据库类型、操作系统、文件服务器等）；
- 服务器与应用程序客户端之间的通信方式；
- 前端客户端与后端服务器之间的中间件配置和应用程序服务器；
- 可能影响响应时间的其他网络组件（调制解调器等）；

- 通信设备的吞吐量以及每个设备可以处理的并发用户数;
- 客户端可能是软件系统的界面,也可能是硬件设备。

例如,在图 8-1 中,多个不同类型的客户端均能访问系统。一个银行系统的主机配置如表 8-1 所示。

表 8-1 一个银行系统的主机配置

银行数据主机配置	
连接到服务器的客户端数量	5000 个并发
标配 12 个 CPU	主频 3.22GHz
操作系统	AIX
数据库	DB2
内存	256GB
本机硬盘	5TB

③ 分析使用模型。

定义系统的典型使用方式,并确定需要重点测试的功能。考虑哪些用户使用系统、每种类型用户的数量,以及每个用户的典型任务。此外,还应考虑任何可能影响系统响应时间的后台负载。例如,假设平均每天有 5000 个用户通过电话银行系统做交易,瞬时的并发交易高峰数为 100,同时该系统有固定的后台负载: 80 名内部用户执行各种数据库统计等相关事务。可以创建一个 5000 个虚拟用户访问电话银行系统做交易的方案,并检测服务器的响应时间。要了解后台负载对响应时间的影响,可以在运行方案中再模拟 80 名内部员工执行各种数据库统计等相关事务的负载。

除定义常规用户任务外,还应该查看这些任务的分布情况。例如,假设银行用户使用一个中央数据库为跨越多个省和时区的客户提供服务。250 个应用程序客户端分布在两个不同的时区,全都连接到同一个 Web 服务器中。其中 150 个在上海,另外 100 个在纽约。每个客户端从上午 9 点开始工作,但由于处于不同的时区,因此在任何特定时间内都不会有超过 150 个的用户同时登录。可以分析任务分布,以确定数据库活动峰值期的发生时间,以及负载峰值期间的典型活动。

(2)定义测试目标。

开始测试之前,应准确地定义想要实现的目标。

① 制定可以度量的目标。

确定了负载测试的一般性目标后,应该以可度量指标制定更具针对性的目标。为了提供评估基准,应精确地确定、区分可接受和不可接受测试结果的标准。

例如:

- 一般性目标产品评估: 选择 Web 服务器的硬件。
- 明确目标产品评估: 在一台 HP 服务器和一台 NEC 服务器上运行同一个包含 300 个虚拟用户的组。当 300 个用户同时浏览 Web 应用程序页面时,确定哪一种硬件提供更短的响应时间。
- 测试目标:
  - 度量最终用户的响应时间,完成一个业务流程需要多长时间;
  - 定义最优的硬件配置,哪一种硬件配置可以提供最佳性能;

- 检查可靠性、系统无错误或无故障运行的时间长度或难度；
- 查看硬件或软件升级对性能或可靠性有何影响；
- 评估新产品，应选择哪些服务器硬件或软件；
- 度量系统容量，在没有显著性能下降的前提下，系统能够处理多大的负载；
- 确定瓶颈，哪些因素会延长响应时间。

② 确定测试的时间。

负载测试应贯穿于产品的整个生命周期。

（3）计划方案实施。

下一步是确定如何实现测试目标。

① 定义性能度量的范围。

可以度量应用程序中不同点的响应时间。根据测试目标来确定运行 Vuser（虚拟用户）数量以及运行哪些 Vuser。这些度量范围包括：

- 度量端到端的响应时间。

可以在前端运行 GUI Vuser（图形用户界面用户）或 RTE Vuser（终端用户）来度量典型用户的响应时间。GUI Vuser 可以将输入提交给客户端应用程序并从该应用程序接收输出，以模拟实际用户；RTE Vuser 则向基于字符的应用程序提交输入，并从该应用程序接收输出，以模拟实际用户。

可以在前端运行 GUI 或 RTE Vuser 来度量跨越整个网络（包括终端仿真器或 GUI 前端、网络和服务器）的响应时间。

- 度量网络和服务器响应时间。

可以通过在客户端运行 Vuser（非 GUI 或 RTE Vuser）来度量网络和服务器的响应时间（不包括 GUI 前端的响应时间）。Vuser 模拟客户端对服务器的进程调用，但不包括用户界面部分。在客户端运行大量 Vuser 时，可以度量负载对网络和服务器响应时间的影响。

- 度量 GUI 响应时间。

可以通过减去前两个度量值来确定客户端应用程序界面对响应时间的影响。响应时间＝端到端响应时间－网络和服务器响应时间。

- 度量服务器响应时间。

可以度量服务器响应请求（不跨越整个网络）所花费的时间。通过在与服务器相连的计算机上运行 Vuser，可以度量服务器性能。

- 度量中间件到服务器的响应时间。

如果可以访问中间件及其 API，便可以度量服务器到中间件的响应时间。可以通过中间件 API 创建 Vuser 来度量中间件到服务器的性能。

② 定义 Vuser 活动。

根据对 Vuser 类型的分析以及它们的典型任务和测试目标来创建 Vuser 脚本。Vuser 模拟典型最终用户的操作，因此 Vuser 脚本应包括典型的最终用户任务。例如，要模拟联机银行客户端，应该创建一个执行典型银行任务的 Vuser 脚本。需要浏览经常访问的页面，以转移现金或支票余额。根据测试目标确定要衡量的任务，并定义这些任务的事务。用这些事务度量服务器响应 Vuser 提交的任务所花费的时间（端到端时间）。例如，要查看提供账户余额查询的银行 Web 服务器的响应时间，则应在 Vuser 脚本中为该任务定义一个事务。此外，可以通过在脚本中使用集合点来模拟峰值期活动。集合点指示多个 Vuser 在同一时刻执行任务。例如,可以定义一个集合点,以模拟 200 个用户同时更新账户信息的情况。

③ 选择 Vuser。

确定用于测试的硬件配置之前,应该先确定需要的 Vuser 的数量和类型。要确定运行多少个 Vuser 和哪些类型的 Vuser,必须综合考虑测试目标来查看典型的使用模型。下面是一些一般性规则:

- 使用一个或几个 GUI 用户模拟每一种类型的典型用户连接;
- 使用 RTE Vuser 来模拟终端用户;
- 运行多个非 GUI 或非 RTE Vuser 来生成每个用户类型的其余负载。

④ 选择测试硬件和软件。

硬件和软件应该具有强大的性能和足够快的运行速度以模拟所需数量的虚拟用户。在确定计算机的数量和正确的配置时,请考虑以下事项:

- 建议在一台单独的计算机上运行测试工具主控台。
- 在一台 Windows 计算机上只能运行一个 GUI Vuser,而在一台 UNIX 计算机上则可以运行几个 GUI Vuser。
- GUI Vuser 测试计算机的配置应该尽量与实际用户的计算机配置相同。

(4) 检查测试目标。

测试计划应该基于明确定义的测试目标。下面概述了常规的测试目标。

① 对用户最终响应时间进行度量。

查看用户执行业务流程以及从服务器得到响应所花费的时间。例如,假设想要检测系统在正常的负载情况下运行时,最终用户能否在 20s 内得到所有请求的响应。

② 考虑最优的硬件配置。

检测各项系统配置(内存、CPU、速度、缓存、适配器、调制解调器)对性能的影响。了解系统体系结构并测试了应用程序响应时间后,可以度量不同系统配置下的应用程序响应时间,从而确定哪一种设置能够提供理想的性能级别。例如,可以设置三种不同的服务器配置,并针对各个配置运行相同的测试,以确定性能上的差异。

- 配置 1:2GHz、2GB RAM。
- 配置 2:4GHz、4GB RAM。
- 配置 3:6GHz、6GB RAM。

③ 可靠性检查。

确定系统在连续的高工作负载下的稳定性级别。可以创建系统负载:强制系统在短时间内处理大量任务来模拟系统在数周或数月的时间内通常会遇到的活动类型。

④ 硬件或软件升级检查。

执行回归测试,以便对新旧版本的硬件或软件进行比较。可以查看软件或硬件升级对响应时间(基准)和可靠性的影响。应用程序回归测试需要查看新版本的效率和可靠性是否与旧版本相同。

⑤ 新产品评测。

可以运行测试,以评估单个产品和子系统在产品生命周期中的计划阶段和设计阶段的表现。例如,可以根据评估测试来选择服务器的硬件或数据库套件。

⑥ 找出瓶颈所在。

可以运行测试以确定系统的瓶颈,并确定哪些因素导致性能下降,例如文件锁定、资源争用和网络过载。使用负载压力测试工具,以及网络和计算机监视工具以生成负载,并度量系统中不同点的性能。图 8-2 所示为某系统的吞吐量示意图。

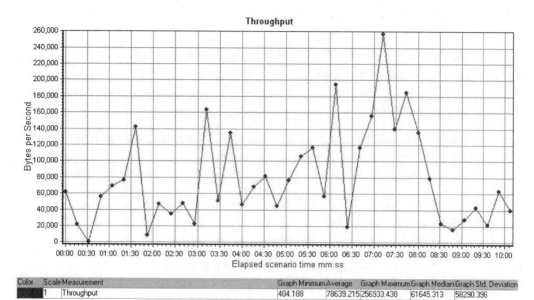

图 8-2　某系统的吞吐量示意(来自 Nmon 软件)

⑦ 系统容量的度量。

度量系统容量,并确定系统在不降低性能的前提下能提供多少额外容量。要查看容量,可以查看现有系统中性能与负载间的关系,并确定出现响应时间显著延长的位置。该处通常称为响应时间曲线的"拐点"。确定了当前容量后,便可以确定是否需要增加资源以支持额外的用户。图 8-3 所示为某系统平均事件响应时间示意图。

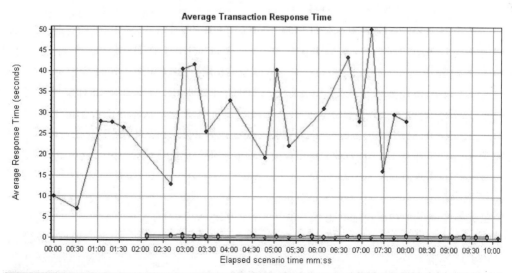

图 8-3　某系统平均事件响应时间示意

2) 测试分析

负载压力测试需求分析既需要借助于相关的理论知识,又要依靠测试工程师在相关领域的经验积累,下面分别介绍一些理论知识及经验方法。

(1) 测试需求分析。

测试需求是应用需求的衍生,而且测试用例也必须覆盖所有的需求,否则,这个测试过程就是不完整的。主要有以下几个关键点:

- 测试的对象是什么,例如"被测系统中有负载压力需求的功能点包括哪些""测试中需要模拟哪些部门用户产生的负载压力"等问题。
- 系统配置如何,例如"预计有多少用户并发访问""用户客户端的配置如何""使用什么样的数据库""服务器怎样和客户端通信""网络设备的吞吐能力如何,每个环节承受多少并发用户"等问题。
- 应用系统的使用模式是什么,例如"使用在什么时间达到高峰期""用户使用该系统是采用 B/S 运行模式吗"等问题。

可以针对用户提出的问题,做一个简单的需求回答,如表 8-2 所示。

表 8-2　用户需求与测试目标举例

测 试 目 标	用 户 需 求
测量对最终用户的响应时间	要花多少时间做完一笔交易
确定最优硬件配置	什么样的配置提供了最好的性能
检查可靠性	系统在无错情况下能承担多大及多长时间的负载
检查软硬件升级	这些升级对系统性能影响有多大
评估新产品	服务器应该选择哪些硬件与软件
测试系统负载	在没有较大性能衰减的前提下,系统能够承受多大负载
分析系统瓶颈	哪些因素降低了交易响应时间

(2) 负载压力测试需求分析原理。

这里介绍用 80-20 原则测试强度估算。80-20 原则:每个工作日中 80% 的业务在 20% 的时间内完成。例如,每年业务量集中在 8 个月,每个月 20 个工作日,每个工作日 8 小时,即每天 80% 的业务在 1.6h 完成。举一个例子来看 80-20 原则如何应用于测试需求分析。

去年全年处理业务约 100 万笔,其中 15% 的业务处理中,每笔业务需对应用服务器提交 7 次请求;70% 的业务处理中,每笔业务需对应用服务器提交 5 次请求;其余 15% 的业务处理中,每笔业务需对应用服务器提交 3 次请求。根据以往的统计结果,每年的业务增量为 15%,考虑到今后 3 年业务发展的需要,测试需按现有业务量的两倍进行。测试强度估算如下:

每年总的请求数为:$(100 \times 15\% \times 7 + 100 \times 70\% \times 5 + 100 \times 15\% \times 3) \times 2$ 万次/年$=$ 1000 万次/年;

每天请求数为:(1000/160 万次)/天$=$6.25 万次/天;

每秒请求数为:$[(62\,500 \times 80\%)/(8 \times 20\% \times 3600)$ 次$]/s = 8.68$ 次/s,即服务器处理请求的能力应达到 9 次/s。

3) 测试用例设计

测试用例设计一般涉及测试环境、测试内容,最后形成测试用例。在测试用例设计时首先要对比测试环境和真实业务的测试环境,真实业务操作环境又可能涉及各种网络环境和机房测试环境等,在测试环境方案确定后再考虑测试的内容,测试内容一般包括并发性能测试、疲劳强度测试、大数据量测试和系统资源监控等。例如,在对全国联网的婚姻登记系统的结婚登记功能进行测试时,首先要考虑测试所处的环境,在这种测试环境下进行分析,而后再设计对结婚登记功能做负载压力测试的测试用例。表 8-3 是基于局域网的测试用例列表。

表 8-3　基于局域网的测试用例列表

用例名称		并发用户数	网络环境(带宽)	数　据　量	备注说明
制度文档	信息上传	5000、10 000	100M 局域网	5000 用户并发,上传 5000 条记录;10 000 用户并发,上传 10 000 条记录	只上传信息,不带附件
	文件上传下载	5000、10 000		5000 用户并发,上传 5000 条记录;10 000 用户并发,上传 10 000 条记录	信息和附件都上传(附件大小为 1MB)
项目管理		5000、10 000		5000 用户并发,新增 5000 条记录;10 000 用户并发,新增 10 000 条记录	
工作记事		5000、10 000		5000 用户并发,新增 5000 条记录;10 000 用户并发,新增 10 000 条记录	

4)测试环境、工具、数据准备

(1)测试环境准备。

测试环境直接影响测试效果,所有的测试结果都是在一定软硬件及网络的环境约束下的结果,测试环境不同,测试结果可能会有所不同,特别是对于负载压力测试更是如此,因为压力负载测试结果往往是一组和时间有关的值,因此对负载压力测试环境的准备就显得特别重要。

① 测试环境的基本原则。

* 模拟真实环境,也可以首先满足软件运行的最低要求,而后逐渐选择要部署的真实环境;
* 选用与被测系统相一致的主机、操作系统和软件平台;
* 营造相对独立的测试环境;
* 无毒的环境。

② 负载压力测试的测试环境。

负载压力测试环境准备过程中可以参考测试环境的基本准则,但是又要考虑负载压力测试的特殊性和负载压力测试的目的。负载压力测试一般强调"真实"应用环境下的性能表现,从而实现性能评估、故障定位以及性能优化的目的,因此进行负载压力测试环境的准备时要注意以下几点:

* 如果是完全真实的应用运行环境,要尽可能降低测试对业务的影响;
* 如果是建立近似的真实环境,要首先达到服务器、数据库以及中间件的真实,并且要具备一定的数据量,客户端可以次要考虑;
* 必须考虑测试工具的硬件和软件配置要求;
* 配置与业务相关联的测试环境需求匹配;
* 测试环境中应包括对交互操作的支持;
* 测试环境中应该包括安装、备份及恢复过程。

③ 测试环境配置。

* 操作系统的版本(包括各种服务、安装及修改补丁);
* 网络软件的版本;

- 传输协议;
- 服务器及工作站机器;
- 测试工具配置。

④ 合适的测试环境标准。

- 满足测试执行的技术要求;
- 确保测试的结果是稳定的、可重复的和正确的。

大多数情况下强调真实环境下检测系统性能,在实施过程中大家认为这样做会遇到很多阻力,比如真实环境下不允许负载压力测试为系统带来大量的垃圾数据;测试数据与真实业务数据混在一起无法控制测试结果;负载压力测试如果使服务器宕机,则会给系统带来巨大损失等。那么应该如何理解"真实环境下检测系统性能"呢?

在负载压力测试中强调的"真实环境"是指后台服务器与客户端应用要与实际真实应用环境保持一致,同时,这里也包括了与业务有关的软硬件配置环境和数据量环境等。可以看出我们将网络环境排除在外,原因是网络环境缓解了客户端对服务器所造成的并发负载压力,网络规模越大、网络类型越多、网络拓扑越复杂、网络流量越纷繁交织,对客户端的并发负载压力缓解程度越大。

(2) 测试工具准备。

这里主要讨论如何选择测试工具。

① 负载压力测试工具选择。

进行负载压力测试首先应该选择一个合适的测试工具,一个测试工具能否满足测试需求、能否达到令人满意的测试结果是选择测试工具要考虑的最基本的问题。更进一步,可以考虑一些细节问题,比如该工具对于处理扩展的交互(例如一个请求取决于上一个请求的结果)如何;对于处理 Cookies(Cookies 对于许多面向会话的 J2EE 系统是必不可少的)如何;如果J2EE 应用程序客户端需要处理一些 JavaScript 语句,以进入下一次通信会如何处理;在收集了响应时间数据后,如何对它进行分析;对 CPU 时间、网络使用、堆大小、分页活动或者数据库活动如何监控等都是选择一个测试工具需要考虑的具体问题。一些高端工具与一般性的工具往往在一些细节、适用范围以及易用性方面存在差别。比如,顶级的负载测试工具可以模拟多个浏览器,与大多数应用服务器集成,收集多个服务器主机的性能数据(包括操作系统、JVM 和数据库统计数据),可以生成在以后使用高级的分析工具进行分析的数据集。

当然,测试工具的选择首先应该看是否能够满足基本测试需求,该工具必须可以模拟应用程序客户端,如果应用程序使用一些不常见的浏览器功能组合或者其他非标准客户端技术,那么就排除了相当一部分候选者。具备了基本功能后,可以考虑工具的生产率。一般说来,包含的分析工具越多,可以记录的性能数据类型越多,可以达到的生产率就越高,价格也就越高。不过有些低端负载测试程序是免费的,在预算有限的情况下,"免费"的意义是不言自明的。具体来说,在选择测试工具时可以考虑以下几点:

- 模拟客户端。首要要求是负载测试程序能够处理应用程序所使用的功能和协议。
- 运行多个模拟的客户端。这是负载测试程序最基本且最重要的功能,有助于确定哪些是负载测试程序以及哪些不是负载测试程序。
- 脚本化执行并能编辑脚本。如果不能编辑客户端与服务器之间交互的脚本,那么就不能处理除最简单的客户端之外的任何东西。编辑脚本的能力是最基本的,且小的改变不应该要求重新生成脚本。

- 支持会话。如果不支持会话或者 Cookies,就不算是真正的负载压力测试工具,并且不能对大多数 J2EE 应用程序进行负载测试。

- 可配置的用户数量。测试程序应该可以让你指定每个脚本由多少个模拟用户运行,包括让你随时间改变模拟用户的数量,因为许多负载测试可以做到从小的用户数量开始,并慢慢增加到更多的用户数量。

- 报告成功、错误和失败。每个脚本都必须定义一个方法来识别成功的交互以及失败和错误模式(错误一般不会有页面返回,而失败可能在页面上得到错误的数据)。

- 页面显示。如果测试工具可以检查一些发送给模拟用户的页面,这会很有用。这样可以做到心中有数,以确保测试工作是正确进行的。

- 导出结果。可以用不同的工具来分析测试结果,这些工具包括电子表格和可以处理数据的自定义脚本。虽然许多负载测试工具包括大量的分析功能,但是导出数据的能力使用户在以任意的方式分析和编辑数据方面具有更大的灵活性。

- 考虑时间。真实世界的用户不会在收到一页后立即请求另一页,一般在查看这一页和下一页之间会有延迟。“考虑时间”这个标准术语表示在脚本中加入延迟以更真实地模拟用户行为。大多数负载测试程序支持根据统计分布随机生成考虑时间。

- 客户端从列表中选择数据。用户一般不会使用同样的一组数据,每位用户通常与服务器进行不同的交互。模拟用户也应该这样做,如果在交互的关键点,脚本可以从一组数据中选择数据,则可以更容易地让你的模拟用户表现出使用不同数据的行为。

- 从手工执行的会话记录脚本。相对于编写脚本,用浏览器手工运行会话并记录这个会话,然后再编辑会容易得多。

- JavaScript。一些应用程序大量使用 JavaScript 并且需要模拟客户端支持它。不过,使用客户端 JavaScript 可能会增加对测试系统上系统资源的需求。

- 分析工具。得到测试数据只是成功的一半,另一半是分析性能数据。因此测试工具提供的分析工具越多,就越有利于从不同的方面进行数据分析。

- 测量服务器端统计数字。基本负载压力测试工具测量客户端/服务器交互中基于客户端的响应时间。如果同时收集其他统计数据(如 CPU 使用情况和页面错误率)就更好了,有了这些数据,就可以进一步做一些有用的工作,如查看服务器负载上下文中的客户端响应时间和吞吐量统计。

② 负载压力测试工具的局限性。

任何负载压力测试工具都不是完美无缺的,在实际使用中经常碰到一些问题,概括起来主要有以下几点:

- 缺乏功能点的校验;
- 对有些控件支持得不好;
- 不能达到真实模拟负载;
- 脚本的支持不够灵活;
- 报错定位不够详细。

在实际压力测试过程中,通常使用多种工具达到测试目的,如何使多种工具很好地配合并能达到最好的“性能价格比”? 测试工程师要发挥最大的主观能动性。

(3)测试协议选择。

“协议”这个概念并不陌生,测试工具中的协议指的是工具提供给我们的测试接口,也可以理解为测试类型。LoadRunner 提供的测试协议比较全面，例如：

- 应用程序解决方案：Citrix。
- C/S：MS SQL、ODBC、Oracle（2-tier）、DB2 CLI、Sybase Ctlib、Sybase Dblib、Windows Sockets 及 DNS。
- 定制：C templates、Visual Basic templates、Java templates、JavaScript 及 VB Script。
- 分布式组件：COM/DCOM、Corba-Java 及 Rmi-Java。
- E-Business：FTP、LDAP、Palm、SOAP、Web（HTTP/HTML）及 the Dual Web/ WinSocket。
- Enterprise Java Beans：EJB Testing 及 Rmi-Java。
- ERP/CRM：Baan、Oracle NCA、Peoples& Tuxedo、Peoplesoft&Web multilingual、SAPGUI、SAP-Web、Siebel（Siebel-DB2CLI、Siebel-MSSQL、Siebel-Web 及 Siebel-Oracle）。
- Legacy：Terminal Emulation（RTE）。
- Mailing Services：Internet Messaging（IMAP）、MS Exchange（MAPI）、POP3 及 SMTP。
- Middleware：Jacada 及 Tuxedo。
- Streaming：MediaPlayer 及 RealPlayer。
- Wireless：i-Mode、VoiceXML 及 WAP。

这里要重点讨论的问题是选择测试协议的策略。一个原则性的观点是"客户端与直接压力承受的服务器之间的通信协议是选择测试协议的唯一标准"。例如，有的测试工程师问"我们的系统是 B/S 运行模式，应该选择什么样的测试协议来测试?"我们说这是一个无效问题，为什么呢? 从这个问题中不能获取任何与通信协议有关的信息，B/S 运行模式可以采用 HTTP，也可以采用 TCP/IP、SMTP 和 FTP 等协议，C/S 运行模式也是这个道理。选择不同的协议决定了测试的成功与失败。再如，一个使用非常普遍的系统：B/S 运行模式，前端 IE 浏览器。IE 浏览器直接与 Web 服务器通信（可能多台），Web 服务器与后台数据库服务器（可能多台）有数据交互操作，IE 浏览器与 Web 服务器的通信协议采用 HTTP，那么，理所当然选择的测试协议是 HTTP。再灵活一些，如果 IE 浏览器与 Web 服务器的通信不仅采用了 HTTP，而且还有部分业务采用 WinSocket，那么必须选择 Web/WinSocket 双协议。更进一步，有些系统客户端是 C/S 运行模式和 B/S 运行模式的混合，为了达到测试目的，就要选择更多的测试协议。

（4）测试数据准备。

实施负载压力测试时，需要运行系统相关业务，这时需要一些数据支持才可运行业务，这部分数据即为初始测试数据或静态数据。例如银行系统的利率、移动话费的每分钟收费标准等。在初始的测试环境中需要输入一些适当的测试数据，这些数据是业务运行的基础，同时也用来验证测试用例。在正式测试开始以前要对测试用例进行评审。在测试进行到关键过程领域时，非常有必要进行数据状态的备份。初始数据意味着将合适的数据存储下来，需要的时候恢复它，初始数据提供了一个基线用来评估测试执行的结果。

对系统实施负载压力测试的时候，经常需要准备大数据量、实施独立的测试，或者与并发负载压力相结合的性能测试，这部分数据为业务测试数据。例如，用飞机订票系统查询订票信息，就需要准备大量的订票记录。又比如测试并发查询业务，那么要求对应的数据库和表中有相当的数据量，以及数据的种类应能覆盖全部业务。

在负载压力测试过程中,为了模拟不同的虚拟用户的真实负载,需要将一部分业务数据参数化,这部分数据为参数化测试数据。例如,模拟不同用户登录系统,就需要准备大量用户名及相应密码参数数据,还需要考虑特殊系统需要的测试数据,模拟真实环境测试。有些软件,特别是面向大众的商品化软件,在测试时常常需要考查在真实环境中的表现。如测试杀毒软件的扫描速度时,硬盘上布置的不同类型文件的比例要尽量接近真实环境,这样测试出来的数据才有实际意义。另外,测试数据的准备可以通过工具或者通过开发程序来帮助实现。

(5) 测试脚本开发与调试。

测试脚本指 Vuser 脚本,即虚拟用户回放所使用的脚本。脚本的产生可以采用录制、编写或者录制加编写混合模式,初始生成的脚本经过增强编辑之后,必须再经调试才可用。

Vuser 脚本的结构和内容因 Vuser 类型的不同而不同。例如,数据库 Vuser 脚本总是包含三部分,是在一段类似 C 语言并且包括对数据库服务器的 SQL 调用的代码中编写的。相反,GUI Vuser 脚本只有一个部分,并且是用 TSL(测试脚本语言)编写的。以 LoadRunner 为例说明开发 Vuser 脚本的过程:录制基本的 Vuser 脚本→增强并编辑脚本→配置运行时设置→以独立模式运行 Vuser 脚本→脚本集成到 LoadRunner 方案中。首先来了解录制脚本。在一般的测试过程中,录制脚本所占比例较大,测试工具提供了大量录制 Vuser 脚本的工具,并且可以通过将控制流结构和其他测试工具的 API 添加到脚本中来增强该基本脚本。然后是配置运行时设置。运行时设置包括迭代、日志和计时信息以及定义 Vuser 在执行 Vuser 脚本时的行为。要验证脚本是否能正确运行,请以单独模式运行该脚本。如果脚本运行正确,则将其合并到方案中。那么,录制哪些内容呢?主要录制用户在客户端应用程序中执行的典型业务流程。测试工具通过录制客户端和服务器之间的活动来创建脚本。例如,在数据库应用程序中,测试工具的脚本生成器(VuGen)会监控数据库的客户端,并跟踪发送到数据库服务器和从数据库服务器接收的所有请求。用 VuGen 创建的每个 Vuser 脚本都可以通过执行对服务器 API 的调用来直接与服务器通信,而不需要依赖客户端软件。这样便可以使用 Vuser 来检查服务器性能(甚至在客户端软件的用户界面完全开发好之前)。

此外,当 Vuser 与服务器直接通信时,不需要在用户界面中耗费系统资源。这样就可以在一个工作站中同时运行大量 Vuser,进而可以使用很少的测试计算机来模拟非常大的服务器负载。

测试工具都留有手工编写脚本的入口,例如 CScript、JavaScript、VB 以及汇编语言等,并且提供相应测试类型的 API,测试人员在此环境下可以编程生成脚本。

脚本的调试也是非常重要的工作,例如要调试 C/S 脚本,那么应该注意些什么呢?对于 C/S 结构的脚本,在数据量大时,脚本非常庞大,如果全部看一遍,根本是不能的。对于这种脚本的调试,应注意以下几个方面:

① 动态数据的处理。

我们经常会碰到某个表单的编号是记录在另一个表中的,程序通过查询这个表,并加 1 来获取到这个编号。对于这种问题,可以分解为以下 3 步(以 Oracle 数据库为例)。

• 获取数据,可使用 lrd_ora8_save_col 函数。
• 函数值加 1 处理,可使用 lr_param_increment 函数。
• 替换处理,即把 Update 中的具体值替换为我们获取并处理好的参数。

② 参数化过程。

这一过程所关注的不过是 Insert 及 Update 语句。将这些语句中违反数据库约束的地方进行参数化。而且仅关注这些语句,基本上就可以搞清楚整个程序的处理流程。理清关系,作为参数时直接全部替换(录制脚本时注意使用的数据最好有特点,这样替换过程中就不会把不该替换的也替换了)就可以了。

5) 测试场景设计

(1) 创建 Vuser 组。

方案由 Vuser 组构成,Vuser 模拟与应用程序进行交互的实际用户。运行方案时,Vuser 会在服务器上生成负载,测试工具会监视服务器和事务性能。Vuser 组用于将方案中的 Vuser 组织成可管理的组。可以创建包含具有共享或相似特征的 Vuser 的 Vuser 组。例如,可以为运行相同 Vuser 脚本的所有 Vuser 创建 Vuser 组。

(2) 配置 Vuser 组中的 Vuser。

可以为定义的 Vuser 组中的各个 Vuser 定义属性。对于每个 Vuser,可以分配不同的脚本和负载生成器计算机。

(3) 配置 Vuser 运行时的设置。

可以设置脚本的运行时设置,采用在控制中心自定义执行 Vuser 脚本的方式。

(4) 配置负载生成器。

在测试执行之前,需要配置方案的负载生成器和 Vuser 行为,即制定场景。虽然默认设置与大多数环境对应,但是 LoadRunner 允许修改这些设置以便自定义方案行为。这些设置适用于所有未来的方案运行并且通常只需设置一次。这一类设置适用于方案中所有的负载生成器。如果全局方案设置与单个负载生成器的设置不同,则负载生成器设置将替代它们。可以指出哪些负载生成器将在方案中运行 Vuser。例如,如果某个负载生成器不适用于特定方案,可以暂时排除此负载生成器。如果要隔离特定计算机以测试其性能,则禁用负载生成器相当有用。

可以为各个负载生成器配置附加设置。可以配置的设置有状态、运行时文件存储、UNIX 环境、运行时配额、Vuser 状态、Vuser 限制、连接日志(专家模式)、防火墙和 WAN 仿真等。

(5) 配置终端服务设置。

可以使用终端服务管理器来远程管理在终端服务器上的、负载测试方案中运行的多个负载管理器。此外,可以使用终端服务器克服只能在基于 Windows 的负载生成器上运行单个 GUI Vuser 的局限性。通过为每个 GUI Vuser 打开一个终端服务器会话,可以在同一应用程序上运行多个 GUI Vuser。

使用终端服务可以集中管理连接到服务器的每个客户端的计算资源,并为每名用户提供他们自己的工作环境。使用终端服务器客户端,可以通过远程计算机在基于服务器的计算环境中操作。终端服务器通过网络传送应用程序,并通过终端仿真软件显示它们。每个用户会登录并只会看到他们各自的会话,服务器操作系统以透明的方式将该会话独立于其他任何客户端会话进行管理。通过检查测试工具组件协同工作可以了解测试工具组件在终端会话期间如何协同工作。

终端服务器客户端可以同时运行多个终端会话。使用终端服务管理器,可以选择要在方案中使用的终端数量(如果有足够的终端会话在运行)以及每个终端可以运行的最大 Vuser 数。这样,终端服务管理器便可以在客户端会话间均匀地分配虚拟用户的数量。使用终端服务管理器可以做到以下几点:

• 在负载生成器计算机上设置终端服务器代理;

- 在控制中心计算机上启动终端客户端会话；
- 使用终端服务管理器在终端服务器上分配 Vuser。

（6）配置 WAN 仿真设置。

可以使用 Shunra WAN 仿真器在负载测试方案中模拟各种网络基础结构的行为。使用 WAN 仿真，可以在部署前模拟并测试广域网（WAN）对最终用户响应时间和性能的影响。使用 WAN 仿真，可以在测试环境中准确地测试实际网络条件下 WAN 部署产品的点到点的性能。通过引入极为可能发生的 WAN 影响（如局域网中的滞后时间、包丢失、链路故障和动态路由等影响），可以描绘 WAN 云图的许多特征，并在单一网络环境中有效地控制仿真。可以在 WAN 仿真监视报告中观察仿真设置对网络性能的影响。

（7）配置脚本。

为 Vuser 或 Vuser 组选择了脚本后，可以编辑脚本或查看所选脚本的详细信息。

6）测试执行

（1）运行场景。

运行场景时，会为 Vuser 组分配负载生成器并执行它们的 Vuser 脚本。在场景执行期间，将要完成以下工作：

- 记录在 Vuser 脚本中定义的事务的持续时间；
- 执行包括在 Vuser 脚本中的集合；
- 收集 Vuser 生成的错误、警告和通知消息。

可以在无人干预的情况下运行整个场景，或者可以交互地选择要运行的 Vuser 组和 Vuser。场景开始运行时，Controller 会首先检查场景配置信息。接着，它将调用已选定与该场景一起运行的应用程序。然后，它会将每个 Vuser 脚本分配给其指定的负载生成器。Vuser 组就绪后，它们将开始执行其脚本。在场景运行时，可以监视每个 Vuser，查看由 Vuser 生成的错误、警告和通知消息以及停止 Vuser 组和各个 Vuser。可以允许单个 Vuser 或组中的 Vuser 在停止前完成它们正在运行的迭代，在停止前完成它们正在运行的操作或者立即停止运行；还可以在场景运行时激活其他 Vuser。在下列情况下场景将结束：所有 Vuser 已完成其脚本、持续时间用完或者终止场景。下面概述如何运行场景。

① 打开现有场景或新建一个场景；
② 配置并计划场景；
③ 设置结果目录；
④ 运行并监视场景。

（2）在执行期间查看 Vuser。

可以在场景执行期间查看 Vuser 的活动：

- 在 Controller 负载生成器计算机中，可以查看输出窗口，联机监视 Vuser 性能以及查看执行场景的 Vuser 的状态；
- 在远程计算机中，可以查看包含活动 Vuser 的有关信息的代理摘要。

（3）监视场景。

工具一般提供下列联机监视器：

- "运行时"监视器。显示参与场景的 Vuser 的数目和状态，以及 Vuser 所生成的错误数量和类型。此外，还提供用户定义的数据点图，其中显示 Vuser 脚本中的用户定义点的实时值。

- "事务"监视器。显示场景执行期间的事务速率和响应时间。
- "Web 资源"监视器。用于度量场景运行期间 Web 服务器上的统计信息。它提供关于场景运行期间的 Web 连接、吞吐量、HTTP 响应、服务器重试和下载页的数据。
- "系统资源"监视器。测量场景运行期间使用的 Windows、UNIX、Tuxedo、SNMP 和 Antara FlameThrower 资源。要激活系统资源监视器,必须在运行场景之前设置监视器选项。
- "网络延迟"监视器。显示关于系统上的网络延迟的信息。要激活网络延迟监视器,必须在运行场景之前设置要监视的网络路径。
- "防火墙"监视器。用于度量场景运行期间防火墙服务器上的统计信息。要激活防火墙监视器,必须在运行场景之前设置要监视的资源列表。
- "Web 服务器资源"监视器。用于度量场景运行期间 Apache、Microsoft IIS、iPlanet(SNMP)和 iPlanet/Netscape Web 服务器上的统计信息。要激活该监视器,必须在运行场景之前设置要监视的资源列表。
- "Web 应用程序服务器资源"监视器。用于度量场景运行期间 Web 应用程序服务器上的统计信息。要激活该监视器,必须在运行场景之前设置要监视的资源列表。
- "数据库服务器资源"监视器。用于度量与 SQL Server、Oracle、SyBase 和 DB2 数据库有关的统计信息。要激活该监视器,必须在运行场景之前设置要监视的度量列表。
- "流媒体"监视器。用于度量 Windows Media 服务器、RealPlayer 音频/视频服务器及 RealPlayer 客户端上的统计信息。要激活该监视器,必须在运行场景之前设置要监视的资源列表。
- "ERP/CRM 服务器资源"监视器。用于度量场景运行期间 SAP R/3 系统服务器、SAP Portal、Siebel Web 服务器和 Siebel Server Manager 服务器的统计信息。要激活该监视器,必须在运行场景之前设置要监视的资源列表。
- "Java 性能"监视器。用于度量 Java 2 Platform、Enterprise Edition(J2EE)对象及使用 J2EE 和 EJB 服务器计算机的 Enterprise Java Bean(EJB)对象的统计信息。要激活该监视器,必须在运行场景之前设置要监视的资源列表。
- "应用程序部署解决场景"监视器。用于度量场景运行期间 Citrix MetaFrame XP 和 1.8 服务器的统计信息。要激活该监视器,必须在运行场景之前设置监视器选项。
- "中间件性能"监视器。用于度量场景运行期间 Tuxedo 和 IBM WebSphere MQ 服务器上的统计信息。要激活该监视器,必须在运行场景之前设置要监视的资源列表。
- 所有的监视器所收集的数据都可以生成该监视器的图。

有些工具也提供远程性能监控。在负载测试运行过程中,远程性能监视器可以查看特定的图,这些图显示 Vuser 在服务器上生成的负载信息。用户在连接到 Web 服务器的 Web 浏览器上查看负载测试数据。远程性能监视器服务器包含一个用 ASP 页实现的网站,以及一个包含负载测试图的文件服务器。它与 Controller 联机组件进行交互,并按相应的许可证处理同时查看负载测试的用户数。

7) 获得测试结果

在场景执行期间,Vuser 会在执行事务的同时生成结果数据。要在测试执行期间监视场景性能,可以使用联机监视工具。要查看测试执行之后的结果摘要,可以使用下列一个或多个工具。

- "Vuser 日志文件"包含对每个 Vuser 运行的场景的完整跟踪。这些文件位于方案结果目录中(在以独立模式运行 Vuser 脚本时,这些文件存放在 Vuser 脚本目录中)。
- "Controller 输出"窗口显示有关场景运行的信息。如果场景运行失败,可以在该窗口中查找调试信息。
- "Analysis 图"有助于确定系统性能并提供有关事务和 Vuser 的信息。通过合并几个场景的结果或者将几个图合并成一个图,可以对多个图进行比较。
- "图数据"视图和"原始数据"视图以电子表格格式显示用于生成图的实际数据。可以将这些数据复制到外部电子表格应用程序,以进行进一步处理。
- "报告"实用程序允许查看每个图的摘要 HTML 报告或各种性能和活动报告。可以将报告创建成 Microsoft Word 文档,它会自动以图形或表格形式总结和显示测试的重要数据。

工具的结果分析功能是有限的,要定位问题,工程师的经验和智慧将起到很大的作用。

8.4 负载压力测试结果分析

1. 交易处理性能分析

交易处理性能评估指标主要包括:

(1) 并发用户数。

并发用户数是负载压力测试的主要指标,体现了系统能够承受的并发性能。测试重点是两类并发用户数指标:一类是系统最佳性能的并发用户数;另一类是系统能够承受的最大并发用户数。这两类指标在某种情况下有可能重叠。

(2) 交易响应时间。

该指标描述交易执行的快慢程度,这是用户最直接感受到的系统性能,也是故障定位迫切需要解决的问题。

(3) 交易通过率。

交易通过率指每秒能够成功执行的交易数,描述系统能够提供的"产量"。用户可以以此来评估系统的性能价格比。

(4) 吞吐量。

吞吐量指每秒通过的字节数,以及通过的总字节数。此指标在很大程度上影响系统交易的响应时间,形成响应时间的"拐点"。

(5) 点击率。

点击率描述系统响应请求的快慢。

2. 资源占用性能评估

资源占用主要涉及服务器操作系统资源占用、数据库资源占用、中间件资源占用等内容,下面分别论述。

(1) 服务器操作系统资源占用监控指标包括:

- CPU;
- 磁盘管理;
- 内存;
- 交换区 SWAP;

- 进程；
- 安全控制；
- 文件系统。

（2）数据库资源占用监控指标包括：

- 读写页面的使用情况；
- 超出共享内存缓冲区的操作数；
- 上一轮询期间作业等待缓冲区的时间；
- 共享内存中物理日志和逻辑日志的缓冲区的使用率；
- 磁盘的数据块使用情况以及被频繁读写的热点区域；
- 用户事务或者表空间事务；
- 数据库锁资源；
- 关键业务的数据表的表空间增长；
- SQL 执行情况。

（3）中间件资源占用监控。中间件主要包括：

- Web 中间件；
- 应用中间件；
- 交易中间件；
- 其他中间件。

3. 故障分析

这里主要讨论故障分析内容以及优化调整设置内容，同时还与读者分享故障分析的经验与实例。

1）故障分析重点内容

故障分析的重点内容包括以下几个方面：

- CPU 问题；
- 应用程序问题；
- 内存和高速缓存；
- 磁盘(I/O)资源问题；
- 配置参数；
- 应用系统网络设置；
- 数据库服务器故障定位。

2）经验探讨

（1）应用举例 1。

交易的响应时间如果很长，远远超过系统性能的需求，表示耗费 CPU 的数据库操作。例如排序，执行 aggregate function(例如 sum、min、max 和 count)等较多，可考虑是否有索引以及索引建立的是否合理。尽量使用简单的表链接、水平分割大表格等方法来降低该值。

（2）应用举例 2。

测试工具可以模拟不同的虚拟用户来单独访问 Web 服务器、应用服务器和数据库服务器，这样通过在 Web 端测出的响应时间减去以上各个分段测出的时间，就可以知道瓶颈在哪里并着手调优。

（3）应用举例 3。

UNIX 资源监控（NT 操作系统同理）中指标内存页交换速率（Paging Rate），如果该值偶尔走高，表明当时有线程竞争内存。如果持续很高，则内存可能是瓶颈，也可能是内存访问命中率低。Swap in Rate 和 Swap out Rate 也有类似的解释。

（4）应用举例 4。

UNIX 资源监控（NT 操作系统同理）中指标 CPU 占用率（CPU Utilization），如果该值持续超过 95%，表明瓶颈是 CPU。可以考虑增加一个处理器或换一个更快的处理器。合理使用的范围为 60%～70%。

（5）应用举例 5。

Tuxedo 资源监控中指标队列中的字节数（Bytes on Queue），队列长度应不超过磁盘数的 1.5～2 倍。要提高性能，可增加磁盘。注意，一个 Raid Disk 实际有多个磁盘。

（6）应用举例 6。

SQL Server 资源监控中指标缓存单击率（Cache Hit Ratio），该值越高越好。如果持续低于 80%，应考虑增加内存。注意，该参数值是从 SQL Server 启动后就一直累加计数，所以运行经过一段时间后，该值将不能反映系统当前值。

3）优化调整设置

针对上述故障分析的重点内容，需要做相应的优化调整，建议如下。

（1）CPU 问题。

① 考虑使用更高级的 CPU 代替目前的 CPU。

② 对于多 CPU，考虑 CPU 之间的负载分配。

③ 考虑在其他体系上设计系统，例如增加前置机、设置并行服务器等。

（2）内存和高速缓存。

① 内存的优化包括操作系统、数据库、应用程序的内存优化。

② 过多的分页与交换可能降低系统的性能。

③ 内存分配也是影响系统性能的主要原因。

④ 保证保留列表具有较大的邻接内存块。

⑤ 调整数据块缓冲区大小（用数据块的个数表示）是一个重要内容。

⑥ 将最频繁使用的数据保存在存储区中。

（3）磁盘（I/O）资源问题。

① 磁盘读写进度对数据库系统是至关重要的，数据库对象在物理设备上的合理分布能改善性能。

② 磁盘镜像会减慢磁盘写的速度。

③ 通过把日志和数据库对象分布在独立的设备上，可以提高系统的性能。

④ 把不同的数据库放在不同的硬盘上，可以提高读写速度。建议把数据库、回滚段、日志放在不同的设备上。

⑤ 把表放在一块硬盘上，把非簇的索引放在另一块硬盘上，保证物理读写更快。

（4）调整配置参数。

配置参数包括如下几种：

① 操作系统和数据库的参数。

② 并行操作资源限制的参数（并发用户的数目、会话数）。

③ 影响资源开销的参数。

④ 与 I/O 有关的参数。

（5）优化应用系统网络设置。

① 可以通过数组接口来减少网络呼叫。不是一次提取一行，而是在单个往来往返中提取 10 行，这样做效率较高。

② 调整会话数据单元的缓冲区大小。

③ 共享服务进程比专用服务进程提供更好的性能。

4）负载压力典型问题分析

负载压力测试需要识别的故障问题主要包括：

- 非正确执行的处理。
- 速度瓶颈与延迟。
- 不能达到满意服务水平。
- 接口页面不能正确地装载或者根本不能装载。

当在合理的加载下出现这些类型的问题时，则表示可能有基础性的设计问题，比如算法问题、低效的数据库应用程序交互作用等，这些都不是通过简单升级硬件以及调整系统配置就可以解决的问题，此时软件的故障定位和调优将占有更重要的地位。

5）Web 网站故障分析举例

目前 Web 开发者开始提供可定制的 Web 网站，例如，像搜索数据之类的任务现在可以由服务器执行，而无须客户干预。然而，这些变革也导致了一个结果，就是许多网站都在使用大量的未经优化的数据库调用，从而使得应用性能大打折扣。

可以使用以下几种方法来解决这些问题：

- 优化 ASP 代码。
- 优化数据库调用。
- 使用存储过程。
- 调整服务器性能。

优秀的网站设计都会关注这些问题。然而，与静态页面的速度相比，任何数据库调用都会显著地影响 Web 网站的响应速度，这主要是因为在发送页面之前必须单独地为每个访问网站的用户进行数据库调用。

这里提出的性能优化方案正是基于以下事实：访问静态 HTML 页面要比访问那些内容依赖于数据库调用的页面要快。它的基本思想是：在用户访问页面之前，预先从数据库提取信息，写入存储在服务器上的静态 HTML 页面。为了保证这些静态页面能够及时地反映不断变化的数据库数据，必须有一个调度程序管理静态页面的生成。当然，这种方案并不能够适应所有的情形。例如，如果是从持续变化的大容量数据库提取少量信息，则这种方案是不合适的。

每当该页面被调用时，脚本就会提取最后的更新时间并将它与当前时间比较。如果两个时间之间的差值大于预定的数值，则更新脚本就会运行，否则该 ASP 页面把余下的 HTML 代码发送给浏览器。

如果每次访问 ASP 页面的时候都要提供最新的信息，或者输出与用户输入密切相关，则这种方法并不实用，但这种方法可以适应以固定的时间间隔更新信息的场合。

如果数据库内容由客户通过适当的 ASP 页面更新，要确保静态页面也能够自动反映数据的变化,可以在 ASP 页面中调用 Update 脚本。这样,每当数据库内容改变时,服务器上也有了最新的静态 HTML 页面。

另一种处理频繁变动数据的办法是借助 Microsoft SQL Server 2000 以上版本的 Web 助手向导(Web Assistant Wizard),这个向导能够利用 Transact-SQL、存储过程等从 SOL Server 数据生成标准的 HTML 文件。

Web 助手向导能够用来定期地生成 HTML 页面。正如前面概要介绍的方案,Web 助手可以通过触发更新 HTML 页面,比如在指定的时间执行更新或者在数据库数据变化时执行更新。SQL Server 使用名为 sp_makeWebtask 的存储过程创建 HTML 页面,它的参数是目标 HTML 文件的名字和待执行存储过程的名字,查询的输出发送到 HTML 页面。另外,也可以选择使用可供结果数据插入的模板文件。万一用户访问页面的时候正好在执行更新,可以利用锁或者其他类似的机制把页面延迟几秒。我们对纯 HTML 加调度 ASP 代码和普通的 ASP 文件进行了性能测试。普通的 ASP 文件要查找 5 个不同的表为页面提取数据。为了和这两个文件相比较,对一个只访问单个表的 ASP 页面和一个纯 HTML 文件也进行了测试。测试结果如表 8-4 所示。

表 8-4　增加调度 ASP 代码和普通 ASP 代码测试对比

文 件 名 字	命 中 数	平均 TTFB/ms	平均 TTLB/ms
纯 HTML 文件	8	47	474
只访问单个表的 ASP 页面	8	68.88	789.38
普通的 ASP 文件	9	125.89	3759.56
纯 HTML 加调度 ASP 代码	9	149.89	1739.89

其中 TTFB 是指 Total Time to First Byte,TTLB 是指 Total Time to Last Byte。测试结果显示,访问单个表的 ASP 页面的处理时间是 720.5ms,而纯 HTML 文件则为 427ms。普通的 ASP 文件和纯 HTML 加调度 ASP 代码的输出时间相同,但它们的处理时间分别为 3633.67ms 和 1590ms。也就是说,在这个测试环境下可以把处理速度提高 43%。如果要让页面每隔一定的访问次数进行更新,比如 100 次,那么这第 100 个用户就必须等待新的 HTML 页面生成。

静态页面方法并不能够适合所有类型的页面。例如,某些页面在进行任何处理之前必须要有用户输入。但是,这种方法可以成功地应用到那些不依赖用户输入却进行大量数据库调用的页面,而且这种情况下它将发挥出更大的效率。在大多数情况下,动态页面的生成将在相当大的程度上提高网站的性能,而且无须在功能上有所折中。虽然有许多大的网站采用了这个策略来改善性能,但也有许多网站完全由于进行大量没有必要的数据库调用,而使性能表现很差。

8.5　系统性能调优

1. 网络级调优
网络级调优可以从以下方面考虑:
(1) 使用存储过程以减少总体通信量。
(2) 数据应进行过滤,以避免大批量的传送应用程序只请求需要的行和列,应在服务器端过滤掉尽可能多的数据以减少需要发送的包的数目。在许多情况下,这还可减少磁盘 I/O 负载。

（3）可以根据应用的需要配置适合网络包大小。OLTP：小包；OLAP 及 DSS：大包。

（4）通过对网络的流量、瓶颈和速度的分析，对网络参数优化。

（5）对负载大的网络进行隔离，即把网络使用多的用户和网络使用少的用户分开。

（6）在应用中限制大的网络负载请求。

2. 操作系统级的优化

操作系统级的优化可以从以下方面考虑：

（1）是否有足够的系统 I/O。

① 单个硬盘速度。

② 总带宽是否大于并行硬盘带宽总和。

（2）是否有足够的物理内存。

① 是否有大量页交换（Swapping）。

② 考虑是否有数据库服务器所需的足够内存。

3. 数据库服务器参数配置策略优化

1）内存管理

数据库占用的共享内存分成存储过程缓冲区（Procedure Cache）、数据缓冲区（Data Cache）、命名缓存等几部分。

（1）存储过程缓冲区。

存储过程缓冲区保存有下面对象的查询计划：存储过程、触发器、视图、规则、默认、游标等。存储过程不可重入，即每个并发用户调用都会在内存中产生一个复制。当存储过程、触发器、视图被装载到存储过程缓冲区时，被查询优化器优化，建立查询计划。如果存储过程在缓冲区中，被调用就不需要重新编译。如果存储过程缓冲区太小，存储过程就会经常被其他调入内存的存储过程覆盖掉，当再次被调用时，存储过程又被调入内存，再重新编译，用户请求因此不得不等待。最严重的情况是存储过程缓冲区不够，存储过程甚至都不能运行。所以在内存足够的情况下，存储过程缓冲参数应尽可能大一些。

（2）数据缓冲区。

数据缓冲区用来缓存数据页和索引页，给服务器增加物理内存以扩大数据缓冲区，是提高数据库性能最有效的方法。当然，如果不能增加内存，就只能通过减少存储过程缓冲区的比例等方法来扩大数据缓冲区了。

（3）命名缓存。

命名缓存是为特定对象分配给一定的内存空间，使得该对象能够始终享用这部分内存资源而不受其他对象对资源竞争的影响。

2）锁策略

（1）ASE 锁是为了保证在多用户环境下数据一致性，但它又降低了并发性，所以说锁对系统性能是有影响的，最严重的情况是死锁。

（2）锁优化最重要的工作是设置页级锁升级成表级锁的阀限。要尽量避免页锁很快升级成表级锁，同时减少锁的争夺。

（3）不要在无意义 ID 上加聚簇索引，以避免在同一页的锁竞争。

（4）在满足应用需求的情况下，尽量降低锁级别。

3）数据库存储设备的存储策略的优化

（1）为了改善数据库的性能，设备的优化也必不可少。把最常插入的表分区放在多个设备上,这样可以创建多个页链,从而改善多个并发插入时的性能,因为每个插入都要找到页链,页链有多个,就允许多个插入同时进行。

(2) 物理 I/O 的代价远大于逻辑 I/O,所以要尽量减少磁盘进行物理 I/O 的次数,尽量多进行内存中的逻辑 I/O,可以配置使用大的 I/O 来减少物理 I/O 的次数。

(3) 在设备上的存储数据策略就是把对象以合适的方式分配到设备上,以减少磁盘竞争和利用并行 I/O,如:

- 表和索引分开到不同的磁盘。
- 数据设备和日志设备分开。
- 增加 tempdb 系统数据库,这是一个全局资源的空间。

4. 数据库优化策略

1) 数据库表结构设计模式的权衡

(1) 应用的类型分为 OLTP 和 OLAP 两类,而支撑这两类应用的数据的特点是不同的,前者为操作型数据,后者为分析型数据,这两类数据是需要不同的存储策略进行存储的。

(2) 对于 OLTP 的应用,在数据库的基础理论中,倡导使用规范化的数据库设计方法,简称范式设计。

- 用范式来设计数据库,可以减少数据冗余度,减少插入、更新和删除异常,也可以提高性能。
- 有时为了提高某些特定的性能,有意打破范式设计,这样可以达到最好的效果。但这种情况下,一定要注意数据完整性维护的问题。
- 降范式设计这种方式一般可以提高检索速度,但会略微降低数据修改性能。对于应用开发来说,有些情况下降范式设计还能简化应用程序的编码。
- 具体而言,降范式设计一般能带来如下好处:减少表连接的需要、减少外部键和索引、减少表的数量、聚合列可以预先计算等。

(3) 规范设计:3NF。

- 优点:小表,数据一致性维护容易。
- 缺点:表连接操作多,程序复杂性高。

(4) 非规范化:增加冗余列、派生列、分表、合表、重复表。

- 优点:性能高、编程复杂性降低。
- 缺点:数据一致性维护困难、会浪费磁盘空间。

(5) 有如下方法可以实现降范式设计:

- 增加冗余列。
- 增加导出列,从一个或多个表的几个列中导出另外一个列。
- 收拢表,几个表合成一个表。
- 复制表,即制作表的副本。
- 将表分开,分为垂直和水平两种。水平分开可以考虑把表中不太活跃的数据放置在一个表中,而把经常变动的数据放在另外一个表中。垂直分开则是把多个列分成几组,每一组列成一个表。

(6) 是否要采用降范式设计,必须根据具体应用综合考虑。这种设计理念往往紧密结合具体应用,和应用的相关度很高,因此要求数据库分析员兼具业务分析员的角色。

2) 将数据划分为当前数据和历史数据,有助于当前系统操作的性能

3) 采用阈值机制能控制空间的膨胀或起一定的预警作用

4)索引

(1)查询条件和索引的配合使用,对 SQL 语句的性能至关重要。下面是两种常见的情况:

- 如果查询条件中包括索引的第一个列,而且结果列都在索引列中,系统使用匹配索引定位会定位到索引的页级,这时可从索引页中直接提取结果,不需要使用数据页。
- 如果查询条件中不包括索引的第一个列,而且结果列都在索引列中,系统使用非匹配索引扫描,不扫描数据页,从索引页中直接提取结果。这种情况也不使用数据页。

(2)尽量使 SQL 语句在执行中用到索引,才能实现高效率的查询:

① 每个表一般都需要索引,除非数据量特别少的表。

② 索引设计应在数据库总体设计中统一集中考虑。

③ 可以充分利用索引的 where 条件,书写格式为 column operator expression,这里的 operator 一般是 = 、>、<、>=、<=、is null。如果 operator 是! = 、!>,便不能充分利用索引。如果要充分利用索引,在 column 中就不要包括函数和其他操作。

④ where 子句中,expression 必须是常量或可以转化成常量。查询优化器认为,between 相当于>= 和<=,like 'Ger%' 相当于>= 'Ger' and < 'Ges'。但是 like '%ber'因为没有给出首字母,就不能转化成这种结果。

⑤ 最好将>变为>=,<变为<=,not exists 变为 exists,not in 变为 in。

⑥ 如果被查询列都包括在索引列中,这种查询叫索引覆盖查询。这种查询效率比较高,应尽量使用这种查询。

⑦ 在做表连接查询时,在外表的连接列上建立索引可以大大加快速度。

⑧ 程序中尽量避免修改索引键值。

⑨ 群集索引通常用于主键标,因为主键标一般是一张表的主访问路径。不过,在下列情况下也可采用群集索引:

- 范围查找,含有大量重复值的字段;
- order by 中常引用的字段;
- 连接子句中引用的不是主键标的字段;
- 非常频繁地被访问的字段。

⑩ 非群集索引一般用于下面情况:

- 单行查找;
- 连接运算以及在选择性很高的字段上的查询。
- 带有小范围检索的查询。

虽然采用索引可以提高数据库的查询性能,但过多的索引会适得其反,这是因为在修改、插入或删除数据时为了保持最新的索引,必须引发系统 I/O 开销。因此当索引列中的大量数据被增加、改变或删除时,应使用命令 UP DATE STATISTICS 保持索引的最新状况。

5. 应用级的优化

应用级的调优主要是减少公用资源争用和磁盘 I/O,调优专家的 80%调优结果都来源于减少磁盘 I/O。

(1)决定处理是在服务器上进行还是在客户端进行。

(2)为了更有效地进行优化,有些应用需要进行重新改写和优化程序的实现逻辑。

(3)事务的设计降低了系统的并发性,尤其是长事务会使其他用户不能及时访问数据。

由长事务变为短事务也是性能优化的一个课题。

(4) 使用存储过程减少编译及网络传输的时间。

6. 服务器端应用的优化

(1) 查询语句在执行时要尽可能用上索引。

(2) 判断数据存在性时用 exists 而不用 count(*)。

(3) 表连接操作中的 or 语句若能变为 union 操作,ASE 可优化。

(4) min 和 max 函数。

① 若这两个函数所使用的列为索引的第一列,ASE 可优化,只需索引页。

② 不要在两个函数中使用表达式,如 max(numeric_col * 2),而要把它转换为 max(numeric_col) * 2。

(5) 尽量避免使用 cursor。

(6) 尽可能使用存储过程,并适时对存储过程进行重新编译(sp_recompile)。

7. 客户端应用的优化

(1) 继承结构级优化。

剔出冗余的继承层,减少继承的层数,有些层的处理很少可以直接移植到相近的子或父层。

(2) 事件级优化。

调用频率很高的事件脚本优化,比如 datawindow 的 rowfocuschanged 之类的事件在继承的各个层次中都有脚本,容易嵌套脚本的优化,优化能使嵌套沿着最佳路线进行触发。

(3) 变量级优化。

尤其是实例变量,经常在程序中有多次赋值,容易出错,对变量的初始化最好在一起处理,这样不容易重复赋值或赋值不完整。

(4) 耦合处理。

对于多次类似的处理提升为一个函数,减少脚本的冗余。

(5) 业务逻辑辅助工具。

对于很重要而且经常使用的业务处理单元开发对应的业务逻辑校验工具,可以轻松找出数据的问题或批量优化数据。

8. 性能设计和调优过程中通常是多种因素的平衡

(1) 一致性与并发性的平衡——锁。

(2) 查询速度与更新速度。

(3) 时间与空间——索引。

练 习

1. 解释负载测试、压力测试和性能测试。
2. 分析负载压力测试的关注点并举例说明。
3. 系统性能调优主要考虑哪些方面?举例说明。
4. 以一个 App 项目的例子分析性能测试,说明影响性能的因素有哪些。
5. 将 4 题中 App 项目使用一款工具完成其性能测试。

第9章　App 移动应用测试

第9章思维导图

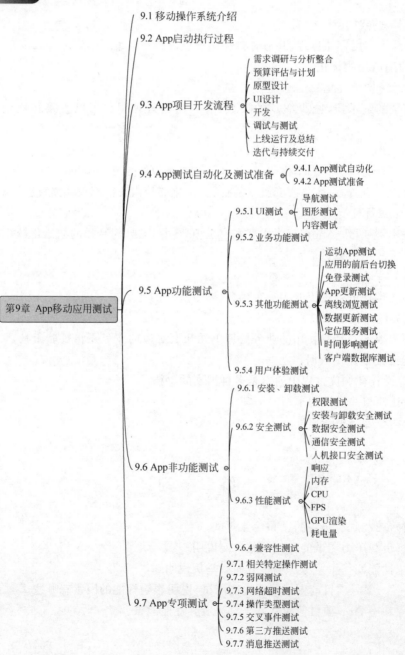

- 9.1 移动操作系统介绍
- 9.2 App启动执行过程
- 9.3 App项目开发流程
  - 需求调研与分析整合
  - 预算评估与计划
  - 原型设计
  - UI设计
  - 开发
  - 调试与测试
  - 上线运行及总结
  - 迭代与持续交付
- 9.4 App测试自动化及测试准备
  - 9.4.1 App测试自动化
  - 9.4.2 App测试准备
- 9.5 App功能测试
  - 9.5.1 UI测试
    - 导航测试
    - 图形测试
    - 内容测试
  - 9.5.2 业务功能测试
  - 9.5.3 其他功能测试
    - 运动App测试
    - 应用的前后台切换
    - 免登录测试
    - App更新测试
    - 离线浏览测试
    - 数据更新测试
    - 定位服务测试
    - 时间影响测试
    - 客户端数据库测试
  - 9.5.4 用户体验测试
- 第9章 App移动应用测试
- 9.6 App非功能测试
  - 9.6.1 安装、卸载测试
  - 9.6.2 安全测试
    - 权限测试
    - 安装与卸载安全测试
    - 数据安全测试
    - 通信安全测试
    - 人机接口安全测试
  - 9.6.3 性能测试
    - 响应
    - 内存
    - CPU
    - FPS
    - GPU渲染
    - 耗电量
  - 9.6.4 兼容性测试
- 9.7 App专项测试
  - 9.7.1 相关特定操作测试
  - 9.7.2 弱网测试
  - 9.7.3 网络超时测试
  - 9.7.4 操作类型测试
  - 9.7.5 交叉事件测试
  - 9.7.6 第三方推送测试
  - 9.7.7 消息推送测试

9.1 移动操作系统介绍

科学技术飞速发展,当今的 IT 技术已进入了移动互联网、物联网时代。随着 4G、5G 网络和智能手机的快速发展,人们已经养成通过智能手机进行上网处理事务的习惯,由智能手机带动的应用已经开辟了移动互联网的时代。

移动互联网无疑是当前世界最关注的领域之一。以华为、苹果等领衔的智能手机和平板计算机正在悄然改变人们对手机和计算机的传统观念。随着各种有价值、实用的移动应用软件的不断出现,一个庞大和快速发展的用户市场已经形成。面对如此庞大的移动互联网应用市场,基于互联网的移动应用的软件测试越来越重要。

基于移动互联网的软件测试,从技术上来说是传统软件测试的一个继承和发展,但在测试技术的使用、测试的策略和测试的内容等方面又具有许多独特的地方。

移动终端 OS 有 Android、iOS、Palm OS、Symbian、Linux、Black Berry 等,目前移动 OS 主要是 Android 和 iOS 两分天下。

Android 是以 Linux 为基础的开源代码操作系统,主要使用于便携设备。Android 操作系统最初由 Andy Rubin 开发,最初主要支持手机。2005 年由 Google 公司收购注资并逐渐扩展到平板计算机及其他领域。2019 年底,Android 占据全球智能手机操作系统市场 77% 左右的份额。Android 系统具有开源性、自由度高但安全性低的特点。Android 操作系统包括 4 层,由上到下依次是应用程序层、应用程序框架层、核心类库和 Linux 内核。其中,核心类库中包含系统库及 Android 运行环境。

(1) **应用程序层**。Android 装配了一个核心应用程序集合,包括 E-mail 客户端、SMS 短消息程序、日历、地图、浏览器、联系人管理程序和其他程序,所有应用程序都是用 Java 编程语言编写的。用户开发的 Android 应用程序和 Android 的核心应用程序是同一层次的,它们都是基于 Android 的系统 API 构建。

(2) **应用程序框架层**。应用程序的体系结构旨在简化组件的重用,任何应用程序都能发布它的功能且任何其他应用程序都可以使用这些功能(需要服从框架执行的安全限制),这一机制允许用户替换组件。开发者完全可以访问核心应用程序所使用的 API 框架。通过提供开放的开发平台,Android 使开发者能够编写极其丰富和新颖的应用程序。开发者可以自由地利用设备硬件优势访问位置信息、运行后台服务、设置闹钟、向状态栏添加通知等。

(3) **系统库**。Android 本地框架是由 C/C++实现的,包含 C/C++库,以供 Android 系统的各个组件使用。这些功能通过 Android 的应用程序框架为开发者提供服务。Android 包含一个核心库,该核心库提供了 Java 编程语言核心库的大多数功能。几乎每个 Android 应用程序都在自己的进程中运行,都拥有一个独立的 Dalvik 虚拟机实例。

(4) **Linux 内核**。Android 基于 Linux 提供核心系统服务,例如安全、内存管理、进程管理、网络堆栈、驱动模型等。除了标准的 Linux 内核外,Android 还增加了内核的驱动程序,如 Binder (IPC)驱动、显示驱动、输入设备驱动、音频系统驱动、摄像头驱动、WiFi 驱动、蓝牙驱动、电源管理等。Linux 内核作为硬件和软件之间的抽象层隐藏具体硬件细节,为上层提供统一的服务。

iOS 是由苹果公司开发的手持设备操作系统。苹果公司最早于 2007 年 1 月 9 日的 Macworld 大会上公布这个系统,最初是为 iPhone 设计的,后来陆续套用到 iPod touch、iPad

以及 Apple TV 等苹果产品上。iOS 与苹果的 Mac OS X 操作系统一样,也是以 Darwin 为基础,同样属于类 UNIX 的商业操作系统。直到 2010 年 6 月 7 日 WWDC 大会上宣布改名为 iOS。2019 年底,iOS 占据了全球智能手机系统市场份额 22%左右。iOS 具有出色的触控体验、强大的 App Store、高安全性及扩展性强等特点。

iOS 系统架构分为 4 层,由上到下依次为:可触摸层、媒体层、核心服务层、核心操作系统层。

(1) **触摸层**。为应用程序开发提供了各种常用的框架并且大部分框架与界面有关,本质上它负责用户在 iOS 设备上的触摸交互操作。如 NotificationCenter 的本地通知和远程推送服务、iAd 广告框架、GameKit 游戏工具框架、消息 UI 框架、图片 UI 框架、地图框架、连接手表框架、自动适配等。

(2) **媒体层**。提供应用视听方面的技术,如图形图像相关的 CoreGraphics、CoreImage、GLKit、OpenGL ES、CoreText、ImageIO 等;声音技术相关的 CoreAudio、OpenAL、AVFoundation;视频相关的 CoreMedia、Media Player 框架、音视频传输的 AirPlay 框架等。

(3) **核心服务层**。提供给应用所需要的基础系统服务。如 Accounts 账户框架、广告框架、数据存储框架、网络连接框架、地理位置框架、运动框架等。这些服务中最核心的是 CoreFoundation 和 Foundation 框架,定义了所有应用使用的数据类型。CoreFoundation 是基于 C 的一组接口,Foundation 是对 CoreFoundation 的 OC 封装。

(4) **核心操作系统层**。包含大多数低级别接近硬件的功能,它所包含的框架常常被其他框架所使用。Accelerate 框架包含数字信号、线性代数、图像处理的接口。针对所有的 iOS 设备硬件之间的差异做优化,保证写一次代码在所有 iOS 设备上的高效运行。CoreBluetooth 框架利用蓝牙和外设交互,包括扫描连接蓝牙设备、保存连接状态、断开连接、获取外设的数据或者给外设传输数据等。Security 框架提供管理证书、公钥和私钥信任策略、Keychain(钥匙串)及哈希认证数字签名等与安全相关的解决方案。

9.2　App 启动执行过程

Android App 启动执行过程:

(1) 点击桌面 App 图标时,Launcher 的 startActivity 方法通过 Binder 通信调用 system_server 进程中 AMS 服务的 startActivity 方法,发起启动请求。

(2) system_server 进程接收到请求后向 Zygote 进程发送创建进程的请求。

(3) Zygote 进程 fork 出 App 进程,并执行 ActivityThread 的 main 方法,创建 ActivityThread 线程,初始化 MainLooper 和主线程 Handler,同时初始化 ApplicationThread 用于和 AMS 通信交互。

(4) App 进程通过 Binder 向 system_server 进程发起 attachApplication 请求,实际上是 App 进程通过 Binder 调用。

(5) system_server 进程中 AMS 的 attachApplication 方法的作用是将 ApplicationThread 对象与 AMS 绑定,system_server 进程收到 attachApplication 的请求进行一些准备工作后,再通过 Binder IPC 向 App 进程发送 handleBindApplication 请求(初始化 Application 并调用 onCreate 方法)和 scheduleLaunchActivity 请求(创建启动 Activity)。

(6) App 进程的 binder 线程(ApplicationThread)在收到请求后,通过 handler 向主线程

发送 BIND_AppLICATION 和 LAUNCH_ACTIVITY 消息,这里 AMS 和主线程并不直接通信,而是 AMS 和主线程的内部类 ApplicationThread 通过 Binder 通信,ApplicationThread 再和主线程通过 Handler 进行消息交互。

(7) 主线程在收到消息后,创建 Application 并调用 onCreate 方法,再通过反射机制创建目标 Activity,并回调 Activity. onCreate 等方法。

到此,App 便正式启动,开始进入 Activity 生命周期,执行完 onCreate/onStart/onResume 方法、UI 渲染后显示 App 主界面。图 9-1 展示了其过程。

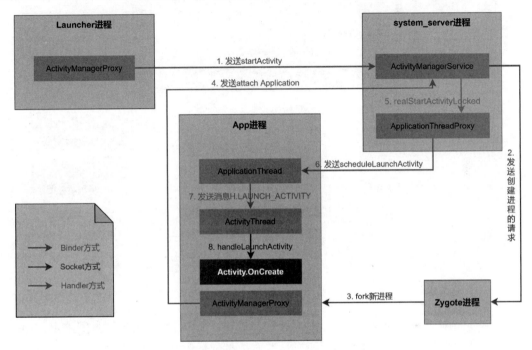

图 9-1　Android App 启动执行过程

iOS App 启动执行过程:

(1) 点击图片,执行 main 函数。

(2) 调用 UIApplicationMain,包括创建 UIApplication 对象、创建 UIApplication 的 delegate 对象。

(3) delegate 对象开始处理(监听)系统事件(没有 storyboard 的情况),包括程序启动完毕会调用代理的 Application:didFinishLaunchingWithOptions 方法、在 Application:didFinishLaunchingWithOptions 中创建 UIWindow、创建和设置 UIWindow 的 rootViewController、显示窗口。

(4) 根据 Info. plist 获得主要的 storyboard 文件名,加载最主要的 storyboard(有 storyboard),包括创建 UIWindow、创建和设置 UIWindow 的 rootViewController、显示窗口。

图 9-2 是 Xcode4. 2 中不采用 storyboard 应用的默认启动过程图。对于采用了 storyboard 的应用,UIApplicationMain 将会额外加载应用的主要 storyboard 文件,从而创建窗口和初始视图。图 9-2 中数字标识的含义:1(calls)为"调用";2 和 3(creates)为"创建";4(loads)为"定位";5(creates and manages)为"创建和管理";6(sends)为"发送";7(creates and displays)为"创建和展示"。

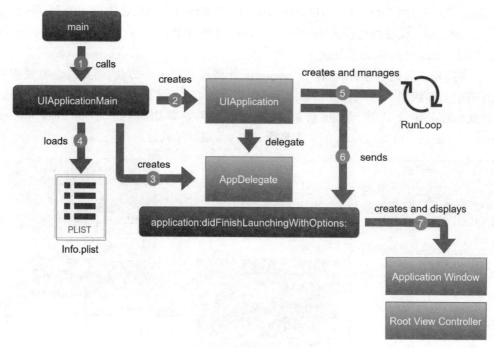

图 9-2　iOS App 启动执行过程

9.3　App 项目开发流程

App 项目的基本开发流程如下：

（1）**需求调研与分析整合**。首先，对 App 项目的需求进行调研，确定项目需求定位、目标用户群体、开发平台、开发周期和开发预算等，并对项目进行业务可行性分析。其次，对需求文档与项目的利益相关者一起评审并修改完善，完成一份完整的项目需求规约文档，该文档可能包括项目背景、功能需求、非功能需求、产品规划、方案（经济类和非经济类）、技术平台、约束条件、盈利模式、收益与成本评估、风险和对策等；也可能是需求规约文档和相关的方案文档分开。

（2）**预算评估与计划**。确认需求后，技术团队会评估需求技术难度及可行性，确认开发的时间安排并制订计划。计划主要涉及工作量估算、人员安排、项目时间跨度、开发过程控制及交付和持续交付的时间点等。该计划需要评审和修改。

（3）**原型设计**。依据需求进行原型设计，其中包含功能的结构性布局、各分页面的设计和页面间业务逻辑的设计，生成一份能完整表达所有功能的原型设计图。该原型需要评审和修改。

（4）**UI 设计**。原型设计完成后，UI 设计师将会进行 UI 界面相关的配色、功能化处理、交互及各种机型、系统的适配等设计工作，多次的评审和修改后形成高保真设计图；还会涉及后台 UI（大部分的 App 项目都会有相应的管理后台）相关设计。

（5）**开发**。一般一款优质的 App 项目包含以下几个开发部分：①服务器端。服务器环境架构及业务功能设计，设计数据库和编写 API 接口等。②App 端。根据 UI 设计图进行界面开发，UI 开发完成后即可进入和服务端接口对接，通过服务端的接口获取数据，编写功能上的逻辑代码。③Web 管理端。根据前端的业务逻辑,后台会有相应的功能预知匹配,同样也需要编写功能上的逻辑代码。开发工作可以是前后端分离的并行模式。

（6）**调试与测试**。在产品 demo 完成后,程序员会进行调试修复,提升产品的质量。之后测试人员会对整个 App 项目进行系统测试及典型代表参与的验证测试,这个环节除测试人员外,会调动项目组内部相关人员和利益相关者。测试涉及测试准入检查、功能测试、非功能测试(性能测试、兼容性测试等)、专项测试(弱网测试、推送测试等)、联调测试等。

（7）**上线运行及总结**。在经过至少两轮的内部测试及满足需求后,进入上线阶段,针对 Android 和 iOS 系统需要编写 App 使用手册、后台操作及使用说明文档等,并对运营人员进行系统培训,最后完成上线工作。主要内容涉及上线及线上检查、上线前测试报告检查(如,可能存在的问题和风险等)、上线后线上运行报告、必要的监控和事故处理预案、项目总结等。

（8）**迭代与持续交付**。在产品正式运行后,就会得到大量使用反馈,基于这些反馈会进行不断的修正或功能增强并进行版本优化迭代和持续发布。

以上这些阶段的活动可能存在并行。

9.4 App 测试自动化及测试准备

9.4.1 App 测试自动化

App 自动化是指给 Android 或 iOS 系统的软件应用程序测试的自动化。App 的自动化测试有利也有弊:自动化可以提高效率、方便回归,方便执行烦琐的测试用例和统计分析等;缺点是不能取代手工,手工测试发现的缺陷多。所以 App 测试最好是手工测试和自动化测试相结合。

目前 App 功能测试的工具有轻量接口自动化测试 Jmeter 和 App UI 层面的自动化工具。例如,Android 系统的有 UI Automator Viewer、Android Junit、Instrumentation、UIAutomator 等;iOS 系统的有 Instruments 等。

性能及其他测试工具:如 Android 系统工具 MAT、WebView 等;iOS 系统的工具 ARC、Xcode 自带的 Instruments 等;后台服务性能和压力测试工具:ApacheAB、Jmeter、LoadRunner 等。专项测试的工具:如用于弱点测试的 iOS 的 Network Link Conditioner 等。

9.4.2 App 测试准备

移动 App 测试分为服务平台测试(为终端 OS 提供功能服务),移动终端测试(手机本身的测试,如抗压、抗摔、抗疲劳、抗高温及手机本身的功能等)和移动应用软件测试。本章主要讨论移动应用软件的测试。

测试的准备主要包括下列步骤:

（1）**制订测试计划**。包括人员组织和安排、测试或培训时间安排、测试出入口准则、测试环境和测试工具准备、测试用例的分析和设计、测试过程控制和报告机制等。

（2）**测试资源和环境**。提供产品需求、产品原型图、UI 设计图、行为统计分析等文档;环境涉及测试的需要的设备,如主机、网络、手机(特定 Android、iOS 系统的版本,其他需要测试的 OS 版本及手机)及测试工具等。

（3）**检查 App 测试版本是否符合入口条件**。

9.5 App 功能测试

9.5.1 UI 测试

检查界面原型和 UI 设计结果,如菜单、对话框、窗口和其他控件布局、风格是否满足客户要求,确保用户界面对象的文字能提供相应的访问或浏览功能。

1. 导航测试

导航是以业务功能场景为目的,完成不同的导航场景需要在不同的页面之间切换,其测试主要关注:

- 按钮、对话框、列表和窗口之间或在不同的页面之间导航的切换。
- 是否易于导航,导航是否直观。
- 是否需要搜索引擎。
- 导航帮助是否准确直观。
- 导航与页面结构、菜单、连接页面的风格是否一致。

2. 图形测试

图形测试主要关注以下内容:

- 横向比较,各控件操作方式是否统一。
- 自适应界面设计,内容是否根据窗口大小自适应。
- 页面标签风格是否统一。
- 页面是否美观。
- 页面的图片应有其实际意义而要求整体有序、美观。
- 图片质量要高且图片尺寸在设计符合要求的情况下应尽量小。
- 界面整体使用的颜色不宜过多。

3. 内容测试

内容测试的主要关注点:

- 输入框说明文字的内容与系统功能是否一致。
- 文字长度是否加以限制。
- 文字内容是否表意不明。
- 是否有错别字。
- 信息是否为全中文显示或全英文显示。
- 是否有敏感性词汇、关键词。
- 是否有敏感图片,如涉及版权、专利、隐私等。

9.5.2 业务功能测试

业务功能测试的依据就是需求规约。业务功能测试就是对产品的各功能进行验证,执行分析和设计的功能测试用例,检查产品是否达到用户要求的功能。功能测试也称行为测试,测试一个产品的特性和可操作行为是否满足其用户需求。测试人员要考虑到应用软件的用户类型,以及在不同的功能场景下如何进行测试。可以采用如下方法来进行测试用例的分析和设计并执行测试:

(1)采用时间、地点、对象、行为和背景五元素并结合业务分析等方法提炼 App 的用户使用的功能场景,对比用户需求规约构建业务功能场景的测试点,并覆盖所有这些场景。明确测试标准,若用户需求中无明确标准遵循,则需要参考行业或相关国际标准或准则。

(2) 根据以上功能场景的特性分析设计测试用例,可以使用黑盒测试(如等价法、边界分析法、场景法等)、白盒测试(如系统场景路径分析等)及错误推迟等方法。考虑负面、异常或非法、回滚、关联等业务场景并设计测试用例。另外,可以考虑下面一些情况补充测试用例场景:

- 测试用户可输入的极限值;
- 在全新无数据的手机中测试;
- 在老手机上测试;
- 利用预先设定和导入不同类型的数据测试;
- 用一些超出预期的数据去测试。

完成用例设计后构成测试用例集,并组织对用例进行评审和修改完善。同时要准备测试数据、测试套件、测试用例优先级划分等。

(3) 测试的实现和执行跟踪阶段,首先搭建好测试环境,在完成 UI 测试的前提下执行测试用例,并记录测试情况,进行缺陷的跟踪等。根据测试进展和覆盖情况及时修正业务场景或需求理解方面的错误。

可以考虑采用自动化工具帮助执行测试和后期的回归测试。

9.5.3 其他功能测试

1. 运行 App 测试

安装完 App 之后,首先是点击图标,测试是否能正常启动并运行。

(1) 运行 App 测试应关注:

- App 安装完成后的试运行,是否能正常打开软件。
- App 打开时,是否有加载状态进度提示。
- App 打开时,速度是否符合特定的要求。
- App 页面间的切换是否流畅,逻辑是否正确。

(2) 注册 App 的测试应关注:

- 同表单编辑页面。
- 用户名和密码长度。
- 注册后的提示页面。
- 前台注册页面和后台的管理页面数据是否一致。
- 注册后,后台管理页面是否有提示。

(3) 登录 App 的测试应关注:

- 使用合法的用户登录系统。
- 系统是否允许多次非法登录,是否有次数限制。
- 使用已经登录的账号登录系统是否能正确处理。
- 使用禁用的账号登录系统是否能正确处理。
- 用户名、口令(密码错误或漏填)是否能登录。
- 删除或修改后的用户,原用户登录是否正确处理。
- 不输入用户口令和用户名、重复点去"确定"或"取消"按钮是否正确处理。
- 登录后,页面中是否提示登录后相关信息。

- 页面中是否有"注销"按钮。
- 登录超时的处理。

（4）注销 App 的测试应关注：

- 能否顺利注销，注销后相关用户信息是否不存在了。
- 终止注销能否返回原用户。
- 注销原用户，新用户系统能否正确处理。

2. 应用的前后台切换测试

前后台切换测试主要关注：

- App 运行后切换到后台，再回到前台，测试是否停留在上一次的操作界面，其功能及应用状态是否正常。
- 手机锁屏后解屏再进入 App，测试其是否会崩溃，功能及应用状态是否正常。
- 当 App 使用过程中有电话呼入，中断后再切换到 App，功能及应用状态是否正常。
- 当"杀"掉 App 进程后，再开启 App，App 能否正常启动。
- 当出现必须处理的提示框后，切换到后台，再切换回来，检查提示框是否还存在。

3. 免登录测试

很多应用提供免登录功能，当应用启动时自动恢复上一次登录的用户身份来使用 App。其测试的主要关注点：

- App 免登录功能是否与不同的 OS 版本及 App 版本有关。
- 无网络情况下能否正常进入免登录状态。
- 切换用户登录后，校验用户登录信息及数据内容是否相应更新，确保原用户退出。
- 根据 MTOP 的现有规则，一个账户只允许登录一台机器。所以，需要检查一个账户登录多台手机的情况。原手机里的用户需要被踢出，并给出友好提示。
- 密码更换后，检查有数据交换时是否进行了有效身份的校验。
- 支持自动登录的应用在进行数据交换时，检查系统是否能自动登录成功并且数据操作无误。
- 检查用户主动退出登录后，下次启动 App，应停留在登录界面。

4. App 更新测试

当更新时，测试的关注点：

- 当客户端有新版本时，是否有更新提示。
- 当版本为非强制升级版时，用户是否可以取消更新，老版本能正常使用。用户在下次启动 App 时，是否仍能出现更新提示。
- 当版本为强制升级版时，给出强制更新后用户没有做更新则退出客户端。下次启动 App 时，是否仍出现强制升级提示。
- 当客户端有新版本时，在本地不删除客户端的情况下，直接更新检查是否能正常更新。
- 当客户端有新版本时，在本地不删除客户端的情况下，检查更新后的客户端功能是否是新版本。
- 当客户端有新版本时，在本地不删除客户端的情况下，检查资源同名文件，如图片是否能正常更新成最新版本。
- 升级安装时的意外情况的测试（如死机、断电、重启）。

更新后，测试的关注点：

- 测试升级后的功能是否与需求规约一致。
- 测试与升级模块相关模块的功能是否与需求一致。
- 升级后界面的 UI 测试。

5. 离线浏览测试

很多 App 会支持离线浏览,即在本地客户端会缓存一部分数据供用户查看,测试的主要点:

- 在无网络情况下是否可以浏览本地数据。
- 退出 App 再启动 App 时是否能正常浏览。
- 切换到后台再切换回前台是否可以正常浏览。
- 锁屏后再解屏回到应用前台是否可以正常浏览。
- 在对服务端的数据有更新时是否会给予离线的相应提示。

6. 数据更新测试

一般会根据应用的业务规则,以及数据更新的情况来确定最优的数据更新方案。测试时根据更新方案来进行测试,关注以下测试点:

- 哪些地方需要提供手动刷新,哪些地方需要自动刷新,哪些地方需要手动+自动刷新。
- 哪些地方从后台切换回前台时需要进行数据更新。
- 根据业务、速度及流量的合理分配,确定哪些内容需要实时更新、哪些需要定时更新。
- 确定数据展示部分的处理逻辑,即每次从服务端实时获得数据还是缓存到本地。
- 有数据交换的地方,均有相应的异常处理。

7. 定位服务测试

有些 App 会用到相机定位服务,需要采用真机进行测试,其关注的测试点:

- 需要进行前后台的切换,再检查定位等功能是否正常。
- 当定位服务没有开启时,定位服务会友好地弹出是否允许设置定位的提示。
- 当确定允许开启定位时,能自动跳转到定位设置中开启定位服务。

8. 时间影响测试

客户端可以自行设置手机的时区、时间,因此,需要校验该设置对 App 的影响。中国为东 8 区,所以当手机设置的时间非东 8 区时,查看显示时间是否正确、应用功能是否正常。时间一般需要根据服务器时间再转换成客户端对应的时区来显示,这样的用户体验比较好。比如,发表一篇微博在服务端记录的是 10:00,此时,华盛顿时间为 22:00,客户端去浏览时,如果设置的是华盛顿时间,则显示的发表时间即为 22:00,当时间设回东 8 区时间时,再查看则显示为 10:00。

9. 客户端数据库测试

一般 Android 和 iOS 系统的客户端都采用了 Sqlite 数据库,当 App 需要在客户端保存数据时,它们会创建相应的数据库表,最常见的是对账号的保存,这时的测试点主要有:

- 和一般数据库一样,需要检查数据的增、删、改、查。
- 客户端即用即建,当表不存在时,是否会自动创建。
- 数据表被删除后,新建的表中的数据能否自动从服务器端中获取并保存。
- 当对数据进行了修改、删除时,客户端和服务器端能否有相应的更新。
- 获取数据时是直接从客户端获取还是和服务器端的数据进行比较。
- 对于客户端从服务器端更新的数据,客户端是否保存于本地。

9.5.4 用户体验测试

用户体验主要是检测用户在理解和使用系统方面的感受,是否存在障碍或难以理解的部分。用户体验的测试方法,一般是通过用户访谈,或邀请内测、小范围公测等方式进行,通过不同实验组的运营结果来判断是否存在可用性缺陷。对测试结果的分析需要有大量的测试样本数据。本测试应该关注以下测试点:

- 是否滥用用户引导。
- 是否有不可点击的效果,如按钮此时处于不可用状态,应该是灰色。
- 菜单层次是否太深。
- 交互流程分支是否太多。
- 相关的选项是否离得很远。
- 一次是否载入太多的数据。
- 界面中按钮可点击范围是否适中。
- 标签页是否跟内容没有从属关系,当切换标签的时候,内容是否也跟着切换。
- 操作应该有主次从属关系。
- 是否定义返回的逻辑。涉及软硬件交互时,返回键应具体定义。
- 是否有横屏模式的设计,应用一般需要支持横屏模式,即自适应设计。

9.6 App 非功能测试

9.6.1 安装、卸载测试

1. 安装测试

安装测试主要涉及以下测试点:

- 软件在不同操作系统,如在 Android、iOS 系统等下安装是否正常。
- 软件安装后是否能够正常运行,安装后的文件夹及文件是否写到了指定的目录。
- 软件安装各个选项的组合是否符合设计规约。
- 软件安装向导 UI 是否合理有效。
- 软件安装过程是否可以取消,点击"取消"按钮后,写入的文件是否如设计规约的要求处理。
- 软件安装过程中意外情况的处理是否符合需求(如死机、重启、断电)。
- 安装空间不足时是否有相应提示。
- 安装后没有生成多余的目录结构和文件。
- 对于需要通过网络验证之类的安装,尝试在断网情况下安装,是否有相关提示。
- 需要对安装手册进行测试,依照安装手册是否能顺利实施安装。

2. 卸载测试

卸载测试主要涉及以下测试点:

- 直接删除安装文件夹卸载是否有提示信息。
- 测试系统直接卸载程序是否有提示信息。
- 测试卸载后文件及文件夹是否全部删除。
- 卸载过程中出现的意外情况的测试(如死机、断电、重启)。
- 卸载是否支持取消功能,单击"取消"按钮后软件卸载的情况。

9.6.2 安全测试

1. 权限测试

权限直接涉及风险，如扣费和支付（如发送支付确认短信）、隐私泄露（如访问手机信息、访问联系人信息）等风险。本测试的关注点：

- 对 App 的输入有效性、认证、授权及敏感数据存储、数据加密等方面进行检测。
- 限制/允许使用手机功能接入互联网。
- 限制/允许使用手机发送、接收信息。
- 限制/允许应用程序注册。
- 限制/允许本地连接。
- 限制/允许使用手机拍照或录音。
- 限制/允许使用手机读取用户数据。
- 限制/允许使用手机写入用户数据。
- 检测 App 的用户授权级别及数据泄露、非法授权访问等。

2. 安装与卸载安全测试

应用程序应能正确安装到设备上，主要测试点：

- 能够在安装设备驱动程序上找到应用程序的相应图标。
- 是否包含数字签名信息。
- JAD 文件和 JAR 包中包含的所有托管属性及其值是否正确。
- JAD 文件显示的资料内容与应用程序显示的资料内容是否一致。
- 安装路径应能指定。
- 没有用户的允许，应用程序不能预先设定自动启动。
- 卸载是否安全，其安装的文件是否全部卸载。
- 卸载用户使用过程中产生的文件是否有提示。
- 其修改的配置信息是否能复原。
- 卸载是否影响其他软件的功能。
- 卸载应该移除所有的文件。

3. 数据安全测试

当将密码或其他的敏感数据输入应用程序时，为了保证数据安全，不会被存储在设备中，需要通过加密传送到服务器。主要测试点：

- 输入的密码不能以明文显示。
- 密码、信用卡明细或其他的敏感数据不能存储在输入设备上。
- 应用程序的个人身份证或密码长度范围为 4～8 个数字和/或加字母等其他字符（密码的具体要求按需求进行测试）。
- 当应用程序处理信用卡明细或其他的敏感数据时，不以明文形式将数据单独写到其他位置。
- 防止应用程序异常终止后没有删除它的临时文件，文件可能被读取。
- 备份应该加密，恢复数据应考虑恢复过程的异常通信中断。
- 应用程序应考虑系统或者虚拟机器产生的用户提示信息或安全警告。
- 应用程序不能忽略系统或者虚拟机器产生的用户提示信息或安全警告，更不能在安全警告时利用显示误导、欺骗用户,应用程序也不应该模拟进行安全警告误导用户。

- 在数据删除之前,应用程序应当通知用户或者应用程序提供一个"取消"命令的操作,"取消"命令操作能够按照设计要求实现其功能。
- 不允许应用程序连接到个人隐私信息。
- 当进行读或写用户信息操作时,应用程序将会向用户发送一个操作的提示信息。
- 在没有用户明确许可的前提下不损坏删除个人信息管理应用程序中的任何内容。
- 如果相关数据库中重要的数据要被重写,应及时告知用户。
- 能合理地处理出现的错误,意外情况下应提示用户。

4. 通信安全测试

主要测试点:

- 在运行软件过程中,如果有来电、SMS、EMS、MMS、蓝牙、红外等通信或充电时,是否能暂停程序,优先处理通信,并在处理完毕后正常恢复软件原来的功能。
- 当创立连接时,应用程序能够处理网络连接中断,告诉用户连接中断的情况。
- 能处理通信延时或中断。
- 能处理网络异常并及时将异常情况通报给用户。
- HTTP、HTTPS 覆盖测试:App 和后台服务一般是通过 HTTP 交互,验证在 HTTP 环境下是否正常。外网一般都要输入密码,通过 SSL 认证来访问网络,需要对使用 HTTP Client 的 library 异常做捕获处理。

5. 人机接口安全测试

主要测试点:

- 返回菜单总保持可用。
- 命令有优先权顺序。
- 本应用程序以外的其他设置对应用程序不应造成影响。
- 应用程序必须能够处理不可预知的用户操作,如错误的操作和同时按下多个键等。

9.6.3 性能测试

主要涉及的测试内容:响应、内存、CPU、FPS(Frames Per Second,App 应用的使用流畅度)、GPU 渲染、耗电量等。

1. 响应

软件的响应时间和响应速度直接影响到用户的体验度,如果一个软件迟迟加载不了,会直接影响到使用效果。关于具体测试方法,不同的操作系统和手机型号有所不同。主要测试点:

(1) 冷启动:首次启动 App 的时间间隔(只是启动时间,不包括页面加载)。

(2) 热启动:非首次启动 App 的时间间隔(只是启动时间,不包括页面加载)。

(3) 完全启动:从启动到首页完全加载出来的时间间隔。

(4) 有网启动:从发起跳转到页面完全加载出来的时间间隔。

(5) 无网启动:从发起跳转到页面完全加载出来的时间间隔。

(6) 执行不同的业务场景导航时页面切换及处理的响应时间。

2. 内存

移动设备的内存是固定的,如果内存消耗过大就会造成应用卡顿或者闪退,需要对内存进行测试。正常情况下,应用不应占用过多的内存资源,且能够及时释放内存,保证整个应用的稳定性和流畅性。例如，Android 系统通常使用 PSS(私有内存＋比例分配共享内存)来衡量一个 App 的内存开销，可以用工具 Emmagee 和 Android Studio 自带的检测工具 Android Monitor 测试。iOS 系统可以用 Xcode 自带的 Instruments 工具测试等。主要测试点：

(1) 空闲状态：切换至后台或者启动后不做任何操作的消耗内存情况。

(2) 中强度状态：时间偏长的操作应用的消耗内存情况。

(3) 高强度状态：高强度使用应用的消耗内存情况。

观察退出某个页面后，内存是否有回落。如果没有及时回落，且程序自动 GC(Garbage Collection,垃圾回收)或者手动 GC,则可确认有问题；进行某个操作后，内存是否增长过快。如果增长过快,也有可能存在风险,需重复操作确认。

3. CPU

CPU 测试主要关注的是 CPU 的占用率。很多时候,我们操作手机时,会出现手机发热、发烫,这是因为 CPU 使用率过高。CPU 过于繁忙会使手机无法响应用户,整体性能会降低,体验会很差,容易引起 ANR(Application not Responding,应用没有响应,主线程(UI 线程)如果在规定时内没有处理完相应工作就会出现 ANR)等一系列问题。可以使用第三方测试工具,如 Android 系统的 Emmagee、GT、Monkey 及 Android Studio 自带的检测工具 Android Monitor 测试,iOS 可以使用 Instruments 测试。主要测试点：

(1) 运行该应用前后 CPU 的占用情况。

(2) 在空闲时间(切换至后台)时的 CPU 消耗。

(3) 该应用在高负荷的情况下 CPU 的占用情况。

4. FPS

FPS 是图像领域中的定义,指画面每秒传输的帧数,通俗来讲是指动画或视频的画面数。FPS 是测量用于保存、显示动态视频的信息数量。每秒帧数愈多,所显示的动作就会愈流畅。例如,一般来说,Android 设备的屏幕刷新率为 60 帧/s,要保持画面流畅不卡顿,要求每一帧的时间都不超过 1000ms/60＝16.6ms,这就是 16ms 的黄金准则,如果中间的某些帧的渲染时间超过 16ms,就会导致这段时间的画面发生了跳帧,因此,原本流畅的画面变发生了卡顿。

Android 系统可以使用 ADB、第三方测试工具(如 Emmagee、GT 等)及 Android Studio 自带的检测工具 Android Monitor 测试。iOS 可以使用 Instruments 测试。

5. GPU 渲染

GPU 渲染是指在一个像素点上绘制多次(超过一次),即显示一个什么都没有做的 activity 界面算画了第 1 层,给 activity 加一个背景是第 2 层,在上面放一个 Text View(有背景的 Text View)是第 3 层,Text View 显示文本是第 4 层。仅仅只是为了显示一个文本,却在同一个像素点绘制了 4 次,这一定要优化。过度绘制对动画性能的影响是严重的。GPU 过渡渲染不同的颜色代表不同的绘制程度：原色代表无过渡绘制；蓝色代表绘制 1 次(理想状态)；绿色代表绘制 2 次；浅红代表绘制 3 次(可以优化)；深红代表绘制 4 次(必须优化)。

例如,通过打开手机设置→开发者选项→显示 GPU 过度渲染,可以对 App 是否存在过度渲染进行检测,寻找是否有进一步的优化空间。

6. 耗电量

测试应用对电量的消耗前需要对手机本身的电量有了解,测试前先看规定时间内手机正常待机情况下(重启后待机)的电量消耗情况,然后再启动待测试 App 检测电量消耗。测试点：

（1）测试手机安装目标 APK 前后待机功耗有无明显差异。

（2）常见使用场景中能够正常进入待机，待机电量消耗是否在正常范围内。

（3）长时间连续使用应用是否有异常耗电现象。

Android 系统可用工具 Emmagee、GT 测试，iOS 系统可以用工具 Instruments 测试。

9.6.4　兼容性测试

兼容性问题涉及：

（1）屏幕分辨率兼容性问题；

（2）软件(iOS、Android 及其他系统版本不同厂家的定制 ROM)兼容性问题；

（3）硬件(不同的 CPU、内存大小，等等)兼容性问题；

（4）网络(2G/3G/4G/5G/WiFi)兼容性问题。

一般情况下，通过客户端嵌入统计 SDK，统计出当前已有用户的分辨率。根据软件版本和手机使用排行，购买相应排名前十位的设备测试屏幕分辨率、软件版本和硬件兼容性，尽可能多在不同的机器上测试。通过购买不同的手机卡支持相应的 2G/3G/4G/5G 和使用不同的 WiFi 网络测试网络兼容性问题。辅助测试工具有 Monkey、Appium 等。

9.7　App 专项测试

9.7.1　相关特定操作测试

主要测试点：

- 手机锁屏、解锁对运行的 App 的影响。
- 切换网络对运行的 App 的影响。
- 运行中的 App 前后台切换的影响。
- 多个运行的 App 之间的切换的影响。
- App 运行时关机。
- App 运行时重启系统。
- App 运行时充电。
- App 运行时"杀"掉进程再打开。

9.7.2　弱网测试

主要测试点：

- 无网络测试：页面在发出请求前或在发出请求时关闭移动设备网络，观察程序是否作有友好提示。
- 弱网络测试：页面等待请求数据，数据返回后，页面呈现是否正常；页面在发出请求后，离开该页面，数据返回后，程序是否正常处理，是否会发生崩溃；页面等待请求数据，造成超时，页面是否有友好提示。

9.7.3　网络超时测试

网络超时可根据实际需要采用以下方法来实现测试：

- 绑定未知服务器，构成网络超时。

- 对某类域名做主机绑定,适用于越狱机器。
- 绑定代理服务器,延时某个请求的时间。
- 修改程序代码,改变某个请求的链接。

9.7.4 操作类型测试

根据自身 App 的应用场景来进行测试,比如,对于用摄像头的 App,应根据使用场景来决定扫描、拍摄角度等;对于支持横竖屏的场景,要考虑横竖切换的情况。图 9-3 给出了操作类型的测试要点。

类型	测试要点
操作	单指_滑动
	单指_单击
	单指_双击
	单指_长按
	双指_缩放
	多指
	晃动
	转屏
	置于后台

图 9-3 操作类型的测试要点

9.7.5 交叉事件测试

交叉事件测试又叫事件冲突测试,是指一个功能在执行时,另外一个事件或操作所引起的干扰测试。如 App 在前/后台运行状态时来电、文件下载、音乐收听等应用的交互情况的测试。

交叉事件测试能发现很多应用中潜在的性能问题。测试要点:
- 多个 App 同时运行是否影响正常功能。
- App 运行时前/后台切换是否影响正常功能。
- App 运行时拨打/接听电话。
- App 运行时发送/接收信息。
- App 运行时发送/收取邮件。
- App 运行时切换网络(2G、3G、4G、5G、WiFi)。
- App 运行时浏览网页。
- App 运行时使用蓝牙传送/接收数据。
- App 运行时使用相机、计算器等手机自带设备。

9.7.6 第三方推送测试

App 消息推送是指 App 开发者通过第三方工具将自己想要推的消息推送给用户,让用户被动地接收。主要测试点如图 9-4 所示。

9.7.7 消息推送测试

测试消息推送时,需要使用真机。主要的测试点:

图 9-4　第三方推送的主要测试点

- 消息推送是否按照指定的业务规则发送。
- 不接受推送消息时,用户不会再接收到推送。
- 如果用户设置了免打扰的时间段,在免打扰时间段内,用户接收不到推送。在非免打扰时间段,用户能正常收到推送。
- 当推送消息是针对登录用户的时候,收到的推送与用户身份是否相符,没有错误地将其他人的消息推送过来。一般情况下,只对手机最后一个登录用户进行消息推送。

练　习

1. App 测试和 Web 测试有哪些不同之处?
2. Android 系统和 iOS 系统有什么区别?
3. 常用的 App 测试工具有哪些? 有哪些类型?
4. 测试过程中遇到 App 出现崩溃或者 ANR,你会怎么处理?
5. App 的性能测试要关注哪些方面?
6. 以一个实际的 App 实施其功能和安全性测试。

第10章 微服务架构应用测试

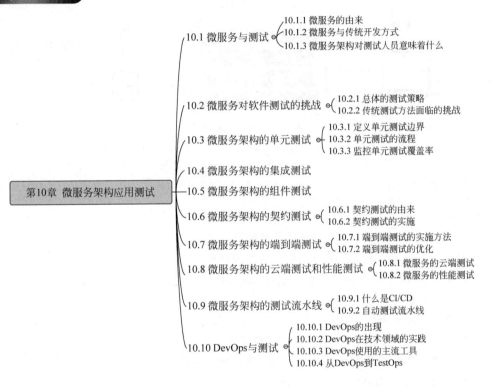
10.1 微服务与测试

10.1.1 微服务的由来

微服务的前身是 Peter Rodgers 博士在 2005 年度云端运算博览会上提出的微 Web 服务（Micro-Web-Service）。微软的 Juval Löwy 随后也提出了类似的想法，并提议将其作为微软下一阶段最主要的软件架构。

2014 年，Martin Fowler 与 James Lewis 共同提出了微服务的概念，给出了微服务的具体定义：从本质上来说，微服务是一种架构模式。它是面向服务型架构（SOA）的一种变体，提倡将单一应用程序划分成一组小的服务，服务之间互相协调、互相配合，为用户提供最终价值。每个服务运行在其独立的进程中，服务与服务之间采用轻量级的通信机制互相沟通（通常是基于 HTTP 的 RESTful API）。每个服务都围绕具体业务构建，并且能够被独立地部署到生产环境、类生产环境等。另外,应尽量避免统一的、集中式的服务管理机制,对具体的一个服务而言,应根据业务上下文,选择合适的语言、工具对其进行构建。

10.1.2 微服务与传统开发方式

与微服务架构相对应,传统开发方式通常被称为单体式架构(Monolithic Architecture),所有功能都打包在一起,基本没有外部依赖,其中包含了数据输入/输出、数据处理、业务实现、错误处理、前端显示等所有逻辑。

图 10-1 显示的是一个典型的单体式架构。这种架构有其优点,包括:

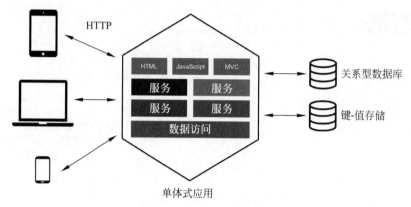

图 10-1　一个典型的单体式架构

- 开发团队的组织架构简单,便于集中式管理。
- 开发进度统一管理,避免重复开发的问题。
- 功能都集中在本地,不存在分布式的管理和调用损耗。

但是,随着现代应用程序的日益复杂化,加上对于迭代速度的要求越来越高,这种架构的不足开始暴露出来:

- 效率低:所有开发人员都在同一个项目下修改代码,经常需要相互等待对方的功能更新,代码入库时会冲突不断,造成开发成本上升。
- 维护难:各个模块的代码都耦合在一起,项目新手入手难,一旦出现问题(Bug),联动修改会发生。当某个模块需要升级时,整个应用程序也要升级。
- 不灵活:构建(Build)时间过长,任何一个小量级的修改,都要重构整个项目,非常耗时。
- 稳定性差:一个微小的问题,都可能导致整个进程崩溃,使得整个应用程序无法工作。
- 扩展性弱:难以分布式部署和扩容,无法满足高并发下的业务需求。而且,一旦业务范围扩展或者需求有所变化,难以复用原有的服务,必须重新开发。

如何解决这些问题?微服务架构逐渐浮出水面。从软件开发组织的角度来说,它的核心理念是按照业务边界把整个系统划分为若干个服务或"子系统"。每个子系统的开发团队之间,保持着合作(Inter-Operate)而不是整合(Intergrate)的关系。定义好每个子系统的边界和接口,在一个团队内自治。团队按照这样的方式组建,沟通的成本维持在系统内部,每个子系统就会更加内聚,彼此的依赖耦合能变弱,跨系统的沟通成本也就能降低。

再以图 10-1 的单体式 App 为例,通过用微服务架构方式对其进行改造,将会变成图 10-2 这种结构。

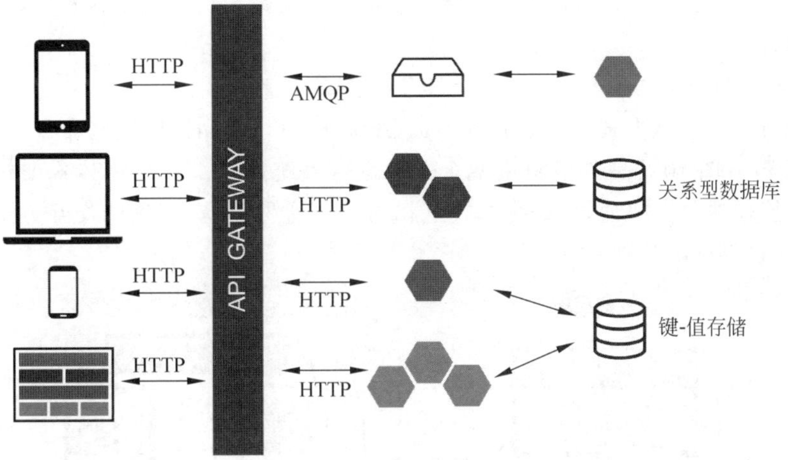

图 10-2　微服务架构的例子

除了解决单体式架构的几个缺陷以外,微服务架构还具有下面这些优点:

- 部署、回滚变得更快、更简便。
- 微服务架构中,提倡针对不同的业务特征选择合适的技术方案,有针对性地解决具体业务问题,而不是像单块架构中采用统一的平台或技术来解决所有问题。这样就实现了技术的多元化,无须长时间锁定于某一种技术栈,便于采用最新的工具。
- 每个服务都可以单独扩容。
- 在需要发布新功能时,可以用插件的形式添加到系统中而不需要重新部署整个系统。
- 微服务架构提供自主管理其相关的业务数据,这样可以随着业务的发展提供数据接口集成,而不是以数据库的方式同其他服务集成。另外,随着业务的发展,可以方便地选择更合适的工具管理或者迁移业务数据。

微服务架构也存在不足:

- 由于把每个子系统分配到不同的团队,这不仅意味着系统内部通信需求的增加,也带来了不同团队之间交流成本的提高。
- 在对基于微服务架构的分布式系统进行测试时,复杂度会大幅度提高。
- 分布式部署会给团队的 DevOps(Development 和 Operations 的组合词,是一种重视软件开发人员和 IT 运维技术人员之间沟通合作的文化、流程或实践方式。通过完全自动的"软件交付"和"架构变更"流程,使得构建、测试、发布软件更加快捷、频繁和可靠)能力提出更高的要求。
- 当服务数量增加时,管理的复杂度也会呈指数级增加。

10.1.3　微服务架构对测试人员意味着什么

(1) 对于测试人员而言,微服务架构到底有什么特点呢?

在问答网站 Quora 上,有一个著名的问题:什么是程序员觉得最浪费时间的事情? 排名第一的回答中提到:"不必要的微服务。"这句话揭示了开发团队在转向微服务架构时经常走入的误区。"微"固然重要,但是首要的是提供"服务",这才构成"微服务"的价值。盲目地切分功能,却没有起到解耦合的作用,只是会增加维护、测试的成本。毕竟,多了一项服务,就会增加一系列流水线和测试要求。因此,测试、质量人员在面临团队计划采取微服务架构的决策时,必须要敢于质疑：是否有这样做的必要？目的是让决策人员意识到这种转型的潜在成本，避免做无用功。

（2）微服务之间通常通过 Rest over HTTP 连接。

最常见的连接/交互方式，即通过 POST、GET、PUT、DELETE 这些命令操作 API，通过 JSON 传递参数。图 10-3 是典型制造型企业的运营系统例子。在从单体式架构转为微服务之后，不同功能模块之间将通过 Rest 方式互相访问。这种简易、明确的交互方式为契约测试（Contract Test）提供了基础。

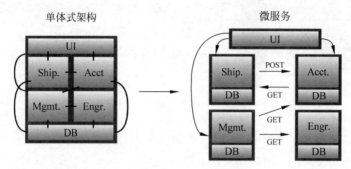

图 10-3　从单体式架构转为微服务的连接和访问

（3）每种服务不一定提供用户界面。

每个服务的测试不一定能够或者需要从 UI 完成。这对 API 级别的集成化测试提出新要求。

（4）微服务通常还可以划分为更小的模块。

如图 10-4 所示，一个典型的微服务可以分为资源、业务逻辑、数据存储接口、外部通信接口等模块。微服务内的模块测试也与传统的模块测试存在差异。

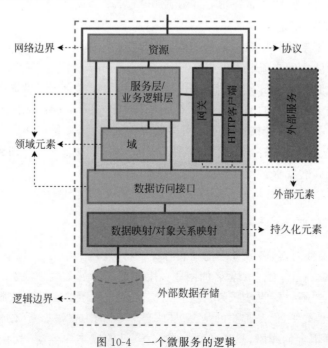

图 10-4　一个微服务的逻辑

10.2 微服务对软件测试的挑战

10.2.1 总体的测试策略

软件测试的目的是确保软件产品的质量符合客户需求。衡量测试质量的指标有很多,最常见的是测试覆盖率和测试成本(包括测试所用时间、测试维护成本等),而衡量测试效果的主要手段是最终产品在实际使用中暴露出来的问题数量。

对于采用微服务架构的产品,Martin Fowler 在关于软件测试的论述中提出:开发团队采用的任何测试策略,都应当力求服务内部每个模块的完整性,以及每个模块之间、各个服务之间的交互,提供全面的测试覆盖率,同时还要保持测试的简单、快捷。因此,可以采取下面的测试策略:

- 一方面要保证从不同的维度上,无一遗漏地对微服务进行全面的测试,特别是对于分布式系统,系统的所有层次都必须被覆盖到;另一方面又要确保测试执行的快捷,这样才能保证持续集成/持续交付(CI/CD)的实现。
- 要确保测试策略的正确实施,工具和技术固然重要,然而,首先需要测试人员在团队中树立起提倡质量第一的思想,即无法通过测试的代码不应该被合并到代码仓库;无法通过测试的代码不应该被发布出去。
- 不能为了测试而测试,测试的真正目的是交付高质量的软件给用户,而不是把资源浪费在没有实际意义的测试用例上。所有的测试层次、流程和用例,都应该有的放矢。

10.2.2 传统测试方法面临的挑战

以一个常见的开发团队为例,在采用了微服务架构之后,很可能会同时开发多个微服务,每个微服务有不同的客户要求、开发周期、开发进度和交付期限,但是整个团队又必须保证能够在固定的时间结点(譬如每月一次、每两周一次,甚至每天一次或者多次),持续地、稳定地为用户提供可以部署、使用的产品。这意味着,过去那种先等产品经理、业务部门提供需求,开发人员再进行开发,最后交给测试人员执行集成测试、端到端的测试方法,已经无法提供足够的测试粒度和足够快的响应速度。

1. 面临的挑战

归结起来,与基于单体式架构的传统测试方法相比,微服务架构对测试提出了以下挑战:

(1)服务/模块/层次(Layer)之间存在复杂的依赖性。

在单体式架构中,通常使用集成测试来验证依赖是否正常。而在微服务架构中,服务数量往往很多,每个服务都是独立的业务单元,服务之间主要通过接口进行交互,如何保证这些依赖的正常,是测试人员面临的挑战。这意味着,如果想单独测试某一个服务,或者服务中的某个模块,就必须剥离它们对于其他环节的依赖关系。这需要通过 Mock、Stub 等方法来实现。

(2)不同的服务可能会在不同的环境/设置下运行。

特别是一些后端服务与前端服务的运行环境可能截然不同,这时在考虑对每种服务设立自动化管线时,就必须有针对性地设置相应的环境配置。在微服务架构中,每个服务都独立部署,交付周期短且频率高,人工部署已经无法适应业务的快速变化。因此,如何有效地构建自动化部署体系,保证配置的稳定性、可重复性是微服务测试面临的另一个挑战,必须与

DevOps 人员一同解决。

（3）涉及多个服务的 UI 端到端测试（End-to-End 测试，简称 E2E 测试）容易出错。

因为每种服务的开发进度不同，集成不同服务的端到端测试往往会因为某一个服务的微小改动而出错。这种出错是干扰信息，是测试人员希望避免的。对端到端测试的设计，必须采取一定的防干扰、防误报策略。

（4）测试结果可能取决于网络的稳定性。

微服务架构是基于分布式的系统，而构建分布式系统必然会带来额外的开销。

- 性能：分布式系统是跨进程、跨网络的调用，受网络延迟和带宽的影响。
- 可靠性：由于高度依赖于网络状况，任何一次远程调用都有可能失败，随着服务的增多还会出现更多的潜在故障点。因此，如何提高系统的可靠性、降低因网络引起的故障率，是系统构建的一大挑战。
- 异步：异步通信大大增加了功能实现的复杂度，并且伴随着定位难、调试难等问题。
- 数据一致性：要保证分布式系统的数据强一致性成本较高。需要在一致性、可用性和分区容错性三者之间做出权衡。
- 受数据存储和外部通信的影响。如果在测试中不摆脱这些因素的影响，就可能会产生一些随机性的误报，干扰测试结果。

（5）故障分析的复杂度会随着服务的增加而提高。

微服务架构中，因为每个服务都需要独立地配置、部署、监控和收集日志，因此，在发现问题进行诊断分析时，搜集缺陷信息的成本呈指数级增长。

（6）与交付周期不同的开发团队之间的交流成本。

这一点虽然和技术无关，但是实际上会对测试人员的工作造成很大的困扰。因为开发模式分解为负责不同服务的多个小组，测试人员往往每天要花费大量的时间了解不同团队的开发进度；如果还需要手动进行回归测试（Regression Test），最终将会不堪重负，所以自动化测试是必须采取的手段和方向。

2. 应对挑战的原则

如何应对这些挑战，可以考虑如下三个原则：

（1）**自动化**：测试任务的增加，要求测试人员必须把主要的精力用于测试自动化，摆脱手动测试带来的沉重负担。当然，自动化测试必须足够稳定、稳健，不能动辄误报，否则反而会导致很高的维护成本。

（2）**层次化**：采用分层次的测试方法，粒度由细到粗，范围由小到大。图 10-5 展示几个主要测试层次之间的关系。

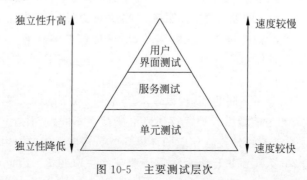

图 10-5　主要测试层次

图 10-5 是 Mike Cohn 提出的测试金字塔（Test Pyramid），其中最重要的两个原则是：

- 应该用不同的粒度来测试应用程序；
- 层次越高，测试越少。

最底层的是单元测试（Unit Test），粒度最细，速度最快，维护成本也最低。往上是针对每种服务内部的各种模块、业务流程的测试。最上面是基于前端 UI 的测试，这部分的粒度最粗，范围最大（因为会覆盖大多数服务），但是维护成本最高，因为稍微有些细微的变化就可能需要调整脚本。而且，由于基于前端，需要设置很多响应时间和等待时间，所以速度最慢。

（3）**可视化**：为了降低交流成本，最好的办法就是让所有的测试结果可视化。这意味着将构建（Build）、测试（Test）、部署（Deploy）所有这些相关任务在一个流水线之中，让所有团队成员都可以随时监控项目进度，找到阻碍项目的瓶颈。

3. 主要的测试

图 10-6 是以一个典型团队为例，展示从开发、测试、构建到部署的一系列过程。整个过程都可以借助 Jenkins 或者 TeamCity 这样的任务调度工具完全可视化，再借助 SonarQube 这样的代码质量监控工具监控测试结果。Google Analytics 或者 Microsoft 的 Azure Application Insight 等云端监控工具则可以提供实时生产环境的客户使用信息或者测试数据，让整个团队可以随时把握产品的整个流水线的运行状态。

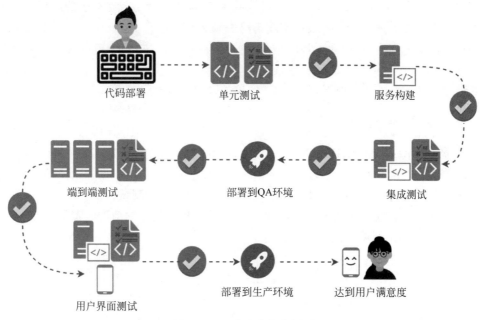

图 10-6　一个流水线的例子

下面将逐一介绍在微服务架构中所采用的主要测试。如图 10-7 所示，它们主要包括：

（1）单元测试（Unit Test）。

单元测试用于验证微服务内部的类的方法或函数的行为。它们会根据测试框架执行代码文件中的类方法或函数，提供不同的输入，并验证与每一个输入相对应的输出。

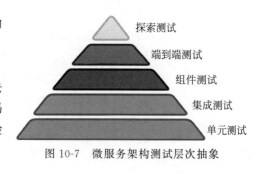

图 10-7　微服务架构测试层次抽象

微服务架构应用测试

（2）集成测试(Integration Test)。

集成测试用于验证微服务与外部模块的通信或者交互行为。测试框架会启动服务的一个实例，并调用服务的外部接口来执行业务逻辑。

（3）组件测试(Component Test)。

组件测试即验证微服务能否起到预期的作用。这需要把微服务周边依赖的所有其他服务或者资源全部模拟化，从该服务外部"用户"的角度来检查服务能否提供预期的输出。

（4）端到端测试(End-to-End Test)。

端到端测试验证整个系统的功能能否符合用户的预期，一般是从 UI 层面进行测试，确保用户体验完全达到客户要求。

（5）探索测试(Exploratory Test，即手动测试)。

这一步通常由业务专家型用户执行，具体查看某个新添加的特性是否开发、部署成功。

10.3　微服务架构的单元测试

单元测试是开发人员编写的代码，用于检验被测代码的很明确的、高内聚的功能是否正确。通常而言，一个单元测试是用于判断某个特定条件（或者场景）下某个特定函数的行为。例如，可能把一个很大的值放入一个有序列表中，然后确认该值出现在列表的尾部。对于单元测试中单元的含义，一般来说，要根据实际情况去判定其具体含义，如 C 语言中单元指一个函数；面向对象语言，如 Java 中单元指一个类。前端应用中可以指一个窗口或一个菜单等。总的来说，单元就是人为规定的最小的被测功能模块。

下面将探讨在微服务架构下，单元测试的设计、实现和质量控制。

10.3.1　定义单元测试边界

要设计高效率（既运行快速又覆盖率高）的单元测试，首先要准确地定义测试边界。测试的目的就是验证边界里黑盒的行为是否符合预期，首先向黑盒输入数据，然后验证输出的正确性。在单元测试里，黑盒指的是函数或者类的方法，目的是单独测试特定代码块的行为。

但是在微服务架构中，很多时候黑盒的输出需要依赖于其他的功能或者服务，即存在外部依赖。图 10-8 是一个简单的注册功能的例子。

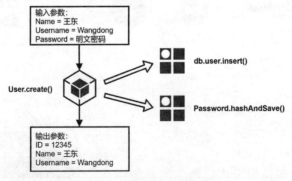

图 10-8　被测单元的依赖

从图 10-8 中可以看出，这个函数包含了一些输入和输出。输入参数包括基本的用户注册信息（姓名、用户名和密码），而返回新创建的用户 ID。

但是在此过程中,还有一些不是很明显的输入数据。这个函数调用了两个外部函数:db. user. insert()是向数据库插入数据;Password. hashAndsave()是一个微服务,用于生成密码的哈希值,再加以保存。在某些情况下,数据库可能会返回错误,比如用户名已经存在,导致数据库插入失败。另外,因为需要调用外部的微服务生成密码哈希值,如果网络连接出现问题,或者哈希值生成服务由于发生过载而导致服务超时,那么密码保存就会返回错误。User. create()函数必须能够妥善地处理这两种错误,这是测试的重点。也就是说,为了全面地测试用户注册功能,单元测试所要做的不仅仅是简单地输入各种不同的参数,它还要能够让外部函数/微服务,能够预测/穷尽出可能的错误,再验证函数的错误处理逻辑是否符合预期。

因此,为了在不依赖于外部条件的情况下制造出各种输入数据,就需要使用 Stub 或者 Mock,可以理解为对函数外部依赖的模拟器,即用一个假的版本替换了真实的对象(例如一个类、模块、函数或者微服务)。假的版本的行为特征和真实对象非常类似,采用相同的调用方法,并按照测试开始之前预定义的返回方式,提供返回数据。测试框架在运行被测试的函数时,可以把对外部依赖函数/服务的调用重定向到 Stub 上,这样单元测试就可以在没有外部服务的情况下进行,既保证了速度,又避免了网络条件的影响。

再次强调 Stub 和 Mock 的区别:Stub 就是一个纯粹的模拟器,用于替代真实的服务/函数,收到请求后返回指定结果,不会记录任何信息;Mock 则更进一步,还会记录调用行为,可以根据行为来验证系统的正确性。创建 Stub 的工具有很多,包括 Node. js/JavaScript 框架下的 sinon. js、testdouble. js 及 Python 下的 mock 等。

在本例的注册函数和密码哈希值生成、保存服务之间,插入一个 Stub(模拟器)的示意图如图 10-9 所示。

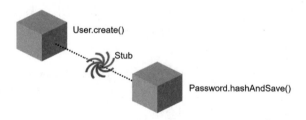

图 10-9 插入一个 Stub 的例子

通过对外部依赖函数使用模拟器,通常可以在几秒内,执行数千个单元测试。这样,开发人员就可以把单元测试加入日常的开发工作管线(Pipeline)当中,包括直接集成到常用的 IDE 中,或者通过终端命令行触发。在编写代码的同时,频繁运行单元测试,有助于尽早发现代码中的问题。对于程序员来说,如果养成了对自己写的代码进行单元测试的习惯,不但可以写出高质量的代码,而且还能提高编程水平。

在微服务架构中,单元测试的作用不仅限于代码开发,它们还对 DevOps/CI(持续集成)有很大的帮助,可以集成到代码合并(Merge)流程中。譬如 GitHub 支持对一些主流 CI 服务的状态检查。一般它会限制对主分支(Master)的提交权限,不允许开发人员直接向该分支提交代码,要求他们把代码先提交到其他分支上,再由其他开发人员进行代码评审(Code Review)。最后,将代码合并到主分支的时候,GitHub 要求先通过状态检查。这时,Jenkins、CircleCI 和 TravisCI 等 CI 服务都提供了状态检查钩子(Hook),它们会从分支上获取代码并运行单元测试。如果通过了,就允许合并代码,否则就不允许。整个过程如图 10-10 所示。

图 10-10   单元测试的合并过程

10.3.2   单元测试的流程

单元测试的工具有很多,例如:

- C++:Googletest、GMock。
- Java:Junit、TestNG、Mockito、PowerMock。
- JavaScript:Qunit、Jasmine。
- Python:unittest。
- Lua:luaunit。

单元测试主要分为以下几步:

(1) 设置测试数据;

(2) 在测试中调用被测模块(方法);

(3) 判断返回的结果是否符合预期。

这三步可以简化为"三 A 原则":Arrange(设置)、Act(调用)、Assert(检查)。或者也可以借用 BDD(行为驱动测试)的概念,把单元测试的流程分为三步:Given(上下文)、When(事件)、Then(结果)。来看一个真实的例子,这是一个名为 ExampleController 的类,用于在人名库(PersonRepository)中查找人名。用 Junit 对类中的 hello(lastname)方法进行单元测试。首先用一个 Stub(模拟器),替换真正的 PersonRepository 类,这样可以预先定义希望返回的值。编写了两个单元测试用例。下面分别介绍。

第一个是正常运行的用例:

Arrange(设置):建立一个名为王东的人物,并且让模拟器准备好,在输入参数为"王"时,返回"王东"。

Act(调用):调用函数 hello("王")。

Assert(检查):检查返回结果是否为"你好王东!"。

第二是异常运行的测试用例:

Arrange(设置):让模拟器准备好,在输入任何参数时,均返回空值。

Act(调用):调用函数 hello("王")。

Assert(检查):因为模拟器返回的是空值,这是检查返回结果是否为"这位王先生是谁?"通过这样的正面和反面的测试用例,可以彻底地检查 hello(lastname)方法是否工作正常。

10.3.3   监控单元测试覆盖率

测试人员应当设法将单元测试的覆盖率作为一个重要的监控指标,记录并可视化。例如,TeamCity 或者 Jenkins 这样的流程化工具,支持用 dotCover 来统计流程中单元测试的覆盖率,并将结果以 TXT 报告或者 HTML 的方式显示在任务页面上。进一步也可以将覆盖率、测试结果的数据,自动输出到 SonarQube 这样的代码质量监控工具之中,以便随时检查出测试没有通过或者测试覆盖率不符合预期的情况,如图 10-11 所示。高覆盖率的单元测试是保障代码质量的第一道也是最重要的关口。从分工上来说,测试人员可能不会参与单元测试的开发与维护,但是测试人员应当协助开发人员确保单元测试的部署和覆盖率,这是确保后续一系列测试手段发挥作用的前提。

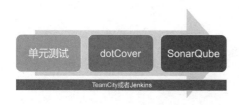

图 10-11　单元测试覆盖工具

10.4　微服务架构的集成测试

虽然单独测试微服务内部的各个单元非常重要,但是,测试微服务的模块能否正确地与外界交互也同样重要,这项工作可以通过集成测试来完成。

集成测试也叫组装测试或联合测试,是单元测试的逻辑扩展,即把两个或者多个已经测试过的单元组合在一起构成一个"子系统"。测试的目的就是检查这些单位能否以预期的方式互相协作,检查它们之间的通信和交互,核实接口是否工作正常,进而确保整个子系统的稳定运行。

微服务架构中,集成测试主要是指:

(1) 微服务对外的模块(包括 HTTP 终端和网关部分)与外部服务(例如第三方支付、通知等)的通信;

(2) 数据库访问模块(Data MApper/ORM)与外部数据库的交互。

也就是说,把对外模块与外部服务视为一个子系统,把数据库访问模块与数据库视为另外一个子系统,检查这两个子系统能否正常运行,从而确保整个微服务能够与外界正常交互。这两个子系统就是图 10-12 中用虚线标出的部分。

对于第一种情况的集成测试,因为服务与服务之间采用轻量级的通信机制互相协作(基于 HTTP 的 RESTful API)。所以在测试与外部的通信时,主要目的是确认通信是否通畅。注意,在这个阶段并不需要对外部服务做功能上的验收测试(Acceptance Test),因而只需检查基本的"核心功能"即可。这种测试有助于发现任何协议层次的错误,例如丢失 HTTP 报头、SSL 使用错误以及请求/响应不匹配等情况。

对于第二种情况集成服务,数据库访问测试旨在确保微服务所使用的数据结构与数据库相符。如果微服务使用了 ORM,那么这些测试还可以检查 ORM 中设置的映射关系,是否与数据库的查询结果相符。因为大部分数据库都保存在网络中,所以它们也会受到网络故障的影

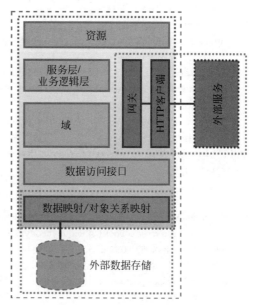

图 10-12　集成测试的子系统

响。集成测试也需要考虑到检查数据库访问模块能否妥善地处理网络出错的情况。

在实现集成测试时,主要有以下 3 种手段:

- 使用实际的外部依赖服务;
- 使用模拟器模拟外部服务;
- 使用网络故障模拟工具来模拟不稳定的网络条件。

下面举例说明这三种手段的实现方式。

1. 使用实际的外部依赖服务

假设微服务需要依赖于外部的一个记录书籍信息的服务 Book API,其网址终端 (Endpoint)的功能定义如表 10-1 所示。

表 10-1　网址终端的功能定义

请 求 类 型	URL	功 能 说 明
GET	/books	查询书籍列表
POST	/books	创建书籍
GET	/books/id	根据 ID 查询一本书籍
PUT	/books/id	根据 ID 更新一本书籍
DELETE	/books/id	根据 ID 删除一本书籍

Book API 的实体类定义如下:

```
public class Book {
private Long bookId;
private String title;
private String author;
  //getter/setter 方法省略
}
```

针对 Book 资源操作的 RESTful API 接口实现如下:

```
@RestController
@RequestMApping(value = "/books")
public class BookController {
 //创建线程安全的 Map
static Map<Long, Book> books = Collections.synchronizedMap(new HashMap<Long, Book>());
  @RequestMApping(value = "/", method = RequestMethod.GET)
public List<Book> getUserList() {
    // 处理"/books/"的 GET 请求,用来获取图书列表
    // 还可以通过@RequestParam 传递参数来进行查询条件或者翻页信息的传递
    List<Book> r = new ArrayList<Book>(books.values());
return r;
    }


@RequestMApping(value = "/", method = RequestMethod.POST, produces = "Application/json")
public String createBook(@RequestBody Book book) {
//处理"/books/"的 POST 请求,用来创建用户
//除了@ModelAttribute 绑定参数之外,还可以通过@RequestParam 从页面中传递参数
books.put(book.getBookId(), book);
  return "success";
}
```

```
@RequestMApping(value = "/{bookId}", method = RequestMethod.GET)
 public Book getBook(@PathVariable Long bookId) {
 //处理"/books/{id}"的 GET 请求,用来获取 URL 中 ID 值的 Book 信息
 //URL 中的 ID 可通过@PathVariable 绑定到函数的参数中
    return books.get(bookId);
  }


  @RequestMApping(value = "/{bookId}", method = RequestMethod.PUT)
  public String putBook(@PathVariable Long bookId, @RequestBody Book book) {
  //处理"/books/{bookId}"的 PUT 请求,用来更新 Book 信息
    Book b = books.get(bookId);
    b.setTitile(book.getTitile());
  b.setAuthor(book.getAuthor());
books.put(bookId, b);
  return "success";
  }


  @RequestMApping(value = "/{bookId}", method = RequestMethod.DELETE)
   public String deleteBook(@PathVariable Long bookId) {
   //处理"/books/{bookId}"的 DELETE 请求,用来删除 Book
books.remove(bookId);
  return "success";
    }
}
```

接下来,用 Spring MVC 测试框架,针对 Book 这个外部 API(服务)进行下面的集成测试:

```
@RunWith(SpringJUnit4ClassRunner.class)
@SpringApplicationConfiguration(classes = MockServletContext.class)
@WebAppConfiguration
public class TestBookController {
    private MockMvc mvc;
    private RequestBuilder request = null;
    @Before
    //定义异常情况

public void setUp() throws Exception {
    mvc = MockMvcBuilders.standaloneSetup(newBookController()).build();
    request = null;
}

public void testGet() throws Exception{
    request = get("/books/");
    mvc.perform(request)
            .andExpect(status().isOk())
            .andExpect(content().string(equalTo("[]")));
}

public void testPost() throws Exception{
    Book book = new Book();
    book.setBookId(Long.parseLong("1"));
```

```
            book. setTitile("Spring Boot Tutorial");
            book. setAuthor("bluecoffee");
            ObjectMApper objectMApper = new ObjectMApper();
            String jsonBook = objectMApper. writeValueAsString(book);
            request = post("/books/")
                    . contentType(MediaType. AppLICATION_JSON)
                    . content(jsonBook. getBytes());
            mvc. perform(request)
                    . andExpect(status(). isOk())
                    . andExpect(content(). string(equalTo("success")));
            StringrespStr = mvc. perform(get("/books/"))
                    . andExpect(status(). isOk())
                    . andExpect(content(). string(equalTo("[" + jsonBook + "]")))
                    . andReturn(). getResponse(). getContentAsString();
            System. out. println("testPost. resp:" + respStr);
        }

    public void testPut() throws Exception{
        Book book = new Book();
        book. setBookId(Long. parseLong("1"));
        book. setTitile("Spring Boot 学习教程");
        book. setAuthor("Alex Qian");
        ObjectMApper objectMApper = new ObjectMApper();
        String jsonBook = objectMApper. writeValueAsString(book);
        request = put("/books/" + book. getBookId())
                . contentType(MediaType. AppLICATION_JSON)
                . content(jsonBook. getBytes());
        mvc. perform(request)
                . andExpect(status(). isOk())
                . andExpect(content(). string(equalTo("success")));
        String respStr = mvc. perform(get("/books/" + book. getBookId()))
                . andExpect(status(). isOk())
                . andExpect(content(). string(equalTo(jsonBook)))
                . andReturn(). getResponse(). getContentAsString();
        System. out. println("testPut. resp:" + respStr);
    }

    public void testDelete() throws Exception{
    request = delete("/books/1");
    mvc. perform(request)
        . andExpect(status(). isOk())
        . andExpect(content(). string(equalTo("success")));
    String respStr = mvc. perform(get("/books/"))
        . andExpect(status(). isOk())
        . andExpect(content(). string(equalTo("[]")))
        . andReturn(). getResponse(). getContentAsString();
    System. out. println("testDelete. resp:" + respStr);
    }

    @Test
    public void testSuite() throws Exception{
        this. testGet();                //获取一本书籍
```

```
    this.testPost();              //创建一本书籍
    this.testPut();               //更新一本书籍
    this.testDelete();            //删除一本书籍
    }
}
```

集成服务是整个 CI/CD 管线的组成部分,但是,在使用实际外部服务进行集成测试时,测试结果很容易受到网络因素的影响,譬如网络延时较长等。这样会导致误报和不确定性,为了避免整个项目管线中断,建议为集成测试建立一个单独的管线。

2. 使用模拟器模拟外部服务

采用实际的外部依赖服务虽然能真实反映产品质量,但是在实践中,经常发生的情况是外部依赖尚未开发完毕,或者不稳定,那么为了完成集成测试,就必须采用模拟器(即 Mock 或者 Stub)。另外,如果需要测试模块在外部服务出现异常时的行为,也需要模拟器来模拟外部服务的异常状态,例如响应超时。

通常在集成测试阶段用来做模拟外部依赖服务的工具有:

- WireMock。
- mountebank。

以 WireMock 为例,通过模拟器来模拟外部依赖的服务完成集成测试。WireMock 是一种针对 HTTP API 的模拟器,也被视为一种服务虚拟化工具或者模拟服务器。它适合在所依赖的外部 API 不存在或者尚未开发完毕时,让开发人员依然能够继续工作。它还可以用于测试实际 API 很难达到的边界情况(例如极端值)或者故障模式。

运行 WireMock 可以有两种方式,一种是使用 Maven 等项目管理工具,需要在配置文件的依赖部分加入下面内容:

```
< dependency >
< groupId > com.github.tomakehurst </ groupId >
< artifactId > wiremock </ artifactId >
< version > 2.17.0 </ version >
< scope > test </ scope ></ dependency >
</ dependency >
```

另外一种是独立运行,下载独立安装包,然后在 Java 环境下直接运行:

```
$ java - jar wiremock - standalone - 2.17.0.jar
```

设定当 URL 严格为 /some/thing(包括查询参数)时,返回状态值 200,响应内容为"Hello World!"。如果相对 URL 为 /some/thing/else,则返回状态值 404。可用 Java 代码实现:

```
@Test
public void exactUrlOnly() {
    stubFor(get(urlEqualTo("/some/thing"))
        .willReturn(aResponse()
            .withHeader("Content - Type", "text/plain")
            .withBody("Hello world!")));
assertThat(testClient.get("/some/thing").statusCode(),is(200));
assertThat(testClient.get("/some/thing/else").statusCode(), is(404));
    }
```

可以用一个 JSON 文件来模拟 API。要达到和上面相同的效果,只需要把包含以下内容的 JSON 文件,发布到 http://< host >:< port >/__admin/mAppings,或者放在 mAppings 目录下面:

```
{    "request": {
        "method": "GET",
        "url": "/some/thing"
    },
    "response": {
        "status": 200,
        "body": "Hello world!",
        "headers": {
            "Content - Type": "text/plain"
        }
    }
}
```

除了独立运行,WireMock 也可以直接嵌入代码中。最方便的就是在 JUnit 中使用,WireMock 提供了 WireMockRule,可以很方便地在测试时嵌入一个 Stub 服务。

下面是一个与支付相关的集成测试,被测方法需要调用微信的支付服务。stubForUnifiedOrderSuccess 设置了一个很简单的 Stub(模拟器),一旦匹配到请求的 URL 为 /pay/unifiedorder,那就返回指定的 XML 内容。这样,就可以在集成测试里测试整个支付流程,而不必依赖真正的微信支付服务。当然,测试时微信支付接口的 Host 也要改成 WireMockRule 配置的本地端口。并且,通过这种方式也很容易测试一些异常情况,根据需要修改 Stub 返回的内容即可。

```
public class OrderTest {
@Rule public WireMockRule wireMockRule = new WireMockRule(9090);
/ * *
* 统一下单 Stub
* 参考 https://pay.weixin.qq.com/wiki/doc/api/jsapi.php?chapter = 9_1
*
* @param tradeType 交易类型,可以是 JavaScript API、Native 或 App
* /
public void stubForUnifiedOrderSuccess(String tradeType) {
String unifiedOrderResp = "< xml >\n" +
"< return_code ><! [CDATA[SUCCESS]]></return_code >\n" +
"< return_msg ><! [CDATA[OK]]></return_msg >\n" +
"< Appid ><! [CDATA[wxxxxxxxxxxxxxxxxxx]]></Appid >\n" +
"< mch_id ><! [CDATA[9999999999]]></mch_id >\n" +
"   ...... \n" +
"< trade_type ><! [CDATA[" + tradeType + "]]></trade_type >\n" +
"</xml >";
stubFor(post(urlEqualTo("/pay/unifiedorder"))
    .withHeader("Content - Type", equalTo("text/xml;charset = UTF - 8"))
    .willReturn(aResponse()
            .withStatus(200)
            .withHeader("Content - Type", "text/plain")
            .withBody(unifiedOrderResp)));
            }
```

```
@Test
public void test001_doPay() {
    stubForUnifiedOrderSuccess("JSAPI");
    payServices.pay();          //测试代码
    }
}
```

集成测试有时还需要验证系统的行为,例如是否调用了某个 API,调用了几次,调用的参数和内容是否符合要求等。区别于前面说的 Stub,这就是常说的 Mock 功能。WireMock 对此也有很强大的支持:

```
verify(postRequestedFor(urlEqualTo("/pay/unifiedorder"))
.withHeader("Content – Type", equalTo("text/xml;charset = UTF – 8"))
.withQueryParam("param", equalTo("param1"))
.withRequestBody(containing("success"));
```

由此可见,借助 WireMock,集成测试处理第三方的依赖就变得非常方便。不需要直接调用依赖的服务,也不需要专门创建用于集成测试的 Stub 或 Mock,直接在代码中根据需要设置即可。简而言之,可以借助 WireMock 这样的模拟器工具,优化开发流程:

- 在外部服务尚未开发完成时模拟服务,方便开发。
- 在本地开发时,模拟外部服务避免直接依赖。
- 在集成测试中模拟外部服务,同时验证业务逻辑。

3. 使用网络故障模拟工具来模拟不稳定的网络条件

因为大部分集成测试都涉及网络连接,所以必须确认服务或者模块能够妥善地处理网络故障(例如速度很慢或者超时)等情况,这意味着通过人为地制造一些网络故障以测试对外模块的响应。

这里推荐一个工具 clumsy。通过封装 Windows Filtering Platform 的 WinDivert 库,clumsy 能实时地把系统接收和发出的网络数据包拦截下来,人工造成延迟、掉包和篡改操作后,再进行发送。无论是要重现网络异常造成的功能问题,还是评估微服务在不良网络状况下的表现,clumsy 都能在无须额外添加代码的情况下,在系统层次达到理想的效果。它的优势包括:

- 下载即用,无须安装。
- 不需要额外设置,不需要修改应用代码。
- 实现系统级别的网络控制,可以适用于命令行、图形界面等任何 Windows 应用程序。
- 不仅仅只支持 HTTP,任何 TCP、UDP 的网络连接都支持。
- 支持本地调试(服务器和客户端都在 localhost)。
- "热插拔",程序可以一直运行,而 clumsy 可以随时开启和关闭。
- 实时调节各种参数,详细控制网络情况。

clumsy 会先根据用户选择的 filter 来拦截指定的网络数据。在 filter 中可以设定感兴趣的协议(TCP/UDP)和端口号,可以通过简单的逻辑语句来进一步缩小范围。当 clumsy 被激活时,只有符合这些标准的网络数据才能被处理,其他数据仍然会由系统正常传输。当被filter 的网络数据包被拦截后,可以选择 clumsy 提供的功能有目的地调整网络情况。

- 延迟(Lag),把数据包缓存一段时间后再发出,这样能够模拟网络延迟的状况。
- 掉包(Drop),随机丢弃一些数据。
- 节流(Throttle),把一小段时间内的数据拦截下来后,在之后的同一时间一同发出去。
- 重发(Duplicate),随机复制一些数据并与其本身一同发送。

- 乱序(Out of Order),打乱数据包发送的顺序。
- 篡改(Tamper),随机修改小部分的包裹内容。

这样,开发人员就能够模拟出不稳定的网络状态,调试微服务对于异常网络的响应。

10.5 微服务架构的组件测试

这里所说的组件(Component),是指一个大型系统中,一个可以独立工作的、封装完整的组成部分。在微服务架构中,组件实际上就代表着微服务本身,或者说单个微服务。组件测试(以下称为单服务测试,Single-Service Test)的实质就是将一个微服务与所依赖的所有其他服务或资源全部隔离开,从该服务外部"用户"的角度来审视服务能否提供预期的输出。这样有很多好处:通过把测试范围限定于单个微服务,既可以对这个服务的所有行为、功能进行彻底的验收测试,同时执行速度又快得多。相对于集成测试,单服务测试的侧重点将是整个服务的功能和行为,而不只是对外的通信与存储。单元测试、集成测试和单服务测试(即组件测试)之间的关系如图 10-13 所示。

图 10-13　不同测试之间的关系

要把一个微服务作为一个黑盒来测试,需要做到两点:

- 用模拟器来取代外部依赖;
- 可以用内部 API 终端(Endpoint)来查询或者配置微服务。

另外,通过将外部依赖、资源模拟化,有下列好处:

- 避免因为这些外部因素的复杂行为/不确定性导致测试出现意外结果。
- 测试人员能够以可重复的方式触发故障模式(Failure Mode),检查微服务在这些模式下的响应。

在具体实施测试时,主要有两种方法:

- 不使用网络,把所有服务和依赖模拟器都加载到同一个进程之中(又称"单进程单服务测试");
- 将模拟的外部依赖放在微服务的进程之外,通过真实的网络连接调用(又称"多进程单服务测试")。

下面分析这两种方法的差异和优劣。

1. 单进程单服务测试

单进程是把模拟器、数据库和微服务都加载到同一个进程之中,无须借助网络,如图 10-14 所示。这需要添加一个模拟的 HTTP 客户端(Stub HTTP Client)和模拟的数据库(In-Memory Datastore)。这样,就不需要在测试中通过网络访问外部服务和数据库。

这样做的好处是加快执行速度,最大限度地减少不确定因素,降低测试的复杂度。但是其不足在于,这需要修改微服务的源代码,让其以"测试"模式运行。一般说来,依赖注入框架(Dependency Injection Frameworks)可以帮助我们做到这一点,即根据程序在启动时获得的配置,使用不同的依赖对象。依赖注入框架包括:

- Spring。
- Autofac。
- Unity。

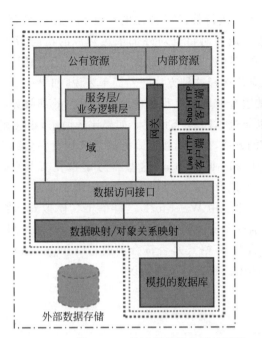

图 10-14　单进程单服务测试环境

在执行测试时,测试代码因为不走外部网络,所以要通过一个内部接口访问微服务,发送请求和获取响应。这通常要用一些库来进行 API 之间的转换,例如针对 JVM 型微服务的 Inproctester。这样,就可以做到尽可能接近实际 HTTP 访问的效果,但是又不会受到实际网络交互的不确定性的影响。另外,为了把被测微服务与外部服务隔离开,需要对服务内部的网关(Gateway)进行特别的设置,让它只使用模拟器,而不使用实际的 HTTP 客户端。这时,需要借助微服务的内部资源(Internal Resources),在网关发来特定请求时,模拟器可以根据内部资源中提供的信息,返回预定的响应。当然,模拟器也可以加入一些特别的测试用例,例如:

- 外部服务连接中断;
- 外部服务的响应速度极慢;
- 外部服务的响应不正常。

这样,测试人员就可以自由、可控、可重复地设计多种测试用例,简化了测试的执行。

另外,用内部存储方案取代外部数据库,可以大幅度提升测试速度。这样做意味着无法测试实际数据库的运行情况,需要用集成测试加以弥补。有时候,因为数据库部分的逻辑比较简单,只需要稍微加以修改,就可以满足测试需要。或者有些数据库(例如 Cassandra 和 Elasticsearch)都提供了内嵌的部署方式。另外,也可以采用一些工具来模拟外部数据库,例如 H2 Database Engine。

2. 多进程单服务测试

在单进程单服务测试中,服务本身扮演着黑盒的角色。即使数据存储方式或者外部服务通信出现任何异常,测试也会顺利通过。如果采用多进程的方法,即通过实际网络调用来进行微服务与外部的交互,不仅可以考查实际网络可能造成的影响,而且不需要对微服务代码本身进行任何改动。而且,这时微服务需要监听某个特定的端口,在收到请求时发出响应,所以这种测试方法除了可以验证微服务的行为,还可以检查它的网络配置是否正确,能不能真正处理来自网络的请求。不过,因为这种方式需要用外部模拟器来模拟外部服务和数据库,所以难点在于,怎么通过测试框架来有效地执行外部模拟器的启动和关闭任务,设置网络端口和配置项。测试框架必须能够在微服务启动时将其对外部依赖资源的访问指向正确的 URL 地址。而且,由于需要使用实际网络和实际数据库,测试执行时间很可能会延长。

考虑其优缺点,什么时候应该选择这种方法呢?简单来说,如果一个微服务具有复杂的集成、存储或者启动逻辑,那么就适合使用多进程的单服务测试。外部服务的模拟器可以采取多种形式,如果较为复杂,则可以通过 API 动态设置。如果比较简单,则使用固定的数据做出响应。有些采用"先记录后回访"的方式,把实际外部服务的请求和响应全部记录下来回访。可以采用的方法包括 Moco、stubby4j 和 Mountebank 这些服务虚拟化工具(Service Virtualization Tool),它们支持动态和固定的模拟数据;也可以使用"先记录后回访"的 VCR 方式。

在集成测试中,实际上也介绍了用 WireMock 这样的工具模拟外部服务的方法。那么在组件测试(单服务测试)中,区别在于所要测试的内容更加深入,不只是测试通信是否成功,而且要测试行为是否准确、响应的内容/格式是否符合预期。以 Mountebank 为例,它可以模拟出一个虚拟的 API,供微服务调用。它支持下列协议:

- HTTP。
- HTTPS。
- TCP(文本和二进制)。
- SMTP。

安装很简单,只需要安装 Node.js v4 以上版本,就可以执行下列命令安装:

```
npm install -g mountebank
```

要运行 mb 服务器,执行以下命令即可:

```
mb
```

这时,打开浏览器,访问 http://localhost:2525 就可以看到网页。

例如,针对下面这段数据:

```
{
"port": 4545,
"protocol": "http",
"stubs": [{
"responses": [{
"is": {
  "statusCode": 200,
  "headers": {
    "Content-Type": "Application/json"
  },
  "body": ["Australia", "Brazil", "Canada", "Chile", "China", "Ecuador", "Germany", "India",
"Italy", "Singapore", "South Africa", "Spain", "Turkey","UK", "US Central", "US East", "US
West"]
  }
}],
"predicates": [{
  "equals": {
    "path": "/country",
    "method": "GET"
  }
```

```
        }]
  }, {
  "responses": [{
    "is": {
      "statusCode": 400,
      "body": {
          "code": "bad - request",
          "message": "Bad Request"
            }
          }
        }]
  }]
}
```

写一个简短的脚本,就能在浏览器中输入地址 http://localhost:2525/country 时返回一个列表,如下:

```
#!/bin/sh
set - e
RUN_RESULT = $ (docker ps | grep hasanozgan/mountebank | wc - 1)
MOUNTEBANK_URI = http://localhost:2525
BANK_IS_OPEN = 1

if [ " $ RUN_RESULT" - eq 0 ]; then
    docker run - p 2525:2525 - p 4545:4545 - d hasanozgan/mountebank
fi

curl $ MOUNTEBANK_URI/imposters || BANK_IS_OPEN = 0
if [ $ BANK_IS_OPEN - eq 1 ]; then
    break
fi
curl - X DELETE $ MOUNTEBANK_URI/imposters/4545
curl - X POST - H 'Content - Type: Application/json' - d @stubs.json $ MOUNTEBANK_URI/imposters
```

在使用实际数据库时,采用正常存储和读取方法就可以。为了达到测试目的可以使用 Spring,通过 profile 来切换不同的数据库。比如在下面这个例子中,默认的 profile 会连接数据库 jigsaw,而名为 integration 的 profile 会连接 jigsaw_test 数据库:

```
spring:
 datasource:
  url: jdbc:mysql://localhost:3306/jigsaw
  driver - class - title: com.mysql.jdbc.Driver
  username: root
  password: password

...
spring:
profiles: integration

datasource:
    url: jdbc:mysql://localhost:3306/jigsaw_test
    driver - class - title: com.mysql.jdbc.Driver
    username: root
    password: password
```

到目前为止,讨论的都是后端微服务的组件测试。那么对于常见的前后端分离的情况,怎么对前端微服务进行组件测试(单服务测试)呢?这一点采取的方法基本上和上述类似,即测试时需要模拟一个服务器,将静态内容提供给前端代码使用。这样做的好处是:

- 前后端开发相对独立;
- 后端的进度不会影响前端开发;
- 启动速度更快;
- 前后端都可以使用自己熟悉的技术栈。

但是在实际进行前后端集成时,经常会发现一些意外情况,譬如本来协商好的数据结构发生变化。这些变动因为业务的演变而在所难免,但是会花费大量的调试和集成时间,尤其是回归测试。所以,仅仅使用一个静态服务器,然后提供模拟数据是远远不够的。需要的模拟器应该还能做到:

- 前端可以依赖指定格式的模拟数据来进行 UI 开发;
- 前端的开发和测试都基于这些模拟数据;
- 后端产生指定格式的模拟数据;
- 后端需要测试来确保生成的模拟数据正是前端需要的。

简而言之,需要在前后端之间确定一些契约(Contract),并将这些契约作为可以被测试的中间格式。然后前后端都需要有测试来使用这些契约。一旦契约发生变化,则另一方的测试会失败,这样就会驱动双方协商,并降低集成时的浪费。

本章到这节为止,通过结合单元测试、集成测试和组件测试(单服务测试),足以对一个微服务的所有模块,达到相当高的测试覆盖率。也就是说,如果正确地部署了这三种测试,应该可以发现微服务本身的大部分问题/缺陷,确保微服务实现了所需要的业务逻辑。图 10-15 所示为不同级别的测试抽象。

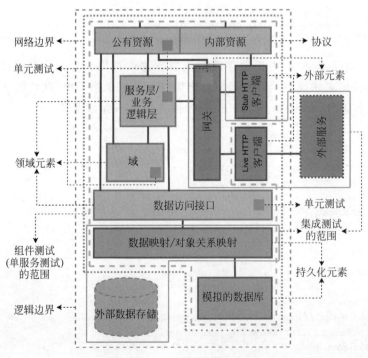

图 10-15 不同级别的测试抽象

10.6 微服务架构的契约测试

本节将考虑怎么测试不同微服务之间的协同、交互。如果采用传统的测试方法对服务之间的协作进行验证,那么随着服务数量和调用关系复杂度的增加,必须面临成本呈现指数级增长的挑战,表现在:

- 验证成本高:为了验证多个服务协作后的功能正确与否,需要为每个服务搭建基础设施(包括其依赖的数据库、缓存等),并执行部署、配置等步骤,以确保服务能正确运行。
- 结果不稳定:微服务构建的系统本质上是分布式系统,服务间通信通常都是跨网络调用的。当对服务间协作进行测试时,网络延迟、超时及带宽等因素都会影响到测试结果,极易导致结果不稳定。
- 反馈周期长:相比于传统的整体式(Monolithic)应用,微服务架构下的可独立部署单元多,因此,微服务间集成测试的反馈周期比传统的方式更长,定位问题所花费的时间也更长。

因此,如何提升微服务间协同测试的有效性,成了服务规模化后必须面对的挑战。契约测试可以帮助我们在简化测试流程的同时,提高测试的覆盖率。这是微服务架构下一种典型的测试方法。

10.6.1 契约测试的由来

契约是指服务消费者(Consumer)与提供者(Provider)之间协作的规约。契约通常包括:

- 请求:指消费者发出的请求。包括请求头(Header)、请求内容(URI、Path、HTTP Verb)和请求参数等。
- 响应:指提供者应答的响应。可能包括响应的状态码(Status Word)、响应体的内容(XML/JSON)或者错误的信息描述等。
- 元数据:指对消费者与提供者间一次协作过程的描述。譬如消费者/提供者的名称、上下文及场景描述等。

契约测试(Contract Test)就是基于契约对消费者与提供者间的协作进行验证。通过契约测试能将契约作为中间的标准,验证提供者提供的内容是否满足消费者的期望。契约测试分两种类型:一种是消费者驱动;另一种是提供者驱动。其中最常用的是消费者驱动的契约测试(Consumer-Driven Contract Test,简称 CDC)。其核心思想是从消费者业务实现的角度出发,由消费者端定义需要的数据格式以及交互细节,生成一份契约文件。然后生产者根据契约文件来实现自己的逻辑,并在持续集成环境中持续验证该实现结果是否正确,如图 10-16 所示。

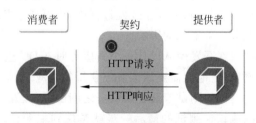

图 10-16 契约测试过程

如图 10-17 所示,当消费者与提供者之间建立契约(v0)后,如果提供者提供的内容被意外修改(例如从 v0 变化成 v1),则提供者的 v1 版本显然无法满足之前定义的契约(v0),这样契约测试用例就会失败,会及时发现提供者接口变化导致的错误,并对其进行修正。

CDC 的核心流程包括两步:

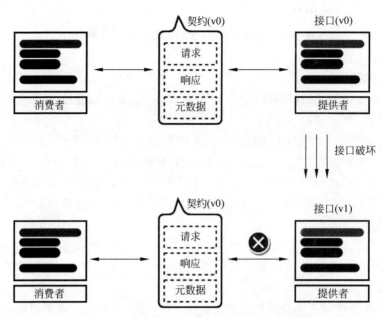

图 10-17　提供者提供的内容被修改情况示意

（1）对消费者的业务逻辑进行验证，先对其期望的响应做模拟提供者（Mock），并将请求（消费者）响应（基于模拟提供者）的协作过程，记录为契约；

（2）通过契约，对提供者进行回放，保证提供者所提供的内容满足消费者的期望。

CDC 有几个核心原则：

（1）CDC 是以消费者提出接口契约，交由提供者实现，并以测试用例对契约进行约束的，所以提供者在满足测试用例的情况下，可以自行更改接口或架构实现方法，而不影响消费者。

（2）CDC 是一种针对外部服务接口进行的测试，它能够验证服务是否满足消费者期待的契约。它的本质是从利益相关者的目标和动机出发，最大限度地满足需求方的业务价值实现。实际上，CDC 和 TDD（测试驱动开发）、BDD（行为驱动开发）的思路如出一辙。

（3）契约测试不是组件测试（单服务测试），并不需要深入地检查微服务的功能，而是只检查微服务请求的输入、输出是否包含了必要的数据结构和属性以及响应延时、速度等是否在预期的范围内。

虽然契约测试可以帮助消费者的服务开发团队确认协作没问题，对于提供者的开发团队也很有帮助，因为在开发过程中，可以通过契约测试结果确认各自的改动，不会对其他的相关服务产生不利的影响。

在开发团队设计一个新服务时，CDC 也非常有用。开发人员可以通过一系列契约测试用例，界定他们需要从该服务获得的响应，从而决定 API 的设计方法。

契约测试验证了微服务之间协作、交互。到目前为止介绍的测试都是后端或者 API 级别的测试。测试的最后一步就是端到端测试，又称黑盒测试，即从用户角度验证整个系统的功能，验证其从启动到结束是否全部符合用户预期。

10.6.2　契约测试的实施

下面用一个实际的例子说明设计契约测试的方法。一个微服务提供了一个包含三个字段（ID、name 和 age）的资源，供三个消费者微服务使用。这三个微服务分别使用这个资源中的不同部分。消费者 A 使用其中的 ID 和 name 这两个字段，因此，测试脚本中将只验证来自提供者的资源中是否正确包含这两个字段，而不需要验证 age 字段。消费者 B 使用 ID 和 age 字段，而不需要验证 name 字段。消费者 C 则需要确认资源中包含了所有这三个字段。如果提供者需要将 name 分为姓（first name）和名（last name），那么就需要去掉原有的 name 字段，加入新的 first name 字段和 last name 字段。这时执行契约测试，就会发现消费者 A 和 C 的测试用例就会失败。测试用例 B 则不受影响。这意味着消费者 A 和 C 服务的代码需要修改，以兼容更新之后的提供者。修改之后，还需要对契约内容进行更新。目前，业界常用的 CDC 测试框架有：

（1）Janus。

（2）Pact。

（3）Pacto。

（4）Spring Cloud Contract。

其中，Pact 的工作流程简单来说主要分为两步：

（1）基于消费者的业务逻辑，生成契约文件，如图 10-18 所示。

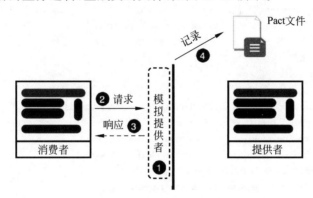

图 10-18　生成契约文件过程

其中 Pact 实现步骤具体为：

① 使用 Pact 的 DSL，模拟作为提供者的服务。

② 消费者对模拟提供者发送请求。

③ 使用 Pact 的 DSL，定义响应（包括 Headers、Status Word 以及 Body 等）。

④ 使用 @PactVerification 运行单元测试（Pact 集成了 JUnit、RSpec 等框架）。下面提供一个例子，使用基于 JUnit 的 Pact DSL 定义响应内容，并支持了两个测试用例：

```
public class PactJunitDSLTest {

private void checkResult(PactVerificationResult result) {
    if (result instanceof PactVerificationResult.Error) {
    throw new RuntimeException(((PactVerificationResult.Error)result).getError());
    }
    assertEquals(PactVerificationResult.Ok.INSTANCE, result);
}

@Test
public void testPact1() {
```

```
Map < String, String > headers = new HashMap < String, String >();
headers.put("Content - Type", "Application/json;charset = UTF - 8");
RequestResponsePact pact = ConsumerPactBuilder
    .consumer("JunitDSLConsumer1")
  .hasPactWith("ExampleProvider")

    .given("")
    .uponReceiving("Query fullName is Wang")
       .path("/information")
       .query("fullName = Wang")
       .method("GET")
    .willRespondWith()
       .headers(headers)
       .status(200)
       .body("{\n" +
          " \"salary\": 15000,\n" +
          " \"fullName\": \"Xiaoming Wang\",\n" +
          " \"nationality\": \"China\",\n" +
          " \"contact\": {\n" +
          "    \"Email\": \"xiaoming.wang@163.com\",\n" +
          "    \"Phone Number\": \"12345678\"\n" +
          " }\n" +
          "}")
          .toPact();
MockProviderConfig config = MockProviderConfig.createDefault();
PactVerificationResult result = runConsumerTest(pact, config, mockServer - > {
ProviderHandler providerHandler = new ProviderHandler();
providerHandler.setBackendURL(mockServer.getUrl(), "Wang");
Information information = providerHandler.getInformation();
assertEquals(information.getName(), "Xiaoming Wang");
});
checkResult(result);
}

@Test
public void testPact2() {
Map < String, String > headers = new HashMap < String, String >();
headers.put("Content - Type", "Application/json;charset = UTF - 8");

RequestResponsePact pact = ConsumerPactBuilder
    .consumer("JunitDSLConsumer2")
    .hasPactWith("ExampleProvider")
    .given("")
    .uponReceiving("Query fullName is Li")
       .path("/information")
       .query("fullName = Li")
       .method("GET")
    .willRespondWith()
       .headers(headers)
       .status(200)
       .body("{\n" +
          " \"salary\": 20000,\n" +
```

```
"    \"fullName\": \"Qing Li\",\n" +
"    \"nationality\": \"China\",\n" +
"    \"contact\": {\n" +
"        \"Email\": \"qing.li@163.com\",\n" +
"        \"Phone Number\": \"23456789\"\n" +
"    }\n" +
"}")
        .toPact();
MockProviderConfig config = MockProviderConfig.createDefault();
PactVerificationResult result = runConsumerTest(pact, config, mockServer -> {
    ProviderHandler providerHandler = new ProviderHandler();
    providerHandler.setBackendURL(mockServer.getUrl(), "Li");
    Information information = providerHandler.getInformation();
    assertEquals(information.getName(), "Qing Li");
});
checkResult(result);
}
}
```

⑤ 在消费者端执行该 JUnit 测试,就可以生成契约文件,保存为 JSON 格式,其中包含了消费者的名称、发送的请求、期望的响应以及元数据。对于上面这个例子,执行./gradlew：example-consumer-Wang：clean test,成功执行后,就可以在 Pacts\Wang 下面找到所有测试生成的契约文件。到此,契约就生成了。可以将其保存在文件系统中,或者保存在 Pact-Broker(Pact 提供的用来管理契约文件的中间件)中,以便后续提供者使用。将契约文件上传到 Broker 服务器非常简单,执行./gradlew :example-consumer-miku:pactPublish。

（2）用消费者生成的契约对提供者进行验证,如图 10-19 所示。

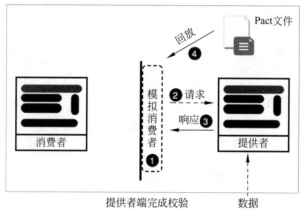

图 10-19　消费者生成的契约对提供者进行验证过程

在提供者端不需要再写任何验证的代码,因为 Pact 已经提供了验证接口,只需要做好如下配置：

- 为提供者指定契约文件的存储源(如文件系统或者 Pact-Broker)。
- 启动提供者。
- 运行 PactVerify(Pact 有 Maven、Gradle 或者 Rake 插件,提供 pactVerify 命令)。

当执行 pactVerify 时,Pact 将按照如下步骤,自动完成对提供者的验证：

- 构建 Mock 的消费者。
- 根据契约文件记录的请求内容,向提供者发送请求。

- 从提供者获取响应结果。
- 验证提供者的响应结果与 Pact 契约文件定义的契约中是否一致。

一般情况下进行多个服务的集成测试时,需要把服务消费者和服务提供者两个服务都启动起来再进行测试,而 Pact 做契约测试时将它分成两步来做,每一步都不需要同时启动两个服务。这是 Pact 最强大的地方,此外它还有其他一些特性:

- 测试解耦,就是服务消费端与提供端之间解耦(Decoupling),甚至可以在没有提供者实现的情况下开始消费端的测试。
- 一致性,通过测试保证契约与现实是一致的。
- 测试前移,可以在开发阶段运行,并作为连续集成的一部分,甚至在开发本地就可以进行,而且一条命令就可以完成,便于尽早发现问题,降低解决问题的成本。
- Pact 提供的 Pact Broker 可以自动生成一个服务调用关系图,为团队提供了全局的服务依赖关系图,如图 10-20 所示。
- Pact 提供 Pact Broker 工具来完成契约文件管理,使用 Pact Broker 后,契约上传与验证都可以通过命令完成,且契约文件可以制定版本。
- 使用 Pact 这类框架,能有效帮助团队降低服务间的集成测试成本,尽早验证当提供者接口被修改时,是否破坏了消费端预期的数据格式。

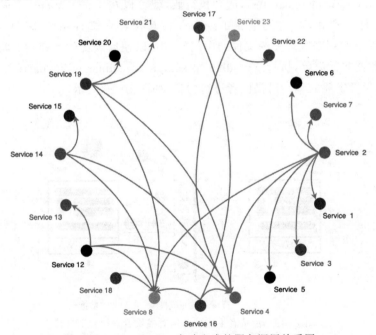

图 10-20　Pact Broker 自动生成的服务调用关系图

10.7　微服务架构的端到端测试

10.7.1　端到端测试的实施方法

UI 测试常常非常脆弱,往往会因为微小的 UI 变化而失败。UI 测试的框架和工具有很多,本节以网页端的端到端测试为例。按照目前 GitHub 上的 Star 点赞数目排名,最靠前的五个端到端测试框架为:

- Nightwatch.js——8206 个 Star,765 个 Fork(分支);
- Protractor——7569 个 Star,1981 个 Fork;
- CasperJS——6337 个 Star,993 个 Fork;
- TestCafe——4743 个 Star,246 个 Fork;
- CodeceptJS——1695 个 Star,246 个 Fork。

这里选用 AngularJS 团队所发布的 E2E 测试框架 Protractor,流程如图 10-21 所示。

实施步骤主要分为以下几步:

(1) 编写配置文件和基于 Jasmine/Mocha/Cucumber 的测试用例;

(2) 使用 Protractor 作为执行框架;

(3) 调用 Selenium Server/Chrome Driver,启动浏览器进程;

(4) 从浏览器执行测试用例,检查 AngularJS 应用程序的结果是否符合预期。

1. Protractor 简介

Protractor 是 AngularJS 团队发布的一款开源的端到端网页测试工具,是专门为 Angular 定制,内置了各种可以选择、操作 Angular 元素的便捷方法。如果是基于 Angular 开发,使用它可以减少很多重复代码。

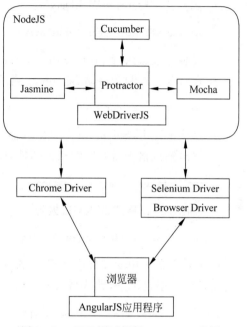

图 10-21　E2E 测试框架 Protractor 流图

2. Protractor 的主要特点

- 基于 Node.js 的程序;
- 使用 Jasmine 测试框架的测试接口,针对 AngularJS 的应用程序;
- 用户还可以自由选择用 Jasmine 还是 Mocha 来编写测试用例。

Jasmine 是一个由行为驱动的 JavaScript 代码测试框架,不依赖于任何其他 JavaScript 框架,也不需要使用 DOM。它的语法非常简单、清晰,便于撰写测试用例。一个典型的 Jasmine 测试用例如下:

```
describe("测试用例 1", function() {
  var a;
  it("测试标准", function() {
    a = true;
    expect(a).toBe(true);
  });
});
```

3. 主要功能

- 模拟真实的用户操作行为;
- 针对 AngularJS 中的元素不需要做特殊的处理,普通 HTML 元素也同样支持;
- 支持智能等待,不需要为页面中的加载和同步显示进行特殊的等待时间处理;
- Protractor 的 webdriver-manager 将 WebDriver 统一管理,减少测试人员在使用过程中针对 WebDriver 的管理操作,将主要精力集中于端到端测试。

4. 环境安装主要步骤

- 必须安装执行环境 Node.js。
- Protractor3 支持 Node.js v4 以上版本。
- 使用 Node.js v0.12 时,需要使用 Protractor2。
- 安装浏览器,推荐 Chrome。
- 安装 Protractor＋WebDriver:

```
npm install protractor – g webdriver – manager update // 浏览器驱动
```

- 安装完成后执行 protractor --version,检查安装是否正常。
- 在命令行控制台启动 Selenium 测试服务器:

```
webdriver – manager start
```

- 默认情况下,Selenium 测试服务器接入地址为 http://localhost:4444/wd/hub。
- 输出测试报告需要安装相关插件,以便在结果目录中输出 HTML 报告:

```
npm install protractor – jasmine2 – html – reporter – g
```

- 输出 JUnit 格式的 XML 报告:

```
npm install jasmine – reporters – g
```

由于需要在 config 文件中加载,一般把这两个插件放在根目录的 node_modules 目录下。配置文件位于根目录下,默认名为 protractor.config.js,举例如下:

```
var Jasmine2HtmlReporter = require('./node_modules/protractor – jasmine2 – html – reporter');
var report = require('./node_modules/jasmine – reporters');
exports.config = {
    // Selenium Server 测试服务器接入地址
    SeleniumAddress: 'http://localhost:4444/wd/hub',
    //测试服务器的配置信息
    multiCapabilities: [{
    browserName: 'firefox'   },{     browserName: 'chrome',
    'chromeOptions': {
            'args': ['incognito', 'disable – extensions', 'start – maximized']
    //incognito 表示在匿名模式下启动 Chrome,便于消除其他因素影响; start – maximized
    //表示启动时窗口最大化; disable – extentions 表示禁用 Chrome 的一切插件
        }
}],
//需要运行的测试程序代码文件列表
suites: {
 E2E: 'tc/e2e/scan.js'
 },
//选择使用 Jasmine 作为 JavaScript 语言的测试框架
framework: 'jasmine',
jasmineNodeOpts: {
    showColors: true,
    defaultTimeoutInterval: 30000,
    isVerbose: true,
    includeStackTrace: false
    },
```

```
//输出测试报告
onPrepare: function(){
  jasmine.getEnv().addReporter(
    new Jasmine2HtmlReporter({
      savePath: 'report/e2e/',
      takeScreenshots: true, //是否截屏
      takeScreenshotsOnlyOnFailures: true //测试用例执行失败时才截屏
    })
  );
  jasmine.getEnv().addReporter(
    new report.JUnitXmlReporter({
      savePath: 'report/tc/e2e/',
      consolidateAll: false,
      filePrefix:'',
      package:'E2E'
    })
  );
}
};
```

设计的测试用例的作用体现在：

（1）找到页面上的某个元素。

（2）通过某种方式同它交互。

（3）证实交互成功。

（4）重复上述过程直到测试结束。

首先，介绍针对浏览器的常用操作：

```
browser.get(url)          //访问 URL 指定的 Web 页面
browser.close()           //关闭当前窗口
browser.sleep(ms)         //等待,单位为毫秒
browser.pause()           //暂停执行,停止在当前页面,主要用于调试
```

其次，定位页面元素。Pratractor 支持用 by. binding 定位元素，by. binding 又称为定位器（Locator）。Protractor 中常用的定位器有如下几种：

• By Class Name。

class 是 DOM 元素上的一个属性。在实践中，通常是多个 DOM 元素有同样的 class 名，所以通常用它来查找多个元素。

HTML 代码如下：

```
< divclass = "cheese"><span>Cheddar</span></div><div
class = "cheese"><span>Gouda</span></div>
```

测试用例如下：

```
List<WebElement> cheeses = driver.findElements(By.className("cheese"));
```

• By Tag Name。

根据元素标签名查找。HTML 代码如下：

```
< iframe src = "..."></iframe>
```

测试用例如下：

```
WebElement frame = driver.findElement(By.tagName("iframe"));
```

• By Name。

查找 name 属性匹配的表单元素。HTML 代码如下：

```
< input name = "cheese" type = "text"/>
```

测试用例如下：

```
WebElement cheese = driver.findElement(By.name("cheese"));
```

• By Link Text。

查找链接文字匹配的链接元素。HTML 代码如下：

```
< a href = "http://www.google.com/search?q = cheese"> cheese </a >>
```

测试用例如下：

```
WebElement cheese = driver.findElement(By.linkText("cheese"));
```

• By Partial Link Text。

查找链接文字部分匹配的链接元素。HTML 代码如下：

```
< a href = "http://www.google.com/search?q = cheese"> search for cheese </a >>
```

测试用例如下：

```
WebElement cheese = driver.findElement(By.partialLinkText("cheese"));
```

• By CSS。

它通过 CSS 来定位元素。默认使用浏览器本地支持的选择器，可参考 W3C 的 CSS 选择器。如果浏览器默认不支持 CSS 查询，则使用 Sizzle，IE 和 Firefox 都使用了 Sizzle。注意，使用 CSS 选择器不能保证在所有浏览器中都表现一样，有些在某种浏览器中工作良好，在另一些浏览器中可能无法工作。HTML 代码如下：

```
< div id = "food"> < span class = "dairy"> milk </span> < span class = "dairy aged"> cheese </span> </div >
```

测试代码如下：

```
WebElement cheese = driver.findElement(By.cssSelector(" # food span.dairy.aged"));
```

另外，By ID 是高效首选的方法，用于查找一个元素。

操作定位到的页面元素。Protractor 中使用 element(locator) 和 element.all(locator) 来定位元素，前者是定位单个元素，后者是定位所有符合条件的元素。用第一种方法如果找到则返回该元素，如果没找到则抛出异常。用第二种方法如果找到则返回一个包含所有元素的列表，如果没找到则返回一个空数组。定位到元素后做哪些操作？常用操作举例如下：

```
element.all(by.binding('list.title')).count()
//返回查找到的元素的个数
element.all(by.css('.element')).get(1)
//返回查找到的元素中的第二个元素
```

```
element(by.css('.myname')).getText()
//返回查找到的元素的 text
element(by.id('user_name').sendKeys('user1')
//向查找到的元素输入'user1'
element(by.id('user_desc').sendKeys(protractor.Key.ENTER);
//向查找到的元素按 Enter 键
element(by.id('user_desc').sendKeys(protractor.Key.TAB);
//向查找到的元素按 Tab 键
element(by.id('user_name')).clear();
//清空查找到的元素的内容
element(by.id('submit')).clear();
//点击查找到的元素
```

关于 sendkeys 的使用,注意还可以支持下列键盘操作:

```
sendKeys(protractor.Key.CONTROL, 'a') 是全选操作;
sendKeys(protractor.Key.CONTROL, 'c') 是复制操作;
sendKeys(protractor.Key.CONTROL, 'v') 是粘贴操作;
sendKeys(protractor.Key.CONTROL, 'x') 是剪切操作。
```

下面编写一个实际的测试用例。假设有一个本地的 Web 服务器,打开浏览器之后登录,然后验证一些特定信息是否符合预期,保存为 tc/e2e/scan.js。代码如下:

```
var DOMAIN = '127.0.0.1';
var TARGET_ROOT = 'http://' + DOMAIN;
describe('scan all App', function() {
    beforeAll(function() {
        //设置 Cookie
        var cookieObj = {
                "real_name":"E2E 测试",
                "dept_name":"研发部",
                "avatar":"/images/user.png",
                "message":"10"
        };
        browser.get(TARGET_ROOT + '/index/about.html'); //打开本地服务器首页
        browser.manage().deleteAllCookies().then(function () {
                browser.manage().addCookie("login_user", JSON.stringify(JSON.stringify
(cookieObj)), '/', DOMAIN);
        });
});

it('App.code', function() {
    browser.get(TARGET_ROOT + '/App/code/');
    expect(element.all(by.binding("project['name']")).count()).toBeGreaterThan(1);
    //测试本地服务器/App/code 页面,带有 project['name']的页面元素个数应该不超过 1 个;
    //若不超过则测试通过,若超过则测试失败
});

it('App.ci', function() {
browser.get(TARGET_ROOT + '/App/ci/');
expect(element(by.binding('userInfo.realName')).getText()).toEqual('王明 12345678');
}); //测试本地服务器/App/ci 页面,带有 userInfo.realName 的页面元素的内容应当等于王明
```

```
    //12345678;若等于则测试通过,若不等于则测试失败
});
```

执行 Protractor:

- 执行 protractor tc/e2e/scan.js。
- 执行过程中,Protractor 会启动浏览器,显示真实的页面信息。
- 执行结束时,Protractor 会自动把浏览器关闭,且 WebDriver 日志会记录本次执行过程中的日志信息。
- Protractor 执行过程日志如下:

```
[11:32:19] I/hosted - Using the selenium server at http://localhost:4444/wd/hub
[11:32:19] I/launcher - Running 1 instances of WebDriver
Started.
2 spec, 0 failures
Finished in 5.401 seconds
[11:32:27] I/launcher - 0 instance(s) of WebDriver still running
[11:32:27] I/launcher - Chrome #01 passed
```

- WebDriver 启动的 Selenium Server 中也会记录本次请求的相关日志。

调试技巧:

- 启动 WebDriver 服务器:

```
webdriver-manager start
```

- 运行(URL 为所要测试的页面):

```
/usr/local/lib/node_modules/protractor/bin/elementexplorer.js URL
```

- 按下 Tab 键,就可以试用任何的元素定位器。

10.7.2 端到端测试的优化

虽然端到端测试可以彻底检查整个系统是否符合用户预期,但是这样的测试很容易失败,因为即使前端有一些微小的改动或者调整,都会导致很多测试用例的失效。因此,总结出下面这几点优化策略:

(1) 端到端测试应当尽量简洁。"简洁"的意思是它应当覆盖用户使用功能的核心路径(即通常所称的 Happy Path),但是不需要覆盖太多的分支路径。力求 UI 测试的轻量化,才能降低维护成本,否则,整个测试团队就会陷入更新前端脚本的泥潭之中。

(2) 谨慎地选择测试范围。如果某个特定的外部服务或者界面很容易导致测试随机出错,那么可以考虑将这些不确定性排除到端到端测试之外,再通过其他形式的测试加以弥补。

(3) 通过"自动化部署"(Infrastructure-as-Code)来提高测试环境的可重复性。在测试不同版本或者不同分支的产品时,自动化测试往往会因为测试环境的不同给出不同的测试结果。这要求环境必须具备可重复性,解决的途径就是通过脚本进行自动化部署,避免手动部署的影响。

(4) 尽可能摆脱数据对于测试的影响。端到端测试的一个常见难题就是管理测试数据。有些团队选择导入已有数据,以加快测试速度,避免了新建数据的时间,但是随着生产代码的变化,这些预先准备的数据必须要随之变化,否则就可能导致测试失败。为此,比较倾向于在

测试过程中新建数据,虽然花些时间,但是这样避免了数据维护的成本,也保证了对用户行为的全面测试。

(5) Protractor 支持 Page-Object 的概念,即以页面为单位,把页面中的所有行为都记录为方法,存为一个 JS 文件,然后再在主测试用例中以 import 和 require 的方式加以调用。这样可以避免重复的代码和维护的工作量(一个页面的元素发生变化时只需要修改其对应的 Page-Object 即可,而不需要在所有用到这个元素的地方都做改动)。换句话说,在设计测试用例时,一定要考虑可扩展性(Scalability),避免将来的重复性工作。下面是一个 Page-Object 的例子:

```js
var AngularHomepage = function() {
    this.nameInput = element(by.model('yourName'));
    this.greeting = element(by.binding('yourName'));

    this.get = function() {
        browser.get('http://www.angularjs.org');
    };

    this.setName = function(name) {
    this.nameInput.sendKeys(name);
    };
};
module.exports = AngularHomepage;
```

然后在主测试用例文件中用下面的方式调用:

```js
var AngularHomepage = require('./homepage.po.js');
describe('HomePage Tests', function() {
    var angularHomepage = new AngularHomepage();
    angularHomepage.nameInput.sendKeys('Rafael');
    //...
});
```

将测试用例划分到不同的测试套件(Test Suite)里面,根据需要调用。在写好测试用例以后,并不需要每次都全部加以测试,而是可以根据需要只测试其中有可能发生改动的部分。Protractor 提供的 Test Suite 可以满足这种需要。在下面这个配置文件例子中,加入几行代码即可:

```js
exports.config = {
  seleniumAddress: 'http://localhost:4444/wd/hub',
  capabilities: { 'browserName': 'chrome' },

  suites: {
  homepage: 'tests/e2e/homepage/ ** / * Spec.js',
    //与主页有关的测试文件和用例
    search: ['tests/e2e/contact_search/ ** / * Spec.js']
    //与搜索页有关的测试文件和用例
},
jasmineNodeOpts: { showColors: true }
};
```

如果只运行和主页有关的测试需要执行：

```
protractor protractor.conf.js -- suite homepage
```

10.8 微服务架构的云端测试和性能测试

到目前为止已经介绍了单元测试、集成测试、组件测试（单服务测试）和端到端测试，这些已经能确保本地部署、运行系统的测试。但是，随着越来越多的应用程序开始采用云端部署的方式，包括微软 Azure、谷歌云、亚马逊 AWS、阿里云、腾讯云等。怎样确保在本地正常工作的生产代码（Production Code）在部署到云端以后还能继续提供符合预期的结果？另外，当应用程序部署到不同平台之后，其性能等指标能否保持？这些涉及云端测试和性能测试。

10.8.1 微服务的云端测试

"云端测试"这个概念包括两层含义：

(1) 从本地测试机器测试部署在云端的应用程序（这种方式又称"测试云端程序"）。

(2) 用位于云端的测试机器测试部署在本地或者云端的应用程序（Test as a Service，TaaS 又称"用云测试"）。

从本地测试机器，测试部署在云端的应用程序。本地程序和云端程序的测试，主要区别包括以下两点：

(1) 登录机制：在本地环境中，因为大部分都是位于企业网络内部，所以登录机制可能较为简单。但是在公共云环境中，出于安全考虑，云服务供应商都提供了一系列的登录机制，这可能会使本地的测试代码失效。针对这种方式的不同，就需要开发人员在开发阶段就考虑到云端测试的需要，提供一定的 API 级访问方式。如果是前端的 UI 测试，一般可以直接通过鼠标单击、输入账号的方式直接进入程序界面，但是这面临着是否需要在测试代码中写入登录密码的安全问题。

(2) 网络状态：在本地企业网络中，网络条件是可以预期的，但是在公有云中，网络和虚拟机的配置往往是存在一定不确定性的。这意味着测试可能会因为一些未知因素而失败。这意味着在本地进行测试时，也要模拟出一定的网络故障、配置错误，检查生产程序对于这些情况的处理。

同时，云端测试也提供了很多有用的功能，例如云服务供应商一般都提供了全面的监控、诊断工具，便于测试人员、维护人员分析运行状态和查找日志。以微软 Azure 所提供的 ApplicationInsight 服务为例，用户可以看到每个微服务的响应速度、状态和访问负载，所有日志都可以通过查询获得，便于在出现故障时发现根本原因。

如果是用本地测试机器对部署在云端的应用程序进行测试，需要注意下面三点：

(1) 在开发阶段考虑到云端部署的登录机制与本地的差异；

(2) 在本地测试时模拟云端可能出现的网络故障和错误；

(3) 使用云服务商所提供的监控工具，对微服务的运行情况进行全面监控。

这种新兴的模式即测试即服务（TaaS）。其过程是：云服务商提供包含多种浏览器、多种配置的测试平台（也被称为"测试云"），开发团队先在本地把自动化测试脚本编写好，再上传给测试云，从云端运行这些脚本，从而测试本地或者云端应用程序。这种方式的好处很明显：

（1）节约环境配置时间。云测试提供了一整套测试环境,测试人员利用虚拟桌面等手段登录到该测试环境,只需设置简单的一些参数,或者提供简单的测试脚本,就能立即在云端执行测试。这将软硬件安装、环境配置、环境维护的代价转移给了云测试提供者(公共云的经营者或私有云的维护团队)。以现在的虚拟化技术,在测试人员指定硬件配置、软件栈(操作系统、中间件、工具软件等)、网络拓扑后创建一套新的测试环境只需几个小时。如果测试人员可以接受已创建好的标准测试环境,那么可以立即登录。由于是基于网络的应用,当测试中遇到软件使用上的问题时,也可获得云测试服务商远程快速支持,而很少会出现停滞甚至停止测试现象。

（2）装配完备。云测试不但可以提供完整的测试环境,还可以提供许多附加服务。对于测试机,它可以提供还原点,以便测试人员将虚拟机重置到指定状态。对于测试执行,它可以监控被测试程序的一举一动,例如注册表访问、硬盘文件读写、网络访问、系统日志写入、系统资源占用率、内存映像序列化、屏幕录像等,并将这些信息与测试用例一起展现出来,可以帮助测试人员发现问题,定位错误。对于大规模的测试,云测试可以提供多台测试客户机,从主控机上下载测试用例,执行并汇报测试结果,主控机将结果汇总后报告给测试人员。实际上,这些功能已经被各种工具所实现,云测试平台的任务是整合它们,提供统一、完备的功能。这样,测试人员就可以将精力最大限度地投入专属的测试领域中,而不是管理各种工具。

（3）节约成本。每个企业都在追求成本最低和利润最大化。软件测试作为研发生产过程的一部分也有降低成本的要求,即使用最少的机器购买最少的测试软件来完成软件测试工作。利用云测试不需要购买或准备很多的个人计算机、购买和安装各类测试用软件,也不需要部署复杂的网络,只需要列出测试目的、环境的要求、虚拟机数量,实现按需支付,实现节约成本。在没有测试需求时,用户并不用为机器的运行和维护买单,大大降低了用户实施性能测试的成本,为一些没有大型长期性能测试需求的企业节省了许多开支。同时随着企业软件版本和技术的发展,依赖的测试软件或环境也需要升级换代,又会产生升级和维护费用。而在云测试环境中这些因素都无须企业考虑,交由提供云测试服务的供应商完成即可。

（4）便于扩展。特别对于压力测试,用户通过在云端迅速启用大量虚拟机,可以对被测系统进行施压,从而完全可以模拟生产环境中可能面对的超大压力。而且,跨国云服务商提供的测试硬件资源大多分布在全球不同区域,在进行性能测试时,用户可以根据可能的实际情况选择不同区域的机器定制化的为被测系统加压,所得的测试结果由于更接近真实的网络情况,因而更加准确。

云测试的类型主要分为:

（1）功能测试:即确保被测系统所提供的服务符合客户预期。这包括:

* 系统验证测试:类似于端到端测试;
* 用户验收测试:由用户代表执行的功能测试;
* 互操作性测试:即被测系统可以在从一种基础设施切换到另外一种基础设施时(例如从微软云切换到阿里云),仍然可以无缝工作。

（2）非功能性测试:即确保被测系统可以满足用户的非功能性需求。主要包括:

* 可用性测试:检验被测系统是否达到可用性标准。
* 用户划分测试:在同一个云平台上,可能需要提供服务给不同的客户。这需要测试人员检查不同用户的数据是否会混乱。
* 性能测试:验证被测系统的响应时间是否符合预期。

- 安全测试：如果被测系统部署到云端,那么对安全性的检查就变得非常重要,确保所有用户的敏感信息都不会遭到未经授权的访问,而且用户的隐私不受影响。
- 灾难恢复测试：如果发生网络中断、极度过载、系统崩溃等灾难性事件,必须确保被测系统能够妥善处理,不会丢失任何数据。
- 可扩展性测试：确保被测系统能够根据需要增加或者减少部署资源。

目前最常见的云端测试工具包括:

- SOASTA CloudTest。
- Jmeter。
- CloudTestGo。
- AppPerfect。

一些常见的安全测试工具包括:

- Nessus。
- Wireshark。
- Nmap。

10.8.2 微服务的性能测试

性能测试也是微服务测试的重要组成部分,特别是对于网页端程序,在流量急剧增加时是否能保持稳定运行,是每个产品经理都关注的。性能测试包括负载(负荷)测试、压力测试、尖峰测试、持久性测试等,它可以证明系统能否符合预期的性能指标(SLA),也可以找出系统中导致性能下降的原因。

其总体流程包括:

- 确定测试环境。
- 确定性能验收标准。
- 计划和设计测试方案。
- 配置测试环境。
- 部署测试方案。
- 执行测试。
- 分析测试结果。

目前可供选择的主要工具包括:

- Microsoft Visual Studio Load Testing。
- HP LoadRunner。
- NeoLoad。
- Rational Performance Monitor。
- Silk Performer。
- Gatling。

如,微软的 Microsoft Visual Studio Load Tester,它完全基于 HTTP,不需要使用浏览器,也就是和前端的所有 JS 方法都无关,它只记录 HTTP 的请求。除此之外,它和 UI 的端到端测试很接近,都是基于请求响应,从返回结果中提取验证规则,判断是否成功。它的参数化、数据源管理功能都很全面,自定义的验证规则(Validation Rule)也可以应付大多数的情况。另外,它所记录下来的脚本还可以用作手动的测试代码(用于微软的 Coded UI 自动化测试环境)。

在具体执行测试时,需要构建一个负载模拟测试体系,其中包含了 Visual Studio 客户端、测试控制器(Test Controller)和测试代理(Test Agent):

- 客户端用于开发测试、运行测试,以及查看测试结果。
- 测试控制器用于管理测试代理和收集测试结果。
- 使用测试代理来运行测试并收集数据,包括系统信息和测试设置中定义的数据分析方法。

除了上述工具以外,最新的趋势是利用 Microsoft Visual Studio Team Services(VSTS)的压力测试(Load Test)功能,直接从云端执行性能测试。这要求用户具有 VSTS 账户,直接登录 Visual Studio Team Services 账户并单击 Load Test 就可以逐步完成负载测试的配置,非常简单易用。

10.9 微服务架构的测试流水线

10.9.1 什么是 CI/CD

持续集成(Continuous Integration,CI)是指开发人员提交了新代码之后,立刻进行构建、测试,根据测试结果确定新代码和原有代码能否正确地集成在一起的过程。持续交付(Continous Delivery,CD)在持续集成的基础上,将集成后的代码部署到更贴近真实运行环境的"类生产环境"(Production-like Environments)中。例如,完成单元测试、集成测试、组件测试、契约测试之后,可以把代码部署到连接数据库的过渡(Staging)环境中,进行端到端测试。如果测试通过,继续部署到实际生产环境中。持续交付可以看作持续集成的下一步。它强调不管怎么更新,软件都是随时随地可以交付的。另外,还有一个持续部署(Continuous Deployment)的概念是指在持续交付的基础上,把部署到生产环境的过程进一步自动化。持续部署的目标是代码在任何时刻都是可部署的,可以进入生产阶段。

10.9.2 自动测试流水线

一个常见的测试流水线如图 10-22 所示。

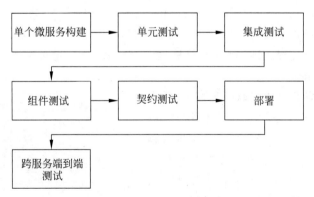

图 10-22　常见的测试流水线

所谓"流水线"是指只有上一步成功通过,才会触发下一步操作,如在单个微服务的测试完成之后,再会触发下一步。所有这些必须归于一个自动化的周期性的集成测试过程,从检测代码、编译构建、运行测试、结果记录到测试统计等都是自动完成的,无须人工干预。需要有专门的集成服务器来执行集成的构建,也需要有代码托管工具的支持。目前主流的 CI/CD 自动化调度工具有 TeamCity 和 Jenkins。

Jenkins 是一个开源的、基于 Java 的 CI 服务器软件包，经常用于 Java 项目，但是也适用于.NET 项目，因为可以兼容很多常见的.NET 版本控制系统，支持 MSBuild 脚本。作为免费开源软件，它拥有非常活跃的插件开发社区。Jenkins 的主要部分是一个运行在 Java Servlet 容器（例如 Apache Tomcat）内的服务器。

TeamCity 是一个由 JetBrains 公司开发的、基于 Java 的商业 CI 服务器软件，特点是安装和配置极为简便。它虽然基于 Java，但一样适用于.NET 项目，主要通过浏览器界面管理用户、代理项目和构建配置。

表 10-2 是这两个工具的比较，具体使用和配置请查阅其他资料。

表 10-2　Jenkins 和 TeamCity 工具特性比较

特　　性	Jenkins	TeamCity
免费开源	是	否
广泛使用	是	是
文档齐全	是	是
便于设置、使用和配置	否	是
安全性（默认配置）	否	是
邮件通知	是	是
日志功能	是	是
动态地为多个分支运行构建任务	是	否
独立验证	否	是

10.10　DevOps 与测试

10.10.1　DevOps 的出现

Wikipedia 对 DevOps 的定义是：DevOps 是一种软件工程文化和实践，旨在统一软件开发（Development，简写为 Dev）和软件运维（Operations，简写为 Ops）。DevOps 的主要特点是在软件构建的所有步骤中极力提倡自动化和监控管理，即贯穿开发、集成、测试、发布到部署和基础设施管理的整个过程。DevOps 的目标是缩短开发周期，增加部署频率，更可靠地发布，并与业务目标紧密结合。

早期的软件开发者主要是软件工程师，后来为了提高效率逐渐实行分工模式：开发、测试、运维，即不同角色担任不同的任务。分工越来越细之后带来的问题也越来越突出，就是各角色之间的沟通成本越来越高。而全栈工程师、DevOps 和 TestOps 等概念和职位的提出，本质就是把不同的工作集中在一个人身上，或者让一个人涉及更多方面的工作，从而来降低这种沟通成本。图 10-23 显示的是开发、测试和运维之间的关系。

QA 与 Ops 组合而成的 TestOps，对于测试

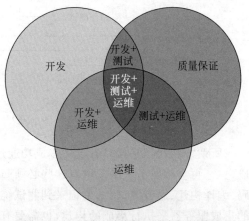

图 10-23　开发、测试和运维之间的关系

人员来说是新方向。但是要了解 TestOps 必须要先了解 DevOps,因为它是已经是较为成熟的、经过实践验证的概念。

在微服务架构之下,主流的工作流程为:开发人员提交代码到代码仓库,微服务所独有的持续集成和持续交付工具会自动拉取代码,调用一个配置中心,再连接对应远程服务器,将代码部署到服务器上,而后启动服务,再通过工具,或者借由开发、测试人员之间的沟通,通知测试人员进行测试。测试通过后,部署到预生产环境/过渡环境和生产环境,如图 10-24 所示,右边框内的工作流就被称为 DevOps。DevOps 是一个完整的面向 IT 运维的工作流,以 IT 自动化及持续集成、持续部署为基础,来优化开发、测试、系统运维等所有环节。

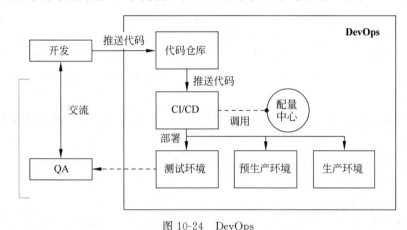

图 10-24　DevOps

10.10.2　DevOps 在技术领域的实践

DevOps 的影响包括在企业文化层面和技术层面。这里着重介绍它在技术层面的实践方法:

(1) 内建质量体系:通过持续代码评审、静态分析、自动化测试、自动部署验证等手段构成一套有效的质量保障体系。主要实践包括:

- TDD。测试驱动开发的思想,保证代码质量和不偏离业务需求的技术实现。
- 结对编程和代码审查。依靠团队的自治性让团队成员互相监督和审查代码质量。
- 自动化测试。高自动化,且高频率运行的测试,保证测试用例质量的同时保证了交付软件的质量。

(2) 持续部署:通过自动化的构建、部署,快速频繁地将软件交付给用户,同时保障过程的安全、平滑、可视化。主要实践包括:

- 在已经做到持续集成的情况下,引入持续部署,每次提交均会触发构建并执行部署。
- 蓝绿部署。用于实现零宕机发布新版本。
- 金丝雀发布。用于使应用发布流程具备快速试错的能力。

(3) 持续监控:持续对运行环境在系统应用层面进行监控,及时发现风险或问题,保障系统运行的稳定性。主要实践包括:

- 监控预警。在项目开始初期就引入监控,让整个团队能够实时收到关于产品各个维度数据的反馈。
- 日志聚合。便于错误追踪和展示。

微服务架构应用测试

322

* 分析。利用搜集到的数据实时分析,利用分析结果指导开发进度。

(4)度量与反馈:通过对用户行为或业务指标的度量或反馈收集,为产品的决策提供依据。主要实践包括:

* 持续集成反馈。对代码构建质量,代码质量审查的反馈。
* 测试反馈。对软件质量,如功能性的测试,给业务人月反馈。
* 运营数据反馈。新功能上线后对业务影响的反馈,用于指导业务人员提新的需求。

(5)环境管理:通过对服务器环境的定义,自动化建立、配置和更新环境,提高基础设施管理的效率和一致性,并更有效地利用资源。可伸缩的架构保证服务的健壮性。主要实践包括:

* 弹性架构,保证服务的吞吐量和具备灵活变更的能力。
* 自动化部署脚本,用于解决一些工程实践不够完善的流程之间的衔接。
* 基础设施即代码,用代码定义基础设施,便于环境管理、追踪变更以及保证环境一致性。

(6)松耦合架构:对传统应用架构进行领域组件化、服务化,提升可测试性和可部署性。主要实践包括:

* 采用弹性基础设施。比如公有云服务或是 PaaS(Platform as a Service)平台。
* 构建为服务的应用。
* 引入契约测试。

基于上述分析,一个典型的、基于 DevOps 的持续交付流水线如图 10-25 所示。

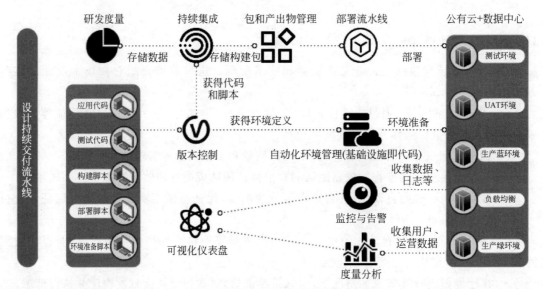

图 10-25　基于 DevOps 的持续交付流水线

10.10.3　DevOps 使用的主流工具

DevOps 使用的主流工具:

* 版本控制和协同开发:GitHub、GitLab、BitBucket、SubVersion、Coding、Gitee;
* 自动化构建和测试:Apache Ant、Maven、Selenium、UnitTest、JUnit、JMeter、Gradle、PHPUnit;

- 持续集成和交付：TeamCity、Jenkins、Capistrano、BuildBot、Fabric、Tinderbox、Travis CI、flow. ci Continuum、LuntBuild、CruiseControl、Integrity、Gump、Go；
- 容器平台：Docker、Rocket、Ubuntu(LXC)、第三方厂商如 AWS/阿里云/Azure 等；
- 配置管理：Chef、Puppet、CFengine、Bash、Rudder、Powershell、RunDeck、Saltstack、Ansible；
- 微服务平台：OpenShift、Cloud Foundry、Kubernetes、Mesosphere；
- 服务开通：Puppet、Docker Swarm、Vagrant、Powershell、OpenStack Heat；
- 日志管理：Logstash、CollectD、StatsD、ElasticSearch、Logstash；
- 监控、警告和分析：Nagios、Ganglia、Sensu、zabbix、ICINGA、Graphite、Kibana。

10. 10. 4　从 DevOps 到 TestOps

在 DevOps 逐渐被广大软件企业、开发团队接受以后，人们发现 DevOps 和测试人员之间的沟通壁垒仍然存在，还需要进一步降低。于是逐步引出了 TestOps 的角色。TestOps 可以定义为"测试运维"，其主要目的是从质量控制的角度推动整个研发体系与发布体系的融合。可理解为：DevOps 是从研发推动配合运维和测试，而 TestOps 是从测试角度推动研发和运维。所以，TestOps 才是真正把测试落地到整个研发体系的关键岗位。它的具体工作内容包括：

- 持续集成工具的搭建和维护；
- 配置中心的代码编写和维护；
- 与服务相关的处理和维护；
- 测试人员的本职工作，即产品测试。

图 10-26 中的实线框就是 TestOps 的工作范围，也即是 QA＋Ops 的范畴。

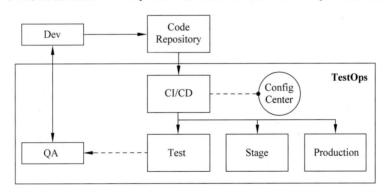

图 10-26　TestOps 的工作范围

TestOps 人员必须能够提供测试所需的基础设施和平台以及执行所有级别的测试，从单元测试一直到最后的端到端测试。这意味着需要具备下列能力：

- Dev 能力：用于测试工具开发和运维工具开发，而不是业务代码的开发。常用语言包括 Java、Python、PHP、Shell。
- Ops 能力：用于微服务设施和基础设施的搭建和维护，但不同于运维人员所做的服务性能和安全性监控。常用工具包括 TeamCity、Jenkins、Docker、Maven、Ansible、Git、Linux。

- Test 能力：涵盖了测试人员所需具备的测试能力和对整个测试体系的运用，包括测试用例的设计、缺陷生命周期、单元测试、接口测试、组件测试、契约测试、端到端测试的方法和技术等。

由此而见，虽然 DevOps 能推动整个开发、运维团队统一研发流程，帮助团队更敏捷地提交产品，但是无法发现开发过程中测试的缺陷。只有专业的 TestOps 才能站在专业的测试角度推动测试、开发和运维的协调进行。TestOps 和 DevOps 构成了一个完整的持续集成和持续交付体系，从而完善了整个微服务架构下的工程师队伍体系。

练　　习

1. 解释微服务架构的开发和传统开发的区别。
2. 分析微服务架构的单元测试和集成测试与传统的单元测试和集成测试的不同。
3. 以一个微服务架构项目为例实施一个契约测试。
4. 解释微服务的端到端测试和传统的系统测试的区别。
5. 解释微服务架构的测试和 DevOps、CI 和 CD 之间的关系。
6. 分析 TestOps，并以一个项目实施之。

第 11 章 嵌入式系统测试

第11章思维导图

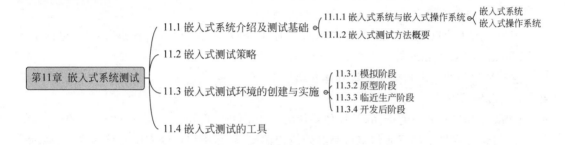

11.1 嵌入式系统介绍及测试基础

11.1.1 嵌入式系统与嵌入式操作系统

1. 嵌入式系统

嵌入式系统是以嵌入式计算机为技术核心,面向用户、面向产品、面向应用,软硬件可裁减,适用于对功能、可靠性、成本、体积、功耗等综合性能有严格要求的专用计算机系统。

嵌入式系统应具有的特点:高可靠性;在恶劣的环境或突然断电的情况下,系统仍然能够正常工作;许多嵌入式应用要求实时性,这就要求嵌入式操作系统具有实时处理能力;嵌入式系统和具体应用有机地结合在一起,它的升级换代也是和具体应用产品同步进行的;嵌入式系统中的软件代码要求高质量、高可靠性,一般都固化在只读存储器或闪存中,也就是说软件要求固态化存储,而不是存储在磁盘等载体中。

2. 嵌入式操作系统

嵌入式操作系统(Embedded Operating System,EOS)是一种用途广泛的系统软件,过去它主要应用于工业控制和国防系统领域。EOS 负责嵌入系统的全部软硬件资源的分配、调度作业,控制、协调并发活动。它必须体现其所在系统的特征,能够通过装卸某些模块来达到系统所要求的功能。目前,已推出一些应用比较成功的 EOS 产品系列。随着 Internet 技术的发展、信息家电的普及应用及 EOS 的微型化和专业化,EOS 开始从单一的弱功能向高专业化的强功能方向发展。嵌入式操作系统在系统实时高效性、硬件的相关依赖性、软件固化以及应用的专用性等方面具有较为突出的特点。EOS 是相对于一般操作系统而言的,它除了具备一般操作系统最基本的功能,如任务调度、同步机制、中断处理、文件处理等外,还有如下特点:

- 可装卸性。适合开放性、可伸缩性的体系结构。
- 强实时性。EOS 实时性一般较强,可用于各种设备控制当中。

- 统一的接口。提供各种设备驱动接口。
- 操作方便、简单,提供友好的 GUI,追求易学易用。
- 提供强大的网络功能,支持 TCP/IP 及其他协议,提供 TCP/UDP/IP/PPP 支持及统一的 MAC 访问层接口,为各种移动计算设备预留接口。
- 强稳定性,弱交互性。嵌入式系统一旦开始运行就不需要用户过多的干预,这就要负责系统管理的 EOS 具有较强的稳定性。嵌入式操作系统的用户接口一般不提供操作命令,它通过系统的调用命令向用户程序提供服务。
- 固化代码。在嵌入式系统中,嵌入式操作系统和应用软件被固化在嵌入式系统计算机的 ROM 中。辅助存储器在嵌入式系统中很少使用,因此,嵌入式操作系统的文件管理功能应该能够很容易地拆卸,而用各种内存文件系统。
- 更好的硬件适应性,也就是良好的移植性。

国际上用于信息电器的嵌入式操作系统有 40 种左右。现在,主流操作系统包括 Palm OS、Windows CE、Linux 等。

这三种常用的嵌入式操作系统具体介绍如下。

(1) Palm OS。

Palm 是 3Com 公司的产品,其操作系统为 Palm OS。Palm OS 是一种 32 位的嵌入式操作系统。Palm 提供了串行通信接口和红外线传输接口,利用它可以方便地与其他外部设备通信、传输数据;拥有开放的 OS 应用程序接口,开发商可根据需要自行开发所需的应用程序。Palm OS 是一套具有开放性的系统,现在有大约数千种专门为 Palm OS 编写的应用程序,从程序内容上来看,小到个人管理、游戏,大到行业解决方案,Palm OS 无所不包。在丰富的软件支持下,基于 Palm OS 的掌上计算机功能得以不断扩展。

Palm OS 是一套专门为掌上计算机开发的 OS。在编写程序时,Palm OS 充分考虑了掌上计算机内存相对较小的情况,因此它只占有非常小的内存。由于基于 Palm OS 编写的应用程序占用的空间也非常小(通常只有几十千字节),因此基于 Palm OS 的掌上计算机(虽然只有几兆字节的 RAM)可以运行众多应用程序。

由于 Palm 产品的最大特点是使用简便、机体轻巧,因此决定了 Palm OS 应具有下面特点。

- 操作系统的节能功能。由于掌上计算机要求使用电源尽可能小,因此在 Palm OS 的应用程序中,如果没有事件运行,则系统设备进入半休眠(Doze)的状态;如果应用程序停止活动一段时间,则系统自动进入休眠(Sleep)状态。
- 合理的内存管理。Palm OS 的存储器全部是可读写的快速 RAM,动态 RAM (Dynamic RAM)类似于 PC 上的 RAM,它为全局变量和其他不需永久保存的数据提供临时的存储空间;存储 RAM(Storage RAM)类似于 PC 上的硬盘,可以永久保存应用程序和数据。

Palm OS 的数据是以数据库(Database)的格式来存储的。数据库是由一组记录(Records)和一些数据库头信息组成的。为保证程序处理速度和存储器空间,在处理数据时,Palm OS 不是把数据从存储堆(Storage Heap)复制到动态堆(Dynamic Heap)后再进行处理,而是在存储堆中直接处理。为避免错误地调用存储器地址,Palm OS 规定这一切都必须调用其内存管理器里的 API 来实现。

Palm OS 与同步软件(HotSync)结合可以使掌上计算机与 PC 上的信息实现同步,把台式机的功能扩展到了掌上计算机。Palm OS 的应用范围相当广泛,如联络及工作表管理、电子邮件及因特网通信、销售人员及组别自动化等。Palm OS 的外围硬件也十分丰富,有数码相机、GPS 接收器、调制解调器、GSM 无线电话、数码音频播放设备、便携键盘、语音记录器、条码扫描、无线寻呼接收器和探测仪。其中 Palm 与 GPS 结合的应用,不但可以进行导航定位,还可以结合 GPS 进行气候的监测、地名调查等。

(2) Windows CE。

Windows CE 是微软开发的一个开放的、可升级的 32 位嵌入式操作系统,是基于掌上计算机类的电子设备操作。Windows CE 的图形用户界面相当出色。其中 CE 中的 C 代表袖珍(Compact)、消费(Consumer)、通信能力(Connectivity)和伴侣(Companion);E 代表电子产品(Electronics)。Windows CE 是由微软自行开发的嵌入式新型操作系统,是基于 Win32 API 重新开发的、新型的信息设备平台。Windows CE 具有模块化、结构化和基于 Win32 应用程序接口以及与处理器无关等特点。Windows CE 不仅继承了传统的 Windows 图形界面,并且在 Windows CE 平台上可以使用 Windows 98/XP 上的编程工具(如 Visual Basic、Visual C++等),使用同样的函数、同样的界面网格,使绝大多数的应用软件只需简单的修改和移植就可以在 Windows CE 平台上继续使用。

Windows CE 的设计目标是模块化及可伸缩性、实时性能好,通信能力强大,支持多种 CPU。它的设计可以满足多种设备的需要,这些设备包括工业控制器、通信集线器以及销售终端之类的企业设备,还有像照相机、电话和家用娱乐器材之类的消费产品。一个典型的基于 Windows CE 的嵌入系统通常为某个特定用途而设计,并在不联机的情况下工作。它要求所使用的操作系统体积较小,内建有对中断的响应功能。

Windows CE 的特点有:

- 具有灵活的电源管理功能,包括睡眠/唤醒模式。
- 使用了对象存储(Object Store)技术,包括文件系统、注册表及数据库。它还具有很多高性能、高效率的操作系统特性,包括按需换页、共享存储、交叉处理同步、支持大容量堆(Heap)等。
- 拥有良好的通信能力。广泛支持各种通信硬件,也支持直接的局域连接以及拨号连接,并提供与 PC、内部网以及 Internet 的连接,还提供与 Windows 9x/NT/XP 的最佳集成和通信。
- 支持嵌套中断。允许更高优先级别的中断首先得到响应,而不是等待低级别的 ISR 完成,这使得该操作系统具有嵌入式操作系统所要求的实时性。
- 更好的线程响应能力。对高级别 IST(中断服务线程)的响应时间上限的要求更加严格,在线程响应能力方面的改进,帮助开发人员掌握线程转换的具体时间,并通过增强的监控能力和对硬件的控制能力帮助他们创建新的嵌入式应用程序。
- 256 个优先级别。可以使开发人员在控制嵌入式系统的时序安排方面有更大的灵活性。

Windows CE 的 API 是 Win32 API 的一个子集,支持近 1500 个 Win32 API。有了这些 API,足可以编写任何复杂的应用程序。当然,在 Windows CE 系统中,所提供的 API 也可以随具体应用的需求而定。

在掌上计算机中,Windows CE 包含如下一些重要组件:Pocket Outlook 及其组件、语音录音机、移动频道、远程拨号访问、世界时钟、计算器、多种输入法、GBK 字符集、中文 TTF 字库、英汉双向词典、袖珍浏览器、电子邮件、Pocket Office、系统设置、Windows CE Services 软件等。

（3）Linux。

Linux 是一个类似于 UNIX 的操作系统。它起源于芬兰一个名为 Linus Torvalds 的业余爱好，但是现在已经是最为流行的一款开放源代码的操作系统。Linux 从 1991 年问世到现在，20 年的时间内已发展成为一个功能强大、设计完善的操作系统，伴随网络技术进步而发展起来的 Linux OS 已成为 Microsoft 公司 Windows 的强劲对手。Linux 系统不仅能够运行于 PC 平台，还在嵌入式系统方面大放光芒，在各种嵌入式 Linux OS 迅速发展的状况下，Linux OS 逐渐形成了可与 Windows CE 等 EOS 抗衡的局面。目前正在开发的嵌入式系统中，49% 的项目选择 Linux 作为嵌入式操作系统。Linux 现已成为嵌入式操作的理想选择。

国内中科红旗软件技术有限公司开发的红旗嵌入式 Linux 具有一定的竞争力，先后推出了 PDA、机顶盒、瘦客户端、交换机用的嵌入式 Linux 系统，并且投入了实际应用。现以红旗嵌入式 Linux 为例来讲解嵌入式 Linux OS 的特点：

- 精简的内核，性能高，稳定，多任务。
- 适用于不同的 CPU，支持多种体系结构，如 X86、ARM、MIPS、ALPHA 和 SPARC 等。
- 能够提供完善的嵌入式 GUI 以及嵌入式 X-Windows。
- 提供嵌入式浏览器、邮件程序、MP3 播放器、MPEG 播放器、记事本等应用程序。
- 提供完整的开发工具和 SDK，同时提供 PC 上的开发版本。
- 用户可定制，可提供图形化的定制和配置工具。
- 常用嵌入式芯片的驱动集，支持大量的周边硬件设备，驱动丰富。
- 针对嵌入式的存储方案，提供实时版本和完善的嵌入式解决方案。
- 完善的中文支持，强大的技术支持，完整的文档。
- 开放源码，丰富的软件资源，广泛的软件开发者的支持，价格低廉，结构灵活，适用面广。

3. 嵌入式操作系统的比较

（1）Linux OS 与 Windows CE 的比较。

嵌入式 Linux OS 与 Windows CE 相比的优点：第一，Linux 是开放源代码的，不存在黑箱技术，遍布全球的众多 Linux 爱好者都是 Linux 开发者的强大技术支持者；而 Windows CE 是非开放性 OS，使第三方很难实现产品定制。第二，Linux 的源代码随处可得，注释丰富，文档齐全，易于解决各种问题。第三，Linux 的内核小、效率高；而 Windows CE 在这方面是笨拙的，占用过多的 RAM，应用程序庞大。第四，Linux 是开放源代码的 OS，在价格上极具竞争力，适合中国国情。Windows CE 的版权费用是厂家不得不考虑的因素。第五，Linux 不仅支持 X86 芯片，还是一个跨平台的系统。到目前为止，它可以支持 20～30 种 CPU，很多 CPU（包括家电业的芯片）厂商都开始做 Linux 的平台移植工作，而且移植的速度远远超过 Java 的开发环境。如果现在采用 Linux 环境开发产品，那么将来更换 CPU 时就不会遇到更换平台的困扰。第六，Linux 内核的结构在网络方面是非常完整的，它提供了对包括十兆位、百兆位及千兆位的以太网络，还有无线网络、Token Ring（令牌环）和光纤甚至卫星的支持。第七，Linux 在内核结构的设计中考虑适应系统的可裁减性的要求，Windows CE 在内核结构的设计中并未考虑适应系统的高度可裁减性的要求。

嵌入式 Linux OS 与 Windows CE 相比的弱点：第一，开发难度较高，需要很高的技术实力。第二,核心调试工具不全,调试不太方便,尚没有很好的用户图形界面。第三,与某些商业OS 一样,嵌入式 Linux 占用较大的内存,当然,人们可以去掉部分无用的功能来减小使用的内存,但是如果不仔细,将引起新的问题。第四,有些 Linux 的应用程序需要虚拟内存,而嵌入式系统中并没有或不需要虚拟内存,所以并非所有的 Linux 应用程序都可以在嵌入式系统中运行。

(2) Palm OS 与 Windows CE 的比较。

3Com 公司的 Palm OS 是掌上计算机市场中较为优秀的嵌入式操作系统,是针对这一市场专门设计的系统。它有开放的操作系统应用程序接口(API),支持开发商根据需要自行开发所需的应用程序,具有十分丰富的应用程序。在掌上计算机市场上占据霸主地位已久。

从技术层面上讲,Palm OS 是一套专门为掌上计算机开发的操作系统,具有许多Windows CE 无法比拟的优势;Windows CE 过于臃肿,不适合应用在廉价的掌上计算机中。

Palm OS 是一套具有极强开放性的系统。开发者向用户免费提供 Palm OS 的开发工具,允许用户利用该工具在 Palm OS 基础上方便地编写、修改相关软件。与之相比,Windows CE 的开发工具就显得复杂多了,这使得一般用户很难掌握。这也是 Palm OS 与 Windows CE 的另一个主要区别。

从常用 EOS 的大小、可开发定制、互操作性、通用性、实时性及应用领域几个方面归纳如下:Palm OS、Windows CE、Linux 这 3 种嵌入式操作系统各有不同的特点,不同的用途;但 Linux 比 Palm OS 和 Windows CE 更小、更稳定,而且 Linux 是开放的 OS,在价格上极具竞争力。如今整个市场尚未成型,嵌入式操作系统也未形成统一的国际标准,而且 Linux 的一系列特征又为我们开发国产的嵌入式操作系统提供了方便,因此,我们有机会在这个未成熟的市场上占有一席之地。

11.1.2　嵌入式测试方法概要

嵌入式软件测试/嵌入式测试或叫交叉测试(Cross-Test),它的目的与非嵌入式软件是相同的。但是,在嵌入式系统设计中,软件正越来越多地取代硬件,以降低系统的成本,获得更大的灵活性,这就需要使用更好的测试方法和工具进行嵌入式和实时软件的测试。嵌入式软件测试的目的是保证系统满足需求规格说明。嵌入式系统的失效即系统没有满足一个或多个正式需求规范中所规定的需求项。嵌入式系统有其特殊的失效判定准则。

通常嵌入式系统对可靠性的要求比较高。嵌入式系统安全性的失效可能会导致灾难性的后果,即使是非安全性系统,由于大批量生产也会导致严重的经济损失。这就要求对嵌入式系统,包括嵌入式软件进行严格的测试、确认和验证。随着越来越多的领域使用软件和微处理器控制各种嵌入式设备,对复杂的嵌入式软件进行快速有效的测试愈加显得重要。一般来说,嵌入式软件测试在 4 个阶段上进行,即单元测试、软件集成测试、硬件/软件集成测试和系统集成测试。其中的硬件/软件集成测试阶段是嵌入式软件所特有的,目的是验证嵌入式软件与其所控制的硬件设备能否正确地交互。

软件测试有两种基本的方式,即白盒测试方法与黑盒测试方法,嵌入式软件测试也不例外。

白盒测试或基本代码的测试是检查程序的内部设计。根据源代码的组织结构查找软件缺陷,一般要求测试人员对软件的结构和作用有详细的了解,白盒测试与代码覆盖率密切相关,可以在白盒测试的同时计算出测试的代码覆盖率,保证测试的充分性。把 100%的代码都测试到几乎是不可能的,所以要选择最重要的代码进行白盒测试。由于严格的安全性和可靠性的要求,嵌入式软件测试同非嵌入式软件测试相比,通常要求有更高的代码覆盖率。对于嵌入式软件,白盒测试一般不必在目标硬件上进行,更为实际的方式是在开发环境中通过硬件仿真进行,所以选取的测试工具应该支持在宿主环境中的测试。

黑盒测试也称为功能测试。这类测试方法根据软件的用途和外部特征查找软件缺陷,不需要了解程序的内部结构。黑盒测试最大的优势在于不依赖代码,而是从实际使用的角度进行测试,通过黑盒测试可以发现白盒测试发现不了的问题。因为黑盒测试与需求紧密相关,需求规格说明的质量会直接影响测试的结果,黑盒测试只能限制在需求的范围内进行。在进行嵌入式软件黑盒测试时,要把系统的预期用途作为重要依据,根据需求中对负载、定时、性能的要求,判断软件是否满足这些需求规范。为了保证正确地测试,还需要检验软硬件之间的接口。嵌入式软件黑盒测试的一个重要方面是极限测试。在使用环境中,通常要求嵌入式软件的失效过程要平稳,所以,黑盒测试不仅要检查软件工作过程,还要检查软件失效过程。

在嵌入式软件测试中,常常要在基于目标的测试和基于宿主的测试之间做出折中。基于目标的测试消耗较多的经费和时间,而基于宿主的测试代价较小,但毕竟是在模拟环境中进行的。目前的趋势是把更多的测试转移到宿主环境中进行,但是,目标环境的复杂性和独特性不可能完全模拟。

在两个环境中可以出现不同的软件缺陷,重要的是对目标环境和宿主环境的测试内容有所选择。在宿主环境中,可以进行逻辑或界面的测试,以及与硬件无关的测试。在模拟或宿主环境中的测试消耗时间通常相对较少,用调试工具可以更快地完成调试和测试任务。而与定时问题有关的白盒测试、中断测试、硬件接口测试只能在目标环境中进行。在软件测试周期中,基于目标的测试是在较晚的硬件/软件集成测试阶段开始的,如果不更早地在模拟环境中进行白盒测试,而是等到硬件/软件集成测试阶段进行全部的白盒测试,将耗费更多的财力和人力。

11.2 嵌入式测试策略

随着嵌入式领域目标系统的应用日趋复杂,硬件的稳定性越来越高,而软件故障却日益突出,同时由于竞争、开发技术日新月异等因素导致嵌入式产品上市时间缩短,对产品的质量要求也越来越高,因此软件的重要性和质量引起人们的高度重视,越来越多的人认识到嵌入式系统的测试势在必行。

对于一般商用软件的测试,嵌入式软件测试有其自身的特点和测试困难。由于嵌入式系统的自身特点,如实时性(Real-Timing),内存不丰富,I/O 通道少,开发工具昂贵,并且与硬件紧密相关的 CPU 种类繁多等,嵌入式软件的开发和测试也就与一般商用软件的开发和测试策略有了很大的不同,可以说嵌入式软件是最难测试的一种软件。

使用有效的测试策略是嵌入式软件测试唯一的出路,它可以使开发的效率最大化,避免目标系统的瓶颈,使用在线仿真器可以节省昂贵的目标资源。自从出现高级语言后,开发环境与最终运行环境通常都是存在差异的,嵌入式系统更是如此。开发环境被认为是主机或宿主平台,软件运行环境为目标平台。

讨论嵌入式软件测试首先就会遇到一个问题:为什么不把所有测试都放在目标上进行呢?如果所有测试都放在目标平台上有很多不利的因素:

（1）测试的软件可能会与开发者争夺时间,应避免测试只在目标环境中进行。

（2）目标环境可能还不可行。

（3）比起主机平台环境,目标环境通常是不精密的和不方便的。

（4）提供给开发者的目标环境和联合开发环境通常是很昂贵的。

（5）目标环境存在持续的应用,开发和测试工作可能会妨碍存在的应用。

从经济上和开发效率上考虑,软件开发周期中的工作尽可能地在主机系统环境中进行,其中包括测试。

确定主机和目标测试环境后,开发测试人员又会遇到以下问题:

（1）多少开发人员会卷入测试工作(单元测试,软件集成,系统测试)?

（2）多少软件应该测试? 测试会花费多长时间?

（3）在主机环境和目标环境中有哪些软件工具? 价格怎样? 是否适合?

（4）多少目标环境可以提供给开发者? 什么时候提供?

（5）主机和目标机之间的连接怎样?

（6）被测软件下载到目标机有多快?

（7）使用的主机与目标环境之间有什么限制(如软件安全标准)?

任何人或组织进行嵌入式软件的测试都应深入考虑以上问题,结合自身实际情况,选定合理测试策略和方案。对于嵌入式软件测试,在测试的各个阶段有着通用的策略。

（1）**单元测试**。所有单元级测试都可以在主机环境中进行,除非少数情况,特别具体地指定了单元测试直接在目标环境中进行。最大化在主机环境进行软件测试的比例。在主机平台上运行测试速度比在目标平台上快得多,当在主机平台完成测试后,可以在目标环境中重复做简单的确认测试,目的是验证在主机和目标机上的运行是否一致。在目标环境中进行确认测试将确定一些未知的、未预料到的、未说明的主机与目标机的不同。例如目标编译器可能有错误或缺陷,但在主机编译器上不存在这个问题。

（2）**集成测试**。软件集成也可在主机环境中完成,在主机平台上模拟目标环境运行,当然在目标环境中重复测试也是必需的,在此级别上的确认测试将确定一些环境中的问题,比如内存定位和分配上的一些错误。在主机环境中进行集成测试,依赖于目标系统的具体功能有多少。有些嵌入式系统与目标环境耦合得非常紧密,若在主机环境做集成是不切实际的。一个大型软件的开发可以分几个级别的集成。低级别的软件集成在主机平台上完成有很大优势,越往后的集成越依赖于目标环境。

（3）**系统测试和确认测试**。所有的系统测试和确认测试必须在目标环境中执行。当然,在主机上开发和执行系统测试,然后移植到目标环境重复执行是很方便的。对目标系统的依赖性会妨碍将主机环境中的系统测试移植到目标系统中,况且只有少数开发者会卷入系统测试,所以有时放弃在主机环境中执行系统测试可能更方便。

确认测试最终的实施必须在目标环境中,系统的确认必须在真实系统之下测试,而不能在主机环境中模拟。这关系到嵌入式软件的最终使用。测试内容包括功能测试、恢复测试、安全测试、强度测试和性能测试等。

使用有效的测试工具可极大地提高嵌入式软件测试的水平和效率,嵌入式系统测试的策略:

（1）使用测试工具的插装功能(主机环境)执行静态测试分析,并且为动态覆盖测试准备好插装软件代码。

（2）使用源代码在主机环境执行功能测试,修正软件的错误和测试脚本中的错误。

（3）使用插装后的软件代码执行覆盖率测试,添加测试用例或修正软件的错误,保证达到所要求的覆盖率目标。

（4）在目标环境下重复（2）,确认软件在目标环境中执行测试的正确性。

（5）若测试需要达到极端的完整性,最好在目标系统上重复（3）,确定软件的覆盖率没有改变。

通常在主机环境执行大多数的测试,只是在最终确定测试结果和最后的系统测试才移植到目标环境,这样可以避免发生访问目标系统资源上的瓶颈,也可以减少在昂贵资源,如在线仿真器上的费用。另外,若目标系统的硬件由于某种原因而不能使用时,最后的确认测试可以推迟直到目标硬件可用,这为嵌入式软件的开发测试提供了弹性。上面所提到的测试工具都可以通过各自的方式提供测试在主机与目标之间的移植,从而使嵌入式软件的测试得以方便地执行。

使用有效的嵌入式测试策略可极大地提高嵌入式软件测试的水平和效率,提高嵌入式软件的质量。

在进行嵌入式测试中,主机环境和目标环境的连接通常有直接连接、仿真器连接和介质间接连接,使用 PROM 等传递被测软件,并通过测试交互界面连接。

除了基本的嵌入式软件测试策略外,对于嵌入式测试提出如下建议:

（1）使用工具。

就像修车需要工具一样,好的程序员应该能够熟练运用各种软件工具。不同的工具,有不同的使用范围,有不同的功能。使用这些工具,可以看到系统在做什么,占用什么资源,它到底和哪些外界因素关联。难以解决的问题可能通过某个工具就能轻松解决。在嵌入式测试中不愿意使用工具有两个主要原因:一个是害怕;另一个是惰性。害怕是因为怕使用测试用具可能引入新的错误,所以总喜欢寄希望于通过不断地修改、重编译代码来消除 Bug,结果效果不佳。懒惰是因为习惯了使用 printf 之类的简单测试手段。

（2）尽早发现内存问题。

对于嵌入式系统,内存问题危害很大,不容易排查。内存问题主要有 3 种类型:内存泄漏、内存碎片和内存崩溃。对于内存问题,态度必须要明确,那就是早发现早处理。在软件设计中,内存泄漏主要由于不断分配的内存无法及时地被释放引起,久而久之,系统的内存耗尽。即使细心的编程高手有时也会遭遇内存泄漏问题。如果测试中遇到过内存泄漏的情况应该有深刻的体验,那就是内存泄漏问题一般隐藏很深,很难通过代码阅读来发现。有些内存泄漏甚至可能出现在库当中。有可能这本身是库中的 Bug,也有可能是因为程序员没有正确理解它们的接口说明文档造成错用。

在很多时候,大多数的内存泄漏问题无法探测,但可能表现为随机的故障。程序员们往往会把这种现象怪罪于硬件问题。如果用户对系统稳定性要求不是很高,那么重启系统问题也不大;但是如果用户对系统稳定性要求很高,那么这种故障就有可能使用户对产品失去信心,同时也意味着该项目是个失败的项目。由于内存泄漏危害巨大,现在已经有许多工具来解决这个问题。这些工具通过查找没有引用或重复使用的代码块、垃圾内存收集、库跟踪等技术来发现内存泄漏的问题。每个工具都有利有弊,不过总的来说,用要比不用好。总之,负责的开发人员应该关注内存泄漏的问题,做到防患于未然。

内存碎片比内存泄漏隐藏还要深。随着内存的不断分配并释放,大块内存不断分解为小块内存,从而形成碎片,久而久之,当需要申请大块内存时,有可能就会失败。如果系统内存足够大,那么坚持的时间会长一些,但最终还是逃不出分配失败的厄运。在使用动态分配的系统中,内存碎片经常发生。目前,解决这个问题最有效的方法就是使用工具通过显示系统中内存的使用情况来发现谁是导致内存碎片的罪魁祸首,然后改进相应的部分。

由于动态内存管理的种种问题,在嵌入式应用中,很多公司干脆就禁用 malloc/free,以绝后患。

内存崩溃是内存使用最严重的结果,主要原因有数组访问越界、写已经释放的内存、指针计算错误及访问堆栈地址越界等。这种内存崩溃造成系统故障是随机的,而且很难查找,目前提供用于排查的工具也很少。

总之,如果要使用内存管理单元的话,必须要小心,并严格遵守它们的使用规则,比如谁分配谁释放等。

（3）关注代码优化。

讲到系统稳定性,人们更多地会想到实时性和速度,因为代码效率对嵌入式系统来说太重要了。知道怎么优化代码是每个嵌入式软件开发人员必须具备的技能。代码优化的前提是找到真正需要优化的地方,然后对症下药,优化相应部分的代码。如 profile(性能分析工具,一些功能齐全 IDE 都提供这种内置的工具)能够记录各种情况;又如各个任务的 CPU 占用率、各个任务的优先级是否分配妥当、某个数据被复制了多少次、访问磁盘多少次、是否调用了网络收发的程序、测试代码是否已经关闭等。但是,profile 工具在分析实时系统性能方面还是有不够的地方。一方面,人们使用 profile 工具往往是在系统出现问题即 CPU 耗尽之后,而profile 工具本身对 CPU 占用较大,所以 profile 对这种情况很可能不起作用。根据海森伯效应,任何测试手段或多或少都会改变系统运行,这个对 profile 同样适用。总之,提高运行效率的前提是必要要知道 CPU 到底做了些什么,做得怎么样。

（4）重现并隔离问题。

对于模块独立性好的嵌入式系统软件,使用隔离方法往往是对付那些隐藏极深 Bug 的最好方法。如果问题的出现是间歇性的,有必要设法去重现它并记录使其重现的整个过程,以备在下一次可以利用这些条件去重现问题。如果确信可以使用记录的那些条件去重现问题,那么就可以着手去隔离问题。怎么隔离呢? 可以用 ♯ifdef 把一些可能和问题无关的代码关闭,把系统最小化到仍能够重现问题的地步。如果还是无法定位问题所在,那么有必要打开"工具箱"。可以试着用 ICE 或数据监视器去查看某个可疑变量的变化;可以使用跟踪工具获得函数调用的情况,包括参数的传递;检查内存是否崩溃以及堆栈溢出的问题。

（5）测试过程中注意使用版本控制工具。

对代码进行注释或进行修改标记对将来代码出现问题之后的查找或调试有很大帮助。假如有一天,最近一次修改的程序运行很久之后忽然宕机了,那么这时的第一反应就是代码到底哪地方出问题了。另外,注意不同时间的修改内容有什么不同,是否有交叉且互相覆盖,是否有其他程序员修改等。这时代码版本控制工具如 CVS、SVN 或 GIT 等将起到重要的作用,可以将上个版本 Check In 并和当前测试版本比较。比较的工具可以是工具自带的,如 CVS 的diff 工具或其他功能更强的比较工具,比如 Beyond Compare 和 Exam Diff。通过比较,记录所有改动的代码,分析所有可能导致问题的可疑代码。

（6）确定测试的完整性。

如何知道测试有多全面呢? 白盒覆盖测试可以回答这个问题。嵌入式系统对覆盖要求较

嵌入式系统测试

高。覆盖测试工具可以告诉你 CPU 到底执行了哪些代码。好的覆盖工具通常可以显示覆盖率,如覆盖了 20%～40% 的代码没有问题,而其余的可能存在 Bug。覆盖工具有不同的测试级别,用户可以根据自己的需要选择某个级别。即使确定单元测试已经很全面并且没有 Dead Code,覆盖工具还是可能找出一些潜在的问题,看下面的代码:

```
if (i >= 0 && (almostAlwaysZero == 0 || (last = i)))
```

如果 almostAlwaysZero 为非 0,那么 last＝i 赋值语句就被跳过,这可能不是所期望的。这种问题通过覆盖工具的条件覆盖测试功能可以轻松地被发现。总之,覆盖测试对于提高代码质量很有帮助。

(7) 提高代码质量意味着节省时间。

有研究表明,软件开发时间的 80% 以上用于以下方面:

- 调试自己的代码(单元测试)。
- 调试自己和其他相关的代码(模块间接口测试)。
- 调试整个系统(系统测试)和进行系统的软件、硬件的系统集成测试。

尤其是嵌入式系统中的软件、硬件的系统集成可能需要花费 10～200 倍的时间来找一个 Bug,而这个 Bug 在开始的时候可能很容易就能找到。一个小 Bug 可能让我们付出巨大的代价,即使这个 Bug 对整个系统的性能没有太大的影响,但很可能会影响整个系统的运行。

11.3　嵌入式测试环境的创建与实施

嵌入式系统在开发过程的不同阶段涉及大量测试活动,每个测试活动都需要有特定的测试环境。这里讨论这些测试活动分别需要什么样的测试环境,要达到什么测试目标。在开始开发嵌入式系统到产品发布之间,通常将开发划分为下面几个阶段:

- 模拟阶段。
- 原型阶段。
- 临近生产阶段。
- 开发后阶段。

对于复杂的系统,这些阶段还可以由更多的子阶段组成;对于不太复杂的系统,可以省略其中的一个或多个阶段。在开发阶段,要对产品进行测试和提高质量,直到确认已经达到质量要求才可以投入生产。在开发阶段之后,有一个最终阶段,对制造过程进行测试和监督,即开发后阶段。

本节的内容适用于分阶段开发的嵌入式系统项目:首先是被模拟的部分(模拟阶段),然后用真实部件一个一个来替代模拟部件(原型阶段),直到最终真正的系统在真实的环境下工作(临近生产阶段)。

11.3.1　模拟阶段

基于模型的开发中,在需求确认和概念设计之后,开始创建一个仿真模型。嵌入式系统的开发人员使用这个可执行的仿真模型来支持初始设计、验证概念并开发和校验下一个开发步骤的详细需求。这一开发阶段也被称为"模型测试"和"模型循环"。在这一阶段的测试目标是验证概念,优化设计。

执行一个仿真模型并测试其行为,需要有一个特定的测试环境或测试床;需要有专用的软件工具来建造和运行仿真模型,生成模型中的信号并分析响应。

模拟阶段的测试一般由以下 3 个步骤组成:

- 单向模拟。嵌入式系统的模型被分割开进行测试。一次将一个输入信号注入模拟的嵌入式系统并分析最终输出。与环境的动态交互被忽略。
- 反馈模拟。测试模拟的嵌入式系统与环境之间的交互。环境模型为嵌入式系统生成输入,模拟的嵌入式系统的最终输出被反馈回环境模型,从而为嵌入式系统形成新的输入。
- 快速原型法。与真实环境相连来测试仿真的嵌入式系统,它是评估仿真模型正确性的根本方法。

反馈模拟需要首先开发环境的有效模型,该模型与所预期的环境模型的动态行为尽可能接近。通过与环境的实际行为相比较来校验该模型。常常是首先开发一个详细模型,接下来进行简化,详细模型与简化模型都需要得到校验。可以通过单向模拟来校验环境模型。

在基于模型的开发中,一个有效的工程实践是,在开发嵌入式系统模型之前开发环境的模型,然后用环境的(简化)模型来导出在嵌入式系统中必须实行的控制规则。接下来用单向模拟、反馈模拟和快速原型法来验证控制规则。

(1) 单向模拟。嵌入式系统用一个可执行的模型来模拟,生成输入信号,注入嵌入式系统的模型中,模型的输出信号被监控、记录并加以分析。这种模拟是单向的,因为在模型中不包含环境的动态行为。

需要有工具来为嵌入式系统的模拟生成信号,同时记录模型的输出信号。可以手工来比较记录信号与预期结果,但也可以通过工具来完成。信号生成工具甚至可以基于实际结果生成新的输入信号,以减少设计中的可能缺陷。

根据模拟环境的不同,可以采用不同的方法来为模型生成输入信号并记录模型的输出信号。在计算机平台上模拟嵌入式系统。可以依靠在模拟平台外围总线上的硬件来为系统注入输入信号并记录输出信号。可以通过计算机平台的操作终端来手工控制并读出模型中的变量。

模拟 CASE(Computer-Assisted Software Engineering)环境中的嵌入式系统,生成输入信号的激励并捕获该环境中的输出响应。通过类似 UML 等建模语言来创建可执行的模型。根据对应的用例和顺序图,可以自动地生成测试用例。

单路模拟也被用于环境模型的模拟。此时,模型中不包含(有规则控制的)嵌入式系统的动态行为。

(2) 反馈模拟。在一个可执行的动态模型中,嵌入式系统及其周围环境被模拟。如果能够对嵌入式系统及其环境的仿真模型的复杂度加以约束,而且不会降低模型的逼真度,那么这一选项就是可行的。假设设计的嵌入式系统将运用于汽车的导航控制,系统环境就是汽车本身,加上道路、风、外部温度、驾驶员等。从可行性和有用性的观点来看,可以确定该模型只限于导航控制、节流阀位置和汽车速度。

在对嵌入式系统本身或环境单向模拟后,反馈模拟可能是复杂设计过程中的下一步。可以通过执行测试用例来确认设计,用例可能偏离了模型特征并且更改了模型运行的状态。记录和监控模型的响应,随后进行分析。

模型的测试床需要能够更改嵌入式系统模型或环境模型的特征,而且也必须能够读取并捕获其他特征,从而导出模型的行为。再者,就像单向模拟中一样,测试床也可以被安排在一个专用的计算机平台以及 CASE 环境中。在这一阶段,使用的工具有:

- 信号生成设备和信号监控设备。
- 模拟计算机。
- CASE 工具。

（3）快速原型法。一个可选的步骤是通过采用实际或足以等价的环境来代替对环境的详细模拟，从而可以对控制规则有更多的确认。例如，在一台模拟计算机上运行对导航控制规则的模拟，可以通过将计算机放在汽车的乘客座位上，而且与汽车的机械和电子器件附近的传感器和制动器相连来得到校验。这里一般使用高性能的计算机，而忽略系统的资源约束。例如，快速原型法软件可以是 32 位浮点数处理，而最终产品被限制为 8 位整数处理。

11.3.2　原型阶段

此时不是利用模型来开发嵌入式系统。上面的第一阶段描述的是基于模型的开发，在达到模拟阶段的目标以后，进入原型阶段。这一阶段的目标是：

- 证明（来自前一阶段）仿真模型的有效性。
- 确认系统满足需求。
- 临近生产的单元发布。

在原型阶段，模拟部件将逐渐被实际的系统硬件、计算机硬件、应用软件替代。这时，在模拟模型与硬件之间需要有接口。一般情况下可以使用一个仿真器。在模拟模型中很容易得到信号，而实际硬件可能不会很容易地得到。因而，必须安装专门的信号传感器与转换器，以及信号记录与分析设备。可能有必要校准传感器、转换器与记录设备，并且保存校准日志来修正所记录数据。开发一个或多个原型通常是一个需要多次迭代的过程。软件和硬件是并行开发的，常常要集成到一起来检验是否仍然可以工作。每一次的原型开发都意味着与最终产品的差距越来越小。随着每一步骤的进行，在前期阶段得出的有效性结论的不确定性也进一步减小。

为了阐明这一模拟部件逐渐为真实部件所代替的过程，在嵌入式系统的一般结构中标识出 4 个主要的区域。它们在布局中可以分别从属于原型阶段的模拟、仿真、试验和初步版本。

用嵌入式软件来实现系统行为。可以通过下面方式来模拟：

- 在主机上运行面向该主机编译的嵌入式软件。
- 在目标处理器的仿真器上运行嵌入式软件，该目标处理器运行在主机上。嵌入式软件的运行可以被认为是"真实的"，因为该处理器是面向目标处理器而编译的。

在早期开发阶段，在开发环境中可以使用高性能的处理器。可以在开发环境中使用最终处理器的仿真器来测试实际软件，实际软件是面向目标处理器而编译的。

其他的嵌入式系统可以通过下面方式来模拟：

- 在主计算机的测试床中模拟系统。
- 构造一个试验硬件配置。
- 构造一个初步的（原型）PCB(Printing Circuit Board，印制电路板）及其所有的部件。

嵌入式系统的环境可以通过信号生成方法来静态地模拟或通过模拟计算机来动态地模拟。

在原型阶段，可以应用下列测试层次，每一个测试层次都需要有专门的测试环境：

（1）软件单元测试与软件集成测试。

对于软件单元测试和软件集成测试，创建一个可以与仿真模型测试环境相比较的测试床。两者的区别在于执行的对象。在原型阶段，测试对象是一个软件单元或一组集成软件单元的可执行版本，它是在设计基础上开发的，或是从模拟模型生成的。

第一步是编译软件以便在主机上执行。这个环境（主机）对资源、性能或功能强大的商品工具没有限制。这使得开发和测试要比在目标环境中容易很多。这种测试也被称为主机/目标机测试。对这些在"主机上编译"的软件单元和集成软件单元的测试目标是根据技术设计来校验它们的行为，以及确认在前一阶段使用的仿真模型的有效性。

在单元测试和集成测试中的第二步是编译软件，以便在嵌入式系统的目标处理器上运行。软件在目标硬件上实际运行之前，编译版本可以在目标处理器的一个模拟器上运行。该模拟器可以运行在开发系统计算机或另一个计算机上。这些测试的目标是确认软件将能够在目标处理器上正确地运行。

在上面提到的两种情况下，测试床必须提供测试对象的输入激励，并提供其他的特性来监控测试对象的行为，同时记录信号。通常方式是提供进入断点，存储、读取和操作变量。提供这些特性的工具可以是 CASE 环境的一部分，也可以由开发嵌入式系统的组织来专门开发。

（2）硬件/软件集成测试。

在硬件/软件集成测试中，测试对象是要加载集成软件的硬件部分。软件被加载到硬件的存储器当中，通常是指可擦除可编程只读寄存器（EPROM）。这部分硬件可能有一个实验配置，例如是一个硬布线电路板，该电路板包含几个部件，存储器是其中的一部分。术语"实验的"表示所使用的硬件将不会再进一步开发（与一个原型相对比，原型通常还要继续被开发，而实验硬件是一个要被"丢弃的原型"）。硬件/软件集成测试的目标是校验嵌入式软件在目标处理器上能否正确与周围的硬件协同运行。由于硬件行为是该测试的一个基本部分，因而通常也被称为"硬件循环"。

用于硬件/软件集成测试的测试环境必须与硬件有接口。依赖于测试对象及其完备程度，存在下列可能性：

- 用信号生成器提供激励输入。
- 用示波器或逻辑分析仪，以及数据存储设备一起来监控输出。
- 用电路内嵌的测试设备来监控非输出的其他点的系统行为。
- 在实时模拟器中模拟测试对象的环境。

（3）系统集成测试。

在系统集成测试中，嵌入式系统包含的所有硬件部分被整合起来，一般是在一个原型 PCB 上。很明显，这要求前面所有的测试：单元测试、软件集成测试、硬件/软件集成测试都必须被成功执行。系统的所有软件部分都必须被加载。系统集成测试的目标是校验整个嵌入式系统能否正确运行。

系统集成测试的测试环境与硬件/软件集成测试的环境很类似。毕竟，整个嵌入式系统也包含软件和硬件部分。两者的差异实际上在于整个系统的原型 PCB 提供最终的 I/O 和电源连接器。可以通过这些连接器来提供激励输入和监控输出信号，以及与动态模拟结合。在 PCB 预先定义的位置可以监控连接器的信号并执行电路内嵌的测试。

（4）环境测试。

在这一阶段，环境测试的目标是检验和校正前面一些阶段中环境中可能出现的问题。这可以与临近生产阶段的环境测试相对比，论证环境的符合度。环境测试更适合在已经有足够成熟度的原型上进行。这些原型建立在 PCB 上，按照正确的规范与硬件相连。如果要求在嵌入式系统中有防电磁干扰（EMI）措施，那么也必须在测试的原型上有防 EMI 措施。

环境测试要求有特殊的测试环境。在大多数环境下，测试环境可以通过购买或利用购买的部件组装来满足需求。如果某些特定类型的环境测试只是偶尔执行,那么建议租用必要的设备或将测试承包给专业公司。

在环境测试期间,可能需要测试运行中的嵌入式系统。这时,就必须像前面两个测试层次一样来创建模拟的"环境"。

环境测试涉及以下两个方面:

- 测试嵌入式系统对环境影响的程度,例如系统的电磁兼容性。因而,这些测试所需的工具是测量设备。
- 测试嵌入式系统对周围条件的敏感性,例如温度和湿度测试、电磁干扰的冲击测试和振动测试等。所需的测试设施就是将这些条件施加在系统上的设备,诸如空调室、冲击仪表以及为 EMC/EMI 测试所装备的区域。同样,这里也需要有测量设备。

11.3.3　临近生产阶段

临近生产阶段需要建造一个生产前的单元,它用于最后一次校验是否所有的需求(包括环境需求)都已经得到满足,以及用于发布最终设计并投入生产。

这一阶段的测试目标是:

- 最后一次校验所有的需求是否得到满足。
- 论证是否符合环境标准、行业标准、ISO 标准、军方标准及政府标准。临近生产单元是代表最终产品的第一个单元。在早期的原型上可能已经执行了初步测试并修正了一些缺陷,但这些测试的结果可能仍然不能被接受为最终认可。
- 论证可否在预定时间、预定需求之内的生产环境下建造出系统。
- 论证系统可否在实际运行环境中得到维护,满足 MTTR(Mean Time to Repair,平均修复时间)要求。
- 向(潜在的)客户演示产品。

临近生产单元是一个在实际运行环境中被测试的实际系统,它是前面所有阶段工作的终点。临近生产单元等于或至少是代表最终生产单元。它与生产单元的区别在于可能对临近生产单元仍然有测试规定,像信号拦截等。然而,这些是生产质量规定,而不是试验质量规定。也可能需要有不止一个样品,因为测试可能并行开展或者在测试中单元被毁坏。有时候,临近生产单元也被称为"红色标签单元",而实际生产单元被称为"黑色标签单元"。

依据一个或多个预先确定的测试方案,对临近生产单元进行实际情况测试。在导航控制的例子中,实际测试可能由多个测试组成,测试是由安装在一个原型汽车上的导航控制临近生产单元驱动。对其他临近生产单元可能需要进行环境限制测试。在前面一些阶段中,可能已经从模拟模型中生成了测试输入信号,而且可能对输出数据进行在线监控,或存储在硬盘中以便日后进行分析。在临近生产阶段,需要有检测仪器、数据显示与数据记录设备,可能还需要遥感勘测,例如,测试涉及用仪表设备或人能观察到有限空间的运载工具,诸如导弹、飞行器、赛车和其他运载工具。也应当关注测试仪器、遥感勘测、数据显示设备与记录的质量与校准。如果在测试中收集到的数据不可信,那么测试就毫无价值。

在这一阶段,可应用的测试类型有:

- 系统验收测试;
- 质量鉴定测试;
- 安全执行测试;

- 生产和维护测试设备的测试；
- 由相关政府机构进行的检查和/或测试。

可应用的测试方法有：

- 实际情况测试；
- 随机测试；
- 故障引入。

在这一阶段，使用的典型工具有：

- 环境测试设备，如空调室、振动表等；
- 数据采集和记录设备；
- 遥感勘测；
- 数据分析工具；
- 故障引入工具。

11.3.4　开发后阶段

原型与临近生产阶段最终使系统可以发布并投入生产。这就意味着被测系统有着合格的质量，可以销售给客户。但是，组织如何能够确保所有生产的产品都有同样的质量等级呢？换句话说，即使发布成功能投入生产，但如果生产过程的质量不合格，那么生产的产品质量将不合格。因此，在大规模生产之前，组织可能需要采取更多的措施，使得生产过程是可控的，并保证所制造产品的质量。

应当考虑采取下面的措施：

- 生产设备的开发和测试。在嵌入式系统的开发中，对已发布系统的生产设备进行开发和测试可能同样很重要。生产线的质量对嵌入式系统质量有着较大的影响，因而很重要的是要承认这一措施的必要性。生产线的开发和随后的测试被定义为开发后活动，但也可以在嵌入式系统开发期间的任何时间进行，不过不能在建模阶段进行，因为这时还缺乏系统的最终特性。另外，生产线必须在实际的生产开始之前可用。
- 首件产品检查。有时候，需要对第一套生产单元进行首件产品检查。依据最终规范、变更请求、生产图纸、质量标准来检查单元，以确保生产单元符合所有的规范和标准。如果最终产品的质量不过关，那么所有的开发和测试工作都将失去意义。
- 生产和维护测试。出于质量控制目的，可能需要对生产单元执行测试。这可能是对每一个单元进行测试，或是对生产样品进行更为详细的测试。可能需要在现场有内置的测试设备来发现并修理故障以及维护。用于生产和维护测试的设备必须是在单元（测试设计）阶段就设计出来，而且在开发过程中得到测试。此外，开发测试和开发测试结果可以被用作生产和维护测试的基础。

11.4　嵌入式测试的工具

本节来介绍一些嵌入式系统常用的测试工具：

1. 源码级调试器

源码级调试器（Source-level Debugger）一般提供单步或多步调试、断点设置、内存检测、变量查看等功能，是嵌入式调试最根本有效的调试方法。比如 VxWorks Tornado Ⅱ 提供的

gdb 就属于这一种工具。

2. 简单实用的打印显示工具 printf

printf 或其他类似的打印显示工具估计是最灵活、最简单的调试工具。打印代码执行过程中的各种变量可以让知道代码执行的情况。但是,printf 对正常的代码执行干扰比较大(一般 printf 占用 CPU 比较长的时间),需要慎重使用,最好设置打印开关来控制打印。

3. ICE 或 JTAG 调试器

ICE(In-circuit Emulator)是用来仿真 CPU 核心的设备,它可以在不干扰运算器的正常运行情况下,实时地检测 CPU 的内部工作情况。像桌面调试软件所提供的复杂的条件断点、先进的实时跟踪、性能分析和端口分析这些功能,它也都能提供。ICE 一般都有一个比较特殊的 CPU,称为外合(Bond-Out)CPU。这是一种被打开了封装的 CPU,并且通过特殊的连接,可以访问到 CPU 的内部信号,而这些信号在 CPU 被封装时是没法"看到"的。当和工作站上强大的调试软件联合使用时,ICE 就能提供所能找到的最全面的调试功能。但 ICE 同样有一些缺点:昂贵、不能全速工作。同样,并不是所有的 CPU 都可以作为外合 CPU 的。从另一个角度说,这些外合 CPU 也不大可能及时地被新出的 CPU 所更换。JTAG(Joint Test Action Group,联合测试工作组)最初开发出来虽然是为了监测 IC 和电路连接,但是这种串行接口扩展了用途,包括对调试的支持。AD 公司为 Blackfin 设计的 Visual Dsp++就支持高速的 JTAG 调试。

4. ROM 监视器

ROM 监控器(ROM Monitor)是一个小程序,驻留在嵌入系统 ROM 中,通过串行的或网络的连接和运行在工作站上的调试软件通信。这是一种便宜的方式,当然也是最低端的技术。它除了要求一个通信端口和少量的内存空间外,不需要其他任何专门的硬件,并提供如下功能:下载代码、运行控制、断点、单步步进,以及观察、修改寄存器和内存。因为 ROM 监控器是操作软件的一部分,只有当应用程序运行时它才会工作。如果想检查 CPU 和应用程序的状态,就必须停下应用程序,再次进入 ROM 监控器。

5. Data 监视器

Data 监视器(Data Monitor)在不停止 CPU 运行的情况下不仅可以显示指定变量内容,还可以收集并以图形形式显示各个变量的变化过程。

6. OS 监视器

OS 系统监视器(Operating System Monitor)可以显示诸如任务切换、信号量收发、中断等事件。一方面,这些监视器能够呈现事件之间的关系和时间联系;另一方面,还可以提供对信号量优先级反转、死锁和中断延时等问题的诊断。

7. 性能分析工具 profiler

profiler 可以用来测试 CPU 到底消耗在哪里,还可以检测出系统的瓶颈在哪里、CPU 的使用率以及需要优化的地方。

8. 内存测试工具

内存测试工具(Memory Tester)可以找到内存使用的问题所在,比如内存泄漏、内存碎片、内存崩溃等问题。如果发现系统出现一些不可预知的或间歇性的问题,就应该使用内存测试工具来测试。

9. 运行跟踪器

运行跟踪器(Execution Tracer)可以显示 CPU 执行了哪些函数、谁在调用、参数是什么、何时调用等情况。这种工具主要用于测试代码逻辑，可以在大量的事件中发现异常。

10. 覆盖工具

覆盖工具(Coverage Tester)主要显示 CPU 具体执行了哪些代码，并检测出哪些代码分支没有被执行到。这样有助于提高代码质量并消除无用代码。

11. GUI 测试工具

很多嵌入式应用带有某种形式的图形用户界面进行交互，有些系统性能测试是根据用户输入响应时间进行的。GUI 测试工具(GUI Tester)可以作为脚本工具，有开发环境中运行测试用例，其功能包括对操作的记录和回放、抓取屏幕显示供以后分析和比较、设置和管理测试过程(Rational 公司的 robot 和 Mercury 的 Loadrunner 工具是杰出的代表)。很多嵌入式设备没有 GUI，但常常可以对嵌入式设备进行插装来运行 GUI 测试脚本，虽然这种方式可能要求对被测代码进行更改，但是节省了功能测试和回归测试的时间。

12. 自制工具

在嵌入式应用中，有时候为了特定的目的，需要自行编写一些工具来达到某种测试目的。自行编写的工具为自制工具(Home-Made Tester)。如视频流显示工具在测试视频会议数据流向和变化上很有用，有时能帮助找到隐藏很深的 Bug。

练　习

1. 目前主流的嵌入式操作系统有哪些？比较之。
2. 简述嵌入式测试环境的搭建。
3. 比较嵌入式系统的测试级别和通用系统测试级别的不同。
4. 查阅资料分析手机设备的测试和其软件测试(包括操作系统和应用软件等)的不同和关注点。

嵌入式系统测试

第12章 游戏测试

12.1 游戏测试基本概念

12.1.1 游戏开发

要了解如何测试游戏,必须了解如何做游戏,了解它的开发过程。游戏要成功,其基本的条件如图 12-1 所示。

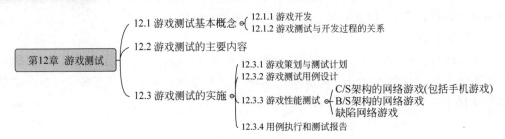

图 12-1 游戏开发的 3 个条件

- 愿景(Vision):对还没有实现的游戏从总体上的把握,前瞻性的理解与策略的考量。
- 技术(Technology):有了 Vision,如果没有技术,则各种美妙的想法只能停留在虚无缥缈的阶段,必须通过技术来实现 Vision。
- 过程(Process):有了 Vision 作为指导,有了技术作为保证,也不一定能够把好的想法转换成高质量的游戏。要创造高品质的游戏,尚缺重要的一环——过程,制造游戏是一个非常复杂、一个长时间的动态过程。游戏产品的质量则是要靠动态过程的动态质量来进行保证。过程由很多复杂的相互牵制的环节与部件组成,如果任何环节或者部件出了问题都会对最终的产品质量产生影响。因此对这个动态的过程,一定要有规划与控制,以保证按部就班、按质按时完成工作。

这里简单描述游戏软件和通用软件在开发过程中的区别:

(1) 通用软件的需求明确,游戏软件需求存在理想化。

通用软件中用户每步操作的预期结果明确且有规范可参考,而游戏,特别是网络游戏中并不是所有的需求都有一个明确的预期结果。拿技能平衡性来说,所谓的平衡也只是相对的平衡,而非绝对的平衡。没有什么明确的参考参数,只能根据以往游戏的经验获得一个感知的结果。

网络游戏中的某些功能是有预期结果可参考的,例如组队、交易,而另外一些带有策划创意的功能却是根据策划个人的理解来确定其预期结果的。人的思考力都是有限的,所以不能保证在创意中会考虑到各种各样复杂的细节,也不能够保证这个创意就可以完全被用户所接受。

(2) 通用软件开发过程中需求变更少,游戏软件开发过程中需求变化快。

通用软件的使用人群和软件的功能针对性决定软件从开始制作就尽量减少新的需求或需求变更。而游戏软件为了满足玩家对游戏的认可度,策划需要不断地揣摩玩家的喜好,进行游戏功能的改进。加之网络游戏制作本身就是一个庞大复杂的工程,开发者不可能做到在开发的前期就对游戏架构及扩展性做出最好的评估,所以会导致为了满足用户的需求而不断地进行一些基础架构的修改,基础架构的修改必然导致某些功能的颠覆。所以就出现了游戏开发过程中的一个恶性循环,当基础架构修改满意了,玩家的需求又有了新的变化,随之而来又要进行新的调整,再进行新的修改,最终导致了游戏软件的开发周期不断加长。任何一个有经验的团队,对于每个影响基础的改动都应该做出正确的评估。

(3) 开发过程的阶段不同。

游戏开发过程一般包括游戏策划、游戏设计(其中包括游戏剧本等游戏元素的设计等)、编辑器设计(通常指游戏引擎)、关卡设计、关卡制作、游戏贴图、验收等阶段,常常是迭代开发并伴随着测试。而通常的软件开发包括需求调研、需求分析、概要设计、详细设计、编码、验收等阶段。

12.1.2　游戏测试与开发过程的关系

大家对软件成熟模型(Capability Maturity Model,CMM)和(Capability Maturity Model Integration,CMMI)可能比较熟悉,但在实施的过程中会存在这样那样的问题,对于游戏开发而言很难在 CMM/CMMI 的框架下定义一种固定的适合游戏开发的过程模型,游戏开发团队是一个长期的、持续的开发团队,应对游戏本身及其开发有着很深的认识,我们认为游戏的过程实际上也是一个软件过程,不过是特殊的游戏软件开发过程而已,各个生命周期是相通的。所以总结一套以测试作为质量驱动的、属于游戏的开发过程。图 12-2 所示是游戏的迭代式开发过程示意图。

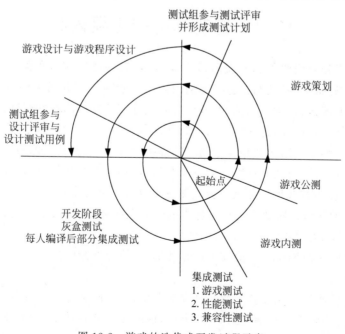

图 12-2　游戏的迭代式开发过程示意

由于网络游戏的生命周期一般是三四年,因此常常采用迭代式的开发过程,既可以适应网络游戏本身这种长周期的开发,又可以充分利用 RUP 的迭代式开发的优点与 CMM/CMMI 框架中的里程碑控制来进行开发管理,从而达到对游戏产品的全生命周期的质量保证。

在游戏开发过程中,通用软件的需求分析阶段被策划所代替,但所起的作用是一样的,即明确游戏的设计目标(包括风格,游戏玩家群)、游戏世界的组成,为后期的程序设计、美工设计,测试打下基础,并提出了明确的要求。由于开发是一个阶段并迭代的过程,因此测试与开发的结合就比较容易,从图 12-2 中可以看到测试的工作与游戏的开发是同步进行的,在每一个开发阶段测试都进行了参与,这样能够尽早、深入地了解到系统的整体与大部分的技术细节,从而从很大程度上提高测试人员对错误或缺陷等问题判断的准确性,这样不但后一次迭代的游戏软件质量高于上一次迭代,更重要的是最后一次迭代的软件质量能够得到保证。

近几年来,游戏,尤其是网络游戏成了网络最新的弄潮儿,游戏开发吸引了无数公司的眼球。但是随着玩家品位的升高、代理费用的上升,单一的代理国外游戏的模式已经很难在国内立足,而有中国传统文化特色的网络游戏则在国内大受欢迎,比如《剑侠情缘》《大话西游》等一些国内的经典之作已经进入了一流网络游戏的阵营。与此同时,随着大家对网络游戏稳定性、可玩性要求的升高,网络游戏测试开始成为大家关注的话题。

游戏测试作为软件测试的一部分,它具备了软件测试的一切共同的特性,即测试的目的是发现软件中存在的缺陷;都是需要测试人员按照产品需求(如功能需求、行为需求等)描述来实施。而在开发过程中会产生各种工作产品,这个工作产品包括需求规格说明书、设计说明书、源代码、可执行程序及用户手册等。游戏系统的系统级别的测试都需要产品运行于真实的或是在模拟真实的环境之下进行。总而言之,测试就是发现缺陷并进行改进,从而提升软件产品的质量。

由于游戏软件和通用软件在开发过程中存在不同,导致游戏软件的测试方法及在测试内容上存在特殊性。

12.2　游戏测试的主要内容

虽然游戏软件和通用软件的开发阶段不同,但是软件测试应该贯彻于它们的每个阶段。这些测试包括静态的评审和动态的运行用例的测试。游戏测试和通用测试一样,可能存在的测试类型包括功能测试、结构性测试、负载压力测试等其他软件的特性测试。

由于游戏软件的特殊性,游戏测试可分为两部分:一是传统的软件测试,二是游戏本身的测试,由于游戏,特别是网络游戏相当于网上的虚拟世界,是人类社会的另一种方式的体现,因此也包含了人类社会的一部分特性,同时它又是游戏,还涉及娱乐性、可玩性等独有特性,所以测试面相当广,也称为游戏世界测试。游戏测试主要有以下几个特性:

- 游戏情节的测试。主要指游戏世界中的任务系统组成,有人也称其为游戏世界的事件驱动,也可称为游戏情感世界的测试。
- 游戏世界的平衡测试。主要表现在经济平衡,能力平衡(包含技能、属性等),保证游戏世界竞争公平。
- 游戏文化的测试。比如整个游戏世界的风格,是中国文化主导,还是日韩风格等,大到游戏整体,小到人物对话,比如一个书生,他的对话就必须斯文,不可以用江湖语言。

作为游戏测试人员,很多时候需要做的不仅仅是验证功能,也需要帮助开发者和用户找到一个互相容忍的平衡点。游戏软件的测试员带有对策划需求的怀疑,力求通过自己的努力在玩家和开发者之间将可能产生的矛盾减小。

游戏可玩性测试是游戏测试的最重要内容,其本质是功能性测试。另外,游戏测试还可能包括性能、压力等方面的测试。游戏软件测试主要包含以下方面:

(1) 游戏基本功能(任务)测试,保证游戏基本功能被覆盖。

(2) 游戏系统虚拟世界的搭建,包含聊天功能、交易系统、组队等可以让玩家在游戏世界交互的平台。在构建交互平台的前提下进行游戏完整情节的系统级别的测试。

(3) 游戏软件的风格、界面测试。

(4) 游戏软件性能、压力等必要的软件特性测试。

所有这些测试主要是通过功能实现的,即主要体现在游戏可玩性方面。虽然策划时对可玩性进行了一定的评估,但这是总体上的,一些具体的涉及某个数据的分析,比如PK参数的调整、技能的增加等一些增强可玩性的测试则需要职业玩家对它进行分析。这里可以主要通过4种方式来达到测试的目的:

(1) 内部的测试人员。他们都是精选的职业玩家分析人员,对游戏有很深的认识,在内部测试时,对上面的4个方面进行分析。

(2) 利用外部游戏媒体专业人员对游戏进行分析与介绍,既可以达到宣传的效果,又可以达到测试的目的,通常这种方式是比较好的。

(3) 利用外部一定数量的玩家对外围系统的测试。他们是普通的玩家,但却是我们最主要的目标,主要的来源是大中院校的学生等。主要测试游戏的可玩性与易用性,发现一些外围的缺陷。

(4) 游戏进入最后阶段时,还要做内测。公测,有点像应用软件的β版的测试,让更多的人参与测试,测试大量玩家下的运行情况。

可玩性测试是游戏最重要的一块,只有玩家认同,游戏才可能成功。

12.3 游戏测试的实施

12.3.1 游戏策划与测试计划

测试过程不可能在真空中进行。如果测试人员不了解游戏是由哪几个部分组成的,那么执行测试就非常的困难,同时测试计划可以明确测试的目标,需要什么资源,进度的安排,通过测试计划,既可以让测试人员了解此次游戏测试的重点,又可以与产品开发小组进行交流。在企业开发中,测试计划书来源于需求说明文档,同样,在游戏开发过程中,测试计划的来源则是策划书。

策划书包含了游戏定位、风格、故事情节、要求的配制等。从里面可以了解到游戏的组成、可玩性、平衡(经济与能力)与形式(单机版还是网络游戏),而测试在这一阶段主要的事情就是通过策划书来制订详细的测试计划,主要分几个方面:一是游戏程序本身的测试计划,比如任务系统、聊天、组队、地图等由程序来实现的功能测试计划;二是游戏可玩性测试计划,比如经济平衡标准是否达到要求、各个门派技能平衡测试参数与方法、游戏风格的测试;三是关于性能测试的计划,比如客户端的要求、网络版对服务器的性能要求。同时测试计划书中还写明了基本的测试方法、是否需要自动化测试工具,为后期的测试打下良好的基础。同时,由于测试人员参与到策划评审,对游戏也有很深入的了解,会对策划提出自己的看法,包含可玩性、用户群、性能要求等,并形成对产品的风险评估分析报告,但这份报告不同于策划部门自己的风险分析报告,主要从旁观者的角度对游戏本身的品质进行充分的论证,从而更有效地对策划起到控制的作用。

12.3.2 游戏测试用例设计

按照软件工程的理论,测试方法主要有两种:黑盒测试与白盒测试。黑盒测试与白盒测试都是最基本的测试方法,属于低层的测试理论,实际的测试方案和用例设计都是在这两种测试方法基础上产生出来的。对于游戏的测试,也不外乎这两种测试方法。基于黑盒测试所产生的测试方案属于高端测试,主要是在操作层面上对游戏进行测试;基于白盒测试所产生的测试方案属于低端测试,是对各种设计细节方面的测试。黑盒测试中不需要知道软件是如何运行的,也不用知道内部算法如何设计,只要看游戏中战斗或者情节发展是否是按照要求来进行的就可以了。这种测试可以找一些对游戏不是很了解的玩家来进行,只要写清楚要干什么,最后达到什么样的效果,并记录下游戏过程中所出现的问题。而白盒测试就需要知道内部的运算方法,比如 A 打 B 一下,按照 A 和 B 现在的状态应该流多少血之类都应当属于这种测试。游戏的白盒测试一般需要开发人员自己来完成,因为内部的算法只有开发人员自己才清楚,而且发现错误或缺陷时开发人员最容易知道如何解决。由于测试的工作量巨大,合理安排好测试和修正缺陷的时间比例非常关键,否则很容易出现发现了缺陷却没有时间改正或者缺陷堆在一起无法解决的矛盾。测试设计应当在开发的设计阶段就要完成,如果开发初期没有安排合理的测试时间,那么对测试的结果、开发的进程甚至游戏软件的质量等方面都会受有影响。

游戏测试也分单元测试、集成测试、系统测试、验收测试等阶段,由于游戏软件的不同,可以对这些测试阶段本身和测试的详细程度可以进行裁剪。

游戏软件的分析和设计阶段是做测试用例设计的最好时机。根据游戏软件开发的不同阶段制订测试计划并进行测试的设计,不能在开始执行测试之前才开始制订测试计划和设计测试用例。在这种情况下,测试往往只是验证了程序的正确性,而不能验证整个系统是否满足需求。在游戏系统中一般是用 UML 状态图进行系统状态的详细描述,比如用户登录情况的时序图如图 12-3 所示。

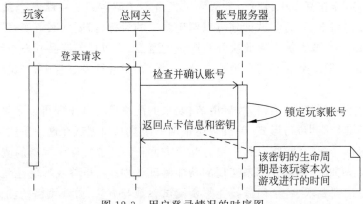

图 12-3 用户登录情况的时序图

游戏系统开发中的 UML 的用例图、时序图和状态图是用来设计测试用例的重要依据。如果用例图和时序图是从系统的级别上描述了系统的交互场景,那么用例图和时序图是从系统的游戏场景角度设计测试用例的最好依据。时序图可以用来设计系统不同部分之间交互的测试用例,例如,图 12-3 中描述的一个用户登录游戏系统的时序图应该包括成功登录和不成功登录的情况,而不成功登录的情况又可能包含密码错误、通信错误等多种情况,这些情况应该均对应不同的时序图。这些时序图均对应游戏系统的一个功能的不同测试点,每个测试点对应一个测试用例。通过测试登录功能,可以很明确地了解玩家是如何验证并登录游戏系统的,在这个过程中要与哪些对象进行交互,比如这是 3 个部分之间的交互:客户端(玩家部分)、网关、账号服务之间的时序变化关系。为了能够完整地对这个流程进行测试,必须设计出可以覆盖整个流程的测试用例,并考虑其中可能的非法情况,因为这个时序图只是考虑了用户正常登录成功的情况,并没有考虑密码错误通信失败等许多其他可能的情况,并形成完整的测试用例库,这些用例的设计均以时序图为重要的参考依据。同时通过时序图,性能分析人员还可以分析出可能存的性能瓶颈,比如这个例子可能存在的瓶颈是总网关可以容纳多少用户并发,如果达不到,是否可以采用分布式部署或是支持负载平衡、三者之间的网络带宽的比例分配、账号服务器是否可以承载多个网关的连接请求、最大连接请求可以达到多少等。可以针对这些风险做性能测试的设计,并提出自动化测试的需求,比如用压力测试工具模拟玩家登录游戏系统的测试等。

上面所描述的是对游戏程序本身的测试设计,而对于游戏情节的测试则可以从系统策划中获得。由于在前期的游戏策划阶段只是对游戏情节大方向上的描述,并没有针对某一个具体的情节进行设计,进入设计阶段时,某个游戏功能和情节逻辑已经完整地形成了,策划可以给出功能和情节的详细设计说明书,称为详细任务(功能)和情节说明书。通过详细任务和情节说明书可以设计出任务(功能)和情节测试用例,比如某一个门派的任务由哪些任务组成;可以设计出完整的任务测试用例,从而保证测试可能最大化地覆盖到所有的任务逻辑。如果是简单任务,还可以提出自动化需求,采用自动化工具完成。这些任务能构成多少不同的情节?分析这些情节并需要设计测试用例保证所有的情节被覆盖。某种程度上,可以理解任务测试和情节测试对应为游戏测试的单元测试和集成测试。

游戏系统测试阶段是对整个系统的测试。由于前期测试与开发的并行,集成测试已经基本完成,系统测试的测试用例可以对前期的测试用例进行整理优化,得到能覆盖全部业务流的用例集就可以了。同时,系统级别的测试要考虑业务功能之外的非功能性特性测试,如兼容性测试,由于游戏测试的特殊性,对兼容性的要求特别高,所以采用了外部与内部同步进行的方式,内部有自己的平台试验室,搭建主流的硬软件测试环境,同时还通过一些专业的兼容性测试机构对游戏软件做兼容性分析,让游戏软件可以运行在更多的机器上。

游戏的系统级别的测试主要通过功能测试(黑盒测试)来实施,其中场景法在系统级别的测试中非常有用。场景测试能有效暴露出产品设计上的缺陷。需求是抽象的,有时只有在实际的运行过程中才能暴露出问题。这个实际的运行过程,就是场景测试。所以,场景测试能有效地提升游戏的品质,也是游戏系统级别测试的主要测试方法,尤其应用在游戏软件的系统测试上。

创建游戏场景的方法:

(1) 基于功能分析出游戏系统中对象生命历程。

(2) 列出可能的玩家群体,分析他们的兴趣和目标。

(3) 考虑恶意玩家,他们可能怎么攻击你的游戏,怎么利用现有规则。

(4) 列出系统事件,考查系统怎么处理这些事件。

（5）列出特殊事件,考查系统怎么容纳这些事件。

（6）列出收益并创建端到端的任务来检查他们。

（7）与玩家沟通,找出原有功能或系统中他们最不满意的地方。

（8）与玩家一起参与,观察他们是怎么玩游戏的,经常做些什么。

（9）参考本游戏中类似的系统会做什么。

（10）研究对本游戏系统以前版本和竞争对手的不足。

（11）创建模拟的外网玩家群体(可使用随机导入外网账号的方式),使用这个模拟玩家群体,模拟外网真实情况。

一个完美的场景测试应包含以下几个特征:

（1）一个基于真实玩家怎么玩游戏的场景,包括玩家的动机。

（2）场景具有感染力,有影响力的干系人会促使让这个场景测试失败的原因得到修复。

（3）场景要可信,不仅在真实的世界中可能发生,而且将很可能发生。

（4）场景包含对游戏的复杂的操作、复杂的环境或者一套复杂的数据。

（5）测试结果容易评估。

具体的场景法的用例设计过程见第 3 章。

另外,建议在游戏的开发和设计评审时,测试人员,尤其是资深的测试人员应参加。他们的介入可以充分地对当前的系统构架发表自己的意见,因为测试人员的眼光是最苛刻的,并且有多年的测试经验,可以比较早地发现曾经出现在分析和设计上的问题,比如在玩家转换服务器时是否做了事务的支持与数据的校验。在过去分析和设计中由于没有事务支持与数据的校验从而导致玩家数据丢失,而这些缺陷在早期的游戏系统中很难发现并消除。

12.3.3 游戏性能测试

对于游戏的性能测试,在单机版的时代,性能的要求并不是很高,但是在网络版的时代,则是两个完全不同的概念。性能主要涉及以下几个方面:应用在客户端性能的测试、应用在网络上性能的测试和应用在服务器端性能的测试。通常情况下,这 3 个方面有效、合理的结合可以达到对系统性能全面的分析和对瓶颈的预测。不过在测试过程中有这样一个原则,就是由于性能测试一般是在系统集成测试完成或接近完成时进行,要求游戏系统的功能、情节和场景能够走通,这时性能的优化首先要考虑优化的是数据库或是网络本身的配制,只有这样才可以规避改动程序的风险。同时性能的测试与优化是一个逐步完善的过程,需要在前期做很多工作,比如性能需求、开发过程性能监控、测试工具等,这些工作在测试计划中应该有详细描述。

网络游戏行业现在越做越大,面也越来越广,但是网络游戏的构架主要包括如下 3 种。

1. C/S 架构的网络游戏(包括手机游戏)

这种网络游戏历史最悠久,也是目前仍然在流行的网络游戏类型。这类游戏需要用户下载客户端,然后通过客户端来访问服务器进行登录和游戏;另外一种是手机游戏,以 App 的形式安装在手机上,点击就可以进行登录和游戏。这类游戏的性能测试方法大体有 3 种:

（1）目前较常规的做法就是自主研发一个机器人程序,模拟玩家登录与游戏。这种方法的好处:一是操作方便,对执行性能测试的人员无要求;二是能够较真实地模拟出玩家的部分操作。但是缺点也不少,如对开发人员要求较高,因为不仅需要模拟用户访问服务器,还需要收集多种数据,并且对数据进行实时计算等,成本较大,而且也不易维护。除此之外,机器人发生问题的时候,维护起来也不够方便,在复杂架构下不利于判断瓶颈所在位置。最重要的是一旦机器人开发进度推迟或者出现致命缺陷,性能测试将无法进行。

(2)使用现成的性能测试工具来进行性能测试。可以使用工具来模拟用户端与服务器交互的底层协议来进行测试。这种方法的优点是灵活方便、易于维护、开发成本小;增加删除性能点比较容易,出现问题可以立即处理,且开发成本较低,容易判断性能瓶颈所在的位置。这种方式的缺点也有不少,如对性能测试人员的要求比较高,需要根据用例来编写模拟用户端与服务器之间的协议交互脚本,对于模拟真实性方面也比机器人程序差。

(3)使用最广泛且与上面两条不冲突,那就是进行封测、内测、公测等开放性测试方法。这种方法是最真实的,让广大的玩家在测试服务器中进行游戏,帮助游戏公司找到游戏中缺陷的同时,也对服务器的性能进行了真实的测试。

2.B/S架构的网络游戏

B/S架构的网络游戏现在最为流行,现在越来越多的人喜欢这种类型的网络游戏。它可能没有传统的C/S架构的网络游戏那种炫目的效果、唯美的画面,也没有传统网络游戏那种直观的人物动作,但是却吸引了越来越多的上班族去玩它。同时,随着技术的发展,这种架构会越来越成熟、效果会越来越好。因为它具有传统的C/S架构的网络游戏所没有的优势,那就是方便,简单。只要可以上网,只要有浏览器,就可以进行游戏。无须下载客户端,无须担心机器配置不够,也无须长时间去投入,就可以享受到网络游戏的乐趣。

这类游戏的性能测试方法大体有两种:

(1)使用工具来模拟用户访问,这个和其他的B/S架构的软件产品一样。通过各种工具、各种协议来模拟用户访问服务器,与服务器进行交互。

(2)和传统的C/S架构的网络游戏一样,它也采用封测、内测、公测等测试活动,让广大的玩家为游戏系统进行性能方面的测试。

3.缺陷网络游戏

缺陷网络游戏现在也越来越多。这类游戏的性能测试方法大体有两种:

(1)使用模拟器在计算机上模拟缺陷环境,然后使用工具来进行性能测试。使用的协议可以是缺陷,也可以是缺陷等其他协议。

(2)与其他两种网络游戏一样,在开发过程中进行必要的性能监控和性能测试。

12.3.4 用例执行和测试报告

游戏测试用例的模板和其他的软件测试模板没有本质区别,其测试用例项可以根据实际情况进行删减。用例的执行主要记录执行结果、测试时间、问题描述、版本号等信息。游戏测试的执行和其他系统的测试基本相同,这里不再赘述。

测试报告的格式模板不同,企业也不尽相同,以下是其中的一种游戏测试报告格式模板,供参考。

×××测试报告

一、测试版本

所测试的游戏的版本号,例如V1.0(封测版本)等。

二、测试平台

本次测试,硬件和操作系统情况(见表1):

表 1　硬件和操作系统情况

项　　目	内　　容
CPU	
内存	
显卡	
硬盘空间	
操作系统版本	
DirectX 版本	
…	

三、产品评测

1. 系统配置要求(软件和硬件,见表 2)

表 2　系统配置要求

项　　目	最低配置	建议配置
CPU		
内存		
显卡		
声卡		
硬盘空间		
操作系统版本		

2. 画面总体印象(见表 3)

表 3　画面总体印象

项　　目	内　　容
画面类型	
视觉类型	
画面风格	
场景画面	
角色造型	
角色动作	
角色与场景的协调性	
整体印象	

3. 用户操作(见表 4)

表 4　用户操作

项　　目	内　　容
操作方式	
流畅度	
热键设定	
用户上手难度	

4．画面效果（见表 5）

表 5　画面效果

项　　目	内　　容
地图特效	
法术特效	
光影效果	

5．音乐（见表 6）

表 6　音乐

项　　目	内　　容
音乐种类	
音乐与场景的协调性	
音乐文件的支持格式	

6．音效（见表 7）

表 7　音效

项　　目	内　　容
音效种类	
音效与操作的协调性	
音效文件的支持格式	

四、基本功能测试

1．用户界面测试

登录界面详细评测，结构、色彩、布局、使用习惯、整体印象、音乐等方面都要涉及（见表 8）。

表 8　登录界面详细评测

截　　图	说　　明
…	…

登录步骤：

（1）打开客户端……

（2）输入……

　⋮

此项也是截图加文字的表述方式。

2. 背景故事

3. 角色

(1) 职业。

本产品共有多少个角色,请列出,并加上游戏本身的说明或者你自己的看法,请注意区分标识。

(2) 角色成长。

请按照评测的基本流程,写下对本角色成长的认识和理解,有条件可标注曲线图。

(3) 角色能力值和升级。

举例如下:

基本能力值(Status):

① 力气:决定角色的物理性攻击力。

② 技巧:决定角色命中率和速度。

③ 体力:决定角色生命力的外功和防御的高低。

④ 智力:决定着角色精神攻击力与内功的高低。

⑤ 敏捷:影响着角色的移动速度、攻击速度及躲闪。

附加能力值:

① 外功:生命。

② 内功:使用特殊攻击/防御时消耗的数值。

③ 活力:使用轻功或特殊武功时消耗的数值。

依据升级的补偿:

升级时以补偿获得,可升级一次能力值的能力值分数和修炼武功所必需的武功分数。人物角色的升级可有 3 个奖励点数供玩家自行分配,以鼓励玩家根据自己的喜好,练就出带有鲜明特点的角色。

4. 战斗测试(见表 9)

表 9 战斗测试

项 目	测试结果
攻击的距离是否正常	
角色攻击怪物是否存在不损血的情况	
怪物在屏幕上显示是否正常	
怪物的刷新速度是否过慢或过快	
怪物的人工智能是否合理	
怪物的等级与地图上的摆放位置是否合理	

5. 技能

讲解技能学习的方式和方法。

(1) 技能的种类。

• 共同技能。

所有的职业都有的技能。

• 专有技能。

各个职业专有的技能。

（2）技能的学习。

先满足固定条件（功力，能力值）后，去书店买书来学习。学习过的技能就可以使用。

（3）使用技能。

先打开技能窗口，拖曳想要用的技能图表放在快捷键窗口上。战斗时按快捷键的号码，就使用技能。

6. 道具（见表 10）

道具种类丰富，从每种职业内部按照武器不同的区别，以及各种职业丰富的独特的防护用具，大大增加了游戏物品的数量及种类。其中初期的大部分商品可以直接由商店购买获得。

表 10　道具

道 具 种 类	道 具 功 能	功能解释是否清楚	使用要求
武器			
上衣			
护手			
鞋子			
裤子			
项链、戒指等饰物			
其他			
...			

其他：

7. 任务

8. 聊天

9. PK、PVP 及比武大赛

10. 交易

11. 人物表情、动作

12. 怪物

五、游戏特色

（1）高自由度的自我个性化角色。

装饰物强化角色的人物化身性，因此不仅是外形上的差异，有个性的角色成长也将是可能的。

（2）…

　　⋮

六、游戏 Bug 测试

1. 游戏系统测试

2. 输入法测试

3. 地图测试

4. 图形测试

七、游戏扩充性评估

游戏扩充性评估见表 11。

表 11　游戏扩充性评估

项　　目	评 估 结 果
角色扩充性	
地图扩充性	
玩法多样化	
任务扩充性	
后续开发计划	

八、游戏稳定性测试

游戏稳定性测试见表12。

表 12　游戏稳定性测试

宕 机 类 型	宕 机 数 量
出现错误提示框,跳回 Windows	测试期间一共发生 0 次
无故花屏,并跳回 Windows	测试期间一共发生 0 次
服务器无故关闭(不包括提示后退出的)	测试期间一共发生 0 次

同时测试阶段游戏连接速度快,受网络因素拖动的现象较少。

九、硬件测试

1. 硬件系统兼容性测试(见表13)

表 13　硬件系统兼容性测试

项　　目	运 行 情 况
⋮	⋮

2. 显卡硬件测试(见表14)

表 14　显卡硬件测试

项　　目	运 行 情 况
⋮	⋮

十、游戏的不足与国内现状分析
十一、游戏综合总结

练　习

1. 简述游戏测试具有的特点。
2. 简述游戏测试的主要内容。
3. 分析手机端游戏测试的关注点。
4. 描述创建手机测试场景的方法。

第13章　软件测试管理

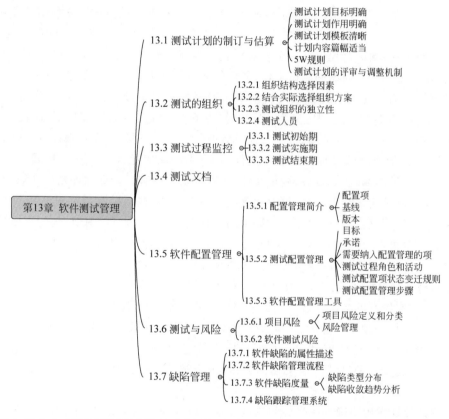

在第 1 章中介绍了软件测试的基本过程,这个过程包括软件测试计划,测试分析和设计,测试实施、执行和监控,测试报告及测试结束活动等方面。软件测试管理主要是基于对软件测试过程进行管理。

13.1　测试计划的制订与估算

软件测试计划是成功地进行一个软件测试项目的前提和基础。所以在进行软件测试之前,应制订合理的、切实可行的测试计划并严格执行,特别要确定测试策略和目标。

软件测试计划可以划分为项目的总体测试计划、单元测试计划、集成测试计划、系统测试计划等,甚至可以有性能测试计划、功能测试计划等。需要什么类型的测试计划根据测试项目的实际情况而定,但一般这些不同类型的测试计划应该在项目的总体测试计划的框架下制订。

测试计划与软件开发活动同步进行。在需求分析阶段,要完成验收测试计划,并与需求规格说明一起提交评审。在概要设计阶段,要完成和评审系统测试计划。在详细设计阶段,要完成和评审集成测试计划。在编码实现阶段,要完成和评审单元测试计划。对于测试计划的修订部分,需求进行重新评审。测试计划中包含的主要内容有明确要完成的测试活动,评估完成活动所需时间和资源,测试组织和岗位职权,进行活动安排和资源分配,安排跟踪和控制测试过程的活动,制定测试策略,确定测试范围、测试目的、测试方法、回归测试的技术要求、测试通过/失败的标准、测试终止准则,进行测试结果分析和度量以及测试风险评估,对测试过程的质量保证和配置管理工作进行明确规定,应交付的测试工作产品等。

一个通用的软件测试计划应该是描述测试目的、范围、方法和软件测试的重点等的文档。对于验证软件产品的可接受程度编写测试计划文档是一种有用的方式。软件测试计划作为软件项目计划的子计划,在项目启动初期必须制订,尤其是总体测试计划。在软件开发中,软件质量日益受到重视,测试过程也从一个相对独立的步骤越来越紧密地嵌套在软件整个生命周期中,如何规划整个项目周期的测试工作、如何将测试工作上升到测试管理的高度都依赖于测试计划的制订。测试计划因此也成为测试工作赖以展开的基础。《ANSI/IEEE 软件测试文档标准 829—1983》将测试计划定义为:"一个叙述了预定的测试活动的范围、途径、资源及进度安排的文档。它确认了测试项、被测特征、测试任务、人员安排,以及任何偶发事件的风险。"软件测试计划是指导测试过程的纲领性文件,包含了产品概述、测试策略、测试方法、测试区域、测试配置、测试周期、测试资源、测试交流、风险分析等内容。借助软件测试计划,参与测试的项目成员,尤其是测试管理人员,可以明确测试任务和测试方法,保持测试实施过程的顺畅沟通,跟踪和控制测试进度,应对测试过程中的各种变更。编写软件测试计划的重要目的就是使测试过程有章可循、可控,并能够发现更多的软件缺陷,因此软件测试计划的重要价值在于帮助软件测试管理。一个好的测试计划应该体现在以下方面:

(1)测试计划目标明确。当今任何商业软件都包含了丰富的功能,因此,软件测试的内容千头万绪,如何在纷乱的测试内容之间提炼测试的目标是制订软件测试计划时首先需要明确的问题。测试目标必须是明确的、可以量化和度量的,而不是模棱两可的宏观描述。另外,测试目标应该相对集中,避免罗列出一系列目标,而轻重不分或平均用力。通过对用户需求文档、需求分析文档及各种设计规格文档的分析,确定被测软件的质量要求和测试需要达到的目标。

(2)测试计划作用明确。一个好的测试计划可以起到避免测试的"事件驱动";使测试工作和整个开发工作融合起来;资源和变更事先作为一个可控制的风险。

(3)测试计划模板清晰。依据特定的项目,在一个测试计划中可能包括:

- 标题;
- 软件标识,包括版本/发布版本号;
- 目录;
- 文档的目的和阅读人群;
- 测试的对象;
- 软件产品概述;
- 相关文档列表,例如需求规格、设计文档和其他测试计划等;
- 有关的标准和法规;

- 可追溯的需求；
- 有关的命名约定和标识约定；
- 软件项目相关的所有部门和成员/联系信息/职责；
- 测试项目组和人员/联系信息/职责；
- 假设和依赖；
- 项目风险分析；
- 测试优先级和重点；
- 范围和测试限制；
- 测试描述——根据测试类型、特征、功能、过程、系统、模块等分类；
- 输入等价类分类描述、边界值分析、错误等分类；
- 测试环境——软硬件、操作系统、其他需要的软件、数据配置、与其他系统的接口；
- 测试环境有效性分析——测试环境的不同和产品系统对测试有效性的影响；
- 测试环境建立和配置问题；
- 软件移植性考虑；
- 软件配置管理过程；
- 测试数据建立需求；
- 系统日志描述/错误日志/其他的能力和工具，例如屏幕捕获工具，这对于描述 Bug 和报告 Bug 是很有用的；
- 讨论任何测试人员用来发现 Bug 或跟踪 Bug 的硬件、软件工具；
- 测试自动化——采用的理由和描述；
- 采用的测试工具，包括版本、补丁等；
- 测试脚本/测试代码维护过程和版本控制；
- 跟踪和解决——工具和步骤；
- 用于项目的测试度量标准；
- 报告需求和测试交付产品；
- 软件入口和出口标准；
- 初期确定的测试周期和标准；
- 测试暂停和重启标准；
- 人员分配；
- 人员岗前培训；
- 测试地点/场所；
- 测试项目组之外可用的资源和他们的作用、职责、交付、联系人和协调等问题；
- 与所有权相关的级别、分类、安全和许可问题；
- 公开的一些问题。

(4) 计划内容篇幅适当。编写软件测试计划要避免一种不良倾向——测试计划的"大而全"，无所不包，篇幅冗长，长篇大论，重点不突出，既浪费写作时间，也浪费测试人员的阅读时间。"大而全"的一个常见表现就是测试计划文档包含详细的测试技术指标、测试步骤和测试用例。最好的方法是把详细的测试技术指标包含到独立创建的详细的测试规格文档中，把用于指导测试小组执行测试过程的测试用例放到独立创建的测试用例文档或测试用例管理数据库中。测试计划和测试详细规格、测试用例之间是战略和战术的关系，测试计划主要从宏观上规划测试活动的范围、方法和资源配置,而测试详细规格、测试用例是完成测试任务的具体战术。

(5) 5W 规则。5W 规则指的是 What(做什么)、Why(为什么做)、When(何时做)、Where(在哪里)和 How(如何做)。利用 5W 规则创建软件测试计划,可以帮助测试团队理解测试的目的(Why),明确测试的范围和内容(What),确定测试的开始和结束日期(When),指出测试的方法和工具(How),给出测试文档和软件的存放位置(Where)。为了使 5W 规则更具体化,需要准确理解被测软件的功能、非功能特征、应用行业的业务知识和使用的软件测试技术,在需要测试的内容中突出关键部分,可以列出关键及风险内容、属性、场景或者测试技术,对测试过程的阶段划分、文档管理、缺陷管理、进度管理给出切实可行的方案。

(6) 测试计划的评审和调整机制。测试计划写作完成后,如果没有经过评审,直接发送给测试团队,测试计划内容可能不准确或遗漏测试内容,或者软件需求变更引起测试范围的增减,而测试计划的内容没有及时更新,误导测试执行人员。测试计划包含多方面的内容,编写人员可能受自身测试经验和对软件需求的理解所限,而且软件开发是一个渐进的过程,因此最初创建的测试计划可能是不完善的、需要更新的。需要采取相应的评审机制对测试计划的完整性、正确性、可行性进行评估。例如,在创建完测试计划后,提交到由项目经理、开发经理、测试经理、市场经理等组成的评审委员会审阅,根据审阅意见和建议进行修正和更新。为使测试计划得到贯彻和落实,测试组人员必须及时跟踪软件开发的过程,为产品提交测试做准备。测试计划变更来源于以下几个方面:项目计划的变更;需求的变更;测试产品版本的变更;测试资源的变更等。

测试工作量的估算是比较复杂的,针对不同的应用领域、程序设计技术、编程语言等,其估算方法是不同的。测试工作量的估算首先要将软件测试工作进行 WBS(Work Breakdown Structure,工作分解结构)分解,通过分解定义的任务,并根据以前项目测试的经验和历史数据确定具体任务的工作量,工作量一般以人月数或人天数为单位,再根据工作量并结合企业生产率估算出成本。

13.2   测试的组织

组织结构是指用一定的模式对责任、权力和关系进行安排,直至通过这种结构发挥功能。

13.2.1   组织结构选择因素

软件测试组织结构可以考虑以下因素:

- 垂直还是平缓:垂直的组织结构是在首席管理者与低级测试人员之间设立许多层次,平缓的垂直组织结构设立很少的几个层次。平缓的组织结构的测试工作效率较高。
- 市场还是产品:组织结构的设置可以是面向不同的市场或不同的产品。
- 集中还是分散:组织可以是集中的,也可以是分散的。这对于测试组织比较关键,为保证测试的独立性,一般测试组织要相对集中。
- 分级还是分散:可以将组织按权力和级别一层一层地分级,也可以分散排列开。在软件开发小组内的测试常使用这种分散的方式,测试小组在开发小组内,可以是专职测试人员,或者以测试角色的形式组成。
- 专业人员还是工作人员:测试组织应拥有一定比例的专业测试人员和工作人员。

- 功能或非功能或项目：测试组织可以面向功能的测试或者是非功能性的测试或整个项目的测试。

13.2.2 结合实际选择组织方案

依据组织结构因素可以组成不同的组织方案，软件测试团队的组织直接关系到测试团队的工作效率和生产力，实际情况是软件开发机构和测试机构可以根据项目的实际建立适合自己的测试组织形式，如由测试团队规模和具体任务、个人的技术能力等因素决定测试组织的形式。常见的组织方式可分为基于技能的组织模式或基于项目的组织模式。

- 基于技能的组织模式。

测试人员不需要涉及多个主题，只需要集中精力在某一专业领域，因此测试人员必须掌握专业测试工具的使用方法和复杂的测试技术。

- 基于项目的组织模式。

测试人员分配在一个项目中，以减少工作中的中断和转换，有利于系统各模块的协调、集成。

选择合理高效的测试组织结构方案的准则是：
- 有利于在测试过程中提供快速决策能力；
- 有利于软件产品开发和测试之间的沟通合作，也有利于测试团队内部的沟通和合作；
- 能够独立、规范、不带偏见地运作整个测试过程并具有精干的人员配置；
- 有利于协调软件测试与质量管理之间的关系；
- 适应并满足软件测试过程管理的要求；
- 有利于测试技术实施和测试工具的使用；
- 能充分利用现有测试资源，尤其是人力资源；
- 有利于对测试计划的调整；
- 对测试者的职业道德、技术水准及业务产生积极的影响。

13.2.3 测试组织的独立性

测试组织是一种资源或一系列的资源的集合，专门从事软件测试活动。软件测试机构的独立有很多好处。独立测试是指软件测试工作由在经济上和管理上独立于开发机构的组织进行。独立测试可以避免软件开发者测试自己开发的软件，由于心理学上的问题，软件开发者难以客观、有效地测试自己的软件，要找出那些因为对问题的误解而产生的错误就更加困难。独立测试还可以避免软件开发机构测试自己的软件，软件产品的开发过程受到时间、成本和质量三者的制约，在软件开发的过程中，当时间、成本和质量三者发生矛盾时，质量最容易被忽视，如果测试组织与开发组织来自相同的机构，测试过程就会面临来自开发组织同一来源的管理方面的压力，使测试过程受到干扰。

采用独立测试方式，无论在技术上还是管理上，对提高软件测试的有效性都具有重要意义。

- 客观性。对软件测试和软件中的错误或缺陷抱着客观的态度，这种客观的态度可以解决测试中的心理学问题，既能以发现软件中错误或缺陷的态度去工作，也能不受所发现错误或缺陷的影响。经济上的独立性使测试有更充分的条件按测试要求去完成。
- 专业性。独立测试作为一种专业工作，在长期的工作过程中势必能够积累大量实践经验，形成自己的专业知识。同时软件测试也是技术含量很高的工作，需要有专业队伍加以研究，并进行工程实践。专业化分工是提高测试水平、保证测试质量、充分发挥测试效应的必然途径。

- **权威性。**由于专业优势,独立测试工作形成的测试结果更具信服力,而测试结果常常和对软件的质量评价联系在一起,专业化的独立测试机构的评价更客观、公正和具有权威性。
- **资源有保证。**独立测试机构的主要任务是进行独立测试工作,这使得测试工作在经费、人力和计划方面更有保证,不会因为开发的压力减少对测试的投入,避免降低测试的有效性,这样可以避免开发单位侧重软件开发而对测试工作产生不利的影响。

随着软件企业规模的不断增大、软件系统的复杂度增强及对软件质量的要求的提高必须建立独立专门的测试队伍。这样能确保测试没有偏见,只有不持偏见才能提供不带有偏见的测试结果和度量。

Bill Hetzel 在《软件测试指南大全》(1988)一书中写道:"独立的测试组织十分重要,因为没有这样的一个独立的测试组织,建立的系统就不会理想;有效的度量对于产品质量控制是十分重要的;测试协调需要全职、专门的人员去投入。"

13.2.4 测试人员

测试人员一般包括测试管理者和测试技术人员。测试管理者和测试技术人员在测试团队中的分工是不同的。测试经理的任务主要是负责整个测试项目,包括制订测试计划、协调和管理监督测试过程,和其他小组的沟通、协调等。测试成员负责测试计划中具体事项的执行,记录并报告测试结果等。

测试管理本身很复杂,所以对测试管理者提出了比较高的要求,测试管理者应该具备:

- 理解与评价软件测试政策、规范与标准、测试过程、测试工具、培训及度量的能力;
- 领导一个测试组织的能力,该组织必须坚强有力、独立自主、办事规范没有偏见;
- 保存组织的活力和凝聚力;
- 领导、沟通、支持和控制的能力;
- 驾驭测试时间、质量和成本控制的能力。

对于测试技术人员的能力应该包括以下几项:

- **一般能力:**包括表达、交流、协调、管理、质量意识、软件工程等相关知识。
- **测试技能及方法:**包括测试基本概念及方法、测试工具及环境、专业测试标准、测试用例的分析和设计能力等。
- **协助测试规划能力:**包括风险分析及防范、测试进入标准/通过准则/挂起准则制定、测试计划的制订等。
- **测试执行能力:**包括测试数据准备/脚本编写/用例执行、测试结果的比较及分析、缺陷记录、跟踪和处理、自动化工具的使用等。
- **测试分析、报告和改进能力:**包括测试度量、统计分析技术、测试报告的撰写、过程监测及持续改进等。

测试人员需要激励机制,激励机制在通用的管理学里也称为员工激励制度,是通过一套理性化的制度来反映员工与企业相互作用的体现。一是可以运用工作激励,尽量把员工放在他所适合的位置上,并在可能的条件下轮换一下工作以增加员工的新奇感,培养员工对工作的热情和积极性;二是可以运用参与激励,通过参与,形成员工对企业的归属感、认同感,可以进一步满足自尊和自我实现的需要,激发出员工的积极性和创造性;三是管理者要把物质激励与形象激励有机地结合起来,给予先进模范人物奖金、物品、晋级、提职固然能起到一定作用,但形象化激励能使激励效果产生持续、强化的作用。

按照美国心理学家 A. H. Maslow 激励的需求层次理论,这些需求包括:

- 生理的需求:如衣、食、睡、住、水、行、性;
- 安全的需求:如保障自身安全、摆脱失业和丧失财产;
- 社交的需求:如情感、交往、归属要求;
- 被尊重的需求:如自尊(有实力、有成就、能胜任、有信心、独立和自由),受人尊重(有威望、被赏识、受到重视和高度评价);
- 自我实现的需求:其特征是自发性的、集中处理问题、自立的、有不断的新鲜感、幽默感、浓厚兴趣、不受束缚的想象力、反潮流精神、创造力、讲民主的性格。

在某一阶段上,人的多种需求并存,但只有一种需求取得主导地位。在不同时期,需求结构在动态变化,大致是逐步从低到高、从外部向内部满足。满足上行机制,即尚未满足的较低层需求总是主宰的,只有在满足它之后,紧邻的高一层需求才被激活成为主宰。挫折下行机制,即高一层需求在未得到满足、受到挫折后,低一层次的需求重新成为主宰。

这些激励机制的理论同样适用于软件测试人员,是软件测试的管理者必须领悟和运用的。

测试人员培训是一个测试组织机构必须特别关注的问题。由于测试团队的技术能力欠缺、经验不足、业务不熟悉以及提升整体测试水平和人员流失等多种原因均需要对测试人员进行培训。软件测试培训的内容可以有以下分类:

- 测试基础知识和测试技术培训。
- 测试的分析和设计培训。
- 测试的相关工具培训。
- 测试对象的业务培训。
- 测试过程培训。
- 测试管理培训。

测试培训常常是测试一个软件项目的重要组成部分,在制订测试人员的培训计划时,应该关注以下方面:

- 培训计划往往是测试计划的一个重要组成部分。
- 培训需要管理层的重视,在时间和相关资源上予以保证。
- 培训的目的和目标明确,认真调查和分析测试人员的培训需求。
- 培训活动一般安排在测试任务开始前。或者由于时间关系,根据需要采用渐进培训的方式。
- 不提倡在测试过程中掌握测试技能,这样很可能牺牲质量、效率和成本。
- 软件测试实践活动是整个培训的重要组成部分,占较大比例。
- 培训鼓励采用团队协作模式。
- 建立对培训效果及时评价机制,不足之处持续改进。

13.3　测试过程监控

在实际的测试过程中,可以采用如下的方法对测试工作进行监控:周报、问讯及查阅相关测试文档相结合。对关键点进行抽样审核,并询问不同的人员以进行核实。在测试监控过程

中,一般会经历如下阶段:

- 了解情况。
- 发现问题。
- 核实问题。
- 评估影响。
- 给出处理方案。
- 解决问题。

首先依据测试管理的规程和经验,通过项目成员的周报、问讯项目组的相关人员,了解测试的过程是否符合通常的测试规范;通过周报、问讯记录发现的问题或者疑问;通过查阅相关的测试文档,最后核实发现的问题或疑问的真实性;汇总所有问题,评估各个问题的影响和风险,列出优先级;给出可能的解决方案(注意,这里的解决方案不是指具体的解决方法,而是指激发项目组成员行动的可行的方案,如项目组开会讨论可能的处理方式等);跟踪解决方案,验证问题是否真正得到解决。

以上是一个通行的监控过程,这里需要强调的一点是:不管出于什么理由对测试过程进行监控,发现问题不是我们的目标,能够有效地解决问题、降低测试的风险才是我们的目标。对测试过程的监控,依据测试项目所处的阶段不同分为三个阶段进行阐述:测试初始期、测试实施期、测试结束期。这三个阶段适用于单元测试、集成测试、系统测试和验收测试。

13.3.1 测试初始期

在这个阶段,测试工作刚刚启动即开始制订测试计划,测试工作的启动时间点在不同的企业或不同的测试项目或不同的测试级别可能不同,如需求调研结束系统测试启动、详细设计结束单元测试启动等。在本阶段的监控主要涉及计划的制订和测试的前期准备,测试计划的制订可以按照 10.1 节的要求去完成,这里重点分析测试计划中所涉及的测试范围的确定,这是测试初始期的监控重点。

在做测试之前,一定要明确测试范围,预计达到的质量标准是什么,哪些需要进行重点测试,哪些不需要进行测试。很多测试经理都有这样的抱怨:"我们不可能在前期把测试范围弄清楚,开发人员都不知道产品将来是什么样子,我们怎么知道需要测试那些内容?"乍一听,感觉很有道理,但是情况是否真像大家说的那样?作为公司,或者项目经理都希望能将项目做好,能生产出一件令用户满意的软件产品,如果这个假设成立,这也就是我们能够改变现状的动力。

实际上,开发人员并不是完全不知道他们将开发生产什么样的产品,而是就一些细节考虑得不够,或者不周全。作为测试人员,一定要知道怎么对软件产品的功能和非功能需求进行验证,这实际上在帮助开发人员从使用者的角度上重新审视一遍需求,也许这时候开发人员也说不清楚,那如果我们和开发人员都非常清楚哪些是明确的、哪些是需要后面再补充的,也已经达到了我们的目的。

例如,对于被测系统有无明确的性能指标?对性能要求比较高的系统,需要在前期明确具体指标到底是多少?用何种手段进行确认?用户是否认可这个指标的描述以及确认的方法?性能指标也可能不明确,而从需求中的一些敏感数字中可获得,如必须保证能处理 3000 个在线用户同时操作,主要业务系统响应时间不能大于 1.5s 等。针对这些数据,测试人员一定要细化数据背后的含义,使这些数据变得可验证。在规划这些性能指标的验证方式时,首先需要明确软硬件的环境是什么。在此基础上,还需知道什么叫 3000 个在线用户同时操作,都操作什么，这个场景应该怎么模拟。只有和这个指标相关的所有验证方法都可行，而且得到了认可，在后续的测试活动中才能相信这条性能指标能够进行测试，这些涉及范围的内容在测试计划中应该明确。

测试计划中是否有明确的测试过程阶段划分？各阶段是否有明确的交付确认条件？实际过程中，我们都会将测试工作按照阶段进行划分，如划分为软件测试计划，测试分析和设计，测试实施、执行和监控，测试报告及测试结束活动等阶段。计划中需要明确一点，这些阶段的划分是不是只有时间点的描述，而没有各个阶段之间可量化、可衡量的交付确认条件。

如果只有时间点的划分，那我们已经可以断定，这个测试项目势必会延期，原因是在整个生产活动过程中没有明确的阶段点交付的检验标准，问题肯定会沿着整个开发过程逐步地传递下去，终归会在某一点爆发，最不幸的爆发点是在客户处。

如果想尽量地避免上述风险，就需要在开发过程中明确测试计划中各个阶段点之间的交付、确认条件。而且这些条件必须可量化、可衡量，决不能是含糊的、不易操作的，否则在实际操作过程中还是会将大量的问题推入下一个阶段。

下面也以单元测试的结束阶段为例，看看如何建立一个可量化、可衡量的单元测试阶段的交付标准。

根据提交的单元测试总结报告，评估单元测试的质量，主要可以通过如下方法：是否有足够的单元测试用例。可以对照详细设计规约了解单元测试用例的数量来量化；单元测试用例的通过率必须达到 90% 以上；还可以抽样执行开发人员编写的单元测试用例，抽样执行的单元测试用例的一次通过率必须在 90% 以上。这也是一个量化的方法，同时检查了测试用例书写的质量和单元测试执行的质量。如果均符合要求，可以认为单元测试完成。这些可量化的标准在测试计划中应该体现。

在测试的初始期，除了对测试计划中的范围界定之外，对整个测试计划做严格的评审，使计划在后续的测试实施监控中具有可行性。当然，测试计划的调整往往也是不可避免的，但要尽量避免不必要的调整，如由于前期测试计划的人为缺陷而导致后期对测试计划做大量的调整。另外，需要对在实施阶段需要的各种资源进行监控，如人力资源、测试环境资源等。

13.3.2 测试实施期

在这个阶段，测试工作进行了一段时间，测试人员的工作应该已经步入正轨，按部就班地完成应该完成任务。这个阶段的特点是开发人员和测试人员都按照日常的规范开始有条不紊的工作，有可能对一些问题已经习以为常，或者已经被同化。作为测试管理者，应该在看似合理的工作中找出影响质量的问题，规避风险。在这个阶段，应该关注以下问题：

（1）测试过程是否按照测试计划中规定的测试过程执行？

在测试实施阶段，还需要了解测试人员是否按照测试计划中规定的测试过程执行，但是要在短时间内了解，只能是通过周报、查询相关文档和询问的方式进行，再加以判断。如果公司有 SQA 人员，工作就相对简单了，只需要到配置管理库中找到 SQA 的检查报告，这些疑问就一目了然了。

（2）项目先前定义的测试范围在后续的调整计划、方案中是否有遗漏？

在测试初始期我们一直强调测试范围的必要性，在测试实施阶段还需要检查前期规划的测试范围是否在后续的计划活动中覆盖完全了，只有计划中完全覆盖了所列的测试范围，才能保证系统的质量。

（3）关键测试活动的关键测试资源是否如期到位？如果没有到位，是否通过合理的规划来完成延误的测试工作？

在测试过程中，某些关键测试任务需要用到的特殊设备或者特殊人员的技能，称为关键资源。在测试实施过程中，要提前计划那些将用到的关键资源，以免耽误项目进度。作为测试的监控者，需要非常关心这些关键资源的使用情况，因为如果关键资源不能如期到位，势必要影响项目的整体进度。如果由于某种原因，关键资源没有如期到位，要注意测试人员是否对计划进行了修订，修订的结果是否可以弥补已经造成的损失，或者能最大限度地减少损失。

（4）测试的相关文档是否都按照项目目前的实际情况进行了更新，并严格遵照执行？

经常会听到的一句话就是：计划赶不上变化。这个问题就是冲着这句话来的。很多人问这样一个问题：不做计划，直接做事情行不行？不行。但是，如果计划和行动不同步，这个和没有计划又有什么区别？同步的计划是降低测试风险的合理方法。

（5）测试策略、测试计划、测试方案和测试用例是否都通过了正式评审？发现的问题是否都进行了更正？

作为测试的监控者，不可能在短时间内评估一份测试计划制订得是否合理有效、一份测试方案是否可以正确实施，并且也没必要这么做。

测试策略、测试计划、测试方案和测试用例等文档都是测试过程中的关键文档，也直接决定了测试工作的质量。应该检查这些文档的评审记录，看看相关的人员是否参加了该评审、都发现了什么问题，大家的意见和建议都有哪些。最后，看看所有的发现的问题是否都得到了解决，文档是否按照解决的方法进行了修订。

在监控的过程中，默认参与评审的人员技术能力都符合要求，这样只需要关注评审的过程就可以控制质量了。但是，如果有证据证明评审的人员或者组成不符合要求，作为监控者应该宣布该文档的评审无效，需重新进行评审，以解决问题。但是，使用这项权利的时候要小心，而且要充分论证，否则会扰乱项目组的正常秩序。

（6）缺陷管理流程是否规范？每个缺陷的提交和关闭是否都有复查？

缺陷管理是贯穿于整个软件开发过程，是测试过程的关键环节，也是测试工作的根本，所以缺陷管理的流程是否规范将是监控的重点。应该以一个实际缺陷为线索，追寻这个缺陷的产生直到关闭的过程，期间是否有相关的记录，验证项目组的实施过程与计划中的要求是否一致，验证缺陷的提交和关闭是否都进行了复查。

缺陷提交和关闭的复查人可以是测试管理者自己，或者测试管理者指定的人选。一方面，经过复查，可以减少缺陷的重复提交，提高缺陷报告的质量；另一方面，在测试组中会有一个人对系统或一个大组件的质量情况有比较全面的了解，尤其在后期，这种了解会在很大程度上降低系统误发布的风险。还有一个好处是在测试人员和开发人员交互的过程中，这个复查人员起到了桥梁的作用，可以有效地隔离开发与测试之间的多头沟通，在一定程度上提高了效率。这个角色可以是专职的，也可以是兼职的，关键看系统的大小。

（7）配置管理工作是否规范？测试过程中涉及的版本是否都可以完整地追溯？测试版本的发放频度是否符合测试的实际要求？

配置管理工作是整个软件开发过程的生命线，相比较而言，开发人员对此应该更为关心。对于测试人员来讲，一方面要保证可以从版本库中取到自己想要的软件版本，另一方面可以随时得到自己关注的任意一软件的测试版本，以便可以在正确的版本上执行正确的测试用例。

在实际检查过程中可以在缺陷库中任意选择一个缺陷，查看这个缺陷是在哪一个版本的软件中发现的,随即在配置库中调出该版本,看是否可以调出。随后,查阅该缺陷在哪一个版本中修订正确了,随即也在配置库中调出该版本,看是否可查到。

在这个过程中,还需要注意开发部门提交给测试部门版本的频繁度,看是否过快或者过慢。过快或者过慢,没有一个时间上的判断。比如每两天提供一个新版本供测试人员进行测试,这个是过快还是过慢? 判断的依据关键要看测试人员所处的状态,当版本提交过快时,测试人员一直忙于对已修订好的缺陷进行反测,没有时间对新功能进行测试。当版本提交过慢的时候,测试人员的时间比较空闲。

在监控过程中,只需要询问测试人员的测试工作的紧张程度,一般就能够判断出版本提交的频度是否有问题了。

13.3.3 测试结束期

在这个阶段,主要的测试工作已经进行完毕,最终的发布版本也已经准备出来。准备起草最终的测试报告,申请发布。

作为测试的监控者,这个阶段的主要任务就是评估软件产品的质量,依据已有的数据评估测试工作是否做到位、产品是否可以发布。

在这个阶段,应该如何进行监控? 关注以下方面:

(1) 测试中发现的缺陷趋势曲线是否处于收敛状态? 各个分模块的缺陷趋势曲线是否基本一致?

测试完成后,判断产品是否能够发布的一个重要条件就是缺陷趋势曲线处于收敛状态,并且能持续一段时间,表示系统处于稳定状态,满足发布条件。

那为什么还要看各个分模块的曲线是否一致? 因为有的系统比较庞大,有可能某一个局部的缺陷曲线还没有处于收敛状态,但是整个系统的缺陷趋势图已经把这个信息掩盖掉了。所以,还需要分别检查各个模块的趋势曲线,确保系统的每个部分都处于稳定状态,这样发布的风险才能降到最低。

(2) 是否有评判产品能否发布的文字性材料?

发布前,测试组或者项目经理必须提交一份整个系统的整体质量说明,以文档的形式证明整个系统质量稳定,达到用户要求,可以发布。

· 在这个过程中,如果和客户有关于质量的约定,还需要加入其中,如在验收测试中的用户签字认可的验收报告、用户签字认可的性能测试报告等。

是否召开了正式的最终评审会议? 会议的参与评审人员是否有公司主管的高层? 是否有用户或者能体现用户方意见的人员参与? 所有的遗留问题是否都有了明确的解决方案,并且有相关的责任人负责问题的解决和跟踪?

在发布前,还需要召开正式的评审会议,而且会议除了必须有项目组以外,还要有主管该项目的公司高层和能体现用户方意见的人员参加并给出一个评估,以决定该产品是否能够发布。

如果有问题确定遗留在系统中后,还需要对这个遗留问题有个明确的解决办法,如在升级版本中修改、建议用户如何绕过,或者干脆不再进行修改,都应该有一个明确的答复,而且还需要指派专门的人员跟踪问题的解决情况,并进行报告。

(3) 在测试计划中确定的退出测试条件是否都得到了满足?

为了能保证系统的正常交付,在计划中有退出测试的约定条件,在这个阶段,需要确定这些条件是否都得到了满足,并有相关的证明。如性能指标是否满足用户要求,用户是否签字确认；验收测试是否完成,用户是否签字确认；后续的试运行期的方案是否完成,用户是否同意,是否有明确的截至条件等。

以上从一个测试管理者的角度,分析了如何对软件测试工作进行监控。需要强调的是：

(1) 测试过程监控是一项日常的工作。

这项工作要在平时不停地进行,这样才能有效地改善产品的质量,而不是一时心血来潮的意气之举。

(2) 监控的目的是解决问题,而不是发现问题。

监控的目的不是证明我们的能力,而是能够持续不断地提高软件开发的能力,能够持续改进,所以发现问题并不是目的,解决问题才是根本。

(3) 对问题的判断要准确,可验证。

作为测试的管理者,当发现问题的时候一定要判断准确,而且经得起复查,这样才能避免不必要的麻烦,才能将更多的精力投入处理事情本身的工作中。

(4) 质量的提高、工作的改进是一个渐进的过程,绝不能一蹴而就。

对于一个不太成熟的测试组,测试管理者通过监控可能发现很多的问题,这时不能太急躁,要心平气和,需要一个逐步改进的过程。

(5) 通过对测试过程的监控和分析,要及时调整测试计划,先解决主要的问题,而不是头痛医头,脚痛医脚。

13.4 测 试 文 档

每个测试项目在测试过程中都会产生很多文档,软件测试文档是软件工程文档的重要组成部分,可以作为软件测试过程中各阶段的工作成果和结束标准,提高测试过程的可视性和可管理性,有利于对软件测试过程进行管理。此外,软件测试文档还是开展软件回归测试和软件测试重用的基础。

软件测试项目一般有 4 类基本测试文档：测试计划文档、测试方案文档、测试用例文档、测试报告文档。但由于测试项目的要求不同、测试过程的管理上的差异等原因,测试文档类型和数量可能存在不同。

下面分别予以说明。

(1) 测试计划文档记录了软件测试计划阶段的主要成果,本章前面已经详细讨论,这里做简单的总结性重复。测试计划文档主要包含如下内容：测试范围和总体技术要求,测试目的,测试方法,回归测试的技术要求,测试通过/失败的标准,测试终止准则,需测试的软件功能和性能,测试的资源要求、人员要求和任务、进度安排,对测试过程的质量保证和配置管理工作进行的明确规定,应交付的测试工作产品。

由于要测试的内容可能涉及软件的需求和软件的设计,因此必须及早开始测试计划的编写工作。不应在着手测试时才开始考虑测试计划。通常,测试计划的编写从需求分析阶段开始,到软件设计阶段结束时完成。

(2) 测试方案文档是涉及测试阶段的测试文档,指明为完成软件测试而进行的设计测试方法的细节文档,主要包含如下内容：概述(被测对象的需求要素、测试设计准则),应测试的特性,测试需求(确定测试的各种需求因素,包括环境要求、被测对象要求、测试工具需求、测试数据准备等),测试设计(包括测试用例、测试工具、测试代码的设计思路和设计准则)。

（3）测试用例文档是实现测试阶段的测试文档，测试用例的好坏决定着测试工作的效率，选择合适的测试用例是做好测试工作的关键。测试用例文档包含如下内容：测试项目、用例编号、用例级别、步骤、输入值、预期输出值、实测结果等。

（4）测试报告文档是指明执行测试结果的文档，主要包含如下内容：测试时间、人员、产品、版本、测试环境配置、测试最终发现的问题、已经修正的问题、遗留问题、测试结果统计、总结和评价等。

13.5 软件配置管理

13.5.1 配置管理简介

配置管理是通过对在软件生命周期的不同时间点上的软件配置进行标识，并对这些被标识的软件配置项的更改进行系统控制，从而达到保证软件产品的完整性和可溯性的过程。

关于配置管理的几个术语有：

1. 配置项

凡是纳入配置管理范畴的工作成果（工作产品）统称为配置项（Configuration Item，CI）。配置项逻辑上组成软件系统的各组成部分。每个配置项的主要属性有名称、标识符、文件状态、版本、作者、日期等。配置项主要有两大类：

（1）属于产品组成部分的工作成果，例如需求文档、设计文档、源代码、测试用例等；

（2）在管理过程中产生的文档，例如各种计划、监控报告等，这些文档虽然不是产品的组成部分，但是值得保存。

2. 基线

在配置管理系统中，基线就是配置项在其生命周期的不同时间点上通过正式评审而进入正式受控的一种状态，每个基线都是其下一步开发的基准。

3. 版本

版本是表示一个配置项具有一组定义的功能的一种标识。随着功能的增加、修改或删除，配置项的版本随之演变。版本以版本号进行标识。

配置管理工作的主要内容有识别配置项、建立配置管理系统、建立基线、配置状态报告和配置审计、变更控制管理。

软件测试过程中的工作成果一般包括有测试计划、测试方案、测试用例、测试报告、测试工具等。测试人员在软件配置管理中工作主要是根据配置管理计划和相关规定，提交测试配置项和测试基线；负责软件变更的测试验证。另外，在对测试中发现的缺陷进行修改时，需要配置管理系统协助对被修改的软件进行版本控制。下面重点阐述软件测试中的配置管理。

13.5.2 测试配置管理

运用过程方法和系统方法来建立软件测试管理体系，也就是把测试管理作为一个系统，对组成这个系统的过程加以识别和管理，以实现设定的系统目标。同时要使测试过程各活动协同工作、互相促进，其主要目标是在设定的条件限制下，尽可能发现和排除软件缺陷。测试配置管理是软件配置管理的子集，作用于测试的各个阶段。其管理对象包括测试计划、测试方案、测试用例、测试的软件版本、测试工具及环境、测试结果等。软件测试配置管理需要关注以下内容：

1. 目标

(1) 控制和审计测试活动的变更;

(2) 在测试项目的里程碑点建立相应的基线;

(3) 记录和跟踪测试活动变更请求;

(4) 相应的软件测试活动或产品被标识、控制,并是可用的。

2. 承诺

承诺 1:每个测试项目的配置管理责任明确;

承诺 2:配置管理贯穿项目的整个测试活动;

承诺 3:配置管理应用于所有的测试配置项,包括支持工具;

承诺 4:建立配置库和基线库(Baseline Repository);

承诺 5:定期评审基线库内容和测试配置项活动。

3. 需要纳入配置管理的项

测试过程中会产生许许多多的工作产品,例如测试计划文档、测试用例以及自动化测试执行脚本和测试缺陷数据等,这些都应当被保存起来,以便查阅和修改。这些纳入配置管理范畴的工作产品均是配置项。要进行管理的配置项还包括:测试合同相关信息,如《软件测试技术合同》《软件委托测试合同》和《保密合同》;被测软件相关资源,如《用户手册》《规格说明》等;测试文档模板以及测试过程中产生的系列文档和测试数据。

在确定每一基线时,把基线要求受控的软件实体标识为软件配置管理项,并为每个软件配置管理项赋予唯一的标识符;要确定全部文档的格式、内容和控制机制,以便在配置管理各层次中追溯;用一种编号法提供软件配置管理项的信息,以便对全部产品文档和介质指定合适的标识号;标识方式要有利于软件配置管理项的状态控制,便于增加、删除和更改。

4. 测试过程角色和活动

1) 软件测试计划阶段

软件测试角色:制订测试计划与分析。

输入:软件测试的方法与规范;软件需求规格说明;软件设计说明(概要设计说明和详细设计说明);《软件用户手册》。

输出:软件测试计划。

2) 软件测试过程设计

软件测试角色:测试过程设计。

输入:测试方法和规范;软件测试计划。

输出:软件测试步骤;软件测试基准;软件测试用例。

3) 软件测试实施

软件测试角色:软件测试实施。

输入:测试方法和规范;软件测试计划;软件测试用例。

输出:测试运行结果表示;测试自动化脚本/测试数据;测试日志;软件问题报告。

4) 软件测试评估

测试角色:软件测试评估。

输入:《软件用户手册》;软件测试文档;软件测试配置;软件测试记录。

输出:软件测试报告,包括测试结果的统计信息、测试结果的分析/评价。

基于以上的测试过程和角色分析,我们了解到在测试过程中涉及很多的配置项管理工作,需要配置管理工作的全过程支持。

5. 测试配置项状态变迁规则

配置项的状态一般有三种：草稿（Draft）、正式发布（Released）和正在修改（Changing）。

测试配置项刚纳入版本控制时其状态为"草稿"，有时其状态可为"正式发布"，视情况而定。状态为"草稿"的这些测试配置项通过修改并评审（或审批）后，其状态变为"正式发布"。此后若更改配置项，必须依照"变更控制规程"执行，其状态变为"正在修改"。当配置项修改完毕并重新通过评审（或审批）时，其状态又变为"正式发布"，如此循环。配制项的版本号与配置项的状态紧密相关。

6. 测试配置管理步骤

（1）根据软件测试的过程标识配置管理项并创建相应的配置库，并为每个用户分配操作权限。一般地，项目用户拥有 Add、Checkin/Checkout 等权限，但是不能拥有"删除"权限。随后由配置管理员制定并执行更改申请流程、文档更改控制流程以实施配置控制，将相应的配制管理项添加到配置管理工具中进行管理，涉及的配置管理工作包括：

① 测试项目组成员根据自己的权限操作配置库，例如 Add、Checkin/Checkout 等，对配置管理项进行操作。

② 配置管理员根据"基线计划"创建与维护基线、冻结配置项及进行控制变更。

③ 配置管理员定期清除配置库里的垃圾文件。

④ 配置管理员定期备份配置库。

⑤ 配置管理员为每一配置项指定相应的标识。

⑥ 制订基线计划。配置管理员确定每个基线的名称（标识符）以及主要配置项，估计每个基线建立和提升、推荐的时间。

（2）确定配置过程所需的准则和方法，制定配置过程的流程，以及监视、测量和控制的准则和方法。

（3）对于加入配置管理的文档、数据和程序（脚本）项目组成员使用配置管理软件的 Checkin/Checkout 功能，可以自由修改处于"草稿"状态的配置项（不受变更控制约束），并指定其版本号。当项目组成员进行 Checkin/Checkout 操作时，必须为每一次的操作做一次注释，以方便其他人员对此文档或者数据或脚本的操作。如果配置项是技术文档，则需要接受技术评审。如果配置项是"计划"这类文档，则需要项目经理的审批。如果配置项通过了技术评审或领导审批，则配置管理员或项目组成员应予以标识。例如在 ClearCase LT 中 Checkout 一个文件时，ClearCase 就会在视图中创建该文件的一个可编辑的版本，可以对该文件进行修改；Checkin 一个文件时，ClearCase 就在 VOB 中创建该文件的一个新的永久的版本，本地视图中对应的文件就会变成只读属性，无法修改。Checkout 时有两种类型的检出操作：保留型检出和非保留型检出。保留型检出操作意味着检出者能够被保证第一个做检入操作。非保留型检出并不保证你是下一个检入操作者。对于同一文件，可以存在任意个数的非保留型检出。

（4）对于需要变更的配置项，如测试用例、测试数据、自动化脚本等，应按照配置项变迁更改规则进行，即等待变更的配置项状态为"正式发布"或者该配置项已经成为某个基线的一部分（即被"冻结"）。此时对其变更的主要步骤如下：

① 变更申请。变更申请人提交变更申请，重点说明"变更内容"和"变更原因"。变更申请人员必须是测试项目的成员。在此的变更可能涉及《软件测试计划》《软件测试用例》《自动化执行脚本》以及《测试报告》等。

② 审批变更请求。当对已经做了变更的配置项进行再次变更时,需要再次进行变更审批,并分析此变更对项目造成的影响。如果同意变更,则转向步骤③。

③ 安排变更任务。指定变更执行人、安排任务。

④ 执行变更任务。变更人根据安排的任务,修改配置项。管理员监督变更任务的执行,如检查变更内容是否按时按量完成等。

⑤ 对变更后的配置项重新进行技术评审。通过审批后转向步骤⑥,否则转向步骤④(重新修改)。

⑥ 结束变更,此配置管理项成为"正式发布"或"冻结"。

当所有变更后的配置项都通过了审批,这些配置项的状态从"正在修改"变为"正式发布"。

13.5.3 软件配置管理工具

软件配置管理工具主要有 ClearCase、CVS、GIT 和 SVN 等。

13.6 测试与风险

13.6.1 项目风险

1. 项目风险定义和分类

软件项目风险是指在软件开发过程中发生的技术、质量、成本和进度等方面的问题以及这些问题对软件项目的影响。软件项目风险会影响项目计划的实现,如果项目风险变成现实,就有可能影响项目的进度,增加项目的成本,甚至使软件项目不能实现。如果对项目进行风险管理,就可以最大限度地减少风险的发生。

根据风险内容,可以将风险分为:

(1) 项目管理风险。如用户需求不明确,项目组未正确理解客户需求,缺乏项目管理经验,资源冲突,进度延误等。

(2) 技术或质量风险。如使用未经验证的或不成熟的技术,变更技术方案,技术培训不足,软件产品出现性能问题等。

(3) 商业风险。如市场不清楚,用户能否接受并采用产品或服务,市场不稳定等。

(4) 战略风险。公司的经营战略调整时所产生的风险。

2. 风险管理

风险管理涉及的主要过程包括风险识别,定性、定量风险分析,风险应对计划制订和风险监控。

(1) 风险识别。风险识别在项目的开始时就要进行,并在项目执行中不断进行更新。就是说,在项目的整个生命周期内,风险识别是一个连续的过程。

(2) 风险应对计划制订。针对定性风险分析和定量风险分析的结果,为降低项目风险的负面影响制定风险应对策略和技术手段的过程。风险应对计划依据风险的优先级水平处理风险,一旦发生风险事件,就实施应对计划。

(3) 风险应对策略。包括风险规避、风险转移、风险降低、风险接受。

(4) 风险监控。对整个项目管理过程中的风险进行应对。该过程的输出包括应对风险的纠正措施以及风险管理计划的更新。

软件开发是高风险的活动。如果项目采取积极风险管理的方式,就可以避免或降低许多风险,而这些风险如果没有处理好,就可能使项目陷入瘫痪中。因此在软件项目管理中还要进行风险跟踪,对辨识后的风险在系统开发过程中进行跟踪管理,确定还会有哪些变化,以便及时修正计划。具体内容包括:

- 实施对重要风险的跟踪;
- 每周或每月对风险进行一次跟踪;
- 风险跟踪应与项目管理中的整体跟踪管理相一致;
- 风险项目应随着时间的不同而相应地变化;
- 通过风险跟踪,进一步对风险进行管理,从而保证项目计划的如期完成。

13.6.2　软件测试风险

美国 IEEE 829—1998《软件测试文档编制》标准中,在测试计划的模板中有一项为"风险与应急措施"。这表明软件测试风险管理是很重要的一项工作。

软件测试风险是指软件测试过程出现的或潜在的问题,造成的原因主要是测试计划的不充分、测试方法有误或测试过程的偏离,造成测试的不足以及结果不准确。测试的不成功导致软件交付潜藏着问题,一旦在运行时爆发,会带来很大的商业风险。在软件测试过程中要善于识别风险、制订风险的缓解计划并实施跟踪管理。

测试计划风险一般指测试进度滞后或出现非计划事件,即针对计划好的测试工作造成消极影响的所有因素。对于计划风险分析的工作是制订计划风险发生时应采取的应对措施。一些常见的计划风险包括交付日期、测试需求、测试范围、测试资源、人员的能力、测试预算、测试环境、测试支持、测试工具、测试技术、人员流失等。其中,交付日期的风险是主要风险之一。测试未按计划完成,发布日期推迟,影响对客户交付产品的承诺,管理的可信度和公司的信誉都要受到考验,同时也受到竞争对手的威胁。交付日期的滞后,也可能是已经耗尽了所有的资源。计划风险分析所做的工作重点不在于分析风险产生的原因,重点应放在提前制定应对措施来应对风险发生。当测试计划风险发生时,可以采用相应的应对措施,如采取缩小测试范围、增加所需资源、减少过程活动等措施。假如在软件项目开发接近尾声时,用户提出重要需求变动,可以考虑使用如下应对措施:

- 措施1:增加资源。请求用户或公司为测试工作提供更多的支持。
- 措施2:缩小范围。决定在后续发布中实现较低优先级的软件特性。
- 措施3:减少质量过程。依据风险分析结果减少风险级别低的软件特征的测试或暂时不测试。

以上列举的应对措施要涉及有关方面的妥协。如果没有测试计划风险分析和应对措施处理风险,开发者和测试人员采取的措施比较匆忙,不利于将风险的损失控制到最小。因此,软件风险分析和测试计划风险分析与应对措施是相辅相成的。

风险的应对措施是建立在风险分析、评估的基础上,主要的应对措施有:

- 采取措施避免可以避免的风险,如在测试环境设置好后,可通过事先列出的检查表进行逐条检查,检查其是否满足要求。
- 风险转移。有些风险可能带来的后果非常严重,可采取措施将其转换为不会引起严重后果的低风险。如产品发布前忽然发现某个不是很重要的新功能给原系统带来一个严重的 Bug(缺陷),这时处理这个缺陷所带来的风险就很大,应对策略是去掉那个新功能,转移这种风险。

- 有些风险不可避免,就设法降低风险,如"程序中未发现的缺陷"这种风险总是存在,就要通过提高测试用例的覆盖率(如达到99%)来降低这种风险。
- 为了避免、转移、降低风险,事先应做好风险管理计划,同时对风险的处理还应制定应对缓解计划和方案,并实施跟踪管理。

软件测试项目存在风险,若预先重视风险的分析、评估,并采取风险处理措施,就可以最大限度地减少风险的发生或降低风险带来的损失。

13.7 缺陷管理

缺陷管理是测试工作的一个重要部分,测试的目的是尽早发现软件系统中的缺陷,因此,对缺陷进行管理,确保每个被发现的缺陷都能够及时得到处理是测试工作的一项重要内容。在实际软件测试过程中,对于每个错误或缺陷都要经过测试、确认、修复、验证等管理过程。软件测试的本身是发现软件的缺陷,并在软件测试过程中对发现的缺陷进行记录,而缺陷管理是对缺陷进行跟踪,目的是将软件缺陷在软件中真正地消除。

13.7.1 软件缺陷的属性描述

软件缺陷是软件中的错误表现,例如语法错误、拼写错误或者是一个不正确的程序语句等均可能导致缺陷的产生,这些错误也可能出现在设计中,甚至在需求、规格说明或其他的文档中。为了对缺陷进行管理,首先需要定义软件缺陷的属性。

软件缺陷属性主要有缺陷标识、缺陷类型、缺陷严重程度、缺陷优先级、缺陷状态、缺陷起源、缺陷来源、缺陷原因。

(1) 缺陷标识是标记某个缺陷的一组符号。每个缺陷必须有一个唯一的标识。

(2) 缺陷类型是根据缺陷的自然属性划分的缺陷种类,如表13-1所示。

表 13-1 软件缺陷类型列表

缺陷类型编号	缺陷类型	描　述
001	Function(功能)	影响了重要的特性、用户界面、产品接口、硬件结构接口和全局数据结构。并且设计文档需要正式地变更。如逻辑、指针、循环、递归、功能等缺陷
002	Assignment(赋值)	要修改少量代码,如初始化或控制块。如声明、重复命名、范围、限定等缺陷
003	Interface(模块/系统)	与其他组件、模块或设备驱动程序、调用参数、控制块或参数列表相互影响的缺陷
004	Build/Package/Merge(联编打包)	由于配置库、变更管理或版本控制引起的错误
005	Documentation(文档)	影响发布和维护,包括注释
006	User Interface(用户界面)	人机交互特性:屏幕格式、确认用户输入、功能有效性、页面排版等方面的缺陷
007	Performance(性能)	不满足系统可测量的属性值,如执行时间、事务处理速率等
008	Norms(标准)	不符合各种标准的要求,如编码标准、设计符号等
009	Environment(环境)	设计、编译、其他支持系统问题

（3）缺陷严重程度是指因缺陷引起的故障对软件产品的影响程度，如表 13-2 所示。

表 13-2　软件缺陷严重程度列表

缺陷严重程度	描　　述
严重缺陷(Critical)	不能执行正常工作功能或重要功能或者危及人身安全
较大缺陷(Major)	严重地影响系统要求或基本功能的实现，且没有办法更正(重新安装或重新启动该软件不属于更正办法)
较小缺陷(Minor)	严重地影响系统要求或基本功能的实现，但存在合理的更正办法(重新安装或重新启动该软件不属于更正办法)
轻微缺陷(Cosmetic)	使操作者不方便或遇到麻烦，但它不影响执行工作功能或重要功能
其他缺陷(Other)	其他错误

（4）缺陷优先级是指缺陷必须被修复的紧急程度，如表 13-3 所示。

表 13-3　软件缺陷优先级列表

缺陷优先级	描　　述
立即解决(Resolve Immediately)	缺陷必须被立即解决
正常排队(Normal Queue)	缺陷需要正常排队，等待修复或列入软件发布清单
不紧急(Not Urgent)	缺陷可以在方便时被纠正

（5）缺陷状态是指缺陷通过一个跟踪修复过程的进展情况，如表 13-4 所示。

表 13-4　软件缺陷状态列表

缺　陷　状　态	描　　述
已提交(Submitted)或 New(新缺陷)	已提交的缺陷
接受(Accepted)	经过缺陷评审委员会的确认，认为缺陷确实存在
分配(Assigned)	将这个缺陷分配给相关的开发人员来进行修改
交付(Delivered)	解决缺陷问题的方法已经找到，并且已经将修改后的代码等打上标签，交付版本库
打开(Open)	确认"提交的缺陷"，等待处理
已修改(Fixed)	已经解决的缺陷软件融入某个版本标签，交付给相关的测试小组进行验证测试，若测试通过则缺陷状态修改为已修改状态
已拒绝(Rejected)	拒绝"提交的缺陷"，不需要修复或不是缺陷
已解决(Resolved)	缺陷被修复
已关闭(Closed)	确认被修复的缺陷，将其关闭

表 13-4 中缺陷状态是在缺陷管理过程中主要的状态，或者是在缺陷处理顺利时所经历的状态。实际上，缺陷还有其他一些状态，在不同缺陷跟踪系统里状态的定义也存在不同。这些状态分别是：

- Investigate(调查)：当缺陷分配给开发人员时，开发人员并不是都可以直接找到相关的解决方案的。开发人员需要对缺陷和引起缺陷的原因进行调查研究，这时可以将缺陷状态改为调查状态。

- Query&Reply(询问和回答)：负责缺陷修改的工程师认为相关的缺陷描述信息不够明确，或希望得到更多与缺陷相关的配置和环境条件，或引起缺陷时系统产生的调试命令和信息等。
- Declined(拒绝)：缺陷评审委员会通过相关的讨论研究，认为不是缺陷。或通过开发人员的调查研究，认为不是缺陷。开发人员可以将具体的理由加入缺陷描述中，缺陷评审委员会根据此将缺陷状态修改为拒绝状态。
- Duplicate(重复)：缺陷评审委员会认为这个缺陷和某个已经提交的缺陷是同一个问题，因此设置为重复状态。
- Defferred(延期)：缺陷不在当前版本解决。
- Unplanned(无计划)：在用户需求中没有要求或计划。
- Invalid(无效)：不是一个缺陷。
- Wontfix(不修复)：问题永不被修复。
- Later(推迟)：问题不会在这个版本中解决。
- Worksforme(无法重现)：缺陷是无效的，无法再现。
- Reassigned(再分配)：缺陷重新分配。
- Verified(已经验证)：缺陷修改后被验证。
- Reopened(再打开)：重新打开缺陷。

（6）缺陷起源是指缺陷引起的故障或事件第一次被检测到的阶段，如表 13-5 所示。

表 13-5　软件缺陷的起源列表

缺 陷 起 源	描　　　　述
需求(Requirement)	在需求阶段发现的缺陷
架构(Architecture)	在构架阶段发现的缺陷
设计(Design)	在设计阶段发现的缺陷
编码(Code)	在编码阶段发现的缺陷
测试(Test)	在测试阶段发现的缺陷

（7）缺陷来源是指缺陷所在的地方，如文档、代码等。

（8）缺陷原因是指发生错误的根本因素。

13.7.2　软件缺陷管理流程

软件缺陷管理流程一般会包括如下几个方面：

- 发现并提交缺陷。
- 分析和定位缺陷。
- 提请修改相应的软件。
- 修改相应的软件。
- 验证修改。

项目组会完整地记录开发过程中的缺陷，监控缺陷的修改过程，并验证修改缺陷的结果。图 13-1 是 Bugzilla 缺陷跟踪系统中的缺陷跟踪管理流程。

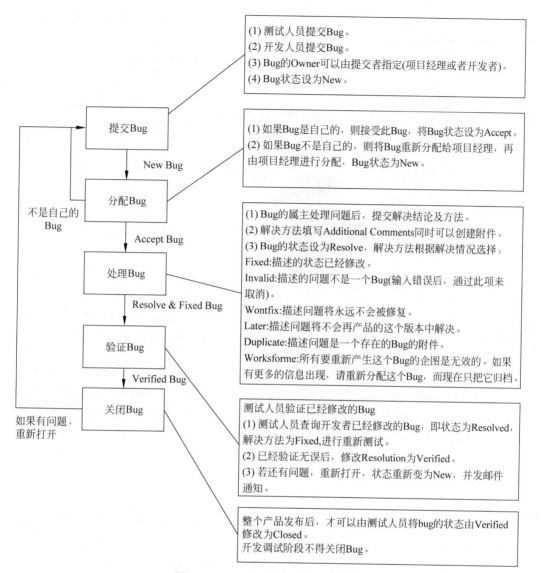

图 13-1　Bugzilla 缺陷跟踪管理流程

13.7.3　软件缺陷度量

缺陷度量,即缺陷数据统计,也是缺陷跟踪管理系统的目标。一般而言,生成的缺陷数据统计图表包括缺陷趋势图、缺陷分布图等。

1. 缺陷类型分布

通过对测试出来的缺陷进行分类,按其类型分布,找出关键的缺陷类型,进一步分析其产生的根源,从而有针对性地制定改进措施。

下面以一个项目的系统测试缺陷为例进行分析,如图 13-2 所示。

从系统测试故障来看,有较多缺陷是由接口原因造成的,细分有以下几种原因:

(1) 跨项目间的接口,接口设计文档的更改没有建立互相通知的机制,导致接口问题到系统测试时候才暴露出来。

(2) 部门内部跨子系统的接口,由于本项目设计文档是按功能规划编写的,而不是按照产品组件,一般由主要承接功能工作的组编写该文档,接口内容可能不为其他开发组理解并熟悉,导致因接口问题而出错。

（3）系统设计基线化后,更改系统接口,没有走严格的变更流程,进行波及分析,导致该接口变更只在某个子系统中被修改,而使错误遗漏下来。

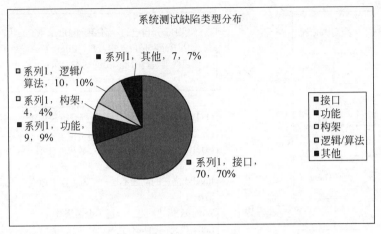

图 13-2　系统测试缺陷类型分布举例

通过上述分析,可以有针对性地制定改进建议:

① 对接口文档的评审一定要识别受影响的相关干系人,使他们了解并参与接口设计的把关。

② 对基线化的接口设计文档的变更一定要提交变更单给 CCB(变更配置管理委员会)决策,并做好充分的波及影响分析,以便同步修改所有关联的下游代码。

③ 概要设计文档按子系统规划,详细设计文档按模块规划,通过相关组参加评审协调接口设计。

2. 缺陷收敛趋势分析

缺陷趋势就是将每月新生成的缺陷数、每月被解决的缺陷数和每月遗留的缺陷数标成一个趋势图表。一般在项目的开始阶段发现缺陷数曲线会呈上升趋势,到项目中后期被修复缺陷数曲线会趋于上升;而发现缺陷数曲线应总体趋于下降,同时处于 Open 状态的缺陷也应该总体呈下降趋势;到项目最后,三条曲线都趋向于 0,如图 13-3 所示(Y 轴为缺陷数)。

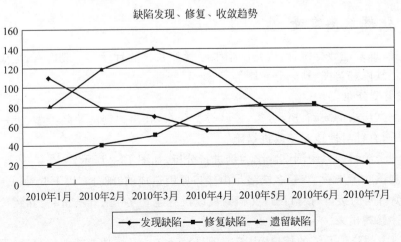

图 13-3　缺陷发现、修复和收敛趋势

项目经理会持续观察这张图表,确保项目健康运行,同时通过分析预测项目测试缺陷趋于0的时间。在一定的历史经验的基础上分析使用这一图表会得到很多有价值的信息,比如说,可分析开发和测试在人力资源的配比上是否恰当,可以分析出某个严重的缺陷所造成的项目质量的波动。对于异常的波动,如本来应该越测试越收敛的,到了某个点却发现故障数反而呈上升趋势,那么这些点往往有一些特殊事件的发生。如在该时间段送测的回归版本增加了新的功能,导致缺陷引入;该回归版本开发部门没有进行集成测试就直接送测;等等。当然,这个统计周期也可以根据我们的项目实施情况进行。如按照回归版本的版本号进行统计、按周进行统计等。也有公司把缺陷收敛情况当作判断版本是否可以最终外发的一个标志。

对测试缺陷分析,能够给予我们很多改进研发和测试工作的信息。当然,这种分析来源于一个前提:我们需要规划一个好的缺陷管理系统,满足这些分析的信息需要。另外,如果研发过程是稳定的,其质量表现大体是一致的,这样数据反映的趋势才具备可信度。

13.7.4 缺陷跟踪管理系统

任何一个缺陷跟踪管理系统的核心都是"缺陷报告",缺陷报告是缺陷制造者和缺陷发现者之间沟通的桥梁,所以,软件缺陷必须被描述清楚。软件缺陷的详细描述由三部分组成:操作/再现步骤、期望结果、实际结果。

(1) 操作/再现步骤提供了如何重复当前缺陷的准确描述,应简明、清楚、完备和准确。这些信息对开发人员是关键的,视为修复缺陷的向导,开发人员有时抱怨缺陷报告的糟糕,问题往往集中在此。

(2) 期望结果与测试用例标准或设计规格说明书及用户需求相一致,达到软件预期功能。测试人员站在用户的角度要对其进行描述,它提供了验证缺陷的依据。

(3) 实际结果是测试人员收集的结果和信息,以确认缺陷是一个问题,并标识那些影响到缺陷的要素。

一份好的缺陷报告记录应该避免各种重复步骤,不仅包括了期望结果、实际结果和必要的附件,还提供必要的数据、测试环境及简要的分析。

目前市面上主要的缺陷跟踪管理软件有开源的也有商业的,如,Bugzilla、Mantis、TestDirector(Quality Center)、BugTracker 等。当然,也可以自己开发缺陷跟踪软件。

练　　习

1. 简述软件测试计划包含的主要内容。
2. 查阅相关资料,了解软件测试的工作量和成本的估算过程。
3. 分析软件测试的监控过程。
4. 以一个具体的例子来描述软件测试过程中配置管理的作用。
5. 掌握开源缺陷管理工具 Bugzilla 并描述其缺陷跟踪的全过程。

第 14 章　软件测试工具

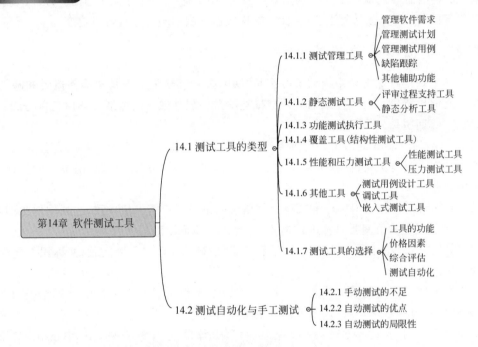

14.1　测试工具的类型

在软件测试过程中合理地引入测试工具,能够加快测试进度,提高测试质量,实现更快、更好地开发软件产品的目标。不同的测试工具支持软件测试过程中的不同方面。有些工具只支持一种测试活动,而另一些工具可以支持多种测试活动。这里工具的分类是根据工具的作用不同但关系密切的活动来划分的。一些商业的工具提供只支持一种类型的活动,而另外一些商用工具可以提供多种或全部活动的工具套件。

根据软件测试过程中的不同任务,测试工具一般有白盒测试工具、黑盒测试工具、性能测试工具,另外还有用于测试管理(测试流程管理、缺陷跟踪管理、测试用例管理)的工具。目前测试工具很多,基本上覆盖了各个测试阶段。按照工具所完成的任务,可以分为以下几大类:测试过程管理工具、测试设计工具、静态分析工具、单元测试工具、功能(黑盒)测试工具、结构性(白盒)测试工具、性能测试工具以及其他测试工具等。下面就一些典型的工具类型进行阐述。

14.1.1 测试管理工具

软件测试贯穿于整个软件开发过程,按照工作进行的先后顺序,测试过程可分为制订测试计划、测试分析和设计、测试实施、跟踪缺陷等几个阶段。在每个阶段,都有一些数据需要保存,人员之间也需要进行交互。测试管理工具就是一种用于满足上述要求的软件工具,它管理整个测试过程,保存在测试不同阶段产生的文档、数据,协调技术人员之间的工作。

测试过程管理工具一般都会包括以下功能:管理软件需求、管理测试计划、管理测试用例、缺陷跟踪、测试过程中各类数据的统计和汇总。

测试管理工具的需求管理是将测试用例和测试需求相联系,确保了整个测试流程的可跟踪性,用户从而能方便地了解到测试覆盖了应用功能需求的百分比、有多少个这样的测试在运行、有多少个已经通过测试或失败了。它可以建立需求树状图来更方便地使 QA 经理分配测试任务。测试管理工具可以通过两种方式来联系需求和测试:一种是直接将需求和与缺陷有关的测试相联系;另一种是通过提供有关需求变更过程的所有历史信息,为机构保留了一份核查线索,确保可以跟踪需求生命周期中发生的任何变化。

测试管理工具的测试计划管理是通过把测试计划树状图以图表的形式显示整个机构的测试计划。它根据不同的主题类型将测试进行划分和归类,并说明必须执行哪些测试以满足事先所定义的质量需求。还允许测试人员将测试计划树状图中的每个测试与需求树状图中的某个需求相联系。通过定义测试需求覆盖范围,测试人员可以在测试计划中跟踪测试用例之间的相互关系,并发现它们原有的测试需求。

在管理工具支持下,测试可以在网络中任意一台可用机器上运行,无论它在本地还是远程。另外,它可以和产品实现紧密地集成。通过开放的 API 完成配置后,可以运行由第三方测试工具展开的测试。测试人员可以安排自动测试在无人监管的条件下运行,或是持续运行,或是在测试实验室机器空闲状态下运行。使用这种进度安排机制,该工具就能作为一种自动化测试工具来运行测试,并将报告结果返回至中央存储器。

测试管理工具的缺陷管理是一个用于登录、跟踪、管理和分析应用缺陷的完整系统。它允许不同类型的用户,如测试人员、项目经理、开发人员、测试用户等直接将缺陷输入数据库中,从而协助展开测试流程。另外,有专门的缺陷管理工具和测试管理工具集成,这些缺陷跟踪工具可以对产品在各个开发周期内产生的缺陷和变更请求进行有效管理。尤其在测试阶段,项目组的每个成员几乎都以该系统为中心来展开各自的工作,设计良好的管理系统可以简化和加速变更请求的协调过程,理顺项目团队间的沟通,使之协作自动化。那么如何选择缺陷跟踪工具呢? 大致有这样几种方法:

(1) 使用文档和表格编辑软件,如 Word、Excel 等。

(2) 使用企业内部开发的管理软件。

(3) 购买商业性的软件。

(4) 下载一套适合自己的开源软件,自行配置和维护。

这几种方法各有优缺点,如选择像 Word、Excel 这样的工具,虽然实施简单,但效率很差。许多企业采用内部开发管理软件,但需要成本和时间等方面的投入。购买商业软件,可能会使公司的财政紧张,对中小型公司来说尤其如此。那么,往往最后一种方法无疑是一种好的选择。

测试管理工具还可以提供其他附加的辅助功能,管理工具集成图表和报告工具能协助分析应用在测试流程的任意点上的就绪情况。测试经理使用有关需求覆盖面、规划进展、运行进度或缺陷统计、测试结果进行定量分析等方面的信息,可以就应用能否发布做出正确的决策。

现在市面上主流的测试管理工具有 TestCenter、QMetry、TestLodge、TestLink、SilkCentral 等。

14.1.2　静态测试工具

所谓静态测试就是不运行测试而直接对代码进行分析的测试。因此静态测试工具直接对代码进行分析,不需要运行代码,也不需要对代码编译、链接,生成可执行文件。静态测试工具一般是对代码进行语法扫描,找出不符合编码规范的地方,根据某种质量模型评价代码的质量,生成系统的调用关系图等。

静态测试工具包括评审过程支持工具、静态分析工具等。

评审过程支持工具是设计用来增强和支持任何评审过程的支持辅助工具。技术评审和审查已经被证明是一种有效的缺陷检查和消除形式。使用这种工具自动进行这一有价值的过程能够防止缺陷扩散到后面的开发阶段。

评审过程支持工具具有记录评审过程信息、存储和交流评审的意见、报告缺陷和工作量、管理相关评审流程等功能。

评审过程支持工具通过使用 IPDL(评审过程定义语言)和灵活的文档类型系统来实现。评审过程支持工具可以采用 C/S 或 B/S 体系结构。服务器端作为存放文档和其他数据的中心资源库,可以支持基于个人或组为单位的评审。在以组为单位的评审中还支持整个过程的同步和异步处理。这种工具的文档类型系统可以很容易地把各种文档添加到系统中。评审过程支持工具还包括一些细粒度的注释工具、面向代码行的浏览器、检查列表浏览器等工具。另外,这种工具的交叉引用系统可以很方便地在多个文件之间进行切换。例如,源代码浏览器可以自动地呈现相关的检查列表项目。检查列表浏览器又允许快速地定位到缺陷列表和相关的评论。

另外,评审过程支持工具还支持通过 Internet 的 Web 在线浏览的方式以支持分布在不同地域的小组进行协同工作。

静态分析工具是由开发者在单元和集成测试之前使用的辅助工具。在进行静态分析时,不需要运行所测试的程序,而是通过检查程序代码,对程序的数据流和控制流信息进行分析,找出系统的缺陷,得出测试报告。进行静态分析能切实提高软件的质量,但由于需要分析人员阅读程序代码,使得这项工作进行起来工作量又很大。对软件进行静态分析的测试工具在这种需求下也就产生了。

静态测试工具可以发现下面几种缺陷:

- 引用了一个未定义值的变量。
- 发现模块和组件之间的不一致性。
- 从未使用的变量。
- 不可到达(死)的代码。
- 编程标准违例的情况。
- 安全的脆弱性。
- 代码和软件模型的语法错误。

静态分析工具允许用户调整软件质量标准化组织制定的 ISO/IEC 9126 质量模型中的一

些数值,以更加符合实际情况的要求。通过静态分析工具来量化地衡量一个软件产品的质量。在用这类工具对软件产品进行分析时,以软件的代码文件作为输入,静态分析工具对代码进行分析,然后与用户定制的质量模型进行比较,根据实际情况与模型之间的差距得出对软件产品的质量评价。

具有检查代码规范性功能的静态分析工具,其内部包含了得到公认的编码规范,比如函数、变量、对象的命名规范,函数语句数的限制等,工具支持对这些规范的设置。工具的使用者根据情况,裁减出适合自己的编码规范,然后通过工具对代码进行分析,定位代码中违反编码规范的地方。

静态分析工具与人工进行静态分析的方式相比,一方面能提高静态分析工作的效率,另一方面也能保证分析的全面性。

静态测试工具的代表有 SonarQube、cpplint、FindBugs、PMD、Checkstyle、Jtest 等。

14.1.3 功能测试执行工具

在软件产品的各个测试阶段,通过测试发现了问题,开发人员就要对问题进行修正,修正后的软件版本需要再次进行测试,以验证问题是否得到解决、是否引发了新的问题,这个再次进行测试的过程称为回归测试。

由于软件本身的特殊性,每次回归测试都要对软件进行全面的测试,以防止由于修改缺陷而引发新的缺陷。而回归测试的工作量很大,而且很乏味,因为要将上一轮执行过的测试原封不动地再执行一遍。通过借助功能测试自动执行工具可以达到这样的目的。

使用功能测试自动执行工具,一方面能保证回归测试的完整性、全面性,测试人员也能有更多的时间来设计新的测试用例,从而提高测试质量;另一方面能缩短回归测试所需要的时间,缩短软件产品的面市时间。

功能测试自动执行工具理论上可以应用在各个测试阶段,但大多数情况下是在系统测试阶段中使用。功能测试自动执行工具的测试对象一般是那些拥有图形用户界面的应用程序。

一个成熟的功能测试自动化工具要包括以下几个基本功能:录制、回放、检验、可编程。

录制就是记录下对软件的操作过程。回放就是像播放电影一样重放录制的操作。启动功能测试自动化工具,打开录制功能,依照测试用例中的描述一步一步地操作被测软件,功能测试自动化工具会以脚本语言的形式记录下操作的全过程。依照此方法,可以将所有的测试用例进行录制。在需要重新执行测试用例时,回放录制的脚本,功能测试自动化工具依照脚本中的内容操作被测软件。除了速度非常快之外,通过功能测试自动化工具执行测试用例与人工执行测试用例的效果是完全一样的。

录制只是实现了测试输入的自动化。一个完整的测试用例由输入和预期输出等内容共同组成。所以,光是录制、回放还不是真正的功能测试自动化。测试自动化工具中有一个检验功能,通过检验功能,在测试脚本中设置检验点,使得功能测试自动化工具能够对操作结果的正确性进行检验,这样就实现了完整的测试用例执行自动化。软件界面上的一切界面元素都可以作为检验点来对其进行检验。

脚本录制好了,也加入了检验点,一个完整的测试用例已经被自动化了,但我们还想对脚本的执行过程进行更多的控制,比如依据执行情况进行判断,从而执行不同的路径,或者是对某一段脚本重复执行多次。通过对录制的脚本进行编程,可以实现上述要求。现在的主流功能测试自动化工具都支持对脚本的编程。像传统的程序语言一样,在功能测试自动化工具录制的脚本中,可加入分支、循环、函数调用这样的控制语句。通过对脚本进行编程,能够使脚本更加灵活,功能更加强大,脚本的组织更富有逻辑性。在传统的编程语言中适用的那些编程思想,在组织测试自动化脚本时同样适用。

在测试过程中,使用功能测试自动化工具的大体过程如下:

(1) 准备录制。这时要保证所有要自动化的测试用例已经设计完毕,并形成文档。

(2) 进行录制。打开功能测试自动化工具,启动录制功能,按测试用例中的输入描述,操作被测试应用程序。

(3) 编辑测试脚本。通过加入检测点、参数化测试,以及添加分支、循环等控制语句来增强测试脚本的功能,使将来的回归测试真正能够自动化。

(4) 调试脚本。保证脚本的正确性。

(5) 在回归测试中运行测试。在回归测试中,通过功能测试自动化工具运行脚本,检验软件正确性,实现测试的自动化进行。

(6) 分析结果,报告问题。查看测试自动化工具记录的运行结果,记录问题,报告测试结果。

主流的功能测试自动化工具有 Selenium、Appium、Jmeter、Postman、Robot、QTP 等。

14.1.4 覆盖工具(结构性测试工具)

在开发过程中,对一个应用程序通过手工测试,总会有一部分代码功能没有被检测到,或者说逐个检测每一个函数或方法的调用是相当费时间的。未被检测的代码我们不能保证它的可靠性,以后程序的失败可能往往就是由这部分未检测的代码造成的。现在可以用覆盖工具来帮助我们解决这些问题,在测试程序时,每完成一次应用路径,覆盖工具就能够列出在这次对话中所有函数或方法被调用次数、所占比率等,并可以直接定位到源代码,也可以合并多个应用路径来进行检测。所以说覆盖工具能通过衡量和跟踪代码执行及代码稳定性,帮助开发团队节省时间和改善代码可靠性。

覆盖工具可以针对程序的逻辑结构设计测试用例,用逻辑覆盖率来衡量测试的完整性。逻辑单位主要有语句、分支、判定(判断)、条件、条件组合、路径等。在实际的白盒测试过程中可能同时存在对代码进行功能测试。语句覆盖、分支覆盖、判定覆盖、条件覆盖、条件组合覆盖、路径覆盖是白盒测试的几种方法,利用这些方法进行白盒测试往往需要覆盖工具来提供支撑,如果单凭人来完成这项任务有时很困难或是不可能的,用手工实现这种测试完整性,其测试成本是不可想象的,面对如此严格的测试要求,就必须借助一些工具,可以在较低的成本下达到这种测试要求。

覆盖工具利用程序的逻辑结构图进行覆盖运行,运行完成后可以立即统计白盒测试覆盖率。有些工具可以按照不同的颜色或符号显示语句的覆盖或条件等情况,给软件测试者提供动态的指示。针对未覆盖的逻辑再设计测试用例覆盖它,例如,先检查是否有语句未覆盖,有的话设计测试用例覆盖它,然后用同样方法完成条件覆盖、分支覆盖和路径覆盖,而这一过程用覆盖工具可以用较少的时间成本达到非常高的测试完整性。

商业性的覆盖测试工具,比较有代表性的如 Compuware 公司的 Numega 系列工具和 ParaSoft 的 JavaSolution,以及 C/C++Solution 系列等。

非商业性的覆盖测试工具主要有 Junit、Cppunit、Jtest、Perlunit 和 Xmlunit 等。

14.1.5 性能和压力测试工具

性能测试工具实际上是一种模拟软件运行环境的工具,它能帮助我们在实验室里搭建出需要的测试环境,通过性能测试工具来检验是否达到客户所要求的性能指标、能分析各种问题和性能瓶颈,为进一步改善系统性能提供帮助。现在,基于 Web 是软件系统发展的一个趋势,性能测试也就变得比以往更加重要了,性能测试工具也自然会在软件测试过程中被更多地使用。

新一代的性能测试工具可以使测试无人值守地运行,借助这些工具可以使测试执行时间预先设置,而后脚本自动开始,无须任何人工干预。许多自动性能测试工具可允许虚拟用户测试,在虚拟用户测试时,测试工程师可仿真几十个、几百个或几千个执行各种测试脚本的用户。

压力测试是一个让客户端运行在高压力场景下观察它是否会崩溃的过程。压力条件的例子包括让客户端应用连续运行多个小时,让某个测试程序重复运行很多次或运行很多不同的测试程序。压力测试对于确保应用程序能够控制生产条件是很重要的,因为在生产时,对机器资源的无效管理能够导致系统崩溃。

通过压力测试工具具有的资源监控特性,压力测试变得容易,可以很快发现应用程序在资源管理方面存在的问题。压力测试工具的使用是使客户端在大容量情况下运行的过程,以查看应用将在何时何处中断,判断系统经受最大和最小的负载时系统是否并且在何处中断,并确定哪一个部分首先中断。

压力测试工具可以识别系统的薄弱环节,检验系统需求定义的性能阈值并描述系统对过载的反应。压力测试工具有助于在系统最大负载时检验系统是否正常工作。它也揭示了当前系统经受过载时是否能按规定的要求那样工作。

许多自动压力测试工具还可以包括负载仿真器,该仿真器可使测试工程师同时模拟几百个或几千个使用目标程序的虚拟用户,不需要人到场启动测试或监视测试,可设定计时以规定何时应该启动测试脚本,测试的执行可以无人看管。另外,测试工具还可以产生一个测试日志输出,该输出列出压力测试数据。工具可记录任何意外的活动窗口(如错误对话框)。

压力测试工具可以暴露的缺陷有内存泄漏、性能问题、锁定问题、并发问题、系统资源过量消耗问题以及磁盘空间耗尽的情况。

主流性能测试工具有 LoadRunner、Load impact、华为 CloudTest、阿里云 PTS、腾讯 WeTest 等。这些工具的测试对象是整个系统,它通过模拟实际用户的操作行为和施行实时性能监测来帮助用户更快地查找和发现问题。

14.1.6 其他工具

除以上介绍的软件测试工具外,还有诸如测试设计工具、调试工具、嵌入式测试工具等,这些工具在不同的系统中根据具体情况也会被使用。

测试设计工具是一种帮助我们设计测试用例的软件工具。虽然设计测试用例是一项智力性的活动,但仔细思考一下就会发现,很多设计测试用例的原则、方法是固定的,如等价类划分、边界值分析、因果图等,这些方法很适合通过软件工具来实现。

测试用例设计工具按照生成测试用例时数据输入内容的不同,可以分为基于程序代码的测试用例设计工具和基于需求说明的测试用例设计工具。下面分别对这两类工具进行介绍。

基于程序代码的测试用例设计工具是一种白盒工具,它读入程序代码文件,通过分析代码的内部结构产生测试的输入数据。这种工具一般应用在单元测试中,针对的是函数、类这样的测试对象。由于这种工具与代码的联系很紧密,因此一种工具只能针对某一种(些)编程语言。

这类工具的局限性是只能产生测试的输入数据,而不能产生输入数据后的预期结果,这个局限也是由这类工具生成测试用例的机理所决定的。所以,基于程序代码的测试用例设计工具所生成的测试用例还不能称为真正意义上的测试用例。不过即使这样,这种工具仍然为我们设计单元测试的测试用例提供了很大便利。

基于需求说明的测试用例设计工具,依据软件的需求说明,生成基于功能需求的测试用例。这种工具所生成的测试用例既包括了测试输入数据,也包括预期结果,是真正完整的测试用例。使用这种测试用例设计工具生成测试用例时,需要人工事先将软件的功能需求转化为工具可以理解的文件格式,再以这个文件作为输入,通过工具生成测试用例。在使用这种测试用例设计工具来生成测试用例时,需求说明的质量是很重要的。由于这种测试用例设计工具是基于功能需求的,因此可用来设计任何语言、任何平台的任何应用系统的测试用例。

所有测试用例设计工具都依赖于生成测试用例的算法,工具比使用相同算法的测试人员设计的测试用例更彻底、更精确,在这方面工具有优势。但人工设计测试用例时,可以考虑附加测试,可以对遗漏的需求进行补充,这些是工具无法做到的。所以,测试用例设计工具并不能完全代替测试工程师来设计测试用例。使用这些工具的同时,再人工检查、补充一部分测试用例会取得比较好的效果。

嵌入式软件测试工具集是测试嵌入式软件专用的一套测试工具集,它贯穿于软件开发、代码评审、单元/集成测试、系统测试以及软件维护阶段。它面向源代码进行工作。嵌入式软件测试工具针对编码、测试和维护。因此,嵌入式软件测试工具可以帮助代码评审和动态覆盖测试。

一些嵌入式软件测试工具对软件的分析,采用基于国际上使用的度量方法(Halstead、McCabe 等)的质量模型,以及从多家公司收集的编程规则集,可以从软件的编程规则、静态特征和动态测试覆盖等多个方面量化地定义质量模型,并检查、评估软件质量。

通过嵌入式软件测试工具的应用可以达到以下好处:

(1) 在开发阶段,查找可寻找潜在的错误。

(2) 在代码评审阶段,可以定位那些具有 80% 错误的程序模块。

(3) 通过对未被测试代码的定位,可以帮助找到隐藏在未测试代码中的缺陷。

(4) 项目领导和质量工程师用它定期地检查整个软件的质量。

(5) 在各个阶段用嵌入式软件测试工具来改进软件工程的实践,训练程序员编写良好的代码和测试活动,确保系统易于维护,减少风险。

(6) 在有合同关系时,合同方可以用它明确定义验收时的质量等级和执行测试。承制方可以用它演示其软件的质量。

此外,还有针对数据库测试的 TestBytes、对应用性能进行优化的 EcoScope 等工具。

14.1.7　测试工具的选择

面对琳琅满目的自动化测试工具,对工具的选择就成了一个比较重要的问题。在考虑工具选用的时候,建议从以下几个方面来权衡和选择。

1. 工具的功能

功能当然是最关注的内容,选择一个自动化测试工具首先要看它能提供的功能。当然,这并不是说它提供的功能越多就越好，在实际的选择过程中，实用才是根本，也就是说要结合被测软件项目的特点来看待这个问题。事实上，目前市面上同类型的软件测试工具的基本功能都大同小异，各种测试工具软件提供的功能也大致相同，只不过有不同的侧重点。

除了基本的功能之外，下面的需求也可以作为选择自动化测试工具的参考：

- 各种分析报表功能。自动化测试工具生成的结果最终要由人进行解释，而且查看最终报告的人员不一定对测试很熟悉，因此，自动化测试工具能否生成分析结果报表、能够以什么形式提供报表是需要考虑的因素。
- 自动化测试工具的集成能力。自动化测试工具的引入是一个长期的过程，应该是伴随着测试过程的改进而进行的一个持续的过程。因此，自动化测试工具的集成能力也是必须考虑的因素。这里的集成包括两个方面的意思：首先，自动化测试工具能否和开发工具进行良好的集成；其次，自动化测试工具能否和其他自动化测试工具进行良好的集成。
- 操作系统和开发工具的兼容性。自动化测试工具可否跨平台、是否适用于企业目前使用的开发工具，这些问题也是在选择一个自动化测试工具时必须考虑的。

2. 价格因素

除了功能之外，价格就应该是最重要的因素了。当然，要视企业的财政状况而行。

3. 综合评估

对自动化测试工具进行综合评估主要从以下几点来考虑：

- 由于单一的工具不能普遍满足企业对自动化测试工具的所有需求，因此在确定了本企业对工具的需求后，要考虑今后项目组可能要采用的新技术，确定出企业对工具的期望。
- 定义出评估的范围，选择合适的测试用例，评估工具是否能达到测试所要求的目标、自动化测试工具的实际性能是否和自动化测试工具文档中声明的一致。
- 总结试用自动化测试工具的结果，得出评估报告。

4. 测试自动化

引入自动化测试工具的目的是使测试自动化，引入工具需要考虑引入工具的连续性和一致性，而选择自动化测试工具是测试自动化的一个重要步骤之一，因此在选择和引入自动化测试工具时，必须考虑自动化测试工具引入的连续性。也就是说，对自动化测试工具的选择必须有一个全盘的考虑，分阶段、逐步地引入自动化测试工具。

另外，目前许多开源的测试工具也值得考虑，这些开源工具可以通过开放的接口实现工具间的集成。

14.2　测试自动化与手工测试

14.1 节阐述了软件自动化测试是执行用某种程序设计语言编制的自动测试程序，控制被测软件的执行，模拟手工测试步骤，完成全自动或半自动测试。自动测试实际上是将大量的重复性工作交给计算机去完成，一个优秀的自动测试工具不但可以满足科学测试的基本要求，而且可以节约大量的时间、成本、人员和资源。自动测试往往要借助自动测试工具才能实现。在实际的测试中可以采用手工测试或自动测试方法，或者两种方法结合的方法进行。

14.2.1 手动测试的不足

在传统的手工测试方法中,测试人员根据测试大纲中所描述的测试步骤和方法,手工地输入测试数据,记录测试结果。手工测试的特点是能详细地测试软件的各个功能,测试速度由人来控制,能够完整而从容地观察软件的运行情况并立即报告测试结果。

虽然手工测试在一定时期占主要的手段,但是手工测试有它的局限性,手工测试无法保证测试的科学性与严密性,原因如下:

- 测试人员要负责大量文档、报表的制定和整理工作,会变得力不从心。
- 受软件开发周期、开发成本及人员、资源等诸多方面因素的限制,难以进行全面的测试。
- 如果修正缺陷所花费的时间相当长,回归测试将变得异常困难。
- 对测试过程中发现的大量缺陷缺乏科学、有效的管理手段,责任变得含糊不清,没有人能向决策层提供精确的数据以度量当前的工作进度及工作效率。
- 反复测试带来的倦怠情绪及其他人为因素使得测试标准前后不一致,测试花费的时间越长,测试的严格性也就越低。
- 组织一次多用户的测试很不方便,需要花费巨大的人力和物力,并且其效果并不明显。
- 难以对不可视对象或对象的不可视属性进行测试。

因此,通过自动化测试工具来实现测试自动化是解决这种状况的一种途径。

14.2.2 自动测试的优点

自动测试与手工测试相比具有如下优点:

(1) 能执行一些手工测试不可能或很难完成的测试。例如,对于多用户联机系统的并发操作的测试,用手工进行几乎是不可能的,但自动测试工具可以模拟来自多个用户的输入。而客户端的测试过程通过自定义得到用户脚本,自动回放测试,使不了解整个商业应用复杂内容的技术人员也可以胜任。例如,对于 200 个用户的联机系统,用户手工进行并发操作几乎是不可能的,但自动测试可以模拟来自 200 个用户的输入。

(2) 测试的效率。在需要多次执行的情况下,自动测试不需要测试人员每次都重复相同的过程。自动测试建立起来后,就可以多次重复执行,大大提高了测试的效率,将测试人员从繁重的测试执行中解脱出来,他们可以投入更多的精力来设计更多、更好的测试用例。

(3) 测试的高准确性,降低对测试人员的技术要求。手工测试需要测试人员理解测试步骤和被测软件,并按照测试步骤一步一步地执行。在执行过程中,测试人员难免会犯这样或那样的错误,这些都会影响测试的准确性。而自动测试建立起来之后,测试人员只需要执行自动测试用例并在必要时对输出结果进行一定的检查即可。大大提高了测试的准确性,同时也降低了对测试人员的技术要求。

(4) 可实现无人照料测试。自动测试还可以实现无人照料测试,充分利用休息时间进行测试。这样可以更加合理地利用测试资源,进行更多的测试。

(5) 具有一致性和可重复性。可以利用自动测试重复多次相同的测试,这样就可以保证测试的一致性,而这在手工测试中是很难得到保证的。由于自动化测试的一致性,很容易发现被测软件的任何改变。

(6) 有利于进行回归测试。回归测试往往需要重复以前进行过的测试,自动测试具有良好的可重复性,使得回归测试比较容易进行。

(7) 缩短测试的时间。一旦实现了测试自动化,就可以比手工测试更快地执行测试,缩短测试的时间,可以更快地将软件推向市场。

14.2.3 自动测试的局限性

自动软件测试工具并不能完全替代人的工作,自动软件测试工具的应用并不能发现所有类型的错误,还有大量的工作需要程序员去完成。软件自动测试并不是万能的,并不能解决所有的问题,这些问题包括:

(1) 自动化测试可能降低实际的测试效率,这种情况发生在仅进行很少的软件测试时。

(2) 期望自动测试发现大量错误。测试在首次进行时可能发现大量的错误,如果测试已经进行过,则再次运行发现错误的概率要小得多。除非测试一段已经修改过的代码或者软件的其他部分的修改影响了这段代码,或者在不同的环境中运行这段代码。

(3) 缺乏测试实际经验。如果存在测试组织差、文档较少或不一致,则自动测试发现错误的能力较差。

(4) 技术问题。商用测试工具是软件产品,作为第三方的软件产品,不具备解决问题的能力和技术支持。同样的原因,测试工具和其他软件的互操作性也是一个严重的问题,技术环境变化如此之快,使测试工具很难跟上。

因此,对软件自动化测试应该有正确的认识,它并不能完全代替手工测试。不要期望有了自动化测试就能提高测试的质量。此外,自动测试也需要测试人员具备相应的技术,如脚本开发等。如果缺少了这些必备的技能,自动测试很难保证可靠和高效。

练 习

1. 简述自动化测试工具的类型。
2. 查阅资料完成一个不同功能的测试工具之间的集成。
3. 比较手工测试和自动化测试之间的优点和缺点。
4. 下载一个开源的静态测试工具并使用。
5. 在 Java Eclipse 开发环境中集成 JUnit 并使用。

附录 A
软件测试的数学理论

正如软件开发过程是一个需要逻辑思维的过程一样,软件测试也同样需要掌握和使用一些数学理论和数学分析方法。数学是一切科学的基础,软件测试技术中运用的这些数学知识将使软件测试本身更严谨、精确和高效。本附录介绍用于软件测试技术中的数学基础知识。

从软件测试设计方法的角度,软件测试一般分为功能性测试(也称黑盒测试,Black-Box Testing)和结构性测试(也称白盒测试,White-Box Testing)。一般而言,在功能性测试领域中,通常要用到离散数学知识,而在结构性测试领域中,则要用到一些有关图论的知识。

A.1 集 合 论

集合论是数学的一个基本分支学科,研究对象是一般集合。集合论在数学中占有一个独特的地位,它的基本概念已渗透到数学的所有领域。这里的集合是指由一些抽象的数学对象构成的整体。集合、元素和成员关系是数学中最基本的概念。集合论(加上逻辑和谓词演算)是数学的公理化基础之一,通过集合及成员关系来形式化地表示其他数学对象。

例如,小于 10 的所有奇数,应用集合论的表示法可以写成: $M_1 = \{1,3,5,7,9\}$,读作“M_1 是元素为 1、3、5、7、9 的集合”;$M_2 = \{$所有参加 2008 年北京奥运会的中国代表团成员$\}$。集合中包含元素或成员。

对于集合必须注意以下方面:

(1) 集合的元素是确定的。对于集合,任一个元素要么属于该集合,要么不属于该集合,两者必居其一。若一个元素是集合成员,用 $\in$ 表示;若不是集合成员,则用 $\notin$ 表示。如 $3 \notin M_1$,$9 \notin M_2$。

(2) 集合中的每个元素均相同,即集合 $\{1,3,5,7,9\}$ 与集合 $\{1,3,5,7,9,9\}$ 是一样的。

集合 M_1 由元素 1,3,5,7,9 组成,可写成 $M_1 = \{1,3,5,7,9\}$,这种将集合的所有元素一一列出的表示法叫作“枚举法”。但有时也可以只列出一部分元素,可以通过决策规则推出其余的部分,如 $M_1 = \{1,3,5,7,9,\cdots\}$ 表示奇数的集合。列出所有元素的方法只适合少量元素的集合或元素符合某种明显模式的集合。集合还可以有另外一种表示方法,就是用一个集合所具有的共同性质来描述这个集合,如 $N = \{t: t$ 是所有获得奖牌的中国运动员$\}$。这种使用决策规则的方法的主要缺点是逻辑上有些复杂,尤其是当采用谓词演算时,而且当决策规则用于自身的时候会出现循环问题,如著名的理发师问题:$\{$为他人理发而不为自己理发的人$\}$,但是测试人员很少使用自引用。

对于集合元素的个数不做任何限制,它可以是有限个或无限个。一个集合若是由有限个元素组成,则叫作有限集合;一个集合由无限个元素组成,则叫作无限集合。特别情况下,元素个数为 0 的集合叫作空集。空集在集合论中有重要的位置,空集不包含元素。空集是唯一的,如:ϕ,$\{\phi\}$,$\{\{\phi\}\}$都是不同集合。如果集合基于某种决策规则的定义永远是不成立的,那么该集合就是空集,如:$\phi=\{$年:$2012\leqslant$年$\leqslant1812\}$。

集合论的运算主要表现在集合的基本操作:并、交、差和补。其定义如下:

- 由集合A、B中所有元素合并组成的集合叫作集合A与B的并集,记作$A\cup B$。
- 由集合A、B中所有的公共元素组成的集合叫作A与B的交集,记作$A\cap B$。
- 假设有两个集合A、B,差集就是属于A但是不属于B的元素的集合,记作$A-B$。
- 对于一个集合A和全集B来说,A的补集是在全集B中所有不属于A的元素。

还可以由差集定义对称差。集合A、B的对称差(或叫布尔和)$A+B$可定义为$A+B=(A-B)\cup(B-A)$。

使用集合操作即通过现有集合操作构建新集合,通过定义的新集合来确定新集合和旧集合之间是如何关联的。给定两个集合A、B,定义三种基本集合关系:

- A是B的子集,记作$A\subseteq B$,当且仅当$a\in A\Rightarrow a\in B$。
- A是B的真子集,记作$A\subset B$,如果$A\subseteq B$且存在b,使得$b\in B$但$b\in A$,则称A是B的真子集。
- A和B是相等集合,记作$A=B$,当且仅当$A\subseteq B$且$B\subseteq A$。

集合的划分是一种非常特殊的情况,对于测试人员非常重要。"划分"的含义就是将一个整体分成小块,使得符合某种性质的所有事物都在某个小块中,不会遗漏。在日常生活中,将一套房子划分成不同的独立房间、将一个行政区域划分成不同的独立县市、将一个外部接口格式划分成不同规格的独立含义的数据表示区域等均是划分的例子。其定义如下:

给定集合A,以及A的一组子集$A_1,A_2,\cdots,A_n$,这些子集是A的一种划分,当且仅当$A_1\cup A_2\cup\cdots\cup A_n=A$,且$i\neq j=>A_i\cap A_j=\phi$。图 A-1 就是集合和其子集的关系图。

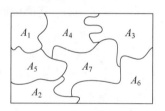

图 A-1 集合与子集的例子

集合的一种划分形成了一组子集,因此常常把单个子集看作是划分的元素。"划分"的定义对于软件测试人员非常有用,一方面保证A的所有元素都在某个子集中;另一方面保证任意一个元素都不同时在两个子集中。例如,对学生集合的一种划分,可以包括小学生、中学生、大学生、研究生 4 个子集元素。

集合的"划分"对软件测试会产生重要保证:完备性和无冗余性,因此测试人员要灵活掌握"划分"的概念。对于功能性测试而言,其固有弱点是对所测试的功能点可能存在漏洞和冗余性,如学生成绩管理系统中教师更新学生成绩这个功能可能包括三个功能点:更新成绩成功;学生信息不存在,更新成绩失败;学生信息存在但成绩不存在,更新成绩失败。另外,一些功能可能被重复测试,所以,如何对被测试软件进行功能的合理"划分"很重要。再例如,对于银行系统的测试,可以把银行系统的账户看成一个集合,而不同的账户类型可以看成该集合的不同子集,对不同账户的子集的划分是对不同账户进行功能性测试的完备性和无冗余性的体现。

A.2 函　　数

函数表示每个输入值对应唯一输出值的一种对应关系。函数f中对应输入值x的输出值的标准符号为$f(x)$。包含某个函数所有输入值的集合被称作这个函数的定义域,包含所有输出值的集合被称作值域。若先定义映射的概念,可以简单定义函数为:定义在非空数集之间的映射称为函数。函数是软件开发和测试的重要核心概念,所有功能性测试的基础都是函数。

可以将函数看成"黑盒",它将有效的输入值转换为唯一的输出值。通常将输入值称作函数的参数,将输出值称作函数的值。例如,可以把网上订票系统看成函数,其中的订票时间、起止地点、乘机人等信息是函数的输入,函数的输出可能是相关显示信息和机票。

软件或程序都可以看作是将其输入与输出关联起来的函数。用数学公式表示函数,输入是函数的定义域,输出是函数的值域。其定义如下:

给定的集合 A 和 B,函数 f 是 $A \times B$(A 与 B 的笛卡儿积)的一个子集,使得对于 a_i、$a_j \in A$,b_i、$b_j \in B$,对于 $f(a_i) = b_i$,$f(a_j) = b_j$,若 $b_i \neq b_j$,则推出 $a_i \neq a_j$。

在上面的定义中,输入值的集合 A 被称为 f 的定义域;可能的输出值的集合 B 被称为 f 的对映域。函数的值域是指定义域中全部元素通过映射 f 得到的实际输出值的集合。注意,把对映域称作值域是不正确的,函数的值域是函数的对映域的子集。

在计算机科学中,参数和返回值的数据类型分别确定了程序、子程序、模块的定义域和对映域。因此,定义域和对映域是函数一开始就确定的强制约束。另外,值域和程序、子程序和模块的具体实现有关。

函数可分为:

(1)单射函数:将不同的变量映射到不同的值。即若 x 和 y 属于定义域,则仅当 $x = y$ 时有 $f(x) = f(y)$。

(2)满射函数:其值域即为其对映域。即对映射 f 的对映域中的任意 y,都存在至少一个 x 满足 $f(x) = y$。

(3)双射函数:既是单射的又是满射的,也叫一一对应。双射函数经常被用于表明集合 x 和 y 是等势的,即有一样的基数。如果在两个集合之间可以建立一个一一对应关系,则说这两个集合等势。

在实际的测试中,软件、程序、子程序、模块和单射函数、满射函数及双射函数具有相似的对应关系,对于测试有很重要的启发。

复合函数在软件开发中也有着很多实践意义。假设有下列集合和函数,使得一个函数的值域是另一个函数的定义域:

$$f : A \rightarrow B$$
$$g : B \rightarrow C$$
$$h : C \rightarrow D$$

设 $a \in A$、$b \in B$、$c \in C$、$d \in D$,并且 $f(a) = b$、$g(b) = c$、$h(c) = d$,则函数 h、g 和 f 的复合为:

$$h \cdot g \cdot f(a) = h(g(f(a))) = h(g(b)) = h(c) = d$$

例如,一个软件系统,通过销售人员的销售额、请假次数、级别和工作时间长短作为标准进行定量考评,根据考评结果来计算年终奖,这就是一个复合函数问题:

$$F_1(销售额,请假次数,级别,工作时间长短) = 考评结果$$

$$F_2(考评结果) = 年终奖$$

由于复合函数会出现定义域/值域兼容性的问题,即上面复合函数 $g(b)$ 中 b 可能取多个值的问题,这可能会对测试人员造成困扰。对于测试人员有帮助的一面是,对于给定函数,其逆函数能充当某种"交叉检查"的角色,而这常常有助于功能性测试用例的设计。

A.3 关　　系

从哲学的角度,关系是反映事物及其特性之间的相互联系,是不同事物、特性的一种统一形式。世界上的任何事物都同它周围的事物相互联系,这种联系表明它们彼此存在一致性、共同性,在此基础上形成不同的事物、特性的统一形式,即表现为一定的关系。诸如家庭关系、社会关系、人际关系、组织关系和社团关系等。就人而言,可以说没有人不处在各种关系交织的网络之中。

从数学的角度,对于函数,规定定义域元素不能与多个值域元素关联,"函数"意味着事物之间存在着某种确定的关系表示。并不是所有关系都是严格意义上的函数,如果将零件种类和产品的关系看作是零件种类集合与产品集合之间的映射,一种零件可以装配多种产品,一种产品有多种类型的零件装配,这是一种多对多的映射。而函数与关系都是以集合论为基础的。

函数是关系的一种特例,两者都是笛卡儿积的子集。

集合之间的关系定义如下:

给定两个集合 A 和 B,关系 R 是笛卡儿积 $A \times B$ 的一个子集。

如果希望描述整个关系,则通常只写 $R \subseteq A \times B$。对于特定元素 $a_i \in A$、$b_i \in B$,记作 $a_i R b_i$。有关关系的详细论述这里从略,我们更有兴趣的是,在计算机领域,关系是数据建模和面向对象分析的基础,也是软件测试用例设计的依据。

下面解释一个术语:势。势在用于集合时,是指集合中的元素的个数。由于关系也是集合,因此可以期望关系的势是指有多少有序对偶在集合 $R \subseteq A \times B$ 中。但是,实际上并非如此。关系的势的定义为:

给定两个集合 A 和 B,一个关系 $R \subseteq A \times B$,关系 R 的势如下。

- 一对一势:当且仅当 R 是 A 到 B 的一对一函数。
- 多对一势:当且仅当 R 是 A 到 B 的多对一函数。
- 一对多势:当且仅当至少有一个元素 $a \in A$ 在 R 中的两个有序对偶中,即 $<a, b_i> \in R$ 和 $<a, b_j> \in R$。
- 多对多势:当且仅当至少有一个元素 $a \in A$ 在 R 中的两个有序对偶中,即 $<a, b_i> \in R$ 和 $<a, b_j> \in R$。并且至少有一个元素 $b \in A$ 在 R 中的两个有序对偶中,即 $<a_i, b> \in R$ 和 $<a_j, b> \in R$。

函数映射到值域上或值域之间的差别可以与关系类比,这就是参与的概念,其定义为,给定两个集合 A 和 B,一个关系 $R \subseteq A \times B$,关系 R 的参与是:

- 全参与:当且仅当 A 中的所有元素都在 R 的某个有序对偶中。
- 部分参与:当且仅当 A 中有元素不在 R 的某个有序对偶中。
- 上参与:当且仅当 B 中的所有元素都在 R 的某个有序对偶中。
- 中参与:当且仅当 B 中有元素不在 R 的某个有序对偶中。

通俗的理解就是:如果关系适用于 A 的每个元素,则关系是全参与;如果关系不适用于 A 的所有元素,则关系是部分参与。描述这种差别的另一种方式是强制参与和可选参与。类似地,如果关系适用于 B 的每一个元素,关系是上参与;如果关系不适用于 B 的所有元素,关系是中参与。全参与/部分参与和上参与/中参与都具有平行性。平行集合就是要求在关系上有方向,但是事实上不需要这种方向性。部分原因是因为笛卡儿积是由有序对偶组成的,明显地拥有第一和第二元素。

以上的讨论只考虑了两个集合之间的关系。将关系扩展到三个或更多集合,要比纯粹的笛卡儿积复杂。有三个集合 A、B、C,以及一个关系 $R \subseteq A \times B \times C$。希望关系严格地定义在三个元素上,或是定义在一个元素和一个有序对偶上。由此,还会涉及势和参与的定义。对于参与来说是直接而简明的,但是势是二元性质的。这就需要对此有充分、细致的考虑。在设计测试用例时,期望测试用例和规格说明可以实现在对偶之间有某种形式的全参与。

软件测试人员需要理解关系的定义,关系的定义直接与被测软件性质有关。在基于输出的功能测试中,有必要了解上参与和中参与的差别并灵活应用到实际的软件测试中,给测试用例的设计带来启发。

除以上讨论的关系外,还要讨论两个比较重要的关系,即排序关系和等价关系。二者的共同点是都定义在单个集合上,都使用了关系的具体性质。

设 A 是一个集合,$R \subseteq A \times A$ 是定义在 A 上的一个关系,$<a,a>,<a,b>,<b,a>,<b,c>,<a,c> \in R$。关系 $R \subseteq A \times A$ 具有 4 个特殊属性,定义如下:

- 自反性:当且仅当所有 $a \in A$,$<a,a> \in R$。
- 对称性:当且仅当 $<a,b> \in R \Longrightarrow <b,a> \in R$。
- 反对称性:当且仅当 $<a,b> \in R$,$<b,a> \in R \Longrightarrow a=b$。
- 传递性:当且仅当 $<a,b> \in R$,$<b,c> \in R \Longrightarrow <a,c> \in R$。

家庭关系是反映这 4 个特性的很好的例子。

下面详细介绍排序关系和等价关系:

- 关系 $R \in A \times A$ 是排序关系,如果 R 满足自反性、反对称性和传递性。

排序关系有方向,简单的像 $\leqslant$、$\geqslant$ 等。自反性就是"不比……小""不比……大"。排序关系在软件中常常会被用到,比如在数据库、数据结构中就有涉及。常见的排序关系的应用有数据访问、树状结构和数组等。如给定集合的幂集合就是给定集合的所有子集的集合(包括全集和空集)。集合 A 的幂集合记作 $P(A)$。子集关系 $\subseteq$ 是 $P(A)$ 上的一种排序关系,因为它是自反的,任何集合都是其自身的一个子集。它同时也是反对称的,就是说集合本身是相等的,并且它还是传递的。

- 关系 $R \in A \times A$ 是等价关系,如果 R 满足自反性、对称性和传递性。

等价关系也是常见的关系,相等和重叠就是两个立即可以想到的例子。假设有集合 B 上的某个划分 $A_1,A_2,\cdots,A_n$,我们说 B 的两个元素 b_1 和 b_2 是相关的(即 $b_1 R b_2$)。如果 b_1 和 b_2 是在相同的划分元素中,这个关系是自反的(任何元素都在其自己的划分中)、是对称的(如果 b_1 和 b_2 是在某个划分元素中,那么 b_2 和 b_1 也是在这个划分元素中)、是传递的(b_1 和 b_2 是在同一个集合中,b_2 和 b_3 也在同一个集合中,则 b_1 和 b_3 在同一个集合中)。通过划分定义的关系叫作由划分归纳的等价关系。逆过程也同样存在。如果从定义在一个集合上的等价关系开始,则可以根据与该等价关系相关的元素定义子集,这就是划分,叫作由等价关系归纳的划分。这种划分得出的集合叫作等价类。最终结果是划分和等价关系可以相互交换,而这一点对于测试人员来说是很重要的概念。划分有两个性质,即完备性和无冗余性。在测试领域中,划分的两个性质是对软件测试的广度的最好的证明。不仅如此,只测试等价类中的一个元素,并假设剩余的元素有类似的测试结果,可大大提高测试效率。

另外,如相似三角形的关系、所有居住在城市某区居民之间的关系也是等价关系。

A.4 命题逻辑

集合论和命题逻辑具有一种鸡和蛋的关系,即很难确定应该先讨论哪一个。命题对于命题逻辑来说是一个原始的概念,不能在命题逻辑的范围内给出它的精确定义,只能描述它的性质。命题也是基本术语,像集合一样不能定义。凡是能分辨其真假的语句都叫作命题。而且命题是无歧义的,命题要么是真要么是假,给定一个命题,总能确定其真假。命题必须为陈述句,不能为疑问句、祈使句、感叹句等。

通常采用小写字母 p、q 和 r 表示命题。命题逻辑有和集合论相似的操作、表达式和标识。命题的真值只有两种,T 代表真,而 F 代表假。

不能分成更简单的陈述句的命题为简单命题或原子命题,否则称为复合命题。例如,天下着雨;所有的金属都是导电的;所有的新闻报道都不是真实的;圆是平面上一动点围绕一定点作等距离运动所留下的轨迹。这些均为原子命题。天下着雨,并且地上是湿的;天没下雨,地上是湿的;如果天下雨,那么地上是湿的。这些均是复合命题。复合命题使用命题联结词联结简单命题而得到。三种基本的逻辑操作符是与($\land$)、或($\lor$)、非($\lnot$)。这些操作符有时又叫作合取、析取和非。非是唯一的一元逻辑操作符,其他都是二元操作符。联结词的定义如下:

- 设 p 是任意命题,复合命题"非 p"称为 p 的否定(非),记为 $\lnot p$。
- 设 p 和 q 是任意命题,复合命题"p 且 q"称为 p 和 q 的合取(与),记为 $p \land q$。
- 设 p 和 q 是任意命题,复合命题"p 或 q"称为 p 和 q 的析取(或),记为 $p \lor q$。
- 设 p 和 q 是任意命题,复合命题"如果 p 则 q"称为 p 单条件 q,记为 $p \rightarrow q$。
- 设 p 和 q 是任意命题,复合命题"p 当且仅当 q"称为 p 与 q 的双条件,记为 $p \leftrightarrow q$。

复合命题与简单命题之间的真值关系如表 A-1 所示,其中 0 代表假,1 代表真。

表 A-1　简单命题和复合命题真值表

p	q	$\lnot p$	$p \land q$	$p \lor q$	$p \rightarrow q$	$p \leftrightarrow q$
1	1	0	1	1	1	1
1	0	0	0	1	0	0
0	1	1	0	1	1	0
0	0	1	0	0	1	1

$p \lor q$ 的逻辑关系是 $p \lor q$ 为真,当且仅当 p 和 q 中至少有一个为真。但自然语言中的"或"既可能具有相容性,也可能具有排斥性。命题逻辑中采用了"或"的相容性。

命题公式的真值只与命题公式中所出现的命题变量的真值赋值有关,如果命题公式中含有 n 个命题变量,则对这些命题变量的真值赋值共有 2^n 种不同情况,可通过一个表列出在这所有情况下命题公式的真值,这种表称为该命题公式的真值表。给定一个逻辑表达式,总能通过由括号确定的顺序"构造出"真值表,如表达式 $((p \lor q) \rightarrow ((\lnot \rightarrow p) \leftrightarrow (q \land r)))$ 具有表 A-2 所示的真值表。

表 A-2 命题公式的真值表举例

p	q	r	$(p \vee q)$	$(\neg p)$	$(q \wedge r)$	$((\neg p) \leftrightarrow (q \wedge r))$	$((p \vee q) \rightarrow ((\neg p) \leftrightarrow (q \wedge r)))$
0	0	0	0	1	0	0	1
0	0	1	0	1	0	0	1
0	1	0	1	1	0	0	0
0	1	1	1	1	1	1	1
1	0	0	1	0	0	1	1
1	0	1	1	0	0	1	1
1	1	0	1	0	0	1	1
1	1	1	1	0	1	0	0

由命题公式的真值表(如表 A-2 所示)可以得到命题公式的分类:

- 如果命题公式 A 在任意的真值赋值函数下的真值 $t(A)$ 都为 1,则称命题公式 A 为永真式(Tautology)(或称重言式)。
- 如果命题 A 在任意的真值赋值函数下的真值都为 0,则称 A 为矛盾式(Contradiction)。
- 如果 A 不是矛盾式,则称为可满足式。

下面讨论逻辑等价。具有相同真值表的两个逻辑表达式,不管基本命题取什么真值,这些表达式都永远具有相同的真值,定义为:

两个命题 p 和 q 是等价的(记作 $p \Leftrightarrow q$),当且仅当真值表相同。

"当且仅当"有时记作双向条件,因此,命题 p 当且仅当 q 实际上是 $(p \rightarrow q) \wedge (q \rightarrow p)$,记作 $p \leftrightarrow q$。所以也可以这样定义:

设 p,q 是两个命题公式,如果 $p \leftrightarrow q$ 是永真式,则称命题公式 p 和 q 是等价的,记作 $p \Leftrightarrow q$。

使用真值表,不难证明下面的定理。

【定理】 设 p、q、r 是任意的命题公式,有:

双重否定律:$p \Leftrightarrow \neg(\neg p)$

等幂律:$p \Leftrightarrow p \vee p$ $p \Leftrightarrow p \wedge p$

交换律:$p \vee q \Leftrightarrow q \vee p$ $p \wedge q \Leftrightarrow q \wedge p$

结合律:$(p \vee q) \vee q \Leftrightarrow p \vee (q \vee q)$ $(p \wedge q) \wedge q \Leftrightarrow p \wedge (q \wedge q)$

分配律:$p \vee (q \wedge r) \Leftrightarrow (p \vee q) \wedge (p \vee r)$ $p \wedge (q \vee r) \Leftrightarrow (p \wedge q) \vee (p \wedge r)$

德摩根律:$\neg(p \vee q) \Leftrightarrow (\neg p) \wedge (\neg q)$ $\neg(p \wedge q) \Leftrightarrow (\neg p) \vee (\neg q)$

吸收律:$p \vee (p \wedge q) \Leftrightarrow p$ $p \wedge (p \vee q) \Leftrightarrow p$

零律:$p \vee 1 \Leftrightarrow 1$ $p \wedge 0 \Leftrightarrow 0$

同一律:$p \vee 0 \Leftrightarrow p$ $p \wedge 1 \Leftrightarrow p$

排中律:$p \vee (\neg p) \Leftrightarrow 1$

矛盾律:$p \wedge (\neg p) \Leftrightarrow 0$

蕴涵等值式:$p \rightarrow q \Leftrightarrow (\neg p) \vee q$

等价等值式:$p \leftrightarrow q \Leftrightarrow (p \rightarrow q) \wedge (q \rightarrow p)$

假言易位:$p \rightarrow q \Leftrightarrow (\neg q) \rightarrow (\neg p)$

等价否定等值式:$p \leftrightarrow q \Leftrightarrow (\neg p) \leftrightarrow (\neg q)$

归谬论:$(p \rightarrow q) \wedge (p \rightarrow (\neg q)) \Leftrightarrow \neg p$

上述定理中的 0 代表真值为 0 的任意命题常量,而 1 代表真值为 1 的任意命题常量。

A.5 概　率　论

概率论是研究随机现象数量规律的数学分支。随机现象是相对于决定性现象而言的。在一定条件下必然发生某一结果的现象称为决定性现象。例如在标准大气压下,纯水加热到100℃时水必然会沸腾等。随机现象则是指在基本条件不变的情况下,经过一系列试验或观察会得到不同结果的现象。每一次试验或观察前,不能肯定会出现哪种结果,呈现出偶然性。例如,掷一枚硬币,可能出现正面或反面;在同一工艺条件下生产出的灯泡,其寿命长短参差不齐等。随机现象的实现和对它的观察称为随机试验。随机试验的每一个可能结果称为一个基本事件,一个或一组基本事件统称随机事件,或简称事件。事件的概率则是衡量该事件发生的可能性的量度。虽然在一次随机试验中某个事件的发生是带有偶然性的,但那些可在相同条件下大量重复的随机试验却往往呈现出明显的数量规律。例如,连续多次掷一枚均匀的硬币,出现正面的频率随着投掷次数的增加逐渐趋向于 1/2。又如,多次测量一物体的长度,其测量结果的平均值随着测量次数的增加,逐渐稳定于一常数,并且诸测量值大都落在此常数的附近,其分布状况呈现中间多、两头少及某程度的对称性。大数定律及中心极限定理就是描述和论证这些规律的。在实际生活中,人们往往还需要研究某一特定随机现象的演变情况的随机过程。例如,微小粒子在液体中受周围分子的随机碰撞而形成不规则的运动(即布朗运动),这就是随机过程。随机过程的统计特性、计算与随机过程有关的某些事件的概率,特别是研究与随机过程样本轨道(即过程的一次实现)有关的问题是现代概率论的主要课题。

在软件测试领域,如研究语句执行特定路径的概率时需要使用概率论。例如,执行路径有很多条,甚至无数条,和具体的业务结合后哪些执行路径的业务概率高,这是测试人员必须研究的问题。这里介绍概率论的初步知识和测试中用到的一些概念。

概率是随机事件发生的可能性的数量指标。在独立随机事件中,如果某一事件在全部事件中出现的频率在更大的范围内比较明显地稳定在某一固定常数附近,就可以认为这个事件发生的概率为这个常数。任何事件的概率值一定为 0～1。

下面讨论基本概念,即事件的概率。

事件的概率是指结果可能性相等的有限样本空间 S 中的事件 E 的概率,就是 $p(E) = |E|/|S|$。

这个定义依赖输出结果的经验,样本空间是所有可能结果的集合,事件是结果的子集。作为测试人员,我们关心发生了的事情,把这些事情叫作事件,并称所有事件的集合是我们的论域(全集)空间。接下来,用命题定义事件,使得命题能够引用论域空间中的元素。现在,对于某个论域空间 U 和某个关于 U 的元素的命题 p,有以下定义:

命题 p 的真值集合 T 记作 $T(p)$,它是 p 为真的论域空间 U 中所有元素的集合。

命题要么是真,要么是假,因此命题 p 将论域空间划分为两个子集,即 $T(p)$ 和 $(T(p))'$,二者的并集为 U。

下面给出有关概率的一些定理,这些定理涉及给定论域空间、命题 p 和 q,真值集合 $T(p)$ 和 $T(q)$,p 为直的概率记作 $\Pr(p)$:

- $\Pr(\rightharpoondown p) = 1 - \Pr(p)$
- $\Pr(p \mid q) = \Pr(p) \times \Pr(q)$
- $\Pr(p \mid q) = \Pr(p) + \Pr(q) - \Pr(p \mid q)$

以上定理结合了集合论和命题恒等式,为操作概率表达式提供了强有力的代数能力。

有一类随机事件,它具有两个特点:第一,只有有限个可能的结果;第二,各个结果发生的可能性相同。具有这两个特点的随机现象叫作"古典概率"。

在客观世界中,存在大量的随机现象,随机现象产生的结果构成了随机事件。如果用变量来描述随机现象的各个结果,就叫作随机变量。随机变量有有限和无限的区分,一般又根据变量的取值情况分成离散型随机变量和非离散型随机变量。一切可能的取值能够按一定次序一一列举,这样的随机变量叫作离散型随机变量;如果可能的取值充满了一个区间,无法按次序一一列举,这种随机变量就叫作非离散型随机变量。

随机变量和随机测试有着紧密的关系,假设被测软件是一个函数,其有 n 个输入变量,那么 n 个变量的 m 个随机数的组合就是不同的测试用例的组合。

A.6 图 论

图论是拓扑学的一个分支。对于计算机科学来说,图论在算法设计等领域有着广泛的应用。它是以图为研究对象,研究结点和边组成图形的数学理论和方法。图论中的图是由若干给定的点及连接两点的边所构成的图形,这种图形通常用来描述某些事物之间的某种特定关系,用点代表事物,用连接两点的边表示相应两个事物间具有某种关系。

在测试中通常使用两种基本图:无向图和有向图,而后者是前者的特例。下面首先介绍无向图,之后讨论有向图时就可以继承很多概念。

下面给出一些基本概念。

图(又叫作线性图)是一种由两个集合定义的抽象数据结构,即一个结点集合和一个构成结点之间连接的边集合。图的更形式化的定义如下:

图 $G=(V,E)$ 由结点的有限(并且非空)集合 $V=\{n_1,n_2,\cdots,n_m\}$ 和结点无序对偶集合 $E=\{e_1,e_2,\cdots,e_p\}$ 组成。其中每条边 $e_k=\{n_i,n_j\}$,n_i、$n_j\in V$。

结点有时又叫作顶点,边有时又叫作弧,有时又把结点叫作弧的端点。通常用圆圈表示结点,用结点对之间的连线表示边。通常把结点看作是程序语句,用各种边表示控制流或定义/使用关系。

图中结点的度是以该结点作为端点的边的条数。

1. 有向图

若图 G 中的每条边都是有方向的,则称 G 为有向图(Digraph)。有向边的表示:在有向图中,一条有向边是由两个顶点组成的有序对,有序对通常用尖括号表示。有向边也称为弧(Arc),边的始点称为弧尾(Tail),终点称为弧头(Head)。例如:$<v_i,v_j>$ 表示一条有向边,v_i 是边的始点(起点),v_j 是边的终点。因此,$<v_i,v_j>$ 和 $<v_j,v_i>$ 是两条不同的有向边。有向图的表示:如图 A-2 所示的有向图,图中边的方向是用从始点指向终点的箭头表示的,该图的顶点集和边集分别为:

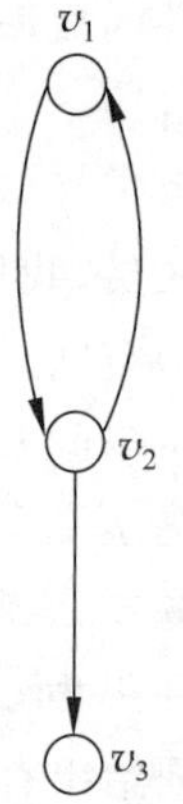

图 A-2 有向图示例

$$V(G_1)=\{v_1,v_2,v_3\}$$
$$E(G_1)=\{<v_1,v_2>,<v_2,v_1>,<v_2,v_3>\}$$

2. 无向图

若图 G 中的每条边都是没有方向的,则称 G 为无向图(Undigraph)。无向边的表示:无向图中的边均是顶点的无序对,无序对通常用圆括号表示。例如,无序对 (v_i, v_j) 和 (v_j, v_i) 表示同一条边。无向图的表示:如图 A-3 所示的 G_2 和 G_3 无向图,它们的顶点集和边集分别为:

$$V(G_2) = \{v_1, v_2, v_3, v_4\}$$
$$E(G_2) = \{(v_1, v_2), (v_1, v_3), (v_1, v_4), (v_2, v_3), (v_2, v_4), (v_3, v_4)\}$$
$$V(G_3) = \{v_1, v_2, v_3, v_4, v_5, v_6, v_7\}$$
$$E(G_3) = \{(v_1, v_2), (v_l, v_3), (v_2, v_4), (v_2, v_5), (v_3, v_6), (v_3, v_7)\}$$

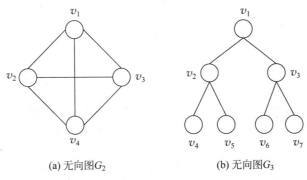

(a) 无向图 G_2 (b) 无向图 G_3

图 A-3   无向图 G_2 和 G_3

3. 其他三种图

程序图、有限状态机和状态图这三种图在软件测试中被广泛应用。程序图主要用于单元测试层次,其他两种图则适合用来描述系统级行为,设计系统级的测试用例,当然也可以用于较低层次的测试。

1) 程序图

程序图是图论在软件测试中最常见的使用工具。程序图的传统定义是:结点是程序语句,边表示控制流(从结点 i 到结点 j 有一条边,当且仅当对应结点 j 的语句可以立即在结点 i 对应的语句之后执行)。经过改进的程序图定义为:结点要么是整个语句,要么是语句的一部分,如程序图中的结点可能表示 if 语句、case 语句中的一个分支语句。边表示控制流(从结点 i 到结点 j 有一条边,当且仅当对应结点 j 的语句或语句的一部分,可以立即在结点 i 对应的语句或语句的一部分之后执行)。程序的有向图公式会为软件测试提供帮助,如在单元测试级别,结点表示语句或语句第一部分;在集成测试级别,结点表示一个模块或一个类(对象);在系统测试级别,结点表示系统的功能。程序图中的串行、选择和循环等可以用图 A-4 所示的有向图来表示。

当把这些程序的基本结构用于被测试程序中的时候,对应的图会存在嵌套、压缩。根据单入口单出口的评判准则,要求在程序图中有唯一的原结点和唯一的汇结点。事实上,非结构化的“空心结点”会产生非常复杂的程序图。例如,goto 语句会引入边,当 goto 语句用于跳入或跳出循环时,所产生的程序图甚至更复杂。在这个方面最早进行研究的学者之一是 Thomas McCabe,他用图的圈数衡量程序复杂度而使之成为普遍采用的指标。当执行程序时,所执行的语句构成程序图中的一条路经。由于环路和判断的存在大大增加了可能的路径数,因此需要对程序图进行研究以减少被测试的路径,同时又能保证测试的效果,达到某种要求的覆盖。

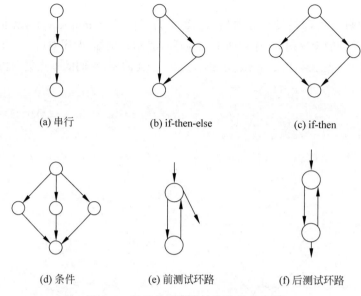

(a) 串行　　　　　　(b) if-then-else　　　　　　(c) if-then

(d) 条件　　　　　　(e) 前测试环路　　　　　　(f) 后测试环路

图 A-4　结构化程序设计构造的有向图

程序图存在的问题是如何处理非执行语句,例如注释和数据说明语句。最简单的回答是不考虑这些语句。

2) 有限状态机

有限状态机已经成为需求规格说明的一种非常有效的建模表示方法。所有结构化分析的实时扩展,都要使用某种形式的有限状态机,并且几乎所有形式的面向对象分析也都要使用有限状态机。有限状态机是一种有向图,其中状态是结点,转移是边。初始结点称为源结点,终止结点可称为汇结点,路径被建模为通路等。大多数有限状态机的表示方法都要为边(转移)增加信息,以指示转移的原因和作为转移的结果要发生的行动。

图 A-5 所示是一个简单的自动柜员机(Simple Automatic Teller Machine,SATM)系统。该图描述 ATM 系统用户输入密码时的部分有限状态机。这种机器包含 5 个状态(空闲、等待第一次 PIN 输入尝试等)和 8 个用边表示的转移。转移上的标签所遵循的规则是:"分子"是引起转移的事件,"分母"是与该转移关联的行为。事件必须标明,即转移不能无原因地发生,但是可以没有行动。有限状态机是表示可能发生的各种事件,以及事件发生后可能的结果的表示。假设客户只能有三次输入密码的机会。假设第一次输入正确,系统会有输出行为,并做出相应的提示。如果输入的 PIN 不正确,则机器会进入一个不同的状态,等待第二次尝试。第二次 PIN 尝试状态转移时的事件和行为,与第一次转移的事件和行为相同。这就是有限状态机保留过去事件历史的方式。

有限状态机是程序或系统的执行路径,由于状态的转移是由事件触发的,当某事件发生后,将从一种状态转移到另外一种状态,即程序或系统"处于"一定状态。如果程序或系统建模为有限状态机,则某活动状态是指"我们所处"的状态。一般情况下,有限状态机可能有一个初始状态,即最初进入该有限状态机时是活动的状态。

在任何时间一次只能有一个状态是活动的。还可以把转移看作是瞬间发生,引起转移的时间也是一次发生一个。为了执行有限状态机,要从初始状态开始,并提供引起状态转换的事件序列。每次事件发生时,转移都会改变活动状态,并发生新的事件。通过这种方式,一系列事件就会选择通过有限状态机的状态路径,这些路径提供了设计测试用例的分析依据,可以依据这些状态路径设计测试用例,或者依据状态图的结点覆盖或边覆盖来设计测试用例以达到状态图的结点覆盖和边覆盖。

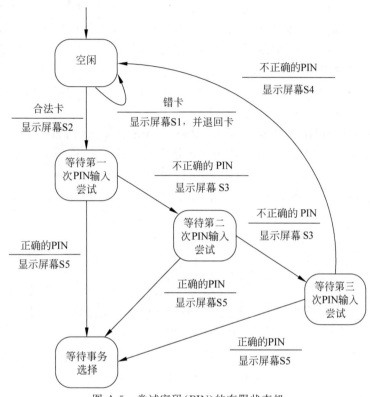

图 A-5　尝试密码(PIN)的有限状态机

3) 状态图

David Harel 在开发状态图表示法时有两个目标:将具有描述测试层次结构能力的维恩图和描述连接性能力的有向图结合在一起,开发出一种可视化的表示方法(Harel,1998)。这些能力为一般有限状态机的"状态爆炸"问题提供了一种理想的解决方案。所产生的结果是一种非常精确的标记,并且能够由商业化的 CASE 工具提供支持,如著名的工具有 iLogix 公司的 StateMate 系统。状态图也被 Rational 公司(已被 IBM 公司收购)选为统一建模语言之一,即 UML 的控制模型。在 UML 中状态图可以用于描述类、系统等的状态。

Harel 使用与方法无关的术语"团点"表示状态图的基本构建块,团点可以像维恩图显示集合包含那样包含其他团点。团点还可以像在有向图中连接结点一样通过边连接其他团点。在图 A-6 中,团点 A 包含 B 和 C 两个团点,通过边连接,团点 A 通过边与团点 D 连接。

根据 Harel 的意图,可以把团点解释为状态,把边解释为转移。完整的状态图支持详细的描述语言,定义转移如何发生和什么时候发生。与一般有限状态机相比,状态图能够以更详细的方式运行。执行状态图需要使用与 Petri 网(有关 Petri 网,读者可以查阅相关文献)标记类似的概念。状态图的"初始状态"由没有源状态的边表示。当状态嵌入在其

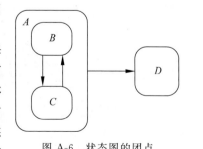

图 A-6　状态图的团点

他状态内部时,使用同样的方式显示低层初始状态。在图 A-7 中,状态 A 是初始状态,当进入这个状态时,也进入低层状态 B。当进入某个状态时,可以认为该状态是活动的,这可与 Petri 网中的被标记地点类比。状态图工具采用色彩表示哪个状态是活动的,等效于 Petri 网中的标记地点。图 A-7 中有一些微妙的地方,从状态 A 转移到状态 D 初看起来是有歧义的,因为它没有区分状态 B 和 C。我们的约定,边必须开始和结束于状态的周围。如果状态包含子状态,就像图中的 A 一样,边会"引用"所有的子状态。因此,从 A 到 D 的边意味着转移可以从状态 B 或从状态 C 来发生。如果有从状态 D 到状态 A 的边,如图 A-8 所示,则用 B 来表示初始状态这个事实,意味着转移实际上是从状态 D 到状态 B。这种约定可以大大减缓有限状态机向"空心代码"发展的趋势。

最后介绍一个状态图的特性即并发状态图。图 A-9 中状态 D 的虚线用于表示状态 D 实际上引用 E 和 F 两个并发状态。Harel 的约定是将状态标签 D 移到该状态周边的矩形标号上。虽然这里没有显示出来,但是可以把 E 和 F 想象为并发执行的平行机器。由于从状态 A 出来的边在状态 D 的周边终止,因此当转移发生时,机器 E 和 F 都是活动的,即被标记。

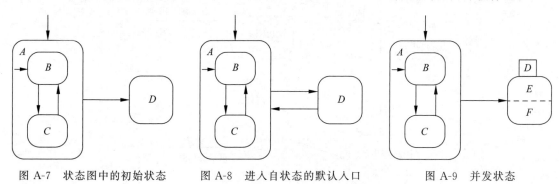

图 A-7 状态图中的初始状态   图 A-8 进入自状态的默认入口   图 A-9 并发状态

附录 B 软件测试中英文术语对照表

软件测试中英文术语对照如表 B-1 所示。

表 B-1 软件测试中英文术语对照

英 文 术 语	中 文 术 语	对应的说明
Abstract Test Case	抽象测试用例	参见 High Level Test Case
Acceptance	验收	参见 Acceptance Testing
Acceptance Criteria	验收准则	为了满足组件或系统使用者、客户或其他授权实体的需要,组件或系统必须达到的准则(IEEE 610)
Acceptance Testing	验收测试	一般由用户/客户进行的确认是否可以接受一个系统的验证性测试;是根据用户需求、业务流程进行的正式测试,以确保系统符合所有验收准则(与 IEEE 610 一致)
Accessibility Testing	可达性测试	测试残疾人或不方便的人使用软件或者组件的容易程度。即被测试的软件是否能够被残疾人士或者部分有障碍人士正常使用,这其中也包含了正常人在某些时候发生暂时性障碍的情况下正常使用,如怀抱婴儿等
Accuracy	准确性	软件产品提供的结果的正确性、一致性和精确程度的能力(ISO 9126)。参见 Functionality Testing
Actual Outcome	实际结果	参见 Actual Result
Actual Result	实际结果	组件或系统测试之后产生或观察到的行为
Ad Hoc Review	临时评审	非正式评审(和正式的评审相比)
Ad Hoc Testing	随机测试	非正式的测试执行。既没有正式的测试准备、规格设计和技术应用,也没有期望结果和必须遵循的测试执行指南
Adaptability	适应性	软件产品无须进行额外修改,而适应不同特定环境的能力(ISO 9126)。参见 Probability
Agile Testing	敏捷测试	对使用敏捷方法,如极限编程开发的项目进行的软件测试,强调测试优先行的设计模式,见 Test Driven Development
Algorithm Test (Tmap)	算法测试	参见 Branch Testing
Alpha Testing	Alpha 测试/α 测试	由潜在用户或者独立的测试团队在开发环境下或者模拟实际操作环境下进行的测试,通常在开发组织之外进行。通常是对现货软件(COTS)进行内部验收测试的一种方式

英文术语	中文术语	对应的说明
Analyzability	可分析性	软件产品缺陷或运行失败原因可被诊断的能力,或对修改部分的可识别能力(ISO 9126)。参见 Maintainability.
Analyzer	分析器	参见 Static Analyzer
Anomaly	异常	任何和基于需求文档、设计文档、用户文档、标准或者个人的期望和预期之间偏差的情况都可以称为异常。异常可以在但不限于下面的过程中识别:评审(Review)、测试分析(Test Analysis)、编译(Compilation)、软件产品或应用文档的使用等。参见 Defect、Deviation、Error、Fault、Failure、Incident、Problem
Arc Testing	弧测试	参见 Branch Testing
Attractiveness	吸引力	软件产品吸引用户的能力(ISO 9126)。参见 Usability
Audit	审计	对软件产品或过程进行的独立评审,来确认产品是否满足标准、指南、规格说明书以及基于客观准则的步骤等,包括下面的文档:(1)产品的内容与形式;(2)产品开发应该遵循的流程;(3)度量符合标准或指南的准则(IEEE 1028)
Audit Trail	审计跟踪	以过程输出作为起点,追溯到原始输入(例如数据)的路径。有利于缺陷分析和过程审计的开展
Automated Testware	自动测试件	用于自动化测试中的测试件,如工具脚本
Availability	可用性	用户使用系统或组件的可操作和易用的程度,通常以百分比的形式出现(IEEE 610)
Back-To-Back Testing	比对测试	用相同的输入,执行组件或系统的两个或多个变量,在产生偏差的时候,对输出结果进行比较和分析
Baseline	基线	通过正式评审或批准的规格或软件产品。以它作为继续开发的基准。并且在变更的时候,必须通过正式的变更流程来进行(与 IEEE 610 一致)
Basic Block	基本块	一个或多个连续可执行的语句块,不包含任何分支语句
Basis Test Set	基本测试集	根据组件的内部结构或规格说明书设计的一组测试用例集。通过执行这组测试用例可以保证达到 100% 的指定覆盖准则(Coverage Criterion)的要求
Bebugging	错误散播	参见 Error Seeding
Behavior	行为	组件或系统对输入值和预置条件的反应
Benchmark Test	基准测试	(1)为使系统或组件能够进行度量和比较而制定的一种测试标准;(2)用于组件或系统之间进行的比较,或和(1)中提到的标准进行比较的测试(与 IEEE 610 一致)

英 文 术 语	中 文 术 语	对应的说明
Bespoke Software	定制软件	为特定的用户定制开发的软件。与之对比的是现货软件(Off-The-Shelf Software)
Best Practice	最佳实践	在界定范围内,帮助提高组织能力的有效方法或创新实践,通常被同行业组织视为最佳的方法或实践
Beta Testing	Beta 测试(β 测试)	用户在开发组织外,没有开发人员参与的情况下进行的测试,检验软件是否满足客户及业务需求。这种测试是软件产品获得市场反馈进行验收测试的一种形式
Big-Bang Testing	大爆炸测试	非增量集成测试的一种方法,测试时将软件单元、硬件单元或者两者同时(而不是阶段性的)集成到组件或者整个系统中去进行测试(与 IEEE 610 一致)。参见 Integration Testing
Black-Box Technique	黑盒技术	参见 Black Box Test Design Technique
Black-Box Testing	黑盒测试	不考虑组件或系统内部结构的功能或非功能测试
Black-Box Test Design Technique	黑盒测试设计技术	基于系统功能或非功能规格说明书来设计或者选择测试用例的技术,不涉及软件内部结构
Bottom-Up Testing	自底向上测试	渐增式集成测试的一种,其策略是先测试底层的组件,以此为基础逐步进行更高层次的组件测试,直到系统集成所有的组件。参见 Integration Testing
Boundary Value	边界值	通过分析输入或输出变量的边界或等价划分(Equivalence Partition)的边界来设计测试用例,例如取变量的最大值、最小值、中间值、比最大值大的值、比最小值小的值等。
Boundary Value Analysis	边界值分析	一种黑盒设计技术(Black-Box Test Design Technique),基于边界值进行测试用例的设计
Boundary Value Coverage	边界值覆盖	执行一个测试套件(Test Suite)所能覆盖的边界值(Boundary Value)的百分比
Boundary Value Testing	边界值测试	参见 Boundary Value Analysis
Branch	分支	在组件中,控制从任何语句到其他任何非直接后续语句的一个条件转换,或者是一个无条件转换。例如 case、jump、go to、if-then-else 语句
Branch Condition	分支条件	参见条件(Condition)
Branch Condition Combination Coverage	分支条件组合覆盖	参见 Multiple Condition Coverage
Branch Condition Combination Testing	分支条件组合测试	参见 Multiple Condition Testing
Branch Condition Coverage	分支条件覆盖	参见 Condition Coverage
Branch Coverage	分支覆盖	执行一个测试套件(Test Suite)所能覆盖的分支(Branch)的百分比。100% 的分支覆盖(Branch Coverage)是指 100% 判定条件覆盖(Decision Coverage)和 100% 的语句覆盖(Statement Coverage)

英 文 术 语	中 文 术 语	对应的说明
Bug	缺陷	参见 Defect
Bug Report	缺陷报告	参见 Defect Report
Business Process-Based Testing	基于业务过程测试	一种基于业务描述和/或业务流程的测试用例设计方法
Capability Maturity Model (CMM)	能力成熟度模型	描述有效的软件开发过程关键元素的一个共 5 个等级的框架,能力成熟度模型包含了在软件开发和维护中计划、工程和管理方面的最佳实践(Best Practice),缩写为 CMM
Capability Maturity Model Integration (CMMI)	能力成熟度模型集成	描述有效的软件产品开发和维护过程的关键元素框架。能力成熟度模型集成包含了软件开发计划、工程和管理等方面的最佳实践,是 CMM 指定的继承版本
Capture/Playback Tool	捕获/回放工具	一种执行测试工具,能够捕获在手工测试过程中的输入,并且生成可执行的自动化脚本用于后续阶段的测试(回放过程)。这类工具通常使用在自动化回归测试(Regression Test)中
Capture/Replay Tool	捕获/回放工具	参见 Capture/Playback Tool
CASE	计算机辅助软件工程	Computer Aided Software Engineering 的首字母缩写
CAST	计算机辅助软件测试	Computer Aided Software Testing 的首字母缩写,参见 Test Automation。在测试过程中使用计算机软件工具进行辅助的测试
Cause-Effect Graph	因果图	用来表示输入(原因)与结果之间关系的图表,因果图可以用来设计测试用例
Cause-Effect Graphing	因果图技术	通过因果图(Case-Effect Graph)设计测试用例的一种黑盒测试设计技术
Cause-Effect Analysis	因果分析	参见因果图技术(Case-Effect Graphing)
Cause-Effect Decision Table	因果决策表	参见决策表(Decision Table)
Certification	认证	确认一个组件、系统或个人具备某些特定要求的过程,比如通过了某个考试
Changeability	可变性	软件产品适应修改的能力(ISO 9126),参见 Maintainability
Change Control	变更控制	参见 Configuration Control
Change Control Board	变更控制委员会 CCB	参见 Configuration Control Board
Checker	检验员	参见评审员(Reviewer)
Chow's Coverage Metrics	N 切换覆盖度量	参见 N 切换覆盖(N-Switch Coverage)
Classification Tree Method	分类树方法	运用分类树法进行的一种黑盒测试设计技术,通过输入和/或输出域的组合来设计测试用例
Code	代码	计算机指令和数据定义在程序语言中的表达形式,或是汇编程序、编译器或其他翻译器的一种输出形式
Code Analyzer	代码分析器	参见静态分析器(Static Code Analyzer)

英 文 术 语	中 文 术 语	对应的说明
Code Coverage	代码覆盖	一种分析方法,用于确定软件的哪些部分被测试套件(Test Suite)覆盖到,哪些部分没有。例如语句覆盖(Statement Coverage)、判定覆盖(Decision Coverage)和条件覆盖(Condition Coverage)
Code-Based Testing	基于代码的测试	参见 White Box Testing
Co-Existence	共存性	软件产品与通用环境下与之共享资源的其他独立软件之间共存的能力(ISO 9126)。参见可移植性(Portability)
Commercial Off-The-Shelf Software	商业现货软件	参见现货软件(Off-The-Shelf Software)
Comparator	比较器	参见 Test Comparator
Compiler	编译器	将高级命令语言编写的程序翻译成能运行的机器语言的工具(IEEE 610)
Complete Testing	完全测试	参见穷尽测试(Exhaustive Testing)
Completion Criteria	完成准则	参见退出准则(Exit Criteria)
Complexity	复杂性	系统或组件的设计和/或内部结构难于理解、维护或验证的程度。参见 Cyclomatic Complexity
Compliance	一致性	软件产品与法律和类似规定的标准、惯例或规则的一致性方面的能力(ISO 9126)
Compliance Testing	一致性测试	确定组件或系统是否满足标准的测试过程
Component	组件	一个可被独立测试的最小软件单元
Component Integration Testing	组件集成测试	为发现集成组件接口之间和集成组件交互产生的缺陷而执行的测试
Component Specification	组件规格说明	根据组件的功能定义为特定输入而应该产生的输出规格进行的功能性和非功能性行为的描述。例如资源使用(Resource Utilization)
Compound Condition	复合条件	通过逻辑操作符(and,or 或者 xor)将两个或多个简单条件连接起来,如 A > 0 and B < 1000
Concrete Test Case	具体测试用例	参见低阶测试用例(Low Level Test Case)
Concurrency Testing	并发测试	测试组件或系统的两个或多个活动在同样的间隔时间内如何交叉或同步并发(与 IEEE 610 一致)
Condition	条件	一个可被判定为真、假(True,False)的逻辑表达式。例如 A > B
Condition Combination Coverage	条件组合覆盖	参见多条件覆盖(Multiple Condition Coverage)
Condition Combination Testing	条件组合测试	参见多条件测试(Multiple Condition Testing)
Condition Coverage	条件覆盖	执行测试套件(Test Suite)能够覆盖到的条件百分比。100%的条件覆盖要求测试到每一个条件语句真、假(True,False)的条件
Condition Determination Coverage	条件决定覆盖	执行测试套件(Test Suite)覆盖到的能够独立影响判定结果的单个条件的百分比。100%的条件决定覆盖意味着 100%的判定条件覆盖
Condition Determination Testing	条件决定测试	一种白盒测试技术,是对能够独立影响决策结果的单独条件的测试

405

英 文 术 语	中 文 术 语	对应的说明
Condition Testing	条件测试	一种白盒测试技术,设计测试用例以执行条件的结果
Condition Outcome	条件结果	条件判定的结果,为真或假
Confidence Testing	置信测试	参见冒烟测试(Smoke Testing)
Configuration	配置	根据定义的数值、特性及其相关性综合设置一个组件或者系统
Configuration Auditing	配置审核	对配置库及配置项的内容进行检查的过程,比如检查标准的一致性(IEEE 610)
Configuration Control	配置控制	配置管理的一个方面,包括在正式配置完成之后对配置项进行评价、协调、批准或撤销,以及变更修改的控制(IEEE 610)
Configuration Control Board(CCB)	配置控制委员会	负责评估、批准或拒绝配置项修改的组织,此组织应确保被批准的配置修改的执行(IEEE 610)
Configuration Identification	配置标识	配置管理的要素之一,包括选择配置项,并在技术文档中记录其功能和物理特性(IEEE 610)
Configuration Item	配置项	配置管理中的硬件、软件或软硬件结合体的集合,在配置管理过程中通常被当作一个实体(IEEE 610)
Configuration Management	配置管理	一套技术和管理方面的监督原则,用于确定和记录一个配置项的功能和物理属性、控制对这些属性的变更、记录和报告变更处理和实现的状态,以及验证与指定需求的一致性(IEEE 610)
Configuration Management Tool	配置管理工具	支持对配置项进行识别、控制、变更管理、版本控制和发布配置项基线(Baseline)的工具(IEEE 610)
Configuration Testing	配置测试	参见可移植性测试(Portability Testing)
Confirmation Testing	确认测试	参见再测试(Re-Testing)
Conformance Testing	一致性测试	参见符合性测试(Compliance Testing)
Consistency	一致性	在系统或组件的各组成部分之间和文档之间无矛盾,一致,符合标准的程度(IEEE 610)
Control Flow	控制流	执行组件或系统中的一系列顺序发生的事件或路径
Control Flow Graph	控制流图	通过图形来表示组件或系统中的一系列顺序发生的事件或路径
Control Flow Path	控制流路径	参见路径(Path)
Conversion Testing	转换(移植)测试	用于测试已有系统的数据是否能够转换到替代系统上的一种测试
COTS	现货软件	Commercial Off-The-Shelf Software 的首字母缩写。参见 Off-The-Shelf Software
Coverage	覆盖	用于确定执行测试套件所能覆盖项目的程度,通常用百分比来表示
Coverage Analysis	覆盖分析	对测试执行结果进行特定的覆盖项分析,判断其是否满足预先定义的标准,是否需要设计额外的测试用例

英 文 术 语	中 文 术 语	对应的说明
Coverage Item	覆盖项	作为测试覆盖的基础的一个实体或属性,如等价划分(Equivalent Partitions)或代码语句(Code Statement)等
Coverage Tool	覆盖工具	对执行测试套件(Test Suite)能够覆盖的结构元素如语句(Statement)、分支(Branch)等进行客观测量的工具
Custom Software	定制软件	参见 Bespoke Software
Cyclomatic Complexity	圈复杂度	程序中独立路径的数量。一种代码复杂度的衡量标准,用来衡量一个模块判定结构的复杂程度,数量上表现为独立现行路径条数,即合理地预防错误所需测试的最少路径条数,圈复杂度大说明程序代码可能质量低且难于测试和维护,根据经验,程序的可能错误和高的圈复杂度有着很大关系。圈复杂度 $=L-N+2P$,其中 L 表示为结构图(程序图)的边数;N 为结构图(程序图)的结点数目;P 为无链接部分的数目(与 Mccabe 一致)
Cyclomatic Number	圈数	参见 Cyclomatic Complexity
Daily Build	每日构建	每天对整个系统进行编译和链接的开发活动,从而保证在任何时候包含所有变更的完整系统是可用的
Data Definition	数据定义	给变量赋了值的可执行语句
Data Driven Testing	数据驱动测试	将测试输入和期望输出保存在表格中的一种脚本技术。通过这种技术,运行单个控制脚本就可以执行表格中所有的测试。像录制/回放这样的测试执行工具经常会应用数据驱动测试方法(Fewster 和 Graham)。参见 Keyword Driven Testing
Data Flow	数据流	数据对象的顺序和可能的状态变换的抽象表示,对象的状态可以是创建、使用和销毁
Data Flow Analysis	数据流分析	一种基于变量定义和使用的静态分析(Static Analysis)模式
Data Flow Coverage	数据流覆盖	执行测试套件(Test Suite)能够覆盖已经定义数据流的百分比
Data Flow Testing	数据流测试	一种白盒测试设计技术,设计的测试用例用来测试变量的定义和使用路径
Data Integrity Testing	数据完整性测试	参见 Database Integrity Testing
Database Integrity Testing	数据库完整性测试	对数据库的存取和管理进行测试的方法和过程,确保数据库如预期进行存取、处理等数据功能,同时也确保数据在存取过程中没有出现不可预料的删除、更新和创建
Dead Code	死代码	参见 Unreachable Code
Debugger	调试器	参见 Debugging Tool

407

英 文 术 语	中 文 术 语	对应的说明
Debugging	调试	发现、分析和去除软件失败根源的过程
Debugging Tool	调试工具	程序员用来复现软件失败、研究程序状态并查找相应缺陷的工具。调试器可以让程序员单步执行程序,在任何程序语句中终止程序和设置、检查程序变量
Decision	判定	有两个或多个可替换路径控制流的一个程序控制点,也是连接两个或多个分支的结点
Decision Condition Coverage	判定条件覆盖	执行测试用例套件(Test Suite)能够覆盖的条件结果(Condition Outcomes)和判定结果(Decision Outcomes)的百分比,100%的判定条件覆盖意味着100%的判定覆盖和100%的条件覆盖
Decision Condition Testing	判定条件测试	一种白盒测试(White Box)设计技术,设计的测试用例用来测试条件结果(Condition Outcomes)和判定结果(Decision Outcomes)
Decision Coverage	判定覆盖	执行测试套件能够覆盖的判定结果(Decision Outcomes)的百分比。100%的判定覆盖(Decision Coverage)意味着100%的分支覆盖(Branch Coverage)和100%的语句覆盖(Statement Coverage)
Decision Table	决策表	一个可用来设计测试用例的表格,一般由条件桩、行动桩和条件规则条目及行动规则条目组成
Decision Table Testing	决策表测试	一种黑盒测试设计技术,设计的测试用例用来测试判定表中各种条件的组合(Veenendaal)
Decision Testing	决策测试	白盒测试设计技术的一种,设计测试用例来执行判定结果
Decision Outcome	判定结果	判定的结果(可以用来决定执行哪条分支)
Defect	缺陷	可能会导致软件组件或系统无法执行其定义的功能的瑕疵,例如错误的语句或变量定义。如果在组件或系统运行中遇到缺陷,可能会导致运行的失败
Defect Density	缺陷密度	将软件组件或系统的缺陷数和软件或者组件规模相比的一种度量(标准的度量术语,包括每千行代码、每个类或功能点存在的缺陷数)
Defect Detection Percentage (DDP)	缺陷发现百分比	在一个测试阶段发现的缺陷数除以在测试阶段和之后其他阶段发现的缺陷总数所得的百分比数
Defect Management	缺陷管理	发现、研究、处置、去除缺陷的过程。包括记录缺陷、分类缺陷和识别缺陷可能造成的影响(与IEEE 1044 一致)
Defect Management Tool	缺陷管理工具	一个方便记录和跟踪缺陷的工具,通常包括以缺陷修复操作流程为引导的任务分配、缺陷修复、重新测试等行为的跟踪和控制,并且提供文档形式的报告。参见 Incident Management Tool

英 文 术 语	中 文 术 语	对应的说明
Defect Masking	缺陷屏蔽	一个缺陷阻碍另一个缺陷被发现的情况（与 IEEE 610 一致）
Defect Report	缺陷报告	对造成软件组件或系统不能实现预期功能的缺陷进行描述的报告文件
Defect Tracking Tool	缺陷跟踪工具	参见 Defect Management Tool
Definition-Use Pair	定义-使用对	变量在程序中定义和使用的相关性，变量使用包括变量计算（比如乘）或者变量引导程序执行一条路径（预定义）
Deliverable	交付物	过程中生成的交付给客户的（工作）产品
Design-Based Testing	基于设计的测试	根据组件或系统的构架或详细设计设计测试用例的一种测试方法（例如组件或系统之间接口的测试）
Desk Checking	桌面检查	通过手工模拟执行来对软件或规格说明进行的测试。参见 Static Analysis
Development Testing	开发测试	通常在开发环境下，开发人员在组件或系统实现过程中进行的正式或非正式的测试（与 IEEE 610 一致）
Deviation	偏离	参见 Incident
Deviation Report	偏离报告	参见 Incident Report
Dirty Testing	负面测试	参见 Negative Testing
Documentation Testing	文档测试	关于文档质量的测试，例如对用户手册或安装手册的测试
Domain	域	一个可供有效输入或输出值选择的集合
Driver	驱动器	代替某个软件组件来模拟控制或调用其他组件或系统的软件或测试工具（与 Tmap 一致）
Dynamic Analysis	动态分析	组件或系统的执行过程中对其行为评估的过程，例如对内存性能、CPU 使用率等的估算（与 IEEE 610 一致）
Dynamic Analysis Tool	动态分析工具	为程序代码提供实时信息的工具。通常用于识别未定义的指针，检测指针算法和内存地址分配、使用及释放的情况以及对内存泄漏进行标记
Dynamic Comparison	动态比较	在软件运行过程中（例如用测试工具执行），对实际结果和期望结果的比较。
Dynamic Testing	动态测试	通过运行软件的组件或系统来测试软件。
Efficiency	效率	一定条件下根据资源的使用情况，软件产品能够提供适当性能的能力（ISO 9126）
Efficiency Testing	效率测试	确定测试软件产品效率的测试过程
Elementary Comparison Testing	基本比较测试	一种黑盒测试设计技术，根据判定条件覆盖的理念，设计测试用例来测试软件各种输入的组合（Tmap）
Emulator	仿真器	一个接受同样输入并产生同样输出的设备、计算机程序或系统（IEEE 610），参见 Simulator

英 文 术 语	中 文 术 语	对应的说明
Entry Criteria	入口准则	进入下一个任务(如测试阶段)必须满足的条件。准入条件的目的是防止执行不能满足准入条件的活动而浪费资源(Gilb And Graham)
Entry Point	入口点	一个组件的第一个可执行语句
Equivalence Class	等价类	参见 Equivalence Partition
Equivalence Partition	等价类划分	根据规格说明,输入域或输出域的一个子域内的任何值都能使组件或系统产生相同的响应结果
Equivalence Partition Coverage	等价划分覆盖	执行测试套件能够覆盖到的等价类的百分比
Equivalence Partitioning	等价类划分技术	黑盒测试用例设计技术,该技术从组件的等价类中选取典型的点进行测试。原则上每个等价类中至少要选取一个典型的点来设计测试用例
Error	错误	人为地产生不正确结果的行为(与 IEEE 610 一致)
Error Guessing	错误推测	根据测试人员以往的经验,猜测在组件或系统中可能出现的缺陷以及错误,并以此为依据来进行特殊的用例设计以暴露这些缺陷
Error Seeding	错误散播	在组件或系统中有意插入一些已知缺陷(Defect)的过程,目的是得到缺陷的探测率和除去率,以及评估系统中遗留缺陷的数量(IEEE 610)
Error Tolerance	容错	组件或系统存在缺陷的情况下保持连续正常工作状态的能力(与 IEEE 610 一致)
Evaluation	评估	参见 Testing
Exception Handling	异常处理	组件或系统对错误输入的行为反应。错误输入包括人为的输入,其他组件或系统的输入以及内部失败引起的输入等
Executable Statement	可执行语句	语句编译后可以转换为目标代码,同时在程序运行的时候可以按步骤执行,并且可以对数据进行相应的操作
Exercised	被执行	测试用例运行后被执行的语句、判定和程序的结构元素
Exhaustive Testing	穷尽测试	测试套件包含了软件输入值和前提条件所有可能组合的测试方法
Exit Criteria	出口准则	和利益相关者达成一致的系列通用和专门的条件,来正式地定义一个过程的结束点。出口准则的目的可以防止将没有完成的任务错误地看成任务已经完成。测试中使用的出口准则可以来报告和计划什么时候可以停止测试
Exit Point	出口点	组件中最后一个可执行语句
Expected Outcome	预期结果	参见 Expected Result
Expected Result	预期结果	在特定条件下根据规格说明或其他资源说明,组件或系统预测的行为或结果

英 文 术 语	中 文 术 语	对应的说明
Experienced-Based Test Design Technique	基于经验的测试设计技术	根据测试人员的经验、知识和直觉来进行用例设计和/或选择的一种技术
Exploratory Testing	探索性测试	非正式的测试设计技术。测试人员能动地设计一些测试用例,通过执行这些测试用例和在测试中得到的信息来设计新的更好的测试用例(和 Bach 一致)
Fail	失败	假如测试的实际结果与预期结果不一样,就认为这个测试的状态为失败
Failure	失效	组件/系统与预期的交付、服务或结果存在的偏差(与 Fenton 一致)
Failure Mode	失效模式	失效在物理上或功能上的表现。例如,系统在失效模式下可能表现为运行缓慢、输出错误或者执行的彻底中断(IEEE 610)
Failure Mode And Effect Analysis (FMEA)	失效模式和影响分析	一个系统进行风险识别和标识可能的失效模式的系统方法,用来预防失效的发生
Failure Rate	失效率	指定类型中单位度量内发生失效的数目。例如单位时间失效数、单位处理失效数、单位计算机运行失效数(IEEE 610)
Fault	故障	参见 Defect
Fault Density	故障密度	参见 Defect Density
Fault Detection Percentage (FDP)	故障发现率(FDP)	参见 Defect Detection Percentage (DDP)
Fault Masking	故障屏蔽	参见 Defect Masking
Fault Tolerance	故障容限	软件产品存在故障或其指定接口遭到破坏时,继续维持特定性能级别的能力(ISO 9126)。参见 Reliability
Fault Tree Analysis	故障树分析	分析产生故障原因的一种方法
Feasible Path	可达路径	可通过一组输入值和入口条件而执行到的一条路径
Feature	特性	需求文档指定的或包含的一个组件或者系统的属性,例如 Reliability、Usability 或者 Design Constraints(与 IEEE 1008 一致)
Field Testing	现场测试	参见 Beta Testing
Finite State Machine	有限状态机	包含有限数目状态和状态之间转换的一种计算模型,同时可能伴随一些可能的(触发)行为(IEEE 610)
Finite State Testing	有限状态测试	参见 State Transition Testing
Formal Review	正式评审	对评审过程及需求文档化的一种特定的评审。例如检视(Inspection)
Frozen Test Basis	冻结测试基准	测试基准文档,只能通过正式的变更控制过程进行修正。参见 Baseline
Functional Point Analysis (FPA)	功能点分析	对信息系统功能进行规模度量的一种方法。该度量独立于具体的技术实现,可以作为生产率度量、资源需求估算和项目控制的基础

411

英 文 术 语	中 文 术 语	对应的说明
Functional Integration	功能集成	合并组件/系统,以尽早实现基本功能的一种集成方法。参见 Integration Testing
Functional Requirement	功能需求	指定组件/系统必须实现某项功能的需求(IEEE 610)
Functional Test Design Technique	功能测试设计技术	通过对组件或系统的功能规格说明分析来进行测试用例的设计和/或选择的过程,该过程不涉及软件的内部结构。参见 Black-Box Test Design Technique
Functional Testing	功能测试	通过对组件/系统功能规格说明的分析而进行的测试。参见 Black-Box Testing
Functionality	功能性	软件产品在规定条件下使用时,所提供的功能达到宣称的和隐含需求的能力(ISO 9126)
Functionality Testing	功能性测试	判断软件产品功能性的测试过程
Glass Box Testing	玻璃盒测试	参见 White-Box Testing
Heuristic Evaluation	启发式评估	一种静态可用性测试技术,判断用户接口和公认的可用性原则的符合度
High Level Test Case	概要测试用例	没有具体的(实现级别)输入数据和预期结果的测试用例。实际值没有定义或是可变的,而用逻辑概念来代替。参见 Low Level Test Case
Horizontal Traceability	水平可追踪性	一个测试级别的需求和相应级别的测试文档(例如测试计划、测试设计规格、测试用例规格和测试过程规格或测试脚本)之间的可追踪性
Impact Analysis	影响分析	对需求变更所造成的开发文档、测试文档和组件的修改的评估
Incident	事件	任何有必要调查的事情(与 IEEEE 1008 一致)
Incident Logging	事件日志	记录所发生的(例如在测试过程中)事件的详细情况
Incident Management	事件管理	识别、调查、采取行动和处理事件的过程。该过程包含对事件进行记录、分类并辨识其带来的影响(IEEE 1044)
Incident Management Tool	事件管理工具	辅助记录事件,并对事件进行状态跟踪的工具。这种工具常常具有面向工作流的特性,以跟踪和控制事件的资源分配、更正和再测试,并提供报表。参见 Defect Management Tool
Incident Report	事件报告	报告任何需要调查的事件(如在测试过程中需要调查的事件)的文档
Incremental Development Model	增量开发模型	一种开发生命周期:项目被划分为一系列增量,每一增量都交付整个项目需求中的一部分功能。需求按优先级进行划分,并按优先级在适当的增量中交付。在这种生命周期模型的一些版本中(但不是全部),每个子项目均遵循一个"微型的 V 模型",具有自有的设计、编码和测试阶段

英 文 术 语	中 文 术 语	对 应 的 说 明
Incremental Testing	增量测试	每次集成并测试一个或若干组件/系统,直到所有组件/系统都已经被集成或测试的一种测试
Independence	独立	职责分离,有助于客观地进行测试
Infeasible Path	不可达路径	通过任何输入都无法执行到的路径
Informal Review	非正式评审	一种不基于正式(文档化)过程的评审
Input	输入	被组件读取的变量(无论存储于组件之内还是之外)
Input Domain	输入域	有效输入的集合。参见 Domain
Input Value	输入值	输入的一个实例。参见 Input
Inspection	审查	一种同级评审,通过检查文档以检测缺陷,例如不符合开发标准,不符合更上层的文档等。这是最正式的评审技术,因此总是基于文档化的过程(IEEE 610,IEEE 1028)。参见 Peer Review
Inspection Leader	审查负责人	参见 Moderator
Inspector	检视人/审查员	参见 Reviewer
Installability	可安装性	软件产品在指定环境下进行安装的性能(ISO 9126)。参见 Portability
Installability Testing	可安装性测试	测试软件产品可安装性的过程。参见 Portability Testing
Installation Guide	安装指南	帮助安装人员完成安装过程的使用说明,可存放在任何合适的介质上。可能是操作指南、详细步骤、安装向导或任何其他类似的过程描述
Installation Wizard	安装向导	帮助安装人员完成安装过程的软件,可存放在任何合适的介质上。它通常会运行安装过程、反馈安装结果,并提示安装选项
Instrumentation	探测	在程序中插入附加代码,以便在程序执行时收集其执行信息。例如,用于度量代码覆盖
Instrumenter	探测工具	用于执行探测的软件工具
Intake Testing	预测试	冒烟测试的一种特例,用于决定组件/系统是否能够进行更深入的测试。通常在测试执行的初始阶段实施
Integration	集成	把组件/系统合并为更大部件的过程
Integration Testing	集成测试	一种旨在暴露接口以及集成组件/系统间交互时存在的缺陷的测试。参见 Component Integration Testing,System Integration Testing
Integration Testing In The Large	系统集成测试	参见 System Integration Testing
Integration Testing In The Small	组件集成测试	参见 Component Integration Testing
Interface Testing	接口测试	一种集成测试类型,注重于测试组件/系统之间的接口
Interoperability	互操作性	软件产品与一个或多个指定组件/系统进行交互的能力(ISO 9126)。参见 Functionality
Interoperability Testing	互操作性测试	判定软件产品可交互性的测试过程。参见 Functionality Testing

英文术语	中文术语	对应的说明
Invalid Testing	无效性测试	使用应该被组件/系统拒绝的输入值进行的测试。参见 Error Tolerance
Isolation Testing	隔离测试	将组件与其周边组件隔离后进行的测试。如果有必要,使用桩(Stub)或驱动器(Driver)来模拟周边程序
Item Transmittal Report	版本发布报告	参见 Release Note
Iterative Development Model	迭代开发模型	一种开发生命周期。项目被划分为大量迭代过程。一次迭代是一个完整的开发循环,并(对内或对外)发布一个可执行的产品,这是正在开发的最终产品的一个子集,通过不断迭代最终成型的产品
Key Performance Indicator	关键性能指标	参见 Performance Indicator
Keyword Driven Testing	关键字驱动测试	一种脚本编写技术,所使用的数据文件不单包含测试数据和预期结果,还包含与被测程序相关的关键词。用于测试的控制脚本通过调用特别的辅助脚本来解释这些关键词
LCSAJ	LCSAJ	线性代码序列和跳转(Linear Code Sequence And Jump)。包含以下三项(通常通过源代码清单的行号来识别):可执行语句的线性序列的开始、结束以及在线性序列结尾控制流所转移到的目标行
LCSAJ Coverage	LCSAJ 覆盖	测试套件所检测的组件的 LCSAJ 百分比。LCSAJ 达到 100% 意味着决策覆盖(Decision Coverage)为 100%
LCSAJ Testing	LCSAJ 测试	一种白盒测试设计技术,其测试用例用于执行 LCSAJ
Learnability	易学性	软件产品具有的易于用户学习的能力(ISO 9126)。参见 Usability
Level Test Plan	级别测试计划	通常用于一个测试级别(Test Level)的测试计划。参见 Test Plan
Link Testing	组件集成测试	参见 Component Integration Testing
Load Testing	负载测试	一种通过增加负载来测量组件或系统的测试方法。例如,通过增加并发用户数和(或)事务数量来测量组件或系统能够承受的负载。参见 Stress Testing
Logic-Coverage Testing	逻辑覆盖测试	参见 White-Box Testing(Myers)
Logic-Driven Testing	逻辑驱动测试	参见 White-Box Testing
Logical Test Case	逻辑测试用例/抽象测试用例	参见 High Level Test Case
Low Level Test Case	详细测试用例	具有具体的(实现级别,Implementation Level)输入数据和预期结果的测试用例。抽象测试用例中所使用的逻辑运算符被替换为对应于逻辑运算符作用的实际值。参见 High Level Test Case

英 文 术 语	中 文 术 语	对应的说明
Maintenance	维护	软件产品交付后对其进行的修改,以修正缺陷,改善性能或其他属性,或者使其适应新的环境(IEEE 1219)
Maintenance Testing	维护测试	针对运行系统的更改,或者新的环境对运行系统的影响而进行的测试
Maintainability	可维护性	软件产品是否易于更改,以便修正缺陷、满足新的需求、使以后的维护更简单或者适应新的环境(ISO 9126)
Maintainability Testing	可维护性测试	判定软件产品的可维护性的测试过程
Management Review	管理评审	由管理层或其代表执行的对软件采购、供应、开发、运作或维护过程的系统化评估,包括监控过程、判断计划和进度表的状态、确定需求及其系统资源分配,或评估管理方式的效用,以达到正常运作的目的(IEEE 610,IEEE 1028)
Master Test Plan	主测试计划	通常针对多个测试级别的测试计划。参见 Test Plan
Maturity	成熟度	(1)组织在其过程和工作实践上的有效性和高效性的能力。参见 Capability Maturity Model,Test Maturity Model。(2)软件产品在存在缺陷的情况下避免失效的能力(ISO 9126)。参见 Reliability
Measure	测量	测度时赋予实体某个属性的数值或类别(ISO 14598)
Measurement	测度	给实体赋予一个数值或类别以描述其某个属性的过程(ISO 14598)
Measurement Scale	度量标准	约束数据分析类型的标准
Memory Leak	内存泄漏	程序的动态存储分配逻辑存在的缺陷,导致内存使用完毕后不能收回而不可用,最终导致程序因为内存缺乏而运行失败(Fail)
Metric	度量	测量所使用的方法或者度量标准(Measurement Scale)(ISO 14598)
Migration Testing	移植测试	参见 Conversion Testing
Milestone	里程碑	项目过程中预定义的(中间的)交付物和结果就绪的时间点
Mistake	错误	参见 Error
Moderator	主持人	负责检视或其他评审过程的负责人或主要人员
Modified Condition Decision Coverage	改进的条件判定覆盖	参见 Condition Determination Coverage
Modified Condition Decision Testing	改进的条件判定测试	参见 Condition Determination Coverage Testing
Modified Multiple Condition Coverage	改进的复合条件覆盖	参见 Condition Determination Coverage
Modified Multiple Condition Testing	改进的复合条件测试	参见 Condition Determination Coverage Testing
Module	模块	参见 Component

英文术语	中文术语	对应的说明
Module Testing	模块测试	参见 Component Testing
Monitor	监测器/监视器	与被测组件/系统同时运行的软件工具或硬件设备,对组件/系统的行为进行监视、记录和分析(IEEE 610)
Monitoring Tool	监测工具/监视工具	参见 Monitor
Multiple Condition	复合条件/多重条件	参见 Compound Condition
Multiple Condition Coverage	复合条件覆盖	测试套件覆盖的一条语句内的所有单条件结果组合的百分比。100%复合条件覆盖意味着100%条件判定覆盖(Condition Determination Coverage)
Multiple Condition Testing	复合条件测试	一种白盒测试设计技术,测试用例用来覆盖一条语句中的单条件所有可能的结果组合
Mutation Analysis	变异分析	一种确定测试套件完整性的方法,即判定测试套件能够区分程序与其微变体之间区别的程度
Mutation Testing	变异测试	参见 Back-To-Back Testing
N-Switch Coverage	N 切换覆盖	N+1 个转换的序列在一个测试套件中被覆盖的百分比(Chow)
N-Switch Testing	N 切换测试	一种状态转换测试的形式,其测试用例执行N+1 个转换的所有有效序列(Chow)。参见 State Transition Testing
Negative Testing	逆向测试	一种旨在表现组件/系统不能正常工作的测试。逆向测试取决于测试人员的想法、态度,而与特定的测试途径或测试设计技术无关,例如使用无效输入值测试或在异常情况下进行测试(Beizer)
Non-Conformity	不一致	没有实现指定的需求(ISO 9000)
Non-Functional Requirement	非功能需求	与功能性无关,但与可靠性(Reliability)、高效性(Efficiency)、可用性(Usability)、可维护性(Maintainability)和可移植性(Portability)等属性相关的需求
Non-Functional Testing	非功能测试	对组件/系统中与功能性无关的属性(例如可靠性、高效性、可用性、可维护性和可移植性)进行的测试
Non-Functional Test Design Techniques	非功能测试设计技术	推导或选择非功能测试所需测试用例的过程,此过程依据对组件/系统的规格说明进行分析,而不考虑其内部结构。参见 Black-Box Test Design Technique
Off-The-Shore Software	现货软件	面向大众市场(即大量用户)开发的软件产品,并且以相同的形式交付给许多客户
Operability	可操作性	软件产品被用户操作或控制的能力(ISO 9126)。参见 Usability
Operational Environment	运行环境	用户或客户现场所安装的硬件和软件产品,被测组件/系统将在此环境下使用。软件可能包括操作系统、数据库管理系统和其他应用程序

英 文 术 语	中 文 术 语	对 应 的 说 明
Operational Profile Testing	运行概况测试	对系统运作模型(执行短周期任务)及其典型应用概率的统计测试(Musa)
Operational Testing	运行测试	在组件/系统的运作环境下对其进行评估的一种测试(IEEE 610)
Oracle	基准	参见 Test Oracle
Outcome	结果	参见 Result
Output	输出	组件填写的一个变量(无论存储在组件内部还是外部)
Output Domain	输出域	可从中选取有效输出值的集合。参见 Domain
Output Value	输出值	输出的一个实例/实值。参见 Output
Pair Programming	结对编程	一种软件开发方式,组件的代码(开发和/或测试)由两名程序员在同一台计算机上共同编写。这意味着实时地执行代码评审
Pair Testing	结对测试	两个人员,比如两个测试人员、一个开发人员和一个测试人员,或一个最终用户和一个测试人员,一起寻找缺陷。一般地,他们使用同一台计算机并在测试期间交替操作
Partition Testing	划分测试	参见 Equivalence Partitioning (Beizer)
Pass	通过	如果一个测试的实际结果与预期结果相符,则认为此测试通过
Pass/Fail Criteria	通过/失败准则	用于判定测试项(功能)或特性通过或失败的决策规则
Path	路径	组件/系统从入口(Entry Point)到出口(Exit Point)的一系列事件(例如可执行语句)
Path Coverage	路径覆盖	测试套件执行的路径所占的百分比。100%的路径覆盖意味着100%的线性代码序列和跳转(LCSAJ)覆盖
Path Sensitizing	路径感知	选择一组输入值,以强制执行某指定路径
Path Testing	路径测试	一种白盒测试设计技术,设计的测试用例用于执行路径
Peer Review	同行评审	由研发产品的同事对软件产品进行的评审,目的在于识别缺陷并改进产品。例如审查(Inspection)、技术评审(Technical Review)和走查(Walkthrough)
Performance	性能	组件/系统在给定的处理周期和吞吐率(Throughput Rate)等约束下,完成指定功能的程度(IEEE 610)。参见 Efficiency
Performance Indicator	性能指标	一种有效性(Effectiveness)或高效性(Efficiency)的高级(抽象)度量单位,用于指导和控制开发进展。例如,软件交付时间的偏差(Lead-Time Slip For Software Development)
Performance Testing	性能测试	判定软件产品性能的测试过程。参见 Efficiency Testing

417

英 文 术 语	中 文 术 语	对应的说明
Performance Testing Tool	性能测试工具	一种支持性能测试的工具,通常有两个功能:负载生成(Load Generation)和测试事务(Test Transition)测量。负载生成可以模拟多用户或者大量输入数据。执行时,对选定的事务的响应时间进行测量并被记录。性能测试工具通常会生成基于测试日志的报告以及负载-响应时间图表
Phase Test Plan	阶段测试计划	通常用于一个测试阶段的测试计划。参见 Test Plan
Portability	可移植性	软件产品在不同硬件或软件环境之间迁移的简易性(ISO 9126)
Portability Testing	可移植性测试	判定软件产品可移植性的测试过程
Postcondition	后置条件	执行测试或测试步骤后必须满足的环境和状态条件
Post-Execution Comparison	执行后比较	实际值与预期值的比较,在软件运行结束后执行
Precondition	前置条件	对组件/系统执行特定测试或测试步骤之前所必须满足的环境和状态条件
Predicted Outcome	预期结果	参见 Expected Result
Pretest	预测试	参见 Intake Test
Priority	优先级	赋予某项(业务)重要性的级别,如缺陷
Probe Effect	探测影响	在测试时由于测试工具(例如性能测试工具或监测器)对组件/系统产生的影响。比如,使用性能测试工具可能会使系统的性能有小幅度降低
Problem	问题	参见 Defect
Problem Management	问题管理	参见 Defect Management
Problem Report	问题报告	参见 Defect Report
Process	过程	一组将输入转变为输出的相关活动(ISO 12207)
Process Cycle Testing	过程周期测试	一种黑盒测试设计技术,设计的测试用例用于执行业务流程或过程(Tmap)
Product Risk	产品风险	与测试对象有直接关系的风险。参见 Risk
Project	项目	一个项目是一组以符合特定需求为目的的、相互协同的、具有开始和结束时间的受控活动。这些特定需求包括限定的周期、成本和资源(ISO 9000)
Project Risk	项目风险	与(测试)项目的管理与控制相关的风险。参见 Risk
Program Instrumenter	程序插装器	参见 Instrumenter
Program Testing	程序测试	参见 Component Testing
Project Test Plan	项目测试计划	参见 Master Test Plan
Pseudo-Random	伪随机	一个表面上随机的序列,但事实上是根据预定的序列生成的

英文术语	中文术语	对应的说明
Quality	质量	组件、系统或过程满足指定需求或用户/客户需要及期望的程度(IEEE 610)
Quality Assurance	质量保证	质量管理的组成部分,提供达到质量要求的可信程度(ISO 9000)
Quality Attribute	质量属性	影响某项质量的特性或特征(IEEE 610)
Quality Characteristic	质量特征	参见质量属性(Quality Attribute)
Quality Management	质量管理	在质量方面指导和控制一个组织的协同活动。通常包括建立质量策略和质量目标、质量计划、质量控制、质量保证和质量改进(ISO 9000)
Random Testing	随机测试	一种黑盒测试设计技术,选择测试用例以匹配某种运行概貌情况(可能使用伪随机生成算法)。这种技术可用于测试非功能性的属性,比如可靠性和性能
Recorder	记录员	参见 Scribe
Record/Playback Tool	录制/回放工具	参见 Capture/Playback Tool
Recoverability	可恢复性	软件产品失效(Failure)后,重建其特定性能级别以及恢复数据的能力(ISO 9126)。参见 Reliability
Recoverability Testing	可恢复性测试	判定软件产品可恢复性的测试过程。参见 Reliability Testing
Recovery Testing	恢复测试	参见 Recoverability Testing
Regression Testing	回归测试	测试先前测试过并修改过的程序,确保更改没有给软件其他未改变的部分带来新的缺陷(Defect)。软件修改后或使用环境变更后要执行回归测试
Regulation Testing	规范性测试	参见 Compliance Testing
Release Note	发布说明	标识测试项、测试项配置、目前状态及其他交付信息的文档,这些交付信息是由开发、测试和可能的其他风险承担者在测试执行阶段开始的时候提交的(ISO 9126)
Reliability	可靠性	软件产品在一定条件下(规定的时间或操作次数等),执行其必需的功能的能力(ISO 9126)
Reliability Testing	可靠性测试	判定软件产品可靠性的测试过程
Replaceability	可替换性	在相同环境下,软件产品取代另一指定软件产品以达到相同目的的能力(ISO 9126)。参见 Portability
Requirement	需求	系统必须满足的,为用户解决问题或达到目的条件或者能力。通过系统或者系统的组件的运行以满足合同、标准、规格或其他指定的正式文档定义的要求(IEEE 610)
Requirements-Based Testing	基于需求的测试	根据需求推导测试目标和测试条件以设计测试用例的方法。例如,执行特定功能的测试或探测诸如可靠性和可用性等非功能性属性的测试

英文术语	中文术语	对应的说明
Requirements Management Tool	需求管理工具	一种支持需求记录、需求属性(例如优先级)和注解的工具,能够通过多层次需求和需求变更管理达到可追踪性。一些需求管理工具还支持静态分析,如一致性检查以及预定义的需求规则之间的冲突
Requirements Phase	需求阶段	在软件生命周期中定义和文档化软件产品需求的阶段(IEEE 610)
Resource Utilization	资源使用	软件产品在规定的条件下执行其功能时,使用适当数量和类型资源的能力。例如,程序使用的主存储器和二级存储器容量,需要的临时或溢出文件的大小(ISO 9126)。参见 Efficiency
Resource Utilization Testing	资源使用测试	判定软件产品资源使用的测试过程。参见 Efficiency Testing
Result	结果	测试执行的成果,包括屏幕输出、数据更改、报告和发出的通信消息。参见 Actual Result, Expected Result
Resumption Criteria	继续准则	在重新启动被中断(或者延迟)的测试时,必须重复执行的测试活动
Re-Testing	再测试	重新执行上次失败的测试用例,以验证纠错的正确性
Review	评审	对产品或产品状态进行的评估,以确定与计划的结果所存在的误差,并提供改进建议。例如,管理评审(Management Review)、非正式评审(Informal Review)、技术评审(Technical Review)、审查(Inspection)和走查(Walkthrough)
Reviewer	评审人	参与评审的人员,辨识并描述被评审产品或项目中的异常。在评审过程中,可以选择评审人员从不同角度评审或担当不同角色
Review Tool	评审工具	对评审过程提供支持的工具。典型的功能包括计划评审、跟踪管理、通信支持、协同评审以及对具体度量(单位)收集与报告的存储库
Risk	风险	将会导致负面结果的因素。通常表达成可能的(负面)影响
Risk Analysis	风险分析	评估识别出的风险以估计其影响和发生的可能性的过程
Risk-Based Testing	基于风险的测试	倾向于探索和提供有关产品风险信息的测试
Risk Control	风险控制	为降低风险或控制风险在指定级别而达成的决议和实施防范(度量)措施的过程
Risk Identification	风险识别	使用技术手段(例如头脑风暴(Brainstorming)、检查表(Checklist)和失败历史记录(Failure History))标识风险的过程
Risk Management	风险管理	对风险进行标识、分析、优先级划分和控制所应用的系统化过程和实践

英 文 术 语	中 文 术 语	对 应 的 说 明
Risk Mitigation	风险缓解	参见 Risk Control
Robustness	健壮性	在出现无效输入或压力环境条件下,组件/系统能够正常工作的程度(IEEE 610)。参见 Error-Tolerance,Fault-Tolerance
Robustness Testing	健壮性测试	判定软件产品健壮性的测试
Root Cause	根本原因	导致不一致的根本因素,并具有通过过程改进彻底清除的可能
Safety	安全性	软件产品在特定的使用环境中,达到对人、业务、软件、财产或环境可接受的危害风险级别的能力(ISO 9126)
Safety Testing	安全性测试	判定软件产品安全性的测试
Sanity Testing	健全测试	参见冒烟测试(Smoke Testing)
Scalability	可扩展性	软件产品可被升级以容纳更多负载的能力(Gerrard)
Scalability Testing	可扩展性测试	判定软件产品可扩展性的测试
Scenario Testing	场景测试	参见用例测试(Use Case Testing)
Scribe	记录员	在评审会议中将每个提及的缺陷和任何过程改进建议记录到日志表单上的人员。记录员要确保日志表单易于阅读和理解
Scripting Language	脚本语言	一种用于编写可执行测试脚本(这些脚本被测试执行工具使用,如录制/回放工具)的编程语言
Security	安全性	软件产品防止对程序和数据未授权访问(无论是有意的还是无意的)的能力的属性(ISO 9126)。参见功能性(Functionality)
Security Testing	安全性测试	判定软件产品安全性的测试,参见功能性测试(Functionality Testing)
Security Testing Tool	安全性测试工具	测试安全特性和脆弱性的工具
Security Tool	安全性工具	提高运行安全性的工具
Serviceability Testing	服务能力测试	参见维护能力测试(Maintainability Testing)
Severity	严重性	缺陷对组件/系统的开发或运行造成的影响程度(IEEE 610)
Simulation	模拟	一个实际或抽象系统的特定行为特征由另一个系统来代表(ISO 2382/1)
Simulator	模拟器	测试时所使用的设备、计算机程序或者系统,当提供一套控制的输入集时它们的行为或运行与给定的系统相似(IEEE 610 DO178b)。参见模拟器(Simulator)
Site Acceptance Testing	现场验收测试	用户/客户在他们现场进行的验收测试,以判定组件/系统是否符合他们的需求和业务流程,通常包括软件和硬件
Smoke Testing	冒烟测试	所有定义的/计划的测试用例的一个子集,它覆盖组件/系统的主要功能,以确保程序的绝大部分关键功能正常工作,但忽略细节部分。每日构建和冒烟测试是业界的最佳实践。参见预测试(Intake Testing)

英 文 术 语	中 文 术 语	对应的说明
Software	软件	计算机程序、过程和可能与计算机系统运行相关的文档和数据
Software Feature	软件特性	参见特性(Feature)
Software Quality	软件质量	软件产品的功能和特性总和,能够达到规定的或隐含的需求(ISO 9126)
Software Quality Characteristic	软件质量特性	参见质量属性(Quality Attribute)
Software Test Incident	软件测试事件	参见事件(Incident)
Software Test Incident Report	软件测试事件报告	参见事件报告(Incident Report)
Software Usability Measurement Inventory(SUMI)	软件可用性度量调查表	一种基于调查表的可用性测试技术,以评估组件/系统的可用性,如用户满意度(Veenendaal)
Source Statement	源语句	参见语句(Statement)
Specification	规格说明	说明组件/系统的需求、设计、行为或其他特征的文档,常常还包括判断是否满足这些条款的方法。理想情况下,文档是以全面、精确、可验证的方式进行说明的
Specification-Based Testing	基于规格说明的测试	参见黑盒测试(Black-Box Testing)
Specification-Based Test Design Technique	基于规格说明的测试设计技术	参见黑盒测试设计技术(Black-Box Test Design Technique)
Specified Input	特定的输入	在规格说明中预测结果的输入
Stability	稳定性	软件产品避免因更改后导致非预期结果的能力(ISO 9126)。参见可维护性(Maintainability)
Standard Software	标准软件	参见现货软件(Off-The-Shelf Software)
Standards Testing	标准测试	参见一致性测试(Compliance Testing)
State Diagram	状态图	一种图表,描绘组件/系统所能呈现的状态,并显示导致或产生从一个状态转变到另一个状态的事件或环境
State Table	状态表	一种表格,显示每个状态的有效和无效的转换及可能的伴随事件
State Transition	状态转换	组件/系统的两个状态之间的转换
State Transition Testing	状态转换测试	一种黑盒测试设计技术,所设计的测试用例用来执行有效和无效的状态转换。参见 N-切换测试(N-Switch Testing)
Statement	语句	编程语言的一个实体,一般是最小的、不可分割的执行单元
Statement Coverage	语句覆盖	由测试套件运行的可执行语句的百分比
Statement Testing	语句测试	一种白盒测试设计技术,所设计的测试用例用来执行语句
Static Analysis	静态分析	分析软件工件(如需求或代码),而不执行这些工作产品
Static Analysis Tool	静态分析工具	参见静态分析器(Static Analyzer)
Static Analyzer	静态分析器	执行静态分析的工具
Static Code Analysis	静态代码分析	分析软件的源代码而不执行软件

英 文 术 语	中 文 术 语	对应的说明
Static Code Analyzer	静态代码分析器	执行静态代码分析的工具。工具对源代码的一些特性进行检查,例如,对编码规范的遵循、质量度量或数据流异常等
Static Testing	静态测试	对组件/系统进行规格或实现级别的测试,而不是执行这个软件。比如,代码评审或静态代码分析
Statistical Testing	统计测试	用输入的统计分布模型来构造有代表性的测试用例的一种测试设计技术。参见运行概貌测试(Operational Profile Testing)
Status Accounting	状态记录	配置管理的一个要素,包括记录和报告,有效地管理配置所需的信息。这些信息包括被认可的配置标识的列表、提议的配置变更的状态和被认可的变更的实施状态(IEEE 610)
Storage	存储	参见资源利用(Resource Utilization)
Storage Testing	存储测试	参见资源利用测试(Resource Utilization Testing)
Stress Testing	压力测试	在规定的或超过规定的需求条件下测试组件/系统,以对其进行评估(IEEE 610)。参见 Load Testing
Structure-Based Techniques	基于结构的技术	参见白盒测试设计技术(White-Box Test Design Technique)
Structural Coverage	结构覆盖	基于组件/系统内部结构的覆盖度量
Structural Test Design Technique	结构测试设计技术	参见白盒测试设计技术(White-Box Test Design Technique)
Structural Testing	结构测试	参见白盒测试(White-Box Testing)
Structured Walkthrough	结构走查	参见走查(Walkthrough)
Stub	桩	一个软件组件框架的实现或特殊目的实现,用于开发和测试另一个调用或依赖于该组件的组件。它代替了被调用的组件(IEEE 610)
Subpath	子路径	组件中的可执行语句序列
Suitability	适用性	软件产品为特定任务和用户目标提供一套合适功能的能力(ISO 9126)。参见功能性(Functionality)
Suspension Criteria	暂停准则	用来(暂时性地)停止对测试条目进行的所有或部分测试活动的准则(IEEE 829)
Syntax Testing	语法测试	一种黑盒测试设计技术,测试用例的设计是以输入域和(或)输出域的定义为依据
System	系统	组织在一起实现一个特定功能或一组功能的一套组件(IEEE 610)
System Integration Testing	系统集成测试	测试系统和包的集成,测试与外部组织(如电子数据交换、国际互联网)的接口
System Testing	系统测试	测试集成系统以验证它是否满足指定需求的过程(Hetzel)
Technical Review	技术评审	一种同行间的小组讨论活动,主要是为了对所采用的技术实现方法达成共识(Gilb 和 Graham, IEEE 1028)。参见同行评审(Peer Review)

423

英文术语	中文术语	对应的说明
Test	测试	一个或更多测试用例的集合
Test Approach	测试方法	针对特定项目的测试策略的实现,通常包括根据测试项目的目标和风险进行评估之后所做的决策、测试过程的起点、采用的测试设计技术、退出准则和所执行的测试类型
Test Automation	测试自动化	应用软件来执行或支持测试活动,如测试管理、测试设计、测试执行和结果检验
Test Basis	测试依据	能够从中推断出组件/系统需求的所有文档。测试用例是基于这些文档的。只能通过正式的修正过程来修正的文档称为固定测试依据(Tmap)
Test Bed	测试台	参见测试环境(Test Environment)
Test Case	测试用例	为特定目标或测试条件(例如执行特定的程序路径,或是验证与特定需求的一致性)而制定的一组输入值、执行入口条件、预期结果和执行出口条件(IEEE 610)
Test Case Design Technique	测试用例设计技术	参见测试设计技术(Test Design Technique)
Test Case Specification	测试用例规格说明	为测试项指定一套测试用例(目标、输入、测试动作、期望结果、执行预置条件)的文档
Test Case Suite	测试用例集	参见测试套件 (Test Suite)
Test Charter	测试章程	对测试目标的陈述,还可能包括关于如何进行测试的测试思路。测试章程通常用在探索测试中。参见探索测试(Exploratory Testing)
Test Closure	测试结束	从已完成的测试活动中收集数据,总结基于测试件及相关事实和数据的测试结束阶段,包括对测试件的最终处理和归档,以及测试过程评估(包含测试评估报告的准备)。参见测试过程(Test Process)
Test Comparator	测试比较器	执行自动测试比较的测试工具
Test Comparison	测试对比	区分被测组件/系统产生的实际结果和期望结果的差异的过程。测试对比可以在测试执行时进行(动态比较),或在测试执行之后进行
Test Completion Criteria	测试完成准则	参见退出准则(Exit Criteria)
Test Condition	测试条件	组件/系统中能被一个或多个测试用例验证的条目或事件。例如功能、事务、特性、质量属性或者结构化元素
Test Control	测试控制	当监测到与预期情况背离时,制定和应用一组修正动作以使测试项目保持正常进行的测试管理工作。参见测试管理(Test Management)
Test Coverage	测试覆盖	参见覆盖(Coverage)
Test Cycle	测试周期	针对一个可分辨的测试对象发布版本而执行的测试过程

英文术语	中文术语	对应的说明
Test Data	测试数据	在测试执行之前存在的数据(如在数据库中),这些数据与被测组件/系统相互影响
Test Data Preparation Tool	测试数据准备工具	一种测试工具,用于从已存在的数据库中挑选数据,或创建、生成、操作和编辑数据以备测试
Test Design	测试设计	参见测试设计规格说明(Test Design Specification)
Test Design Specification	测试设计规格说明	为一个测试条目指定测试条件(覆盖项)、具体测试方法和识别相关高层测试用例的文档
Test Design Technique	测试设计技术	用来衍生和/或选择测试用例的步骤
Test Design Tool	测试设计工具	通过生成测试输入来支持测试设计的工具。测试输入可能来源于 CASE 工具库(如需求管理工具)中包含的规格、工具本身包含的特定测试条件
Test Driver	测试驱动器	参见驱动器(Driver)
Test Driven Development	测试驱动开发	在开发软件之后,运行测试用例之前,首先开发并自动化这些测试用例的一种软件开发方法
Test Environment	测试环境	执行测试需要的环境,包括硬件、仪器、模拟器、软件工具和其他支持要素
Test Evaluation Report	测试评估报告	在测试过程的结尾用来总结所有的测试活动和结果的文档。也包括测试过程的评估和吸取的教训
Test Execution	测试执行	对被测组件/系统执行测试,产生实际结果的过程
Test Execution Automation	测试执行自动化	使用软件(例如捕捉/回放工具)来控制测试的执行、实际结果和期望结果的对比、测试预置条件的设置和其他的测试控制与报告功能
Test Execution Phase	测试执行阶段	软件开发生命周期的一个阶段,在这个阶段里执行软件产品的组件,并评估软件产品以确定是否满足需求
Test Execution Schedule	测试执行时间表	测试过程的执行计划。这些测试过程包含在测试执行时间表中,执行时间表列出了执行任务间的关联和执行的顺序
Test Execution Technique	测试执行技术	用来执行实际测试的方法,包括手工的和自动的
Test Execution Tool	测试执行工具	使用自动化测试脚本执行其他软件(如捕捉/回放)的一种测试工具
Test Fail	测试失败	参见失败(Fail)
Test Generator	测试产生器	参见测试数据准备工具(Test Data Preparation Tool)
Test Harness	测试用具	包含执行测试需要的桩和驱动的测试环境
Test Incident	测试事件	参见事件(Incident)
Test Incident Report	测试事件报告	参见事件报告(Incident Report)
Test Infrastructure	测试基础设施	执行测试所需的组成物件,包括测试环境、测试工具、办公环境和过程

英 文 术 语	中 文 术 语	对应的说明
Test Input	测试输入	在测试执行过程中,测试对象从外部源接收到的数据。外部源可以是硬件、软件或人
Test Item	测试项	需被测试的单个要素。通常一个测试对象包含多个测试项。参见测试对象(Test Object)
Test Item Transmittal Report	测试项移交报告	参见发布说明(Release Note)
Test Leader	测试组长	参见测试经理(Test Manager)
Test Level	测试级别	统一组织和管理的一组测试活动。测试级别与项目的职责相关联。例如,测试级别有组件测试、集成测试、系统测试和验收测试
Test Log	测试日志	按时间顺序排列的有关测试执行所有相关细节的记录
Test Logging	测试记录	把测试执行信息写进日志的过程
Test Manager	测试经理	负责测试和评估测试对象的人。他(她)指导、控制、管理测试计划及调整对测试对象的评估
Test Management	测试管理	计划、估计、监控和控制测试活动,通常由测试经理来执行
Test Management Tool	测试管理工具	对测试过程中的测试管理和控制部分提供支持的工具。它通常有如下功能:测试件的管理、测试计划的制订、结果记录、过程跟踪、事件管理和测试报告
Test Maturity Model(TMM)	测试成熟度模型	测试过程改进的五级阶段框架,它与能力成熟度模型(CMM)相关,后者描述了有效测试过程的关键要素
Test Monitoring	测试监控	处理与定时检查测试项目状态等活动相关的测试管理工作。准备测试报告来比较实际结果和期望结果。参见测试管理(Test Management)
Test Object	测试对象	需要测试的组件或系统。参见测试项(Test Item)
Test Objective	测试目标	设计和执行测试的原因或目的
Test Oracle	测试准则	在测试时确定预期结果与实际结果进行比较的源。一个准则可能是现有的系统(用作基准)、一份用户手册,或者是个人的专业知识,但不可以是代码(Adrion)
Test Outcome	测试结果	参见结果(Result)
Test Pass	测试通过	参见通过(Pass)
Test Performance Indicator	测试绩效指标	一种高级别的度量,表明需要满足的某种程度的目标值或准则。通常与过程改进的目标相关。例如缺陷探测率
Test Phase	测试阶段	组成项目的一个可管理阶段的一组独特的测试活动。例如,某测试级别的执行活动(Gerrard)
Test Plan	测试计划	描述预期测试活动的范围、方法、资源和进度的文档。它标识了测试项、需测试的特性、测试任务、任务负责人、测试人员的独立程度、测试环境、测试设计技术、测试的进入和退出准则及选择的合理性、需要紧急预案的风险,是测试策划过程的一份记录

英文术语	中文术语	对应的说明
Test Planning	测试策划	制订或更新测试计划的活动
Test Policy	测试方针	描述有关组织测试的原则、方法和主要目标的高级文档
Test Point Analysis(TPA)	测试点分析	基于功能点分析的一种公式化测试估计方法(Tmap)
Test Procedure	测试规程	参见测试规程规范(Test Procedure Specification)
Test Procedure Specification	测试规程规格说明	规定了执行测试的一系列行为的文档。也称为测试脚本或手工测试脚本
Test Process	测试过程	基本的测试过程包括计划、规约、执行、记录、检查完整性和测试结束活动
Test Process Improvement(TPI)	测试过程改进	用于测试过程改进的一个连续框架,描述了有效测试过程的关键要素,特别针对系统测试和验收测试
Test Record	测试记录	参见测试日志(Test Log)
Test Recording	书写测试记录	参见测试记录(Test Logging)
Test Repeatability	测试重复性	一个测试的属性,表明每次执行一个测试时是否产生同样的结果
Test Report	测试报告	参见测试总结报告(Test Summary Report)
Test Requirement	测试需求	参见测试条件(Test Condition)
Test Run	测试运行	对测试对象的特定版本执行测试
Test Run Log	测试运行日志	参见测试日志(Test Log)
Test Result	测试结果	参见结果(Result)
Test Scenario	测试场景	参见测试规程规约(Test Procedure Specification)
Test Script	测试脚本	通常指测试规程规约,尤其是自动化的
Test Set	测试集	参见测试套件(Test Suite)
Test Situation	测试状况	参见测试条件(Test Condition)
Test Specification	测试规约说明	由测试设计规约、测试用例规约和/或测试规程规约组成的文档
Test Specification Technique	测试规约说明技术	参见测试设计技术(Test Design Technique)
Test Stage	测试阶段	参见测试级别(Test Level)
Test Strategy	测试策略	一个高级文档,该文档定义了需要对程序(一个或多个项目)执行的测试级别和需要进行的测试
Test Suite	测试套件	用于被测组件/系统的一组测试用例。在这些测试用例中,一个测试的出口条件通常用作下一个测试的入口条件
Test Summary Report	测试总结报告	总结测试活动和结果的文档。也包括对测试项是否符合退出准则进行的评估
Test Target	测试目标	参见退出准则(Exit Criteria)
Test Technique	测试技术	参见测试设计技术(Test Design Technique)
Test Tool	测试工具	支持一个或多个测试活动(例如,计划和控制、规格制定、建立初始文件和数据、测试执行和测试分析)的软件产品。参见 CAST

427

英 文 术 语	中 文 术 语	对 应 的 说 明
Test Type	测试类型	旨在针对特定测试目标，测试组件/系统的一组测试活动。例如，功能测试、易用性测试、回归测试等。一个测试类型可能发生在一个或多个测试级别或测试阶段上
Testability	可测试性	软件产品修改后被测试的能力（ISO 9126）。参见可维护性（Maintainability）
Testability Review	可测试性评审	详细检查测试依据，以判定测试依据在测试过程中作为输入文档是否达到质量要求
Testable Requirements	可测的需求	对需求的一种程度说明，表示是可依据需求进行测试设计（以及后续的测试用例）和执行测试，以及判断是否满足需求（IEEE 610）
Tester	测试员	参与测试组件/系统的专业技术人员
Testing	测试	包括了所有生命周期活动的过程，有静态的，也有动态的。涉及计划、准备和对软件及其相关工作产品的评估，以发现缺陷来判定软件或软件的工作产品是否满足特定需求，证明它们是否符合目标
Testware	测试件	在测试过程中产生的测试计划、测试设计和执行测试所需要的人工制品。例如，文档、脚本、输入、预期结果、安装和清理步骤、文件、数据库、环境和任何在测试中使用的软件和工具（Fewster 和 Graham）
Thread Testing	线程测试	组件集成测试的一个版本，其中组件的渐进式集成遵循需求子集的实现，与按层次的组件集成相反
Time Behavior	时间行为	参见性能（Performance）
Top-Down Testing	自顶向下测试	集成测试的一种递增实现方式，首先测试最顶层的组件，其他组件使用桩来模拟，然后已被测试过的组件用于测试更低层的组件，直到最底层的组件被测试。参见集成测试（Integration Testing）
Traceability	可追溯性	识别文档和软件中相关联条目的能力。例如，需求与相关测试关联。参见水平可跟踪性（Horizontal Traceability）、垂直可跟踪性（Vertical Traceability）
Understandability	可理解性	软件产品对于用户是否易于理解、软件是否适用、怎样应用于特定任务和应用的条件的能力
Unit	单元	参见组件（Component）
Unit Testing	单元测试	参见组件测试（Component Testing）
Unreachable Code	不可达代码	不能够到达因而不可能被执行的代码
Usability	可用性	软件能被理解、学习、使用和在特定应用条件下吸引用户的能力（ISO 9126）
Usability Testing	可用性测试	用来判定软件产品的可被理解、易学、易操作和在特定条件下吸引用户程度的测试

英文术语	中文术语	对应的说明
Use Case	用例	用户和系统进行对话过程中的一系列交互,能够产生实际的结果
Use Case Testing	用例测试	一种黑盒测试设计技术,所设计的测试用例用于执行用户场景
User Acceptance Testing	用户验收测试	参见验收测试(Acceptance Testing)
User Scenario Testing	用户场景测试	参见用例测试(Use Case Testing)
User Test	用户测试	由真实用户参与的评估组件/系统可用性的测试
V-Model	V 模型	描述从需求定义到维护的整个软件开发生命周期活动的框架。V 模型说明了测试活动如何集成于软件开发生命周期的每个阶段
Validation	确认	通过检查和提供客观证据来证实特定目的的功能或应用已经实现(ISO 9000)
Variable	变量	计算机中的存储元素,软件程序通过其名称来引用
Verification	验证	通过检查和提供客观证据来证实指定的需求是否已经满足(ISO 9000)
Vertical Traceability	垂直可跟踪性	贯穿开发文档到组件层次的需求跟踪
Version Control	版本控制	参见配置控制(Configuration Control)
Volume Testing	容量测试	使用大容量数据对系统进行的一种测试
Walkthrough	走查	由文档作者逐步陈述文档内容,收集信息并对内容达成共识(Freedman 和 Weinberg, IEEE 1028)。参见同行评审(Peer Review)
White-Box Test Design Technique	白盒测试设计技术	通过分析组件/系统的内部结构来产生和/或选择测试用例的规程
White-Box Testing	白盒测试	通过分析组件/系统的内部结构进行的测试
Wide Band Delphi	宽带德尔菲法	一种专家测试评估的方法,旨在集团队成员的智慧来做精确的评估

附录 C 部分正交实验表

2^3   n＝4
000
011
101
110

2^4 4^1   n＝8
00000
00112
01011
01103
10013
10101
11002
11110

3^4   n＝9
0000
0121
0212
1022
1110
1201
2011
2102
2220

2^11   n＝12
00010010111
00100101110
00101110001
01001011100
01011100010

01110001001
10001001011
10010111000
10111000100
11000100101
11100010010
11111111111

2^4 3^1   n＝12
00000
00111
00112
01002
01010
01101
10001
10012
10100
11011
11102
11110

2^2 6^1   n＝12
000
002
004
011
013
015
101
103
105
110
112

114

2^8 8^1   n=16
000000000
000011114
001100112
001111006
010101011
010110105
011001103
011010017
100101107
100110013
101001015
101010101
110000116
110011002
111100004
111111110

4^5   n=16
00000
01111
02222
03333
10123
11032
12301
13210
20231
21320
22013
23102
30312
31203
32130
33021

3^6 6^1   n=18
0000000

0011221
0102212
0120123
0212104
0221015
1002125
1020214
1111110
1122001
1201203
1210022
2012013
2021102
2101024
2110205
2200111
2222220

2^19   n=20
00001100100111110101
00011001001111101010
00100111101010000011
00110010011111010100
00111101010000011001
01000011001001111101
01001111010100001101
01010000110010011110
01100100111101010000
01111010100001100100
10000110010011111010
10010011110101000001
10011110101000011000
10100001100100111100
10101000011001001110
11001001111010100001
11010100001100100110
11101010000110010011
11110101000011001001
11111111111111111111

软件测试技术(第 2 版)

432

2^8 5^1   n=20
000000000
000010111
000110002
000111113
001101014
010001003
011001102
011010014
011100110
011111101
100101104
101000113
101011012
101011100
101100001
110001011
110010104
110100112
110111010
111110003

2^2 10^1   n=20
000
002
004
006
008
011
013
015
017
019
101
103
105
107
109
110
112
114

116
118

2^13 3^1 4^1   n=24
000000000000000
000100101101122
000111011011021
001001011100013
001011100001112
001110110110100
010001110111101
010010111000123
010111000101003
011010001110111
011100010010022
011101101011010
100010010111012
100111101110020
100101110010113
101000111001001
101101000100121
101110001011103
110001001010102
110100011101110
110110100000011
111000100111023
111011010001120
111111111100002

2^12 12^1   n=24
000010010111 6
000100101110 5
000101110001 2
001001011100 4
001011100010 1
00111000100110
010001001011 7
010010111000 3
01011100010011
011000100101 8
011100010010 9

011111111111 0

100000000000 0

100011101101 9

100111011010 8

10100011101111

101101000111 3

101110110100 7

11000111011010

110100011101 1

110110100011 4

111010001110 2

111011010001 5

111101101000 6

$2^{11} 4^1 6^1$ $n=24$

0000000000000

0001001011024

0001110110015

0010010111132

0010111000022

0011101101101

0100011101011

0100101110134

0101110001130

0110100011013

0111000100125

0111011010103

1000100101123

1000111011105

1001011100033

1010001110110

1011010001114

1011100010031

1100010010121

1101000111002

1101101000112

1110001001035

1110110100004

1111111111020

5^6 $n=25$

000000

012341

024132

031423

043214

104324

111110

123401

130242

142033

203143

210434

222220

234011

241302

302412

314203

321044

333330

340121

401231

413022

420313

432104

444440

$3^9 9^1$ $n=27$

0000000000

0001112221

0002221112

0120120123

0121202014

0122011205

0210210216

0211022107

0212101028

1020212108

1021021026

1022100217

1110002222

1111111110

1112220001
1200122015
1201201203
1202010124
2010121204
2011200125
2012012013
2100211027
2101020218
2102102106
2220001111
2221110002
2222222220

2^16 9^1   n＝36
000000010010011001
00000100000101010
00010001111001100
00011110111110111
00100111101110014
00101010101001017
00101100111000103
00111001010100004
00111111000111102
01001001000010113
01001010100100108
01010101011110107
01010111001000018
01011000001111005
01100011011001112
01101101110011015
01110000110100016
01110110100011106
10001011011010006
10010011100111013
10010111110000115
10011100100000002
10100001110111108
10100010001100105
10110000000010117
10111100011011018

11000000111110012
11000100101011104
11001111110101007
11011010010001114
11100101000000001
11101110010110110
11110110011101003
11111001101101111
11111011101010000

2^13 3^2 6^1   n＝36
0000011110010023
0000011110101211
0000011111010105
0001100110111014
0001100111001202
0001100111100120
0011011000101000
0011011001001224
0011011001110112
0101110000000015
0101110000110203
0101110001011121
0110000100001104
0110000100010210
0110000101110022
0110101010101113
0110101011000001
0110101011111225
1000101000000120
1000101000011202
1000101001110014
1010110100111105
1010110101001023
1010110101100211
1011000010010001
1011000010100225
1011000011011113
1100010010101022
1100010011011210
1100010011100104

1101001100111121
1101001101001015
1101001101100203
1111111110000112
1111111110010224
1111111111111000

2^13 6^2　　　n＝36
000000000101105
000010110010051
000100010110032
000110101010144
000111111101045
001000111010123
001011000001021
001101101111052
001110000111110
010001110111114
010010011101122
010101001000011
010101110000000
011001100100143
011010100001034
011011011100150
011100011011003
011111001010135
100011001110013
100011101000102
100101100011120
100111010001133
101000101100030
101000111001015
101011010110004
101100010100141
101101011001154
110000000010155
110001111111131
110010011011040
110100001100024
110110100101053
111001000011042

111110101111101
111110110000112
111111110110025

2^10 3^8 6^1　　　n＝36
0000000000001100114
0000000000112211220
0000000000220022002
0010011111010112122
0010011111121220204
0010011111202001010
0011110001002222003
0011110001110000115
0011110001221111221
0100111010020201011
0100111010101012123
0100111010212120205
0101100111011020020
0101100111122101102
0101100111200212214
0111001100022012215
0111001100100120021
0111001100211201103
1001001011010121213
1001001011121202025
1001001011202010101
1001111100022021124
1001111100100102200
1001111100211210012
1010100110011002201
1010100110122110013
1010100110200221125
1100010101001111005
1100010101112222111
1100010101220000223
1110101001020210100
1110101001101021212
1110101001212102024
1111010010002200222
1111010010110011004
1111010010221122110

参 考 文 献

[1] 曲朝阳,刘志颖,等.软件测试技术[M].北京:中国水利水电出版社,2006.

[2] 柳纯录,黄子河,陈渌萍,等.软件评测师教程[M].北京:清华大学出版社,2004.

[3] PAUL C J.软件测试[M].杜旭涛,译.2版.北京:机械工业出版社,2005.

[4] BORT B E N.嵌入式软件测试[M].张君施,等译.北京:电子工业出版社,2004.

[5] WILLIAN E P.软件测试的有效方法[M].兰雨晴,等译.北京:机械工业出版社,2004.

[6] MARK F,DOROTHY G.软件测试自动化技术与实例详解[M].舒智勇,等译.北京:电子工业出版社,2000.

[7] GitChat.从零开始掌握微服务软件测试[EB/OL].(2018-07-03)[2020-02-08].https://blog.csdn.net/valada/article/details/80892579.

[8] SunJoker.App测试流程及测试点[EB/OL].(2018-10-2)[2020-02-18].https://www.cnblogs.com/myxt/p/9830791.html.

[9] Kitten_336368.App常见性能测试点[EB/OL].(2018-10-30)[2020-02-19].https://blog.csdn.net/xiaomaoxiao336368/article/details/83547318.

[10] 流浪地球.App测试移动应用测试(功能测试)[EB/OL].(2019-06-23)[2020-02-20].https://blog.csdn.net/qq646642124/article/details/93370085.

图书资源支持

感谢您一直以来对清华版图书的支持和爱护。为了配合本书的使用，本书提供配套的资源，有需求的读者请扫描下方的"书圈"微信公众号二维码，在图书专区下载，也可以拨打电话或发送电子邮件咨询。

如果您在使用本书的过程中遇到了什么问题，或者有相关图书出版计划，也请您发邮件告诉我们，以便我们更好地为您服务。

我们的联系方式：

地　　　址：北京市海淀区双清路学研大厦 A 座 701

邮　　　编：100084

电　　　话：010-83470236　　010-83470237

资源下载：http://www.tup.com.cn

客服邮箱：2301891038@qq.com

QQ：2301891038（请写明您的单位和姓名）

资源下载、样书申请

书圈

扫一扫，获取最新目录

课程直播

用微信扫一扫右边的二维码，即可关注清华大学出版社公众号"书圈"。